国家科学技术学术著作出版基金资助出版

气候变化与中国近海初级生产

蔡榕硕　谭红建　郭海峡　付　迪　著

科 学 出 版 社

北　京

内 容 简 介

基于海洋-大气的文献数据、历史观测资料、再分析资料和卫星遥感数据，本书研究了气候变化对中国近海环境和海洋初级生产的影响，评估了浮游植物生态系统对气候变化的响应、脆弱性和风险管理等问题。全书6章，阐释了狭义和广义气候变化的概念与定义，着重分析了中国近海气候变化的基本特征；研究了东亚季风和海洋动力过程对中国近海海温等生态限制因子的影响及机制；定量刻画了气候变化对中国东部与近海物候的影响；检测并归因分析了中国近海初级生产力的变化；预估了未来气候变化对中国近海初级生产力的影响；基于IPCC气候变化综合风险理论框架与评估方法，评估了中国近海初级生产的气候变化关键风险并提出了适应对策。

本书可供国家和地方有关部门管理人员，以及从事气候变化、海气相互作用及其对海洋生态系统的影响等交叉学科研究的专业人员与科研院校师生参考。

审图号：GS 京（2022）0380 号

图书在版编目（CIP）数据

气候变化与中国近海初级生产/蔡榕硕等著．—北京：科学出版社，2022.7
ISBN 978-7-03-070561-7

Ⅰ.①气… Ⅱ.①蔡… Ⅲ.①气候变化-影响-海洋环境-环境保护-中国 Ⅳ.①X55

中国版本图书馆CIP数据核字（2021）第230043号

责任编辑：朱 瑾 岳漫宇 刁慧丽/责任校对：郑金红
责任印制：吴兆东/封面设计：无极书装

科学出版社出版
北京东黄城根北街16号
邮政编码：100717
http://www.sciencep.com

北京九州迅驰传媒文化有限公司印刷
科学出版社发行 各地新华书店经销
*
2022年7月第 一 版 开本：787×1092 1/16
2025年1月第三次印刷 印张：14 1/2
字数：339 000

定价：198.00元
（如有印装质量问题，我社负责调换）

序

工业革命以来，人类活动向大气排放了大量的CO_2、CH_4、N_2O等气体，由于这些气体的温室效应使得地球的平均气温持续上升，全球气候变暖。同时，占地球表面积约71%的海洋吸收了因温室效应而额外增加的热量，也在持续变暖，这对全球海洋环境与生态系统产生了明显的影响。在全球气候变化背景下，20世纪中叶以来，我国近海区域气候与环境发生了显著的变化，海洋持续升温变暖，海水缺氧和酸化加剧，营养盐结构失衡等，这些对我国近海生态系统的结构和功能产生了严重的影响。由于我国近海西依欧亚大陆，东临西北太平洋，受陆地-海洋-大气相互作用以及人类活动的多重胁迫影响，近海生态系统的变化尤为复杂，尤其是近几十年来赤潮和绿潮等海洋生态灾害频繁发生，基础生产力下降明显，渔业资源显著衰退。因此，研究和评估气候变化对中国近海生态系统的影响、风险和适应具有重要的科学和社会意义。

《气候变化与中国近海初级生产》一书以我国近海初级生产为研究对象，研究并评估了气候变化对我国近海初级生产的影响、适应和脆弱性，分析总结了未来不同气候情景下我国近海初级生产的关键气候变化风险，提出了我国近海生态系统需要采取的适应对策，探索了风险管理与气候治理等问题。书中较为系统地阐述了我国近海区域的海洋气候变化特征，分析了气候变化对中国近海环境的影响过程和机制，及其对我国近海环境和生物物候的影响；研究和评估了气候变化对我国近海初级生产的影响，并基于联合国政府间气候变化专门委员会（IPCC）气候变化综合风险理论和不确定性的处理方法评估了气候变化对我国近海浮游植物和初级生产的影响、适应和脆弱性以及关键风险；提出了我国近海生态系统适应气候变化的对策和风险管理措施。因此，该书可为我国近海生物资源的管理和沿海地区经济社会的可持续发展提供科学依据。

此书是作者团队多年来从事近海区域对全球气候变化响应与对策研究的总结，它的创新性主要体现在以下几点：①系统地研究了东亚季风和北太平洋西边界流（黑潮）的年代际变化对我国近海持续升温的影响过程和机制；②分析并阐述了气候变暖引起我国近海多年平均等温线的北移和春、秋季物候的变化，及其对海洋物种空间分布和组成等的影响；③研究并揭示了近海赤潮等海洋生态灾害的发生与东亚季风和海温年代际变化的关系；④预估了不同气候变化情景下未来我国海洋环境和生态的可能变化，分析了未来东亚季风和海温的变化趋势及其对我国近海暴发赤潮海洋生态灾害风险的可能影响。这些可以加深我国区域海洋环境与生态对全球气候变化响应方面的认识。

“千淘万漉虽辛苦，吹尽狂沙始到金”。我衷心地期望作者团队以该书的出版作为一个新起点，今后开展更多的全球气候变化对海洋环境与生态影响的研究，呈现更丰硕的研究成果，为我国在海洋领域应对气候变化的决策和行动提供更多的科学依据和参考。

黄荣辉

黄荣辉
中国科学院院士、中国科学院大气物理研究所研究员
2020年10月

前言

观测表明，近百年来全球气候正在经历显著的变暖。气候变暖已对全球的大陆和海洋及人类社会产生影响。其中，海洋存在许多严重的气候变化风险，如海洋生物多样性的减少、物种地理分布的变迁及生产力的下降①。2019 年 9 月，联合国政府间气候变化专门委员会（IPCC）发布的《气候变化中的海洋和冰冻圈特别报告》指出，近几十年来，全球海洋的物理和化学性质发生明显的变化，如变暖、酸化、缺氧和营养盐的变化等，海洋气候变化致灾因子的危险（害）性不断加剧，正在重塑海洋生态系统，并影响人类社会的安全和可持续发展②。然而，全球特别是海洋领域尚未充分做好应对准备，气候变化影响与风险的严重后果已可见端倪。

中国近海及邻近海域（以下简称“中国近海”）位于亚洲大陆的东部，为北太平洋的边缘海，跨越了热带、亚热带和温带，面积约 $4.73 \times 10^6 km^2$。其中，陆架海域不但有丰富的生境和生物多样性，而且是世界上生产力最高的陆架海之一。在陆地和大洋的变暖、东亚季风气候的变异，以及人类排污、围填海、破坏性和过度捕捞等气候与非气候因子的共同影响下，近海环境与生态系统的变化尤为复杂，物种的组成变化明显，其地理分布不断北移，生物栖息地持续萎缩，基础生产力下降，渔业资源显著衰退，赤潮、绿潮等生态灾害频繁发生。近年来，破纪录的高气温和高海温等极端事件的频繁发生，更是加速了暖水珊瑚礁生态系统的退化，并经常对海水养殖业造成重大的打击。然而，由于缺乏大范围和长期连续的海洋生物生态观测及充分的气候变化对海洋的影响研究与评估，迄今为止，我们还难以充分认识气候变化的影响和风险，并为海洋综合风险管理提供充分的科学支撑。

海洋浮游植物遍布全球海洋的各个角落，浮游植物含有叶绿素或其他色素，通过光合作用吸收太阳光能，利用水和空气中的二氧化碳（CO_2）生产有机物和氧气，为其他生物提供食物和能量。因此，浮游植物的初级生产过程实质上启动了海洋生态系统的物质和能量的循环，在海洋生态系统中起着至关重要的作用，这也是海洋最主要的初级生产过程。一般地，以浮游植物制造的有机碳或固定的能量来表示海洋初级生产的能力，

---

① IPCC. 2014. Summary for policymakers//Field C B, Barros V R, Dokken D J, et al. Climate Change 2014: Impacts, Adaptation, and Vulnerability. Part A: Global and Sectoral Aspects. Contribution of Working Group Ⅱ to the Fifth Assessment Report of the Intergovernmental Panel on Climate Change. Cambridge, New York: Cambridge University Press.

② IPCC. 2019. Summary for policymakers//Pörtner H O, Roberts D C, Masson-Delmotte V, et al. IPCC Special Report on the Ocean and Cryosphere in a Changing Climate. Cambridge, New York: Cambridge University Press.

即初级生产力［$mg/(m^2 \cdot d)$］。过去测定海洋初级生产力的方法主要是在调查海域采取水样，应用 ^{14}C 示踪法或叶绿素同化指数法，分别测定水样的有机碳或叶绿素a含量，从而获知该海域叶绿素a在单位时间内合成的有机碳量［mg C/(mg Chl-a·d)］和初级生产力［$mg/(m^2 \cdot d)$］，这使得人们难以通过长时间、大范围的现场采样来测定叶绿素a浓度或初级生产力。近二十多年来，随着卫星遥感技术的发展，人们才得以通过遥感方法观测并积累了长时间、大范围的海洋叶绿素a浓度资料，研究海洋初级生产过程和初级生产力的长期变化及其对气候变化的响应也就成为可能。

为认知中国近海浮游植物初级生产对气候变化的响应、适应和脆弱性，评价气候变化引起的综合风险，提出适应或减缓对策来降低和管理相关的风险，在国家重点研发计划“全球变化及应对”重点专项项目“海岸带和沿海地区全球变化综合风险研究——海岸带和沿海地区对海平面变化、极端气候事件的响应及脆弱性研究”（编号：2017YFA0604902）、中国清洁发展机制基金赠款项目“气候变化与中国海洋初级生产——影响、适应和脆弱性的研究与评估”（编号：2014112）和国家社会科学基金重大项目“国家海洋治理体系构建研究——海洋灾害治理体系研究”（编号：17ZDA172）等的资助下，我们以中国近海浮游植物及初级生产为对象，研究与评估了气候变化的影响、风险和适应等内容，形成了《气候变化与中国近海初级生产》一书。全书的结构和主要作者分别为：第1章中国近海气候变化特征（蔡榕硕、谭红建、郭海峡）、第2章气候变化对中国近海海面温度的影响（谭红建、蔡榕硕）、第3章气候变化对中国近海物候的影响（蔡榕硕、付迪）、第4章气候变化对过去和现在中国近海初级生产力的影响（郭海峡、蔡榕硕）、第5章气候变化对未来中国近海初级生产力的影响（谭红建、蔡榕硕）、第6章中国近海初级生产的风险、适应和气候治理探讨（蔡榕硕）。全书由蔡榕硕统稿。本书特邀的审稿专家有蔡树群、唐森铭、杨清良、黄邦钦、杨圣云、张钒、赵玉春等教授，特此致谢！

本书的撰写较为匆忙，作者的学识有限，而研究涉及的内容较多，且海洋生物与生态学在不断的发展中，观测资料也在持续的丰富中。因此，本书仅是现阶段作者团队研究的总结，是有关气候变化对海洋初级生产的影响、风险和适应的初步认识，书中不妥之处，恳请读者予以指正。

蔡榕硕

蔡榕硕
自然资源部第三海洋研究所
2020年9月于厦门

目录

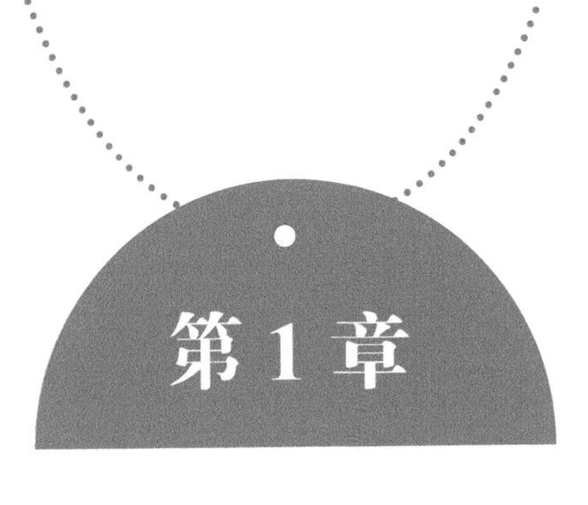

中国近海气候变化特征

1.1 引　　言

近百年来，特别是自 20 世纪 50 年代以来，全球气候变暖愈发明显，并且一半以上的气候变暖是由人类活动排放温室气体造成的；自 1971 年以来，海洋除了吸收人为排放温室气体产生的约 93% 额外的热量，还吸收了约 30% 人为排放的二氧化碳（CO_2）（秦大河等，2014；IPCC，2013）。观测表明，自 1993 年以来，海洋吸收热量的速率和海洋的热含量大约增加了 1 倍。1993 ～ 2017 年，海洋吸收热量的速率和海洋的热含量大约是 1970 ～ 1993 年平均值的 2 倍（IPCC，2019a）。至 2017 年，全球表面温度上升了（1±0.2）℃（IPCC，2019b）。

由于海洋覆盖了大约 71% 的地球表面，储存了约 97% 地球上的水量，海水的比热容远大于大气和陆地，海洋吸收了大量因温室效应产生的额外热量，因此，海洋对全球气候变化有重要的调节作用，减缓了人致气候变化的速度及其影响。然而，这种情况正在发生变化，气候变化对海洋的影响正在加剧（蔡榕硕和谭红建，2020；蔡榕硕等，2020a; Bindoff et al.，2019; IPCC，2019a）。在全球温度升高和气候变得更暖的背景下，海洋和大气的运动正在加剧，并影响着地球气候系统的水循环和生物地球化学循环。研究表明，如果未来气候系统升温 2 ～ 3℃，全球水循环将大幅增强 16% ～ 24%（Durack et al.，2012）。

与陆地相同，海洋最主要的初级生产过程是初级生产者（植物）通过光合作用将 CO_2 还原成植物有机碳的过程，启动了海洋生态系统的物质和能量的循环。海洋植物初级生产力与海洋动物生产力构成的海洋生物生产力是海洋生态系统的基本功能之一。其中，海洋浮游植物遍布于从沿岸海域到辽阔大洋的整个海洋之中，是海洋生态系统的基础。海洋浮游植物的初级生产力既是最基本的生物生产力之一，又是海域基础生产力和渔业资源潜力的重要标志之一。因此，研究与评估气候变化对海洋浮游植物及其初级生产（包含初级生产过程和初级生产力等）的影响是认识气候变化影响海洋生态系统的切入点和重要基础。

影响海洋浮游植物初级生产的主要因子，除了太阳光照和营养物质，还有与此紧密相关的海洋环境条件。这是因为浮游植物的生态位和初级生产与海水温度、盐度等环境要素的变化有密切的关系。自20世纪70年代末以来，海洋的变暖、海水层化的增强、溶解氧（DO）含量的降低及营养盐循环的变化，引起海洋净初级生产力的下降，以及海洋动物生物量和潜在渔获量的降低，导致海洋生态系统的服务功能减弱（蔡榕硕等，2020a；Bindoff et al.，2019；IPCC，2019）。在全球变暖背景下，中国近海及邻近海域（渤海、黄海、东海和南海及邻近海域，以下简称“中国近海”）持续快速升温变暖，并有显著的生态异常，包括冷、暖型物种相对丰度及季节性演替规律的变化，海洋物种地理分布和组成的变迁，基础生产力的明显下降，海洋渔获量的大幅降低，以及赤潮等生态灾害的年代际增加（蔡榕硕和谭红建，2010；蔡榕硕等，2020b；黄邦钦，2020；Cai et al.，2016）。

为了评估气候变化对中国近海初级生产的影响、风险和适应对策，本书的章节内容安排如下：第1章，首先阐述气候变化的概念与定义，综述全球和区域海洋气候变化的基本特征，分析近几十年来中国近海海面温度、盐度、环流及海平面气压、气温和降水等典型气候要素的变化特征，为后续章节提供必要的前提和基础；第2章，应用各种海洋和大气再分析资料，研究气候变化通过东亚季风和黑潮等海洋与大气调控因子对中国近海海面温度的重要影响和机制；第3章，阐述有关生物和非生物物候、气候变化速度的概念与定义，分析并预估不同气候情景下未来中国东部地区及近海地理等温线和物候的变化，评估气候变化对中国近海生物和非生物物候的影响；第4章，应用卫星遥感数据，检测分析中国近海叶绿素a浓度的长期变化特征，归因分析气候变化对中国近海初级生产力的影响；第5章，应用IPCC全球耦合模式比较计划第五阶段（CMIP5）的模式数据，预估不同气候情景下未来中国近海环境要素的变化及其对初级生产力的影响；第6章，基于IPCC第五次评估报告（AR5）的气候变化综合风险理论和不确定性处理方法（Mastrandrea et al.，2010），评估气候变化对中国近海浮游植物的影响、适应和脆弱性，总结分析气候变化对中国近海初级生产的影响、风险和适应对策，探讨相关的气候治理问题。

1.2 全球和区域海洋气候变化概况

1.2.1 气候变化的概念与定义

本小节首先阐述有关气候变化的概念与定义：①什么是气候；②什么是气候变化；③什么是全球变化。传统上，气候是以气温、气压、湿度和降水量等气象要素的平均状态来表征的。20世纪初，人们认为30年平均的气象（候）要素值是稳定的，即气候是不变的。后来，人们逐渐认识到30年平均的气象（候）要素值并不是固定的，而是变化的。这可以看成狭义的气候变化。人们还认识到，气候变化是地球上大气、海洋、冰雪、陆面（岩石圈）和生物圈的相互作用引起的，进而形成了现代地球气候系统的概念。

既然气候是变化的，那么如何来衡量气候变化？为此，人们经常采用气象要素的异常（如距平值或方差值）来研究气候变化。例如，2019年冬季气温异常（距平值）偏高，则是指2019年冬季气温与历史时期20年或30年（1981～2010年）冬季平均气温相比偏高，其中，2019年冬季气温与历史时期20年或30年冬季平均气温之差即为距平值。

因此，当我们计算并列出全球或区域表面气温距平值的百年变化序列时，就可以看到这百年来全球或区域表面气温的变化情况。人们发现除了上述气象要素，海洋、冰雪、陆面和生物圈的代表性要素的长期平均值也是变化的，气候变化的概念随之逐步延伸到其他的领域中，不再仅限于大气科学。例如，海水温度、盐度和流场等要素 30 年的平均值也是变化的。同样，我们也可以采用海水温度、盐度和流场的距平值来研究海洋的长期变化现象。因此，当我们将原有的气候变化的定义延伸至海洋等其他学科或自然现象要素（如海水温度、盐度和海平面高度）变化的总结、归纳与分析中，我们就得到了广义的气候变化。

20 世纪中叶以来，人们观测到地球的表面温度不断上升和气候持续变暖，并且观察到地球上冰川退化、雪线升高、海平面上升、生物多样性减少和近岸海域富营养化等具有全球性意义的变化，这就是全球变化。其中，地球气候变暖则是人类面临的最具挑战性的全球性问题，并成为全球变化的核心问题。人们虽已认识到气候是变化的，但仍然存在较多的争议。比较有代表性的争议大致有两种：一是气候有没有变暖；二是变暖是什么引起的。其中，有种观点不同意或不认为气候变暖是温室气体引起的，这种观点主要是认为过去不同地质年代，地球上曾有过更高的温度和 CO_2 浓度；还有种观点认为气候变暖是由自然变率引起的。

气候变化有不同的时间尺度，简单而言，包括：地质时期（1 万年以前）、历史时期（1 万年以来）及 1850 年工业化以来的现代时期。因此，人们对于气候变化及其成因有不同的认识属于正常现象，特别是对于近百年来的气候变暖及其成因有较多的争议。但是，自 20 世纪 90 年代以来，IPCC 发布了五次气候变化评估报告和多个特别报告，提供了越来越多的气候变暖及其影响的证据，并明确了 20 世纪 50 年代以来一半以上的气候变暖主要是人类活动排放的温室气体所造成的。当前国际社会强调的主要是指人类活动排放温室气体引起的气候变化（如升温变暖、海平面上升），而不是自然变率引起的气候变化，这取得了国际社会广泛的共识。例如，2015 年 12 月全世界 190 多个国家在巴黎气候大会上通过了《巴黎协定》，该协定旨在将人为引起的全球地表的升温幅度 [较工业化前水平（采用 1850 ～ 1900 年平均）] 控制在 2℃以内，并力争控制在 1.5℃以内。《巴黎协定》的意义在于取得了国际社会应对气候变化的共识和奠定了行动的基础，提高了减缓并适应气候变化的可能性。

基于此，本书主要关注 20 世纪中叶以来，人类活动引起的气候变化及其对中国近海初级生产的影响、风险及适应对策。本章主要回顾概述全球和区域海洋表面的温度、盐度和流场等广义的海洋气候变化特征，并采用海洋再分析资料，重点分析近几十年来中国近海海面温度（SST）和海面盐度（SSS）的变化特点，再应用大气再分析资料，分析中国近海的海平面气压、气温、降水和淡水通量等若干经典气候要素的变化特征，为本书后续章节研究气候变化对中国近海初级生产的影响、风险及应对，提供必要的前提和基础。

1.2.2　全球和区域海洋气候变化的基本特征

本小节主要针对海洋表面的温度、盐度和流场等要素，概述广义的全球和区域海洋气候变化的基本特征。

观测表明，近百年来全球平均陆地表面温度呈波动上升趋势，特别是自20世纪60年代以来，全球平均陆地表面温度的上升趋势明显加快；并且观测到的全球平均陆地表面温度的上升幅度大于全球平均陆地和海洋表面温度（GMST）的上升幅度。相对于1850～1900年，2006～2015年全球平均陆地表面温度上升了1.53℃（1.38～1.68℃，可能范围），而GMST增加了0.87℃（0.75～0.99℃，可能范围）（IPCC，2019b），如图1.1所示。

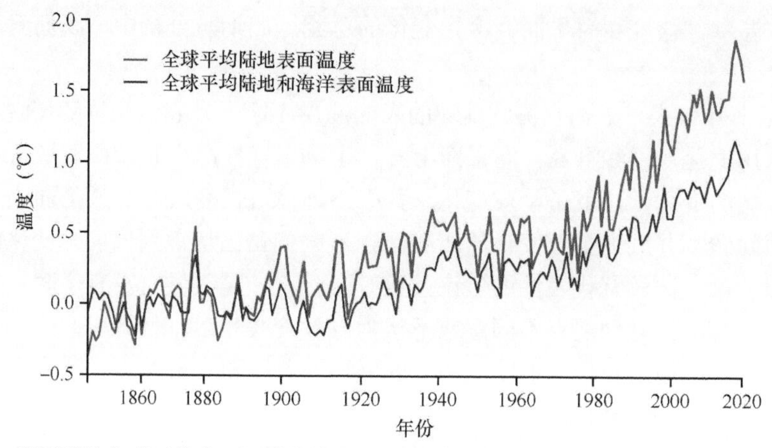

图1.1 观测到的全球平均表面温度的变化（相对于1850～1900年平均）（IPCC，2019b）

近几十年，全球海洋上层发生了显著的变暖，但是升温的速率和幅度有很大的区域性差异（IPCC，2014）。例如，1971～2010年海洋上层（700m以浅）热含量增加了约17×10^{22}J，近表层（0～75m）海水温度的上升速率最快，达到0.11［0.09～0.13］℃/10a（秦大河等，2014；IPCC，2013）；并且，1993～2017年海洋上层（2000m以浅）的增暖速率至少为1969～1993年的2倍，呈现出显著的变暖增强趋势（IPCC，2014，2019a）。1970～1993年，海洋0～700m层和700～2000m层变暖的平均速率分别为（3.22±1.61）ZJ/a和（0.97±0.64）ZJ/a；而在1993～2017年，分别增加至（6.28±0.48）ZJ/a和（3.86±2.09）ZJ/a。1970～2017年，海洋0～700m层和700～2000m层变暖的速率分别为（4.35±0.8）ZJ/a和（2.25±0.64）ZJ/a；2005～2017年，分别增加至（5.31±0.48）ZJ/a和（4.02±0.97）ZJ/a。此外，1970年以来，2000m以下的深海也在持续变暖（蔡榕硕等，2020a；IPCC，2019a）。

虽然全球海洋正在逐步变暖，但海洋表面温度的上升呈现出波动式上升的特点。例如，1998～2012年，全球表面温度的上升似乎出现减缓的现象，即所谓的全球变暖减缓现象（global warming hiatus），升温速率远低于20世纪70年代末以来的快速变暖速率（Easterling and Wehner，2009；Met Office，2013；Stocker et al.，2013）。但2014年之后，全球表面温度继续呈现明显的上升态势（IPCC，2019a，2019b）。近六十多年来，地球表面升温变暖的趋势是十分显著的（蔡榕硕和付迪，2018；蔡榕硕等，2019；Cai et al.，2017a）。

然而，在不同的大洋和海域之间，海洋表面的升温有较明显的差异。例如，1950～2009年印度洋增温最为显著，平均SST增加了0.65℃，大西洋增加了0.41℃，太平洋增加了0.31℃。过去百年间，特别是自20世纪60年代以来，全球海洋尤其是大洋副热带西边界流区域（如黑潮和湾流区）表现出显著的升温趋势，其SST的上升速率是全球海洋平均的2～3倍（Cai et al.，2017a；Wu et al.，2012）；并且，西北太平洋边缘海尤其是中国近海（指渤海、黄海、东海和南海，图1.2a中黑色方框所示海域，0°～45°N，100°E～140°E）SST的上升现象尤为突出。1958～2018年，中国近海SST的线性增量为（0.98±0.19）℃，高于全球海洋SST平均增幅（0.54±0.04）℃（Cai et al.，2016，2017a；Oey et al.，2013；Pei et al.，2017）。

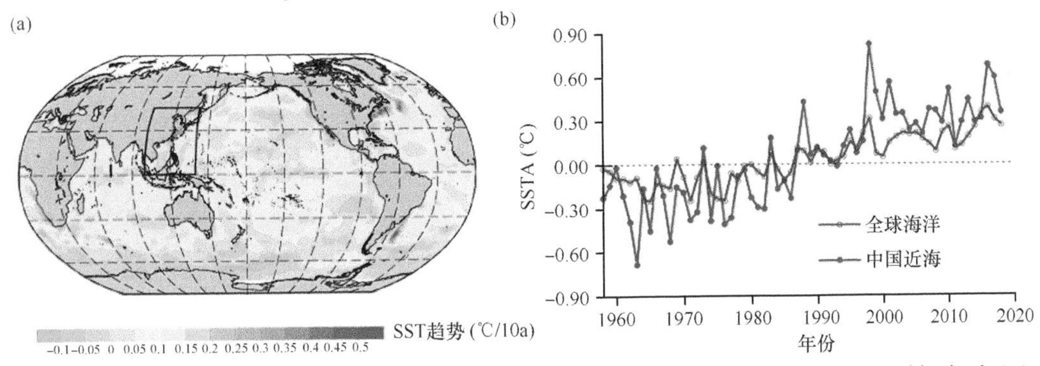

图1.2　1958～2018年全球海面温度（SST）变化趋势（a）及海面温度异常（SSTA）时间序列（b）（Cai et al.，2017a）

采用HadISST数据，更新至2018年

除了海水温度的变化，海水盐度的变化也是气候变化的重要指标之一，其在全球水循环和大洋环流中扮演着重要角色。影响大洋上层海水盐度的因素主要有海气界面的淡水通量变化和海流的变动，而近岸海域的盐度还受到陆地入海径流的显著影响。气候变暖加剧了全球和区域的水循环过程，引起蒸发、降水、径流等水文要素的相应变化，并对海水盐度的时空分布格局产生重要影响。因此，海水盐度可用来表征淡水通量（蒸发量减去降水量，以符号E-P代表）、陆表径流及海水的混合和平流过程的平衡。研究表明，全球变暖背景下水循环的增强程度在1979～2010年要明显强于1950～1978年（Skliris et al.，2014）。

IPCC第五次评估报告（AR5）指出，自20世纪50年代以来，海水盐度的变化表现为蒸发强于降水的副热带海域海水变得更咸，而降水强于蒸发的热带和极区海域海水变得更淡，如在全球大洋副热带涡旋海域以蒸发为主导的区域，盐度升高，而在热带西太平洋等以降水为主导的海域，盐度降低（Rhein et al.，2013）。同时，洋盆间的差异，如表层高盐度的大西洋和表层低盐度的太平洋之间的差异，很有可能是增加的（IPCC，2013）。类似地，自1979年以来，位于热带西太平洋的南海及澳大利亚北部海域的SSS和淡水通量（E-P）分别呈现上升和下降的变化趋势，即SSS上升、蒸发量小于降水量（Cai et al.，2017b；付迪和蔡榕硕，2017）。然而，许多区域海洋包括边缘海的气候变化特征由于涉及陆海气相互作用，还有待今后深入分析。

研究表明，气候变暖似乎正在改变全球的大洋环流、大洋西边界流和东边界上升流系统（寒流）、大西洋经向翻转环流（AMOC）及南极绕极环流等重要流系。20世纪90年代以来，全球大洋环流系统的流速似乎正在加快，并以热带海洋的变化最为突出，这种加速现象超出了自然的变率，主要归因于全球变暖（Hu et al.，2020）。但许多海洋流系如大洋西边界流、东边界寒流和 AMOC 的长期变化还有较大的差异。在全球变暖影响下，除了墨西哥湾流，大洋西边界流如黑潮（Kuroshio Current，KC）、东澳大利亚流（East Australian Current）和巴西流（Brazil Current）似乎出现增强并向极地方向移动的现象，并归因于近海表面风场增加和极向移动，而湾流的减弱则归因于 AMOC 的减弱（Yang et al.，2016）。也有研究指出，1990 年以来，南非东岸的阿古拉斯流（Agulhas Current）有变宽但并未增强，这是涡旋活动增加引起的。换言之，近海表面风场的增强增加了西边界流涡旋动能，而非平均流速，黑潮和东澳大利亚流似乎也有此现象。这种作用有可能增加近海与深海大洋之间物质的交换（Beal and Elipot，2016）。由此看来，大洋西边界流的变化特征及其机制涉及的科学问题还较为复杂。

世界各大洋东边界的四大上升流系统（加利福尼亚寒流、秘鲁寒流、加那利寒流和本格拉寒流）是世界上最具生产力的典型海洋生态系统之一（Pauly and Zeller，2016）。过去 60 多年来，除了北非的加那利寒流，其他上升流区域如北美洲的加利福尼亚寒流、南美洲的秘鲁寒流、西南非的本格拉寒流等上空的风场出现增强，并引起上升流加强的现象（Syeman et al.，2014；Varela et al.，2015）。AMOC 由于在全球海洋的温盐输送中起着重要的作用，因而受到高度的关注。有较多的研究倾向于认为，随着未来气候变暖加剧，AMOC 可能减弱（IPCC，2013）。但是，模式结果显示，AMOC 的持续减弱会引起气候的变冷，从而引起海温上升的停滞（Drijfhout，2016）。这仍然有待今后更多的研究。南极绕极环流则有向极地方向移动的现象，主要归因于中纬度西风带向极移动（Gille，2008；Sokolov et al.，2009）。

此外，热带太平洋地区的厄尔尼诺-南方涛动（El Niño and southern oscillation，ENSO）和太平洋年代际振荡（Pacific decadal oscillation，PDO）等年际和年代际的海温气候异常对中国近海环境与生态系统有重要影响。研究表明，从 20 世纪 70 年代中后期至今，热带中、东太平洋海温上升，出现“类似于厄尔尼诺型”分布的年代际海温距平变化（黄荣辉等，2006），即“年代际的厄尔尼诺事件”。这种海温距平分布除了引起东亚夏季风、西太平洋副热带高压和热带沃克（Walker）环流的变化，还使得中国东部和东海近岸从长江口至台湾海峡附近海域上空出现年代际低层大气辐合增强的现象（蔡榕硕和谭红建，2010）。并且，20 世纪 70 年代末以来，热带太平洋地区发生中部型厄尔尼诺现象趋多（Ashok，2007；Yeh et al.，2009），且夏季发生期间，热带西太平洋地区暖水东流，而菲律宾北部至中国近海上空盛行偏北风异常，不利于北太平洋西边界流的黑潮暖水向北输送（谭红建和蔡榕硕，2012；Tan and Cai，2014）。同时，PDO 进入正位相时，东亚季风随之出现年代际减弱，而大约在 2000 年以后 PDO 转为负位相时，东亚季风似又出现了开始加强的现象（Wang and Chen，2014）。PDO 的年代际位相转换似乎可以通过影响东亚季风而对中国近海海面温度的变化有很强的调控作用（谭红建等，2016）。

1.2.3 中国近海气候变化概况

本节针对 SST、SSS 和流场等要素，概述广义的中国近海气候变化特征。

中国近海位于亚洲大陆的东部，为西北太平洋的边缘海，自北向南分布，跨越了温带、亚热带和热带，包括暖温带的渤海、黄海，亚热带的东海和台湾海峡、南海北部陆架，以及热带的南海大部，面积约 4.73×10^6km^2。按地理分布特点，中国近海可分为中国东部海域（本书指渤海、黄海和东海及邻近海域，简称 ECS）和中国南部海域（本书指南海，简称 SCS）（冯士筰等，1999）。

近几十年来，中国近海出现明显的持续升温现象，最显著的区域主要位于东海的长江口附近至台湾海峡南部海域（Cai et al.，2017a; Wu et al.，2017）。1958 ～ 2018 年，中国近海年平均 SST 的线性增量为（0.98±0.19）℃（图 1.2），其变化趋势与全球平均表面温度的较为一致。其中，20 世纪 80 年代和 90 年代快速升温，21 世纪初减缓，2014 年以后又快速上升（谭红建等，2016）；1998 年是 SST 最高的年份，2017 年次之（李琰等，2018）。观测表明，近几十年来中国近海的快速变暖是确凿的。中国近海 SST 的上升幅度和速率远超全球平均 SST 变化（蔡榕硕等，2006；蔡榕硕和谭红建，2010；冯琳和林霄沛，2009；Cai et al.，2016，2017a，2017b；Oey et al.，2013；Pei et al.，2017；Wu et al.，2017）。在不同的气候情景下，未来中国近海将继续显著升温（谭红建等，2018；Tan et al.，2020）。

近几十年来，中国近海 SSS 有明显的长期变化趋势。20 世纪 70 年代中期到 21 世纪初，东海和南海的 SSS 总体表现为下降的趋势。1976 ～ 2013 年，东海 30°N 断面冬季 SSS 有降低现象，近岸比外海的变化更明显（苗庆生等，2016），东海 SSS 的变化可能与外海高盐水的入侵及 PDO 的调控有关。而在 1955 ～ 2001 年，台湾岛东北部东海陆架黑潮流域上层海水盐度的下降则可能与局地降水的增加有关（吴志彦等，2008；Wu et al.，2010）。1972 ～ 2010 年，南海 SSS 总体表现为下降的趋势（陈海花等，2015；Cai et al.，2017b）；1993 ～ 2012 年，吕宋海峡以西的南海 100m 层盐度的下降最为明显，可能是受黑潮通过吕宋海峡入侵南海的影响（Nan et al.，2013，2015；Zeng et al.，2016），这与近年来沃克环流增强引起的夏季强降水的增加有关（傅圆圆等，2017）。

中国近海海洋环流组成：一是中国东部海域的环流系统，大致由自南向北流动的洋流和自北向南的沿岸流构成一个气旋式环流，洋流即黑潮及其分支，具有高温、高盐特性，而沿岸流即中国沿岸自北向南的海流，具有低盐特性。二是南海环流系统，冬季上层海洋环流呈现气旋式环流；夏季环流分为南、北两部分，大约以 12°N 为界，北部气旋式环流占主导，南部为反气旋式环流，并且，两个流环交界处出现一支东向的越南离岸流。南海环流大致分为 750m 以上上层和 1500m 以下底层的气旋式环流，750 ～ 1500m 中层为反气旋式环流（Gan et al.，2016）。

除了海水温度和盐度等要素，中国近海海洋流场也受到北太平洋西边界流（黑潮）和东亚季风变化的明显影响（蔡榕硕等，2011；齐庆华等，2010，2012；Cai et al.，2017a; Oey et al.，2013）。近百年来，黑潮的经向热输送有增强的趋势（Wu et al.，2012）。近 50 年特别是 1976 ～ 1998 年，黑潮向北输运有增强的现象，并有显著的年际和年代际变化（蔡榕硕等，2013；齐庆华等，2012；Wei and Huang，2013）。在气候变暖背景下，随着东亚季风的年代际减弱，台湾以东黑潮入侵东海陆架出现年代际增强的现象，这可能是中国近海显著变暖的重要原因之一（Cai et al.，2017a）。受东亚季风年代际减弱的影响，济州岛西南侧冬、夏季黄海暖流分别出现减弱和增强，夏季台湾暖流外海侧分支增强（张俊鹏和蔡榕硕，2013）。1958 ～ 2014 年，黑潮暖水入侵中国东海陆架出现年代际增强现象（蔡榕硕等，2013；Oey et al.，2013；Park et al.，2015；Cai et al.，2017b）。1980 ～ 2000 年，东亚季风的减弱增强了黑潮通过吕宋海峡对南海的入侵，强化了南海的三层环流结构和垂向水交换，影响南海北部环流及南海西边界流（Xue et al.，2004；Xu et al.，2014；Chen et al.，2014；Cai et al.，2017b）。

此外，中国近海沿岸上升流具有显著的季节、年际和年代际变化特征。受西南季风的影响，中国近海沿岸上升流在夏季最为显著，而上升流将底层营养盐带到表层，这使得浮游植物和叶绿素a浓度通常在夏季出现峰值。在年代际尺度上，由于东亚夏季风的年代际减弱，南海北部的上升流系统也表现出相应的年代际特征，例如，20世纪70年代上升流较强，80年代和90年代则偏弱（Su et al.，2013；Hu and Wang，2016）。

1.3 中国近海海面温度和盐度的变化特征

海水温度是海洋最重要的物理和生态限制因子之一。其中SST的变化会导致海洋环境发生很大的变化，进而又会引起海洋生物生态的变化。而海水盐度作为一种重要的生态限制因子，对海洋浮游植物生态也具有显著作用。海洋生物包括浮游植物对温度和盐度的变化具有一定的适应范围和耐受极限，当温度和盐度的变化超出其适应范围时，将受到影响。因此，研究中国近海SST和SSS的变化特征有助于我们更好地理解中国近海环境和海洋生物对气候变化的响应。

1.3.1 数据资料和研究方法

1. 数据资料

本节选择了5套国际上通用的全球海水温度再分析资料和卫星遥感数据资料，以及2套国际上常用的全球海水盐度资料，资料来源介绍见表1.1。

表1.1 海面温度和海面盐度数据集

数据集	变量	分辨率	时间段	来源 [2022-3-30]
HadISST	SST	1°×1°	1958～2014年	http://www.metoffice.gov.uk/hadobs/hadisst/data/download.html
ICOADS	SST	1°×1°	1960～2014年	http://icoads.noaa.gov/data.icoads.html
COBE-SST	SST	1°×1°	1958～2014年	http://ds.data.jma.go.jp/tcc/tcc/products/elnino/cobesst/cobe-sst.html
OISST	SST	1°×1°	1981～2014年	http://www.esrl.noaa.gov/psd/data/gridded/data.noaa.oisst.v2.html
HadCRU4	SST	5°×5°	1958～2014年	https://crudata.uea.ac.uk/cru/data/temperature/
SODA2.1.6	SSS	0.5°×0.5°	1958～2008年	http://iridl.ldeo.columbia.edu/SOURCES/.CARTON-GIESE/.SODA/.v2p1p6/
SODA3.4.2	SSS	0.5°×0.5°	1980～2017年	https://www2.atmos.umd.edu/~ocean/index_files/soda3.4.2_mn_download_b.htm

1）英国气象局哈德莱气候科学与服务中心（Met Office Hadley Centre for Climate Science and Services）的哈德莱中心海冰和海面温度数据集（Hadley Centre Sea Ice and Sea Surface Temperature Data Set，HadISST），分辨率为1°×1°，该数据集融合了大量海洋站点观测数据，1980年以后又同化了部分卫星数据，本节选取1958～2014年为研究时段。

2）美国国家海洋大气管理局（National Oceanic and Atmospheric Administration，

NOAA）的 ICOADS 资料，分辨率为 1°×1°，该套资料以船载、舰载、浮标及其他平台观测数据为主。

3）日本气象厅的 COBE-SST 资料，与其他资料相比，该数据在中国近海和日本海附近融入了加强的观测数据。

4）NOAA 的 OISST 资料，该数据始于 1981 年 12 月，采用最优插值方法最大限度地同化了 AVHRR 卫星遥感数据，具有较高的空间分辨率［(1/4）°］和连续的时间观测（逐日），为了方便与其他数据比较，采用其逐月的插值后的版本（分辨率为 1°×1°）。

5）英国的 HadCRU4 资料，该数据集采用了全球网格化的表面温度资料（陆面和海面），分辨率为 5°×5°。

6）美国马里兰大学的 SODA（Simple Ocean Data Assimilation）海洋再分析数据集，包含有温度、盐度、海流、表面风应力、海面高度等变量。本节选择的是 SODA2.1.6，时间范围是 1958 年 1 月至 2008 年 12 月，分辨率为 0.5°×0.5°（Carton and Giese，2008；Carton et al.，2018）；以及 SODA3.4.2，时间范围是 1980 年 1 月至 2017 年 12 月，分辨率为 0.5°×0.5°。

图 1.3 为 1958 ～ 2014 年全球平均 SST 变化趋势。图 1.3 应用了表 1.1 所示的 5 套温度资料。由图 1.3 可以看出，全球平均 SST 的变化趋势基本一致，但是变化幅度有所差异，这可以理解为数据由于参数或者同化方案不同而产生了系统性偏差。就单套数据本身而言，它们所表现的变化速率和幅度相差不大。例如，卫星遥感资料 OISST 所显示的 SST 异常（SSTA）变化要比其他数据小。这是因为 OISST 始于 1981年底，SST 气候态时间选择的是 1981 ～ 2010 年，而其他数据选取的气候态时间是 1961 ～ 1990 年，由于减去了相对较大的气候态 SST，因此它的 SST 异常数值相对较小。但是就其数据本身来说，SST 变化的速率和幅度与其他数据是相当的。

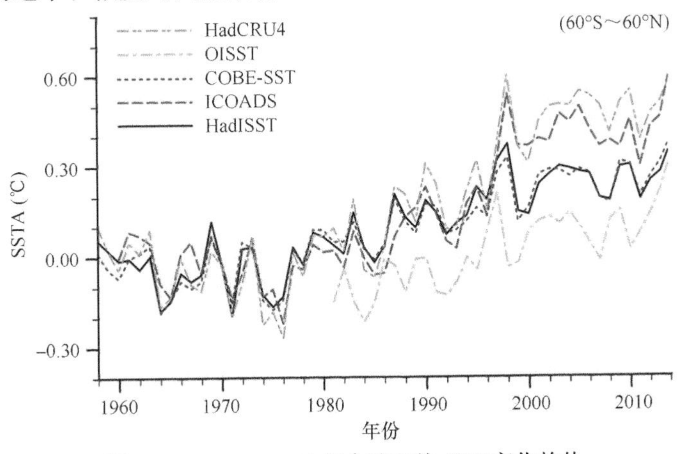

图 1.3　1958 ～ 2014 年全球平均 SST 变化趋势

数据采用表 1.1 所示的 5 套 SST 数据集，其中，HadCRU4 综合了陆地和海洋表面温度资料；OISST 的气候态时间为 1981 ～ 2010 年，其他的气候态时间为 1961 ～ 1990 年

在全球变暖背景下，由于海洋相比陆地有较大的比热容，陆地的升温幅度要大于海洋的，因此，应用 HadCRU4 数据分析，结果表明，其全球 SST 异常要略高于其他 4 种资料的（图 1.3），但这 4 种 SST 数据资料在描述全球平均变化时，结果基本一致。这表明用其研究中国近海及其他区域 SST 的变化是合理的。

2. 方法简介

本研究采用相关分析、回归分析、线性趋势、经验正交函数（empirical orthogonal function，EOF）分解及相关系数的显著性检验、滑动 t 检验等方法，介绍如下。

（1）线性趋势（滑动线性趋势）

基于最小二乘法的线性拟合公式来描述变量（如 SST）时间序列的变化趋势。对于变量 Y 而言，其线性变化趋势可以通过对 X_i 时刻的时间序列 Y_i 采用如下公式进行线性拟合得到：

$$Y_i = Y_0 + k \times X_i + \varepsilon_i$$

式中，Y_0 和 k 是要求的未知参数；Y_i 为年（或季节）平均的变量（SST）；X_i 为时间变量，如 X_i=1, 2, …, 57 代表 1958 ～ 2014 年共 57 年；ε_i 为拟合结果的误差。斜率 k 的单位为℃/a，即变化趋势或者速率，k 为正数时表示 SST 上升，为负数时表示 SST 下降。

上述公式可以很好地描述总体近似线性变化的时间序列，如 20 世纪 50 年代以来的全球温度序列。但由于 2000 年以后全球地表出现变暖暂缓甚至变冷的趋势，与先前的变化趋势不一致，因此传统的线性趋势方法不能很好地刻画这种现象。为解决这一问题，本研究采用 10 年滑动线性趋势的方法，即每 10 年计算一次的方法。例如，将 1958 ～ 1967 年 10 年间的温度序列计算一次趋势作为 1962 年的变化速率，1959 ～ 1968 年的趋势作为 1963 年的趋势，以此类推。这种方法不仅可以很好地描述不同时间段的变化趋势，还可以比较不同时间段变化趋势的大小。

（2）滑动 t 检验

滑动 t 检验（MTT）是通过检查两组样本均值的差异是否显著，并以此来确定突变是否发生的方法。对于具有 n 个样本的时间序列 X_n，首先人为地确定某一时刻为基准点，基准点前后的两个子序列分别为 x_1 和 x_2，样本大小分别为 n_1 和 n_2，两组样本的均值分别为 $\bar{x}_1$ 和 $\bar{x}_2$，方差分别定义为 s_1^2 和 s_2^2，考察统计量：

$$t = \left(\bar{x}_1 - \bar{x}_2\right) \Big/ \left(s \cdot \sqrt{1/n_1 + 1/n_2}\right)$$

式中，t 遵循自由度为 n_1+n_2-2 的 t 分布；s 为

$$s = \sqrt{\left(n_1 s_1^2 + n_2 s_2^2\right) \Big/ \left(n_1 + n_2 - 2\right)}$$

（3）显著性检验

统计检验是为了判断气候变量间的统计结果是否显著，即达到什么程度可认为存在显著关系。例如，相关系数的检验使用 t 检验。对于样本数为 N 的两个独立样本，相关系数为 r，则有 $t = \dfrac{r\sqrt{n-2}}{1-r^2}$，该公式遵从自由度为 n–2 的 t 分布，给定显著性水平 a，查 t 分布表，若 $t > ta$，则认为相关系数是显著的（魏凤英，2007）。一元线性回归对回归系数的检验与相关系数的检验是一致的。

（4）EOF 分解

EOF 分解能将随时间变化的某变量场分解为不随时间变化的空间函数部分和只随时

间变化的时间函数部分，即可将某变量的气候要素场分解成互相正交的空间模态及与该模态对应的时间序列，并且按照方差贡献的大小排列。这是海洋和气象研究中用于分析反映某变量主要时空变化特征的方法，既可简化分析，又不损失信息。

以某三维气象要素场 P 为例，其二维空间点有 i（i=1, 2, …, n）个，每个空间点对应的时间长度为 j（j=1, 2, …, m）个，通过 EOF 分解展开得到如下矩阵：

$$\boldsymbol{P}=\boldsymbol{X}\times\boldsymbol{Y}$$

式中，$\boldsymbol{X}$ 为 $n\times m$ 的空间特征向量矩阵；$\boldsymbol{Y}$ 为 $m\times m$ 的时间系数矩阵；$\boldsymbol{P}$ 为标准化的 $n\times m$ 矩阵，矩阵中的元素 p_{ij} 为距平值，矩阵元素满足：

$$\frac{1}{m}\sum_{j=1}^{m}p_{ij}=0\ (i=1,\ 2,\cdots,n)$$

1.3.2　中国近海海面温度的变化特征

图 1.4 是 1958 ～ 2014 年全球（60°N ～ 60°S）平均 SST 的线性变化趋势。这是基于 4 套再分析资料（HadISST、ICOADS、COBE-SST 和 OISST）的分析结果。分析表明，热带印度洋、西太平洋（包括北太平洋和南太平洋西部）和北大西洋的中高纬度海区有显著的升温趋势；并且，在副热带大洋的西边界流区域也有显著的变暖趋势，如北太平洋的黑潮区、南太平洋的东澳大利亚流海区、北大西洋的湾流区、南大西洋的巴西流海区和印度洋的阿古拉斯流海区。这与 Wu 等（2012）的研究结果类似，即过去百年来大洋西边界流海区的升温速率是全球海洋平均的 2 ～ 3 倍，并归因于西边界流输送加强。

图 1.5 是 1958 ～ 2014 年中国近海、关键海域［热带中东太平洋（ETP）、北大西洋湾流区（NAO）、北半球（NHT）］及全球（GMT）平均表面温度变化和 10 年滑动趋势。图 1.5a 揭示了中国东部海域（ECS）SST 时间序列的变化。ECS 在 20 世纪 70 年代开始迅速升温，到 1998 年达到顶峰，最大升温幅度超过 2℃。1998 年以后 SST 开始呈现下降的趋势。10 年滑动趋势表明，在 20 世纪 80 年代和 90 年代中期升温速率较大，均超过了 0.06℃/a，这表明ECS的SST在1980～1989年和1990～1999年升幅都超过了0.6℃。1998 年以后，SST 变化趋势为负值，最低值为 2002 年的–0.05℃/a，这可能是由于 SST 于 1998 年居于最高值，但是 2000 年以后 ECS 的 SST 呈下降的趋势（速率为负）。即使不考虑 1998 年的最高温度，10 年滑动趋势也揭示了 ECS 冬季 SST 在 2000 年以后整体都是负的变化趋势，在 2004 年以后负的趋势有所减小，但仍然没有转为正的趋势，这说明 ECS 的 SST 在 1998 年以后整体趋势是下降的，并且不依赖于某一特殊年份的极值。南海（SCS）SST 变化趋势与 ECS 基本一致，无论是在加速期还是在暂缓期，其变化速率和幅度均小于 ECS（图 1.5b）。这表明 ECS 比 SCS 对全球气候变化的响应更为敏感。

除了中国近海，热带中东太平洋（图 1.5c）SST 主要表现为显著的年际变率，这与厄尔尼诺-南方涛动（ENSO）3 ～ 7 年的变率是一致的。北大西洋湾流区自 20 世纪 80 年代中期以来 SST 有较明显的上升趋势（图 1.5d）。值得关注的是，热带中东太平洋 SST 的变化趋势与中国近海 SST 的变化趋势是反位相的关系。在中国近海增温最快的 20 世纪 80 年代中期和 90 年代中期，热带中东太平洋 SST 下降最快（负的趋势达到最大值）。

分析还显示，北半球平均的表面温度的上升及变化幅度要大于全球平均的（图 1.5e），全球平均表面（陆地和海洋表面）温度上升了大概 0.8℃（图 1.5f），并且增温速率最快的时间段也是20世纪80年代和90年代，这与IPCC的评估报告及前人的研究结果接近（IPCC，2013）。

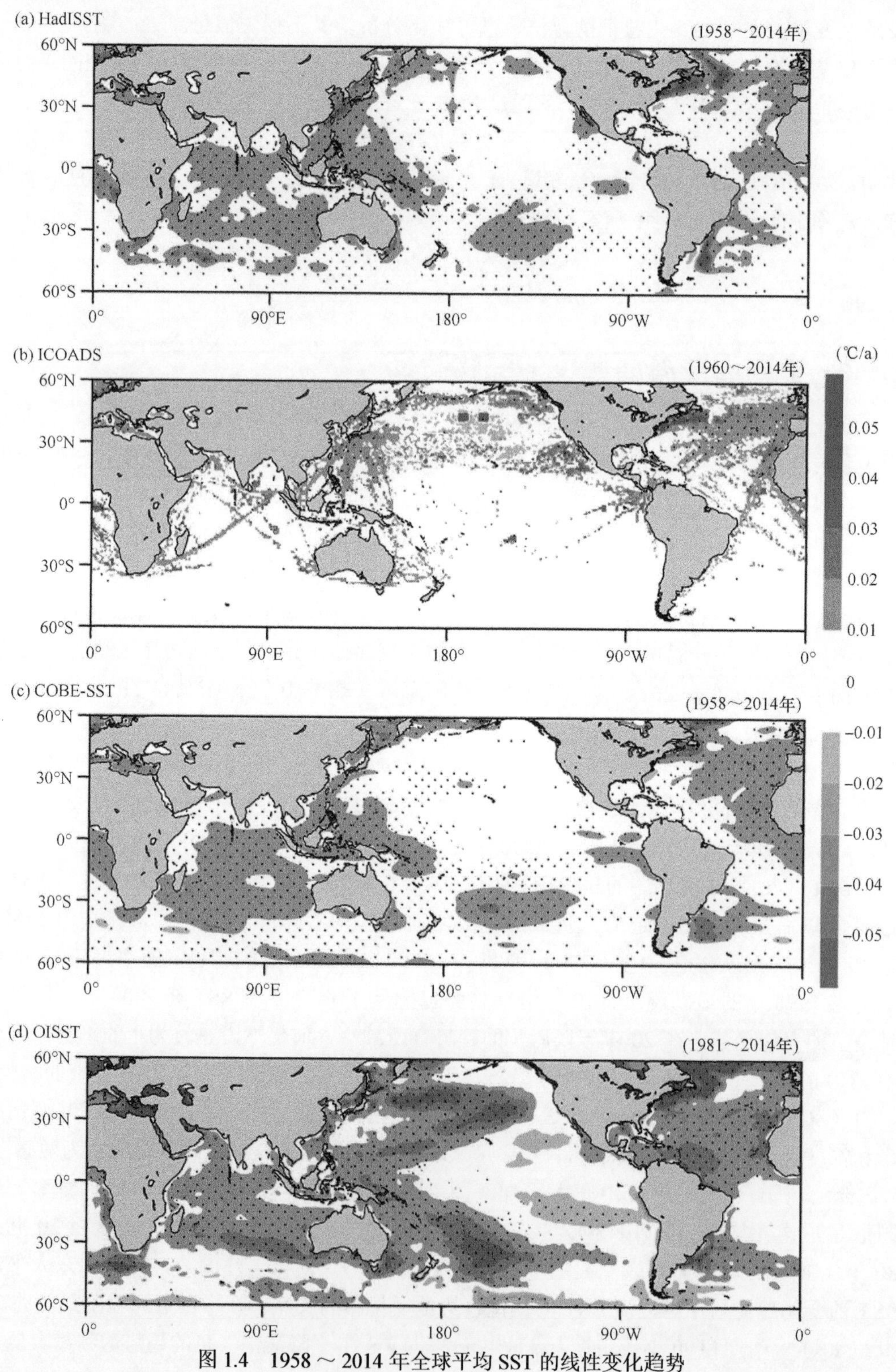

图1.4　1958～2014年全球平均SST的线性变化趋势

图a～d分别采用HadISST、ICOADS、COBE-SST和OISST资料，黑点为超过95%显著性检验的区域，每套数据的时间长度不同，见图右上角

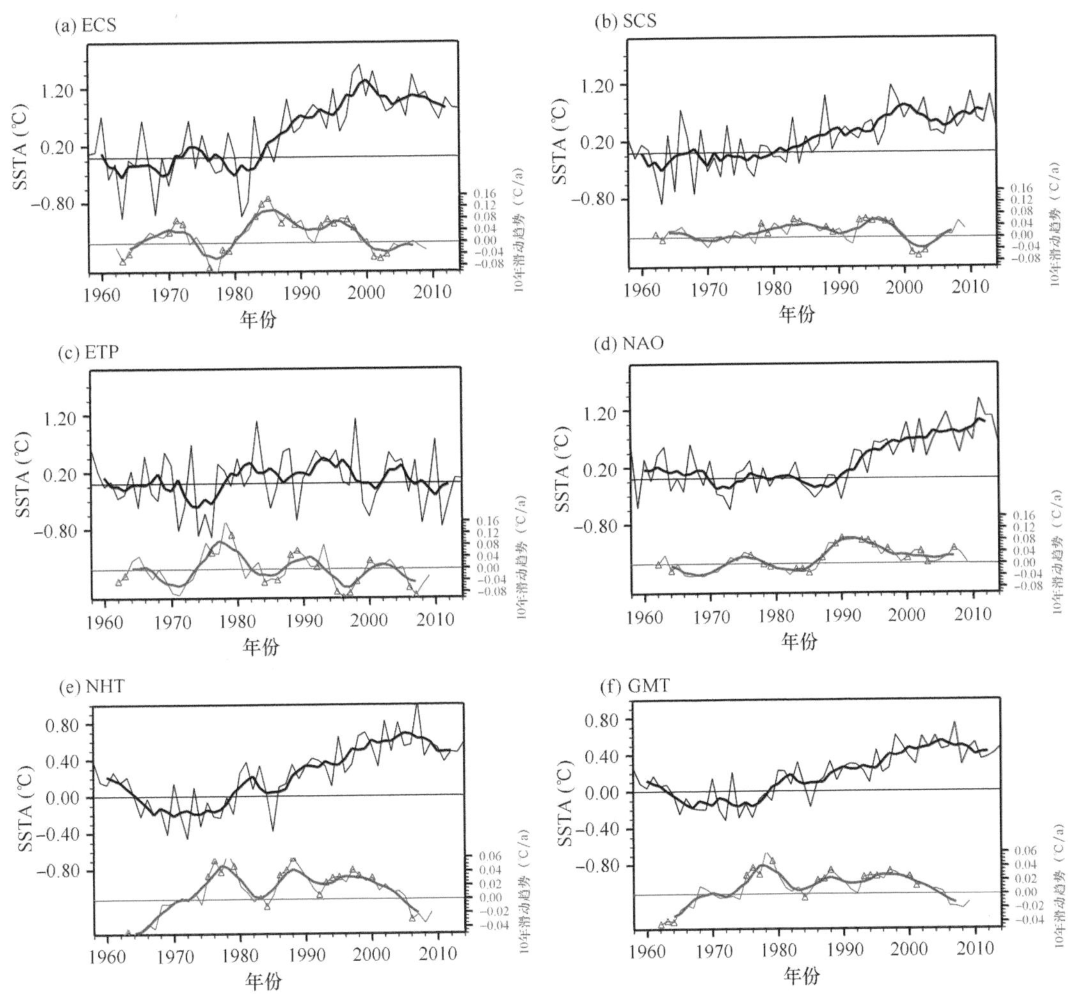

图 1.5　1958 ～ 2014 年中国近海、关键海域及全球平均表面温度变化和 10 年滑动趋势

a ～ d 分别是中国东部海域（20°N ～ 40°N，118°E ～ 130°E）、南海（2°N ～ 21°N，110°E ～ 120°E）、热带中东太平洋（20°S ～ 20°N，180°E ～ 90°W）、北大西洋湾流区（39°N ～ 59°N，40°W ～ 75°W），e、f 分别为北半球和全球平均的表面温度（陆地表面温度和海面温度）。加粗的黑线和红线为 5 年滑动趋势，蓝色三角表示超过 90% 显著性检验（资料来自 HadISST）

图 1.6 是 1958 ～ 2014 年中国近海春季、夏季、秋季和冬季的季节平均 SST 变化趋势（注：除特别注明外，本书中的春季指 3 ～ 5 月，简称 MAM；夏季为 6 ～ 8 月，简称 JJA；秋季指 9 ～ 11 月，简称 SON；冬季为 12 月至翌年 2 月，简称 DJF）。结果表明，中国近海尤其是中国东部海域（图 1.6 蓝色方框范围）各个季节的 SST 均表现出显著的上升趋势。其中，冬季的升温最强，显著区域主要位于台湾海峡至长江口的东海，平均升温速率超过 0.5℃/10a。其次为春季和秋季。夏季升温最弱，显著的区域位于东海以北的黄海、渤海及日本海。在 1958 ～ 2014 年，中国东部海域 SST 年平均上升将近 1.5℃，冬季升温最显著，超过 2℃，这与相关研究结果类似（Liu and Zhang，2013；Cai et al.，2017a）。并且，20 世纪 80 年代中期和 90 年代中期为增温速率最大的两个时期，这与全球平均表面温度的变化趋势基本一致，但是中国近海特别是中国东部海域的升温速率和幅度均明显超过全球平均水平（约 0.11℃/10a）。2000 年以后，全球表面升温出现暂缓

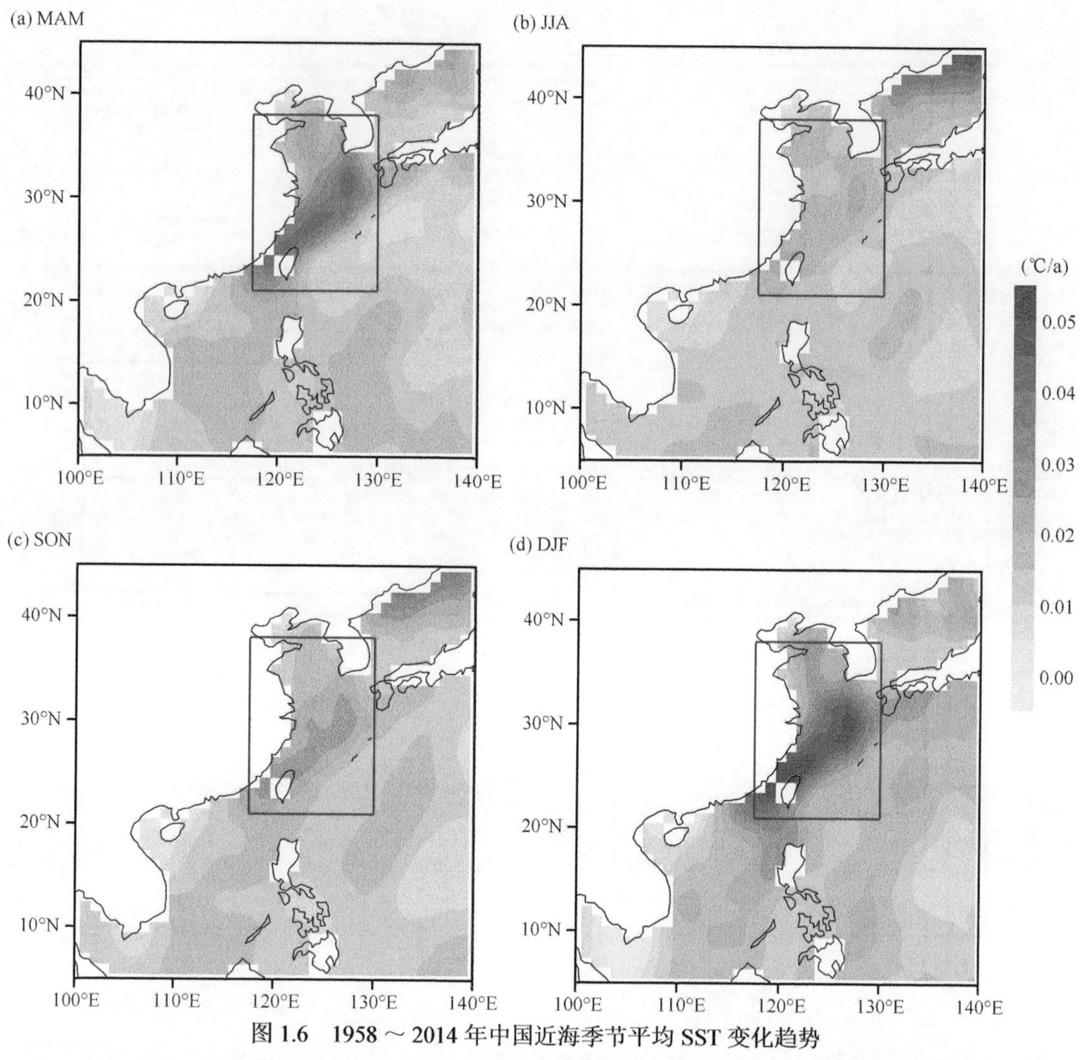

图 1.6　1958 ～ 2014 年中国近海季节平均 SST 变化趋势

a、b、c、d 分别代表春季（MAM）、夏季（JJA）、秋季（SON）、冬季（DJF），资料取自 HadISST

现象（图 1.5f）（Easterling and Wehner，2009；Kosaka and Xie，2013；Met Office，2013；IPCC，2013），与此同时，中国近海 SST 也出现了升温速率减小甚至为负的现象，但是，过去的十几年仍然是平均温度最高的一段时期（图 1.5a、b）。这表明中国近海 SST 的变化与全球的变化趋势一致，但是中国近海特别是中国东部海域 SST 的变化速率和幅度又明显高于全球平均水平。

1.3.3　中国东部海域对全球变暖的响应与敏感性

图 1.7 是中国东部海域（21°N ～ 38°N，118°E ～ 130°E）平均 SST 序列在不同时间段（1979 ～ 1998 年、1998 ～ 2014 年和 1958 ～ 2014 年）的线性趋势。就长期趋势而言，中国东部海域 SST 在四个季节均表现出明显的升温趋势。其中，冬季升温速率最大，春季和秋季次之，夏季最小。如果就不同的时间段而言，20 世纪 60 年代和 70 年代升温并

不显著，自 80 年代初开始迅速升温，直到 90 年代末，在 2000 年以后有明显的下降趋势。

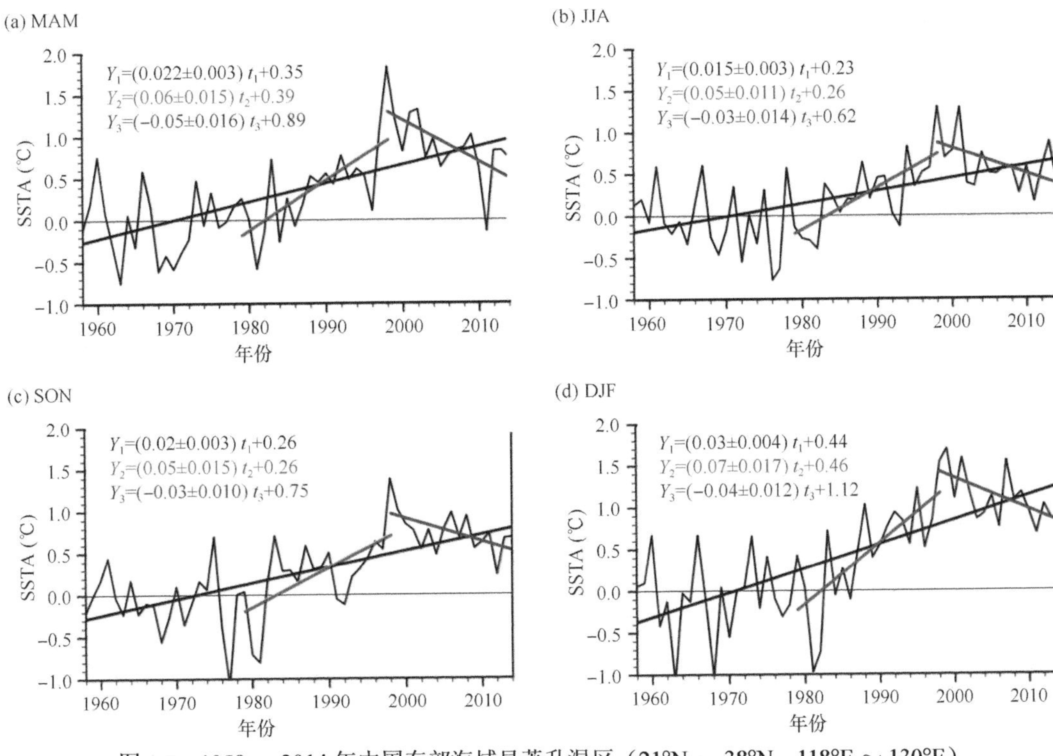

图 1.7　1958 ～ 2014 年中国东部海域显著升温区（21°N ～ 38°N，118°E ～ 130°E）在四个季节的 SST 变化（Tan et al.，2021）

黑色、红色和蓝色线段分别是 SST 在 1958 ～ 2014 年、1979 ～ 1998 年和 1998 ～ 2014 年的线性拟合，拟合公式（黑色、红色和蓝色分别代表三个线段）见图中左上角

图 1.7 还显示，中国东部海域四季 SST 在 1979 ～ 1998 年的升温速率明显大于长期趋势，其中，冬季仍然是升温趋势（斜率）最大的，达到（0.07±0.017）℃/a，而夏季相对最小，为（0.05±0.011）℃/a。1998 年以后，全球地表升温变暖进入暂缓期，中国近海 SST 迅速升温也暂时停滞，并且出现了明显的下降趋势。冬季和春季是 SST 下降最显著的季节，速率分别是（–0.04±0.012）℃/a 和（–0.05±0.016）℃/a，夏秋季节的速率相对较小（Tan et al.，2021）。由此可见，中国东部海域四季的 SST 均表现为较一致的变化趋势，但冬春季节的变化趋势要比夏秋季节明显。其中，冬季 SST 的变化速率要大于全球平均水平。

本研究分别选择了冬季和夏季 SST 变化最显著的区域，冬季为东海（22°N ～ 33°N，120°E ～ 127°E），夏季为黄海和东海北部（32°N ～ 44°N，120°E ～ 138°E），建立了区域平均的 SST 时间序列。将上述 1958 ～ 2014 年冬夏季节 SST 时间序列看成以时间 t 为自变量的一些简单函数的线性组合，即

$$y(t)=c_0+c_1t+c_2t^2+c_3t^3+c_4t^4+c_5t^{1/2}+c_6t^{-1}+c_7t^{-1/2}+c_8t^{-2}+c_9\mathrm{e}^{-t}+c_{10}\ln t$$

式中，t 为时间变量（单位：年），以 1958 年为起始点，t=1, 2, …, 57；c_0 ～ c_{10} 为回归系数。利用逐步回归分析法得到冬夏季节 SST 的最佳回归方程为

冬季：$y(t)=15.465\,25+7.274\,996\,6\times10^{-4}t^{2}$

夏季：$y(t)=23.508\,74+1.136\,685\,3\times10^{-7}t^{4}$

利用上述最优回归方程得到，中国东部海域冬夏季节的显著升温区在 1958 ～ 2014 年 SST 分别升高了 2.40℃（约 0.4℃/10a）和 1.40℃（约 0.2℃/10a）（图 1.8），远大于全球平均水平（IPCC，2014）。

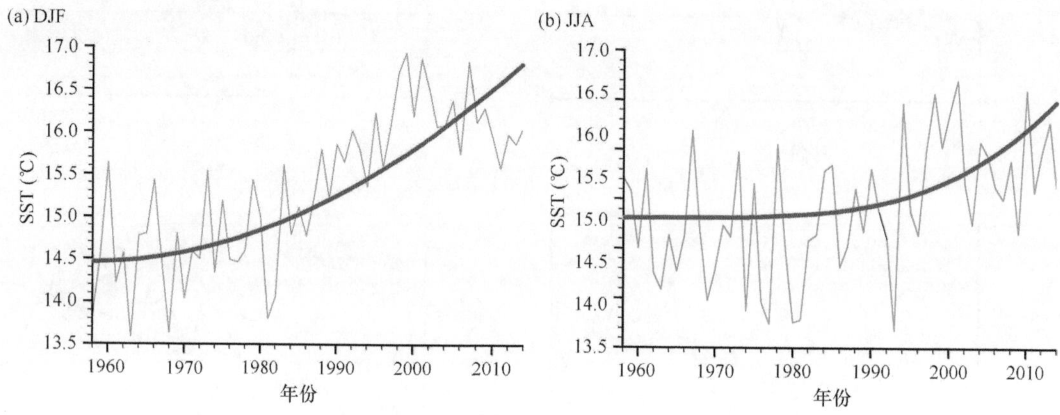

图 1.8　中国东部海域显著升温区冬夏季节 SST 变化及最优回归序列

由于 20 世纪 90 年代末以后，全球表面变暖出现了所谓暂缓现象，而传统的线性拟合方式对于长时间序列中有显著扰动的线性趋势的刻画不尽理想，因此，很多研究都尝试将其分开来讨论。例如，定义 20世纪 70 ～ 90 年代为全球地表变暖的加速期，1998 年以后为变暖的暂缓期（Liao et al.，2015）。同时，鉴于中国东部海域 SST 的变化速率要大于南海，本节进一步分析全球特别是中国东部海域在上述两个时间段的 SST 变化趋势，探讨中国东部海域对全球变化的响应特征。由于冬季是中国东部海域升温最显著的季节，下面主要给出冬季的分析结果。

图 1.9 为全球海洋 SST 在地表变暖加速期（1958 ～ 1998 年）和暂缓期（1998 ～ 2014 年）的冬季变化趋势。其中，图 1.9a、c、e、g 为变暖加速期的变化趋势，图 1.9b、d、f、h 为变暖暂缓期的变化趋势。数据来自 4 套海面温度再分析数据集，自上而下分别是 HadISST（图 1.9a、b）、ICOADS（图 1.9c、d）、COBE-SST（图 1.9e、f）和 OISST（图 1.9g、h）。

采用 HadISST 资料的分析结果表明，在全球表面变暖加速期（1958 ～ 1998 年），全球大部分海区有变暖的趋势，包括热带太平洋、印度洋海盆和南大西洋，只有北太平洋中部海区和热带东大西洋海区有微弱的变冷趋势（图 1.9a）。在副热带大洋西边界流区域均出现变暖加速的现象，如太平洋的黑潮区和澳大利亚东部海域、大西洋的湾流区和巴西东部海区、印度洋的阿古拉斯流海区，其中，黑潮区和湾流区是增温最显著的区域（图 1.9a）。在变暖暂缓期（1998 ～ 2014 年），南北太平洋西边界、中国近海和热带东太平洋有显著的降温趋势，而在西北大西洋和热带印度洋仍然存在明显的升温趋势（图 1.9b）。

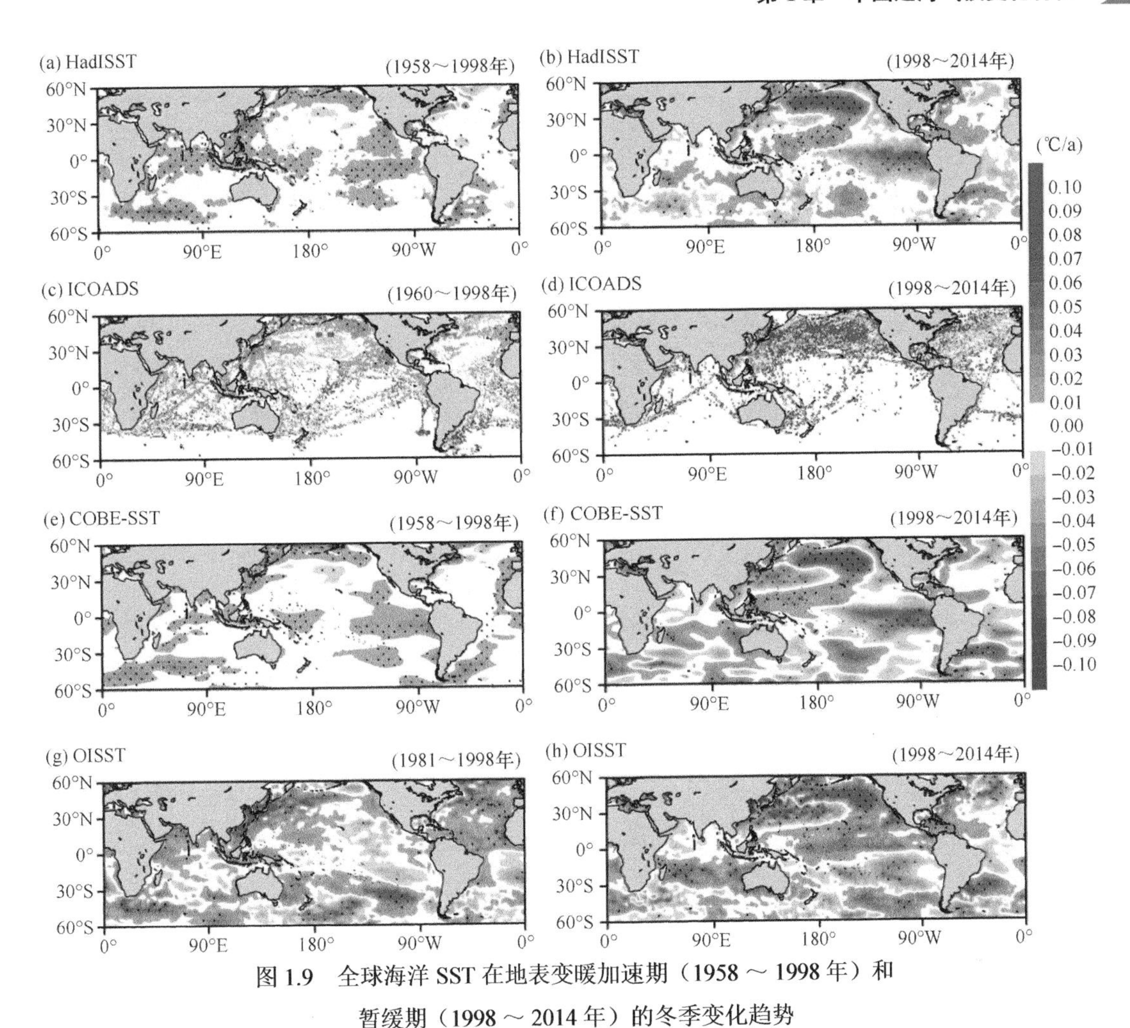

图 1.9　全球海洋 SST 在地表变暖加速期（1958 ～ 1998 年）和暂缓期（1998 ～ 2014 年）的冬季变化趋势

数据来自 4 套海面温度再分析数据集（自上而下分别是 HadISST、ICOADS、COBE-SST 和 OISST），黑点为超过 95% 显著性检验的区域

应用 ICOADS 数据的分析结果，揭示了中国近海在变暖加速期的显著升温和变暖暂缓期的降温现象（图 1.9c、d），在变暖暂缓期降温区域扩展到亚洲大陆东部海域，而在全球热带海域的降温似乎较不明显。这可能是因为 ICOADS 资料以船载、舰载和浮标观测数据为主，数据集中在中纬度近海，而热带大洋的数据较少。采用日本气象厅 COBE-SST 数据的分析结果（图 1.9e、f）与应用 HadISST 数据的分析结果（图 1.9a、b），两者基本一致，但前者变化的幅度略小。COBE-SST 的数据结果也显示了整个亚洲大陆东部海域强烈的降温现象。由于卫星遥感数据 OISST 时间长度较短（始于 1981 年 12 月），应用 OISST 分析的结果表明，全球海洋 SST 在 1998 年之前和之后的年平均变化趋势比其他 3 套数据都大，尤其是中国东部海域，在 1981 ～ 1998 年的升温趋势超过 0.06℃/a，而在 1998 ～ 2014 年 SST 下降的趋势也超过了–0.05℃/a（图 1.9g、h）。

总之，应用 4 套海面温度数据的分析结果，揭示了全球海洋 SST 在 20 世纪后半段（全球地表变暖加速期）大体一致的变暖趋势。其中，全球大洋西边界流海区存在变暖加强的现象，中国东部海域是全球海洋变暖速率最大的区域之一，升温速率超过 0.6℃/10a，是全球平均 SST 的 5 倍以上（0.11［0.09～0.13］℃/10a），该结果与先前的研究结果基本一致（Cai et al.，2017a）。

图 1.9 还表明，在 20 世纪 90 年代末以后，全球海洋 SST 不像之前那样一致性地快速升温，不同区域表现出很大的差异。最显著的是热带中东太平洋的 SST 负异常及北太平洋 SST 正异常，这是典型的太平洋年代际振荡（PDO）处于负位相的现象。除了热带中东太平洋，中国近海尤其是中国东部海域也出现了 SST 下降现象，下降的程度甚至超过了前者。这也是亚洲大陆东部海域降温的主要区域，而热带西太平洋海域在 1998 年以后仍然有升温现象。Liao 等（2015）利用卫星数据，研究了全球海洋沿岸在 1998 年以后的 SST 变化趋势，结果表明，全球中低纬度将近 31.4% 的沿岸出现变冷的趋势，中国东部沿岸海域是最显著的温度下降区域之一。尽管全球平均温度及部分海区 SST 出现了下降的趋势，但是仍然有一些海区持续变暖，如北太平洋高纬度海区、北印度洋和西北大西洋的美国东北陆架海仍然持续升温。其中，中纬度西北大西洋的美国东北陆架海在 1998 年之前和之后均有显著的升温现象，并且在 1998 年之后升温更强。

图 1.10 是基于 3 套数据（ICOADS、COBE-SST 和 OISST）的中国东部海域 SST 变化和 10 年滑动趋势。虽然数据的长度不尽相同，但是其滑动趋势都在变暖加速期表现为升温速率的双峰结构，即升温最大值出现在 20 世纪 80 年代中期和 90 年代中期。而在 2000 年以后降温速率最大值（负值）出现在 2001 年前后，这可能与 SST 在 1998 年达到历史最大值有关，但是即使不考虑 1998 年，10 年滑动趋势在 2004 年以后的值也都是负值。因此，中国近海 SST 在 1998 年以后整体趋势都是下降的，这与 1998 年的极值关系不大。

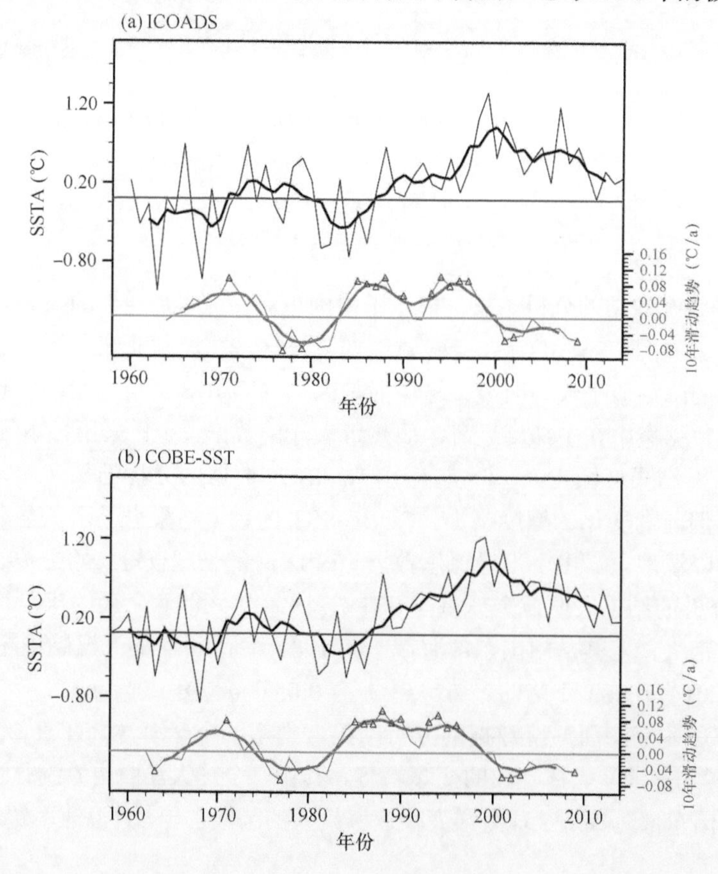

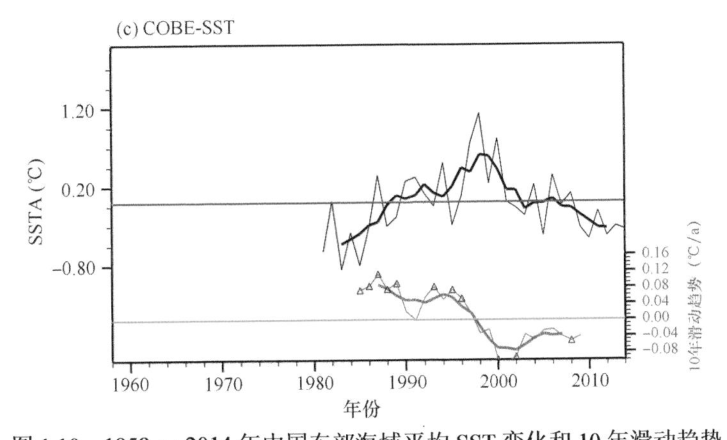

图1.10 1958～2014年中国东部海域平均SST变化和10年滑动趋势

图a～c的数据分别来自3套海面温度再分析数据集（自上而下分别是ICOADS、COBE-SST和OISST），加粗的黑线和红线为5年滑动，蓝色三角表示超过90%显著性检验

除了10年的滑动趋势，本节还分析了其他长度的滑动窗口，如12年、15年和20年，除了最大趋势峰值位置有所差异，其他结论均与10年滑动结果类似。采用20年滑动趋势时，得到在1990年为最大趋势峰值，表明SST在20世纪80年代和90年代为升温最迅速的时期。

综上所述，中国近海SST的变化趋势与全球平均表面温度的变化趋势基本一致，但是中国近海尤其是中国东部海域SST的变化速率和幅度明显大于全球平均及其他关键区。换言之，从SST对全球气候变化响应的角度看，中国东部海域是全球气候变化的高度敏感区。

1.3.4 中国近海海面盐度的变化特征

图1.11为1958～2017年中国近海SSS的年际和年代际变化。从年均变化来看，

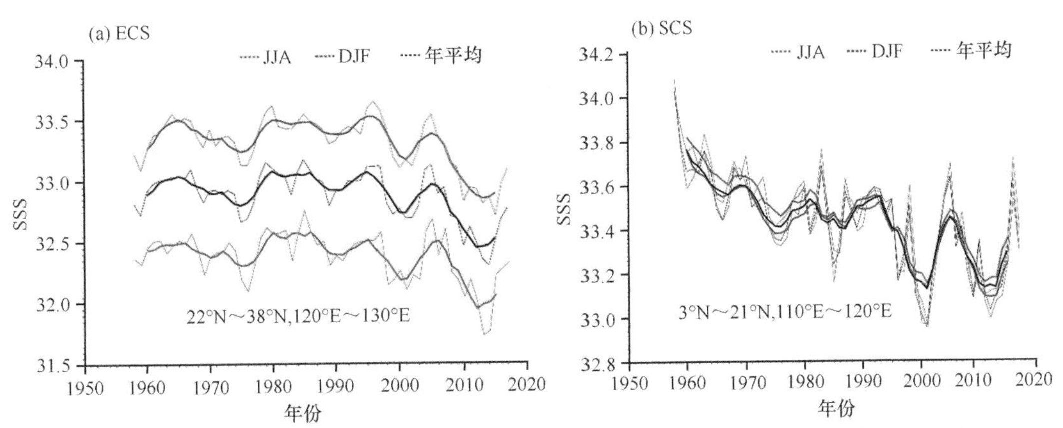

图1.11 1958～2017年中国东部海域（a）和南海（b）夏季（JJA）、冬季（DJF）和年平均的SSS变化（数据来自SODA）

粗线为5年滑动平均

1958～2005年中国东部海域SSS趋势变化似乎不明显，但在2005年之后，SSS下降趋势较显著，而南海SSS除了显著的年际变化，其年代际变化也更为明显，总体呈现下降的趋势。

图1.12为1958～2017年中国近海冬季和夏季SSS的变化趋势。可以看出，显著变化区域集中在黄海和渤海、长江口和珠江口邻近海域。在1958～1999年，夏季，黄海和渤海邻近海域SSS呈显著上升趋势，上升最大值达到3.0以上，长江口和珠江口SSS呈显著下降趋势，下降最大值达到–8.0以下（图1.12a）；冬季，长江口SSS变化趋势与夏季截然相反，呈显著上升趋势，最大增加4.2以上，同时黄海SSS不再显著上升（图1.12c）。在2000～2017年，夏季，渤海、长江口和珠江口邻近海域SSS主要呈显著下降趋势，下降最大值达–8.8，济州岛附近海域SSS呈上升趋势（图1.12b）；与之不同的是，冬季长江口附近海域SSS呈现显著上升趋势，上升最高值超过6.0，同时黄海SSS总体上呈显著下降趋势（图1.12d）。

图1.13、图1.14分别为1958～2017年中国近海SSS的EOF第一、第二模态的时空变化特征。EOF分解的结果显示，EOF1第一模态的贡献占44.7%，1958～2005年，中国近海的SSS以偏高为主，而2006年前后，SSS似乎发生了跃变，自2009年以来，SSS显著降低，长江口附近海域SSS则有反位相的变化（图1.13a、b）。EOF2第二模态的贡献为15.2%，中国东部海域和中国南部海域基本呈反位相变化，且全海域SSS的年际和年代际变化显著（图1.14a、b）。

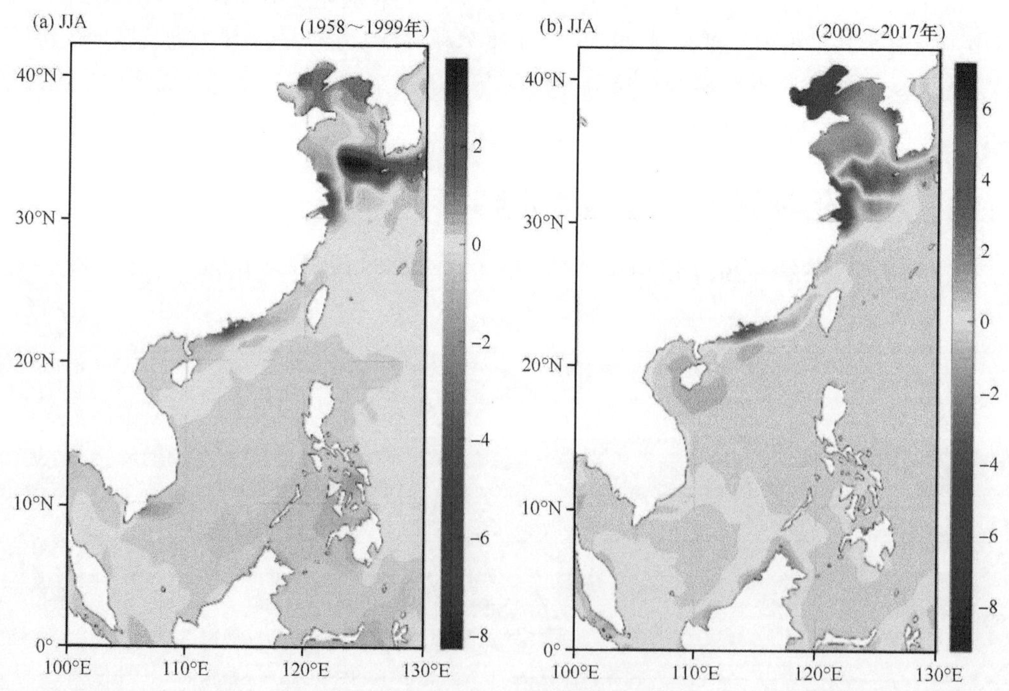

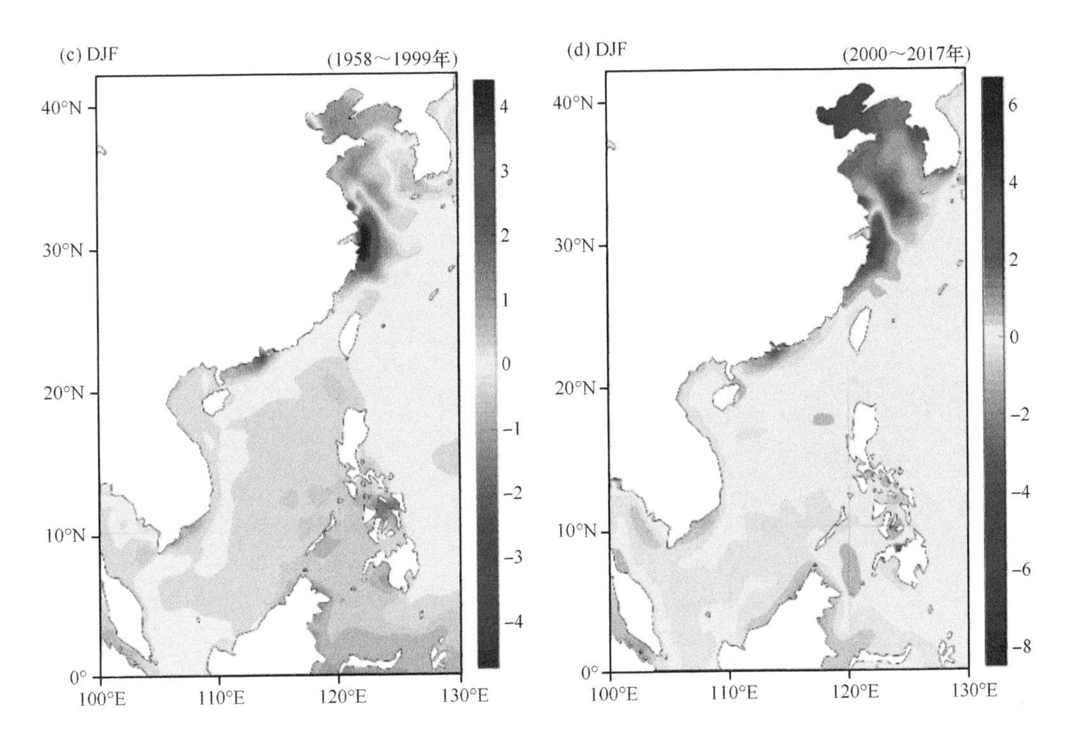

图 1.12　1958 ～ 2017 年中国近海冬季和夏季 SSS 的变化趋势（数据来自 SODA）

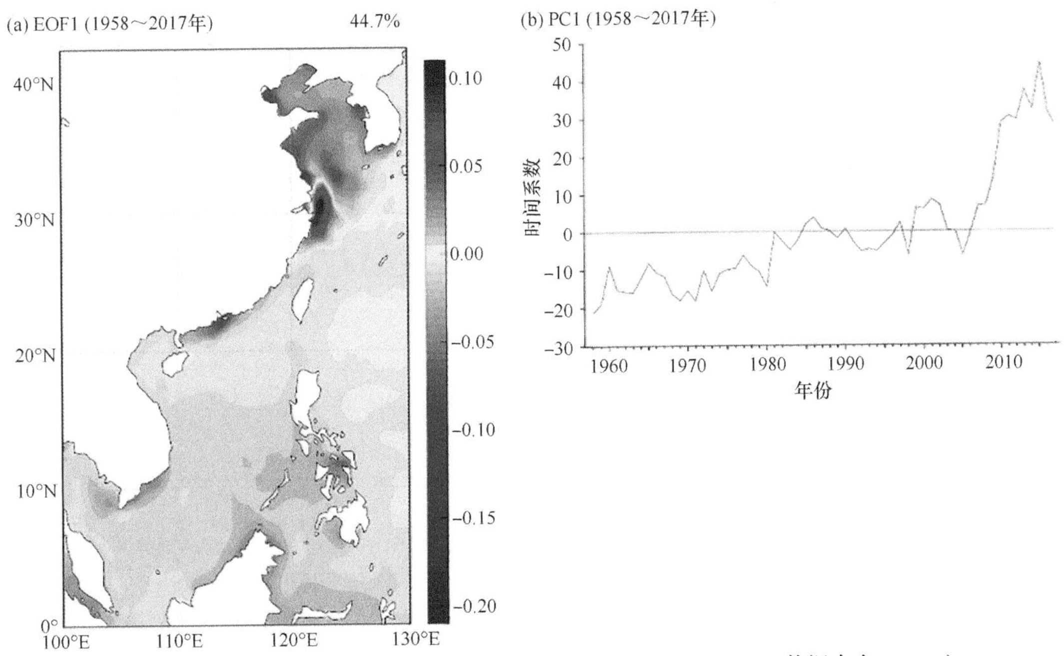

图 1.13　中国近海 SSS 的 EOF1 空间分布（a）和时间序列（b）（数据来自 SODA）

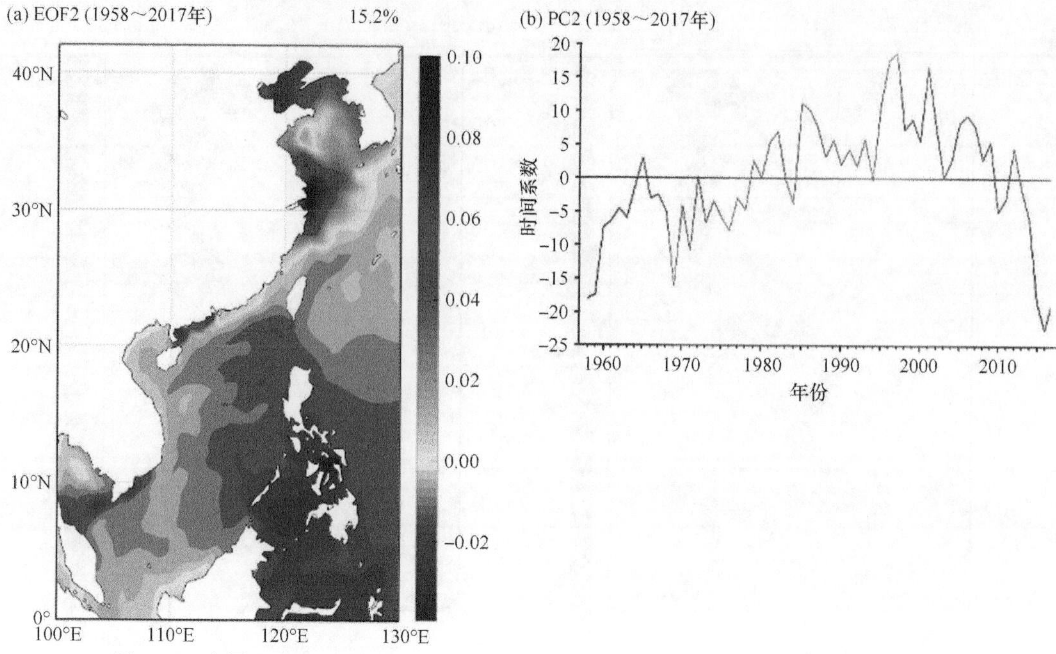

图 1.14 中国近海 SSS 的 EOF2 空间分布（a）和时间序列（b）（数据来自 SODA）

1.4 中国近海气压、气温、降水和淡水通量的变化特征

中国近海的地理分布范围从南到北跨越了热带、亚热带和温带，并且位于亚洲大陆和太平洋之间的东亚季风区，既受到区域内显著的海陆热力和动力差异的影响，又受到全球季风系统下东亚季风季节性变化的调控。因此，中国近海有海洋与季风气候的特点。除了 SST、SSS 和流场的变化，中国近海不同海区的气候特征还反映在气压、气温、降水等方面的差异。为此，本节主要针对气压（海平面）、气温（2m 处）、降水和淡水通量（分别简称气压、气温、降水和淡水通量），分析中国近海典型气候要素的变化特征。

1.4.1 数据资料和研究方法

本研究采用的气压、气温、降水和淡水通量数据集见表 1.2。

表 1.2 本研究所用气压、气温、降水和淡水通量数据集

数据集	变量	分辨率	时间段	来源
NCEP/NCAR Reanalysis 1	气压	2.5°×2.5°	1948～2015 年	http://www.esrl.noaa.gov/psd/data/gridded/data.ncep.reanalysis.html
NCEP/NCAR Reanalysis 1	气温	2.5°×2.5°	1948～2015 年	http://www.esrl.noaa.gov/psd/data/gridded/data.ncep.reanalysis.html
GPCC	降水	2.5°×2.5°	1979～2015 年	https://climatedataguide.ucar.edu/climate-data/gpcc-global-precipitation-climatology-centre
OAFlux	淡水通量	1°×1°	1979～2015 年	https://oaflux.whoi.edu/data-access/

1）气压：美国国家环境预报中心（National Centers for Environmental Prediction，NCEP）及美国国家大气研究中心（National Center for Atmospheric Research，NCAR）的逐月平均再分析资料（NCEP/NCAR Reanalysis 1），时间范围为 1948 年 1 月到 2015 年 12 月，分辨率为 2.5°×2.5°（Kalnay et al.，1996）。

2）气温：来源同气压。

3）降水：德国全球降水气候学中心提供的降水数据集（GPCC），分辨率为 2.5°×2.5°，时间范围为 1979 ～ 2015 年。

4）淡水通量：淡水通量为海洋大气界面蒸发量与降水量之差（以符号 E-P 代表），其中，海面蒸发数据来自美国伍兹霍尔海洋研究所（Woods Hole Oceanographic Institution）的客观分析海气热通量项目 OAFlux（The Objectively Analyzed air-sea Fluxes），分辨率为 1°×1°，时间范围为 1979 ～ 2015 年。

本研究采用的分析方法见 1.3.1 节。

1.4.2　中国近海气压变化特征

中国近海为亚洲大陆和西北太平洋的边缘海，受海陆热力差异影响明显，海平面气压场的响应尤其明显。冬季，欧亚大陆及海洋上空主要受蒙古—西伯利亚高压和阿留申低压控制，中国近海受蒙古—西伯利亚高压影响较大。夏季，中国近海主要受副热带高压控制，南部海域海平面气压的变化与热带大洋的较为一致，而北部海域的海平面气压则与中国北方陆域的变化一致。

鉴于中国近海的季节性气候特点，本研究以冬季、夏季为主要研究对象。图 1.15a 和图 1.15b 分别是 1979 ～ 1999 年和 2000 ～ 2015 年夏季相对于气候态（1981 ～ 2010 年）

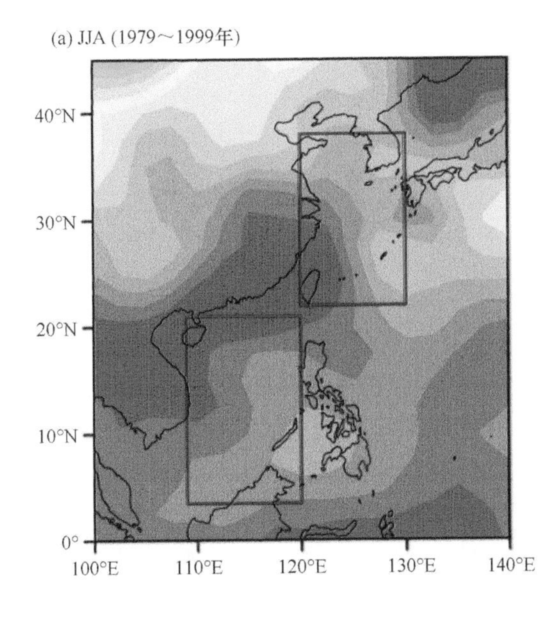

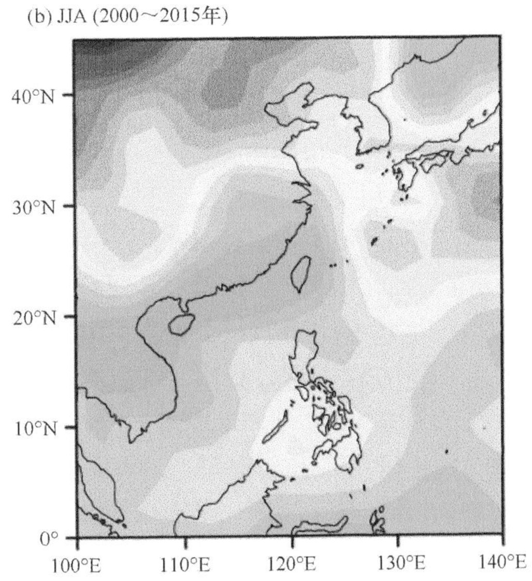

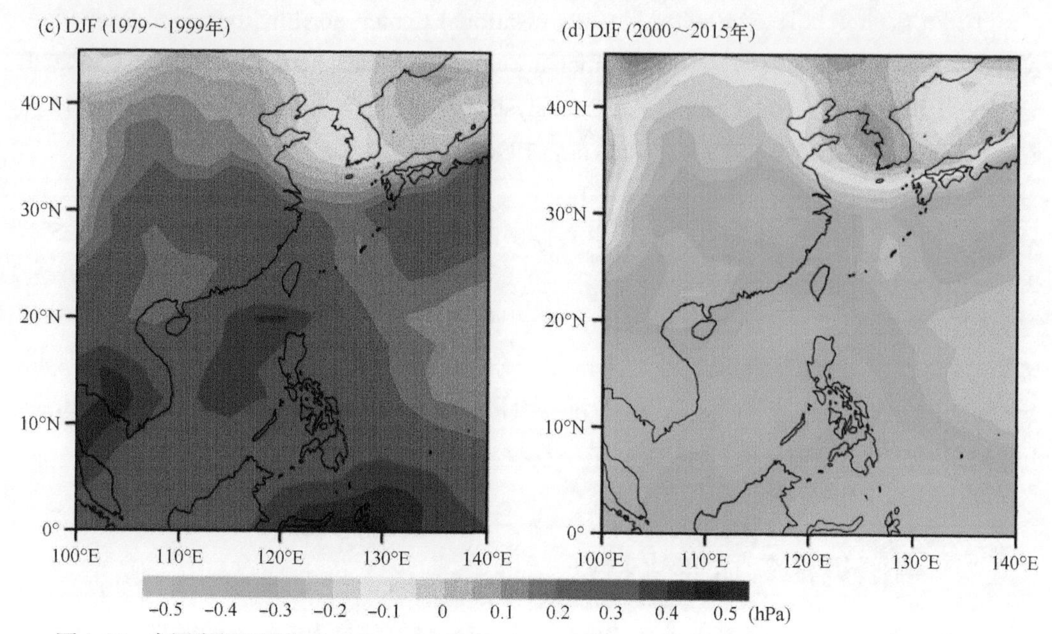

图 1.15　中国东部和近海在 1979 ～ 1999 年（a、c）和 2000 ～ 2015 年（b、d）夏季（a、b）、冬季（c、d）的平均海平面气压异常

图 a 中的蓝色方框代表中国东部海域和南海的主要范围（数据来自 NCEP/NCAR Reanalysis 1）

的平均海平面气压距平场，可以看出，2000 ～ 2015 年中国近海尤其是东海南部和南海北部海平面气压相对 1979 ～ 1999 年降低，这与中国东部大陆的气压变化是一致的。相反，渤海、北黄海海平面气压为正异常，这与中国东北地区和朝鲜半岛的气压变化较为一致。

图 1.15c 和图 1.15d 分别是 1979 ～ 1999 年和 2000 ～ 2015 年冬季相对于气候态（1981 ～ 2010 年）的平均海平面气压距平场。类似地，2000 ～ 2015 年中国近海尤其是南黄海、东海和南海海平面气压相对 1979 ～ 1999 年降低，台湾海峡南部至南海中部海域的负异常尤其明显。而渤海和北黄海的海平面气压为正异常，这与中国东北地区和朝鲜半岛的气压变化较为一致。

为进一步研究中国近海不同海区海平面气压的长期变化趋势，根据中国近海地理分布特征，分别选择中国东部海域（22°N ～ 38°N，120°E ～ 130°E）和南海（3°N ～ 21°N，110°E～ 120 °E），计算了 1948 ～ 2015 年夏季、冬季和年平均的海平面气压时间变化序列，见图 1.16。可见，中国东部海域冬季、夏季和年平均的海平面气压的年代际变化是相对一致的。20 世纪 50 年代和 60 年代海平面气压相对较低，70 年代中期开始显著上升，80 年代和 90 年代相对较高，2000 年以后气压开始降低。南海的海平面气压年代际变化与中国东部海域是基本一致的。总体来说，中国近海的海平面气压在 1948 ～ 2015 年呈现出低—高—低的年代际特征，这与全球气候在 1976/1977 年和 20 世纪 90 年代末发生的两次气候突变是相符的。

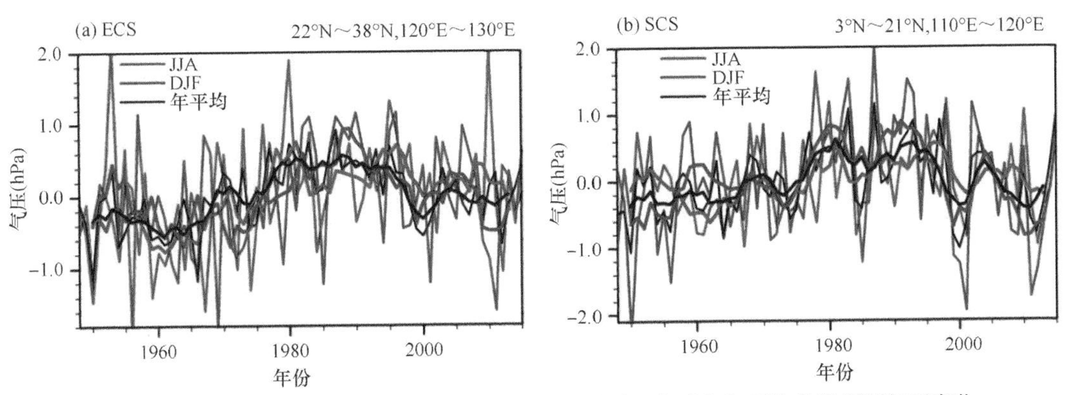

图 1.16　中国东部海域和南海在 1948 ～ 2015 年夏季、冬季和年平均的海平面气压变化

（数据来自 NCEP/NCAR Reanalysis 1）

粗线为 5 年滑动平均

1.4.3　中国近海气温变化特征

中国近海的气温受太阳辐射、海陆位置、地形和洋流等因素的影响。总体特点是：北部海域冬冷夏暖，四季分明，南部海域终年炎热，长夏无冬；冬季，北部海域气温东高西低，等温线呈东北-西南走向，有很强的纬向温度梯度；夏季，陆地和洋流的影响减弱，等温线近于纬向。

本节主要利用NCEP/NCAR的气温资料研究中国东部和近海的气温变化特征。图1.17为中国东部和近海在 1979 ～ 1999 年和 2000 ～ 2015 年的海平面上 2m 处的气温异常。近十几年来，中国北方地区夏季气温增加的幅度较为明显，其中，东北地区及内蒙古低层气温增幅达到 0.6℃以上。中国东部大部分地区尤其是长江中下游地区增温异常显著。

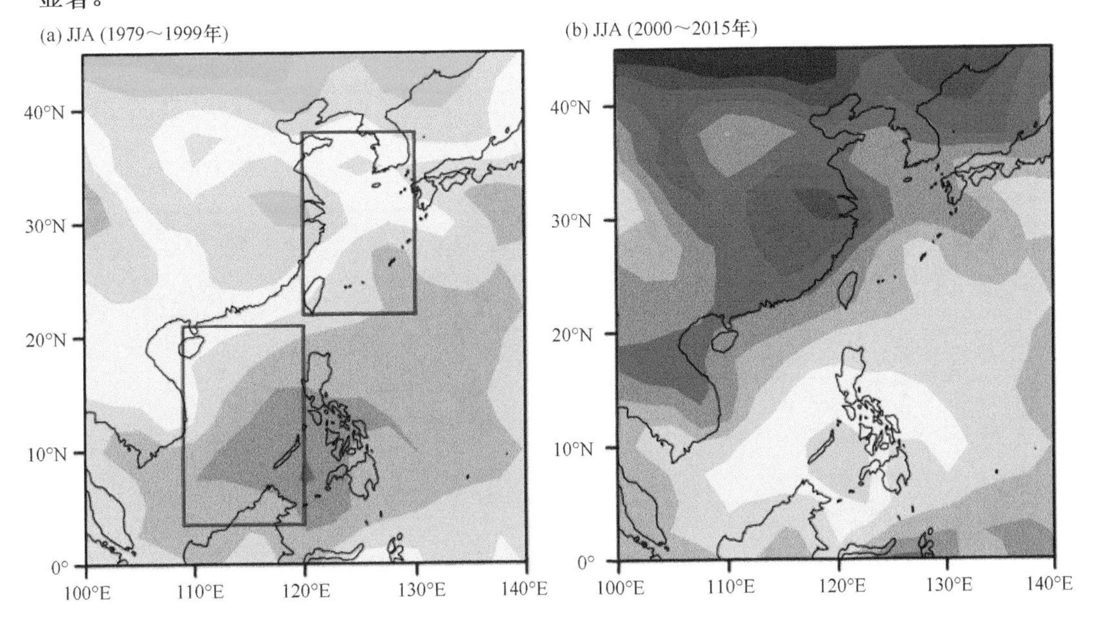

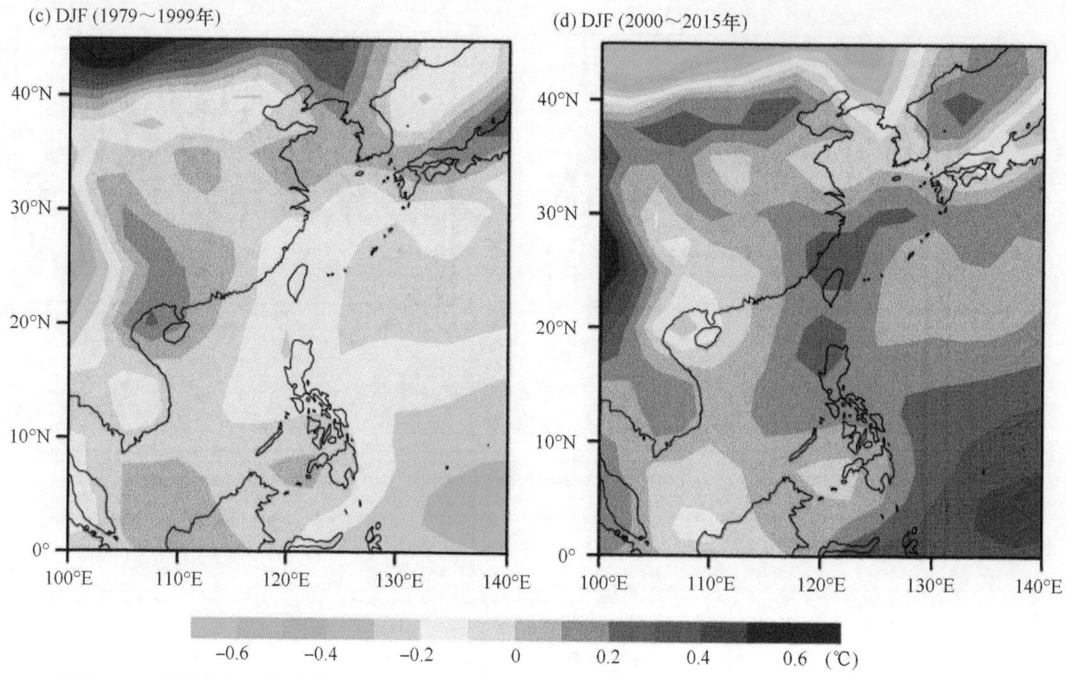

图 1.17　中国东部和近海在 1979 ～ 1999 年（a、c）和 2000 ～ 2015 年（b、d）夏季（a、b）、冬季（c、d）的海平面上 2m 处的气温异常

图 a 蓝色方框代表中国东部海域和南海的主要范围（数据来自 NCEP/NCAR Reanalysis 1）

夏季，受陆域的影响中国东部海域海面升温显著，但增温幅度小于陆域，这显示了海洋的调节能力。冬季，中国近海的升温主要集中在台湾海峡和东海的大部分区域，且升温幅度比相邻的中国东部陆域显著，见图 1.17。

图 1.18 是中国东部海域和南海在 1948 ～ 2015 年夏季、冬季和年平均的海平面上 2m 处的气温变化。中国东部海域和南海海面气温均表现出长期的升温趋势，最大异常出现在 1998 年冬季。之后，中国东部海域和南海的升温有所暂缓。2000 年以后中国近海海面气温的升温暂缓与所谓的全球地表变暖暂缓一致。

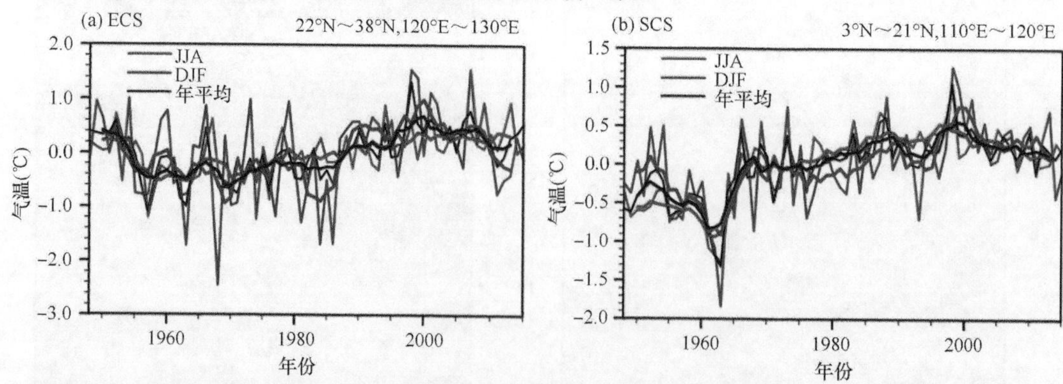

图 1.18　中国东部海域和南海在 1948 ～ 2015 年夏季、冬季和年平均的海平面上 2m 处的气温变化（数据来自 NCEP/NCAR Reanalysis 1）

粗线为 5 年滑动平均

1.4.4　中国近海降水变化特征

受东亚季风影响，中国近海为同纬度降水量偏高的地区之一，由于近海各海区不同地点距离海岸远近不同，空气中水汽含量有异，因此各海区间降水量差异悬殊，季节分配不均。同时，由于东亚季风的年际变异较大，中国近海降水量年际变化也非常显著。近海降水分布的基本情况是南多北少，东多西少。

图 1.19 为中国东部和近海在不同时段（1979 ～ 1999 年和 2000 ～ 2015 年）夏季、

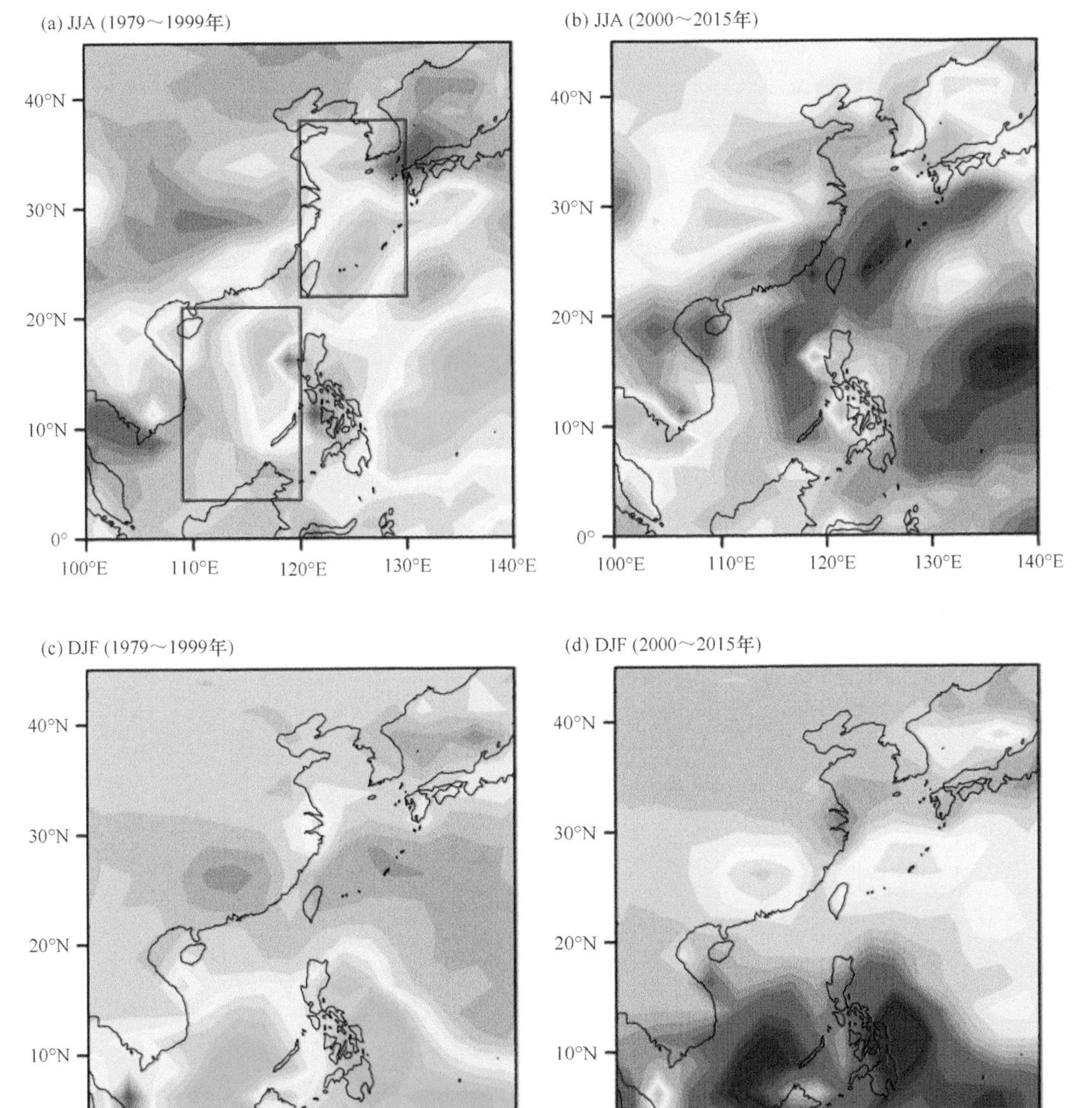

图 1.19　中国东部和近海在 1979 ～ 1999 年（a、c）和 2000 ～ 2015 年（b、d）夏季（a、b）、冬季（c、d）的降水异常（数据来自 GPCC）

图 a中的蓝色方框代表中国东部海域和南海的主要范围

冬季的降水异常。可见，自2000年以来，夏季中国近海的降水有所增多，主要集中在东海大部分海域、台湾海峡、黑潮区和南海东部。冬季东海的降水减少，但南海大部分（主要是南部海域）的降水增加较明显。

就长期变化趋势而言，中国东部海域降水的变化趋势不显著，南海的降水则增加较多。其中，2000年之后，中国东部海域夏季降水略微增加，冬季降水没有明显变化；南海夏季和冬季降水均有所增加。中国东部海域夏季平均降水为6～7mm/d，南海降水的增加大于中国东部海域。中国东部海域冬季降水大多在2mm/d左右，而南海大多在2～4mm/d（图1.20）。

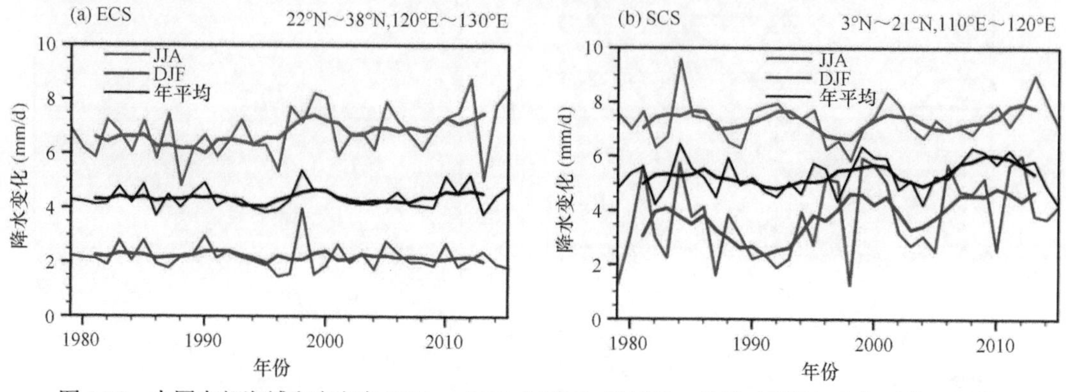

图1.20　中国东部海域和南海在1979～2015年夏季（红线）、冬季（蓝线）和年平均（黑线）的降水变化（数据来自GPCC）

粗线为5年滑动平均

总体来说，中国近海及邻近海域海平面气压和2m处的气温有明显的年代际变化特征，最显著的为气温在20世纪70年代末开始显著上升，在90年代末升温速率不显著，这与全球平均表面温度的变化是一致的。2000年之后，中国近海（主要是南海）的降水增加。

1.4.5　中国近海淡水通量变化特征

淡水通量是指海洋大气界面处蒸发量与降水量之差（以符号E-P代表），是表征大气与海洋之间水汽交换的一个重要指标。淡水通量的变化可影响SSS的变化，进而诱导出流场和温度场的异常，并引起海洋中营养物质的分布变化，进而影响海洋生态系统，因此，淡水通量的变化在海洋环境与生态系统中具有重要作用。

图1.21为1979～2015年中国近海冬季、夏季和年平均的淡水通量（E-P）变化。可见，冬季、夏季中国近海E-P均具有较强的年际和年代际变化特征，特别是1980～2000年。夏季，中国东部海域和南海呈相反的变化趋势，但在2000～2005年均呈再上升的变化趋势；冬季，自1980年以来，中国东部海域E-P总体有下降的趋势，而南海的变化较不明显。总体上，中国东部海域与南海E-P的变化有较明显的不同。

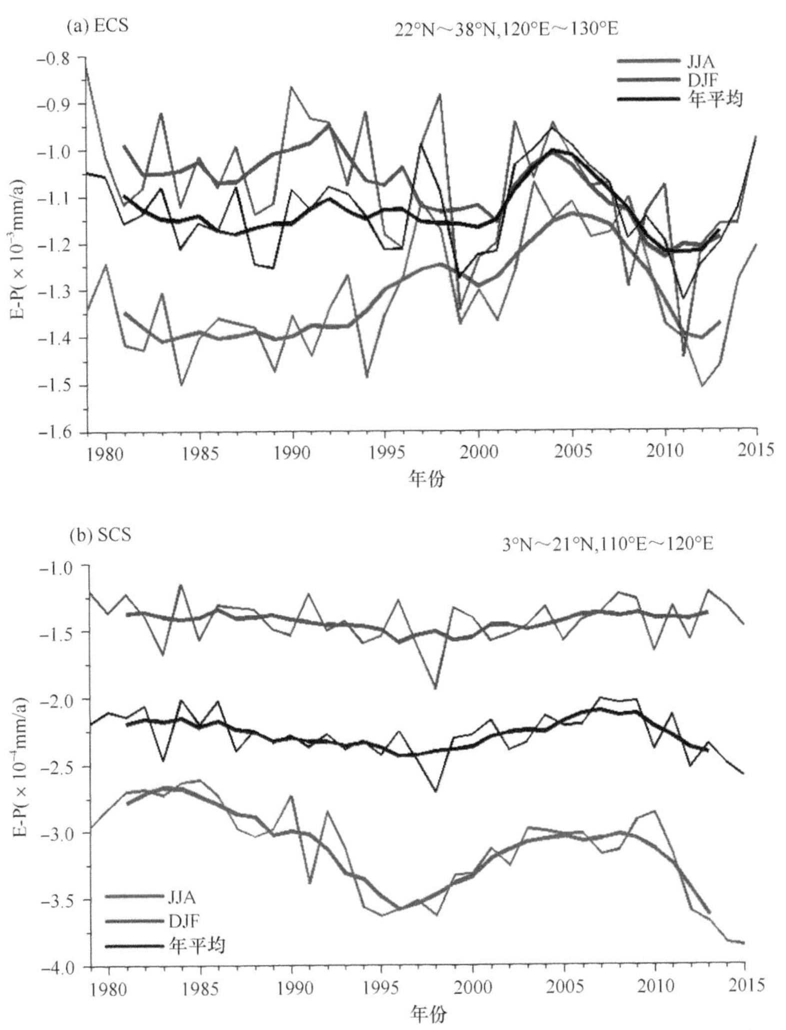

图 1.21 1979～2015 年中国东部海域（a）和南海（b）夏季（红线）、冬季（蓝线）和年平均（黑线）的淡水通量变化（数据来自 GPCC 和 OAFlux）

粗线为 5 年滑动平均

图 1.22 和图 1.23 分别为中国近海冬季、夏季 E-P 的 EOF 第一、第二模态的时空变化特征。由图 1.22 可见，EOF 第一模态占 25.1%，变化区域主要集中在南海开阔海域，表现为年际振荡；而图 1.23 显示，EOF 第二模态为 10.2%，以约 28°N 为界南北呈反位相变化。总体而言，黄海以南海域的 E-P 时空变化较明显。

图 1.24 为 1979～1999 年和 2000～2015 年中国近海 E-P 的变化趋势。图 1.24a、b 的分析结果表明，夏季，在 2000 年之前，中国东部的东海、台湾海峡大部分海域及南海东北部均以降水为主，且 2000 年之后降水为主的范围扩大；在 2000 年之前，除了东北、巴士海峡和西南海域，南海的大部分海域以蒸发为主，2000 年之后南海全海域基本变为以降水为主，其中，以南海中部海域的变化最为明显。图 1.24c、d 显示，冬季，在

2000年之前，中国近海大部分海域以蒸发为主，2000年之后，除东海局部、台湾海峡西岸、南海中部的局部，中国近海基本转变为以降水为主，且南海南部降水也有增强的现象。

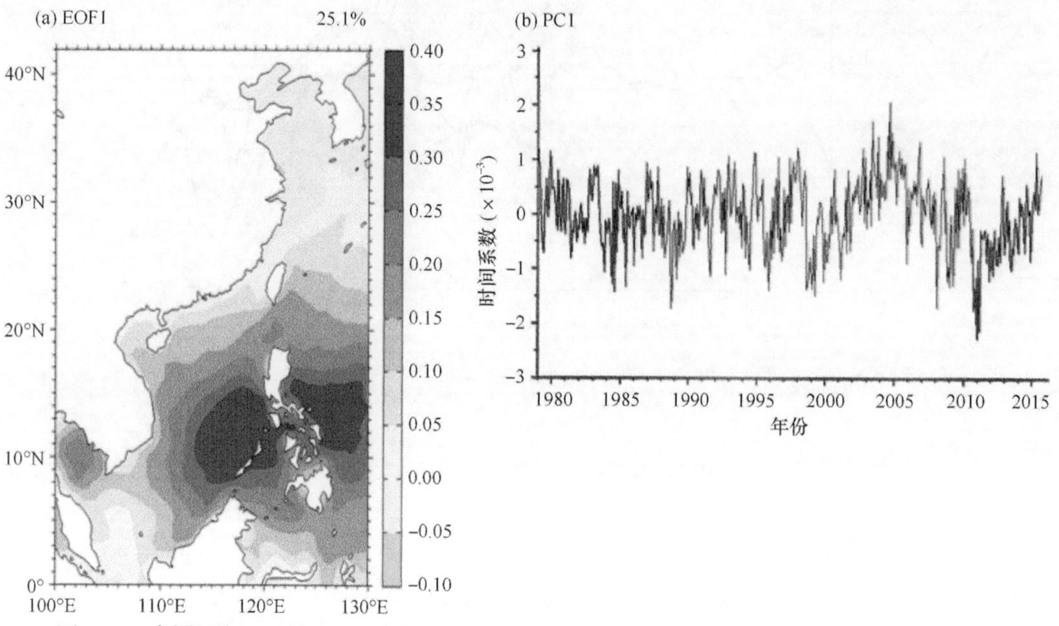

图1.22　中国近海E-P的EOF1空间分布（a）和时间序列（b）（数据来自OAFlux和GPCC）

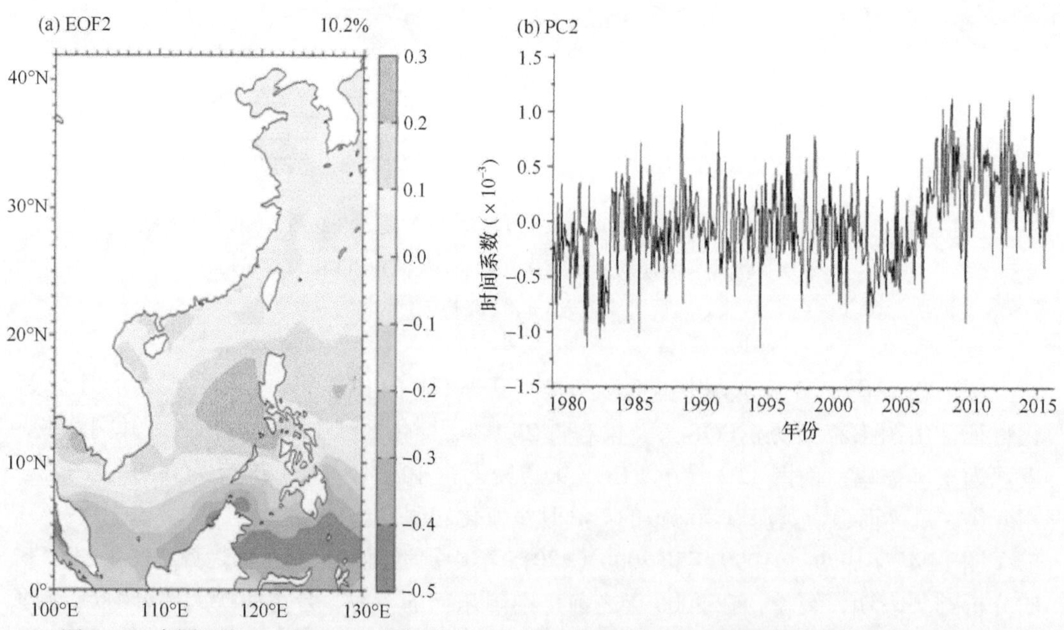

图1.23　中国近海E-P的EOF2空间分布（a）和时间序列（b）（数据来自GPCC和OAFlux）

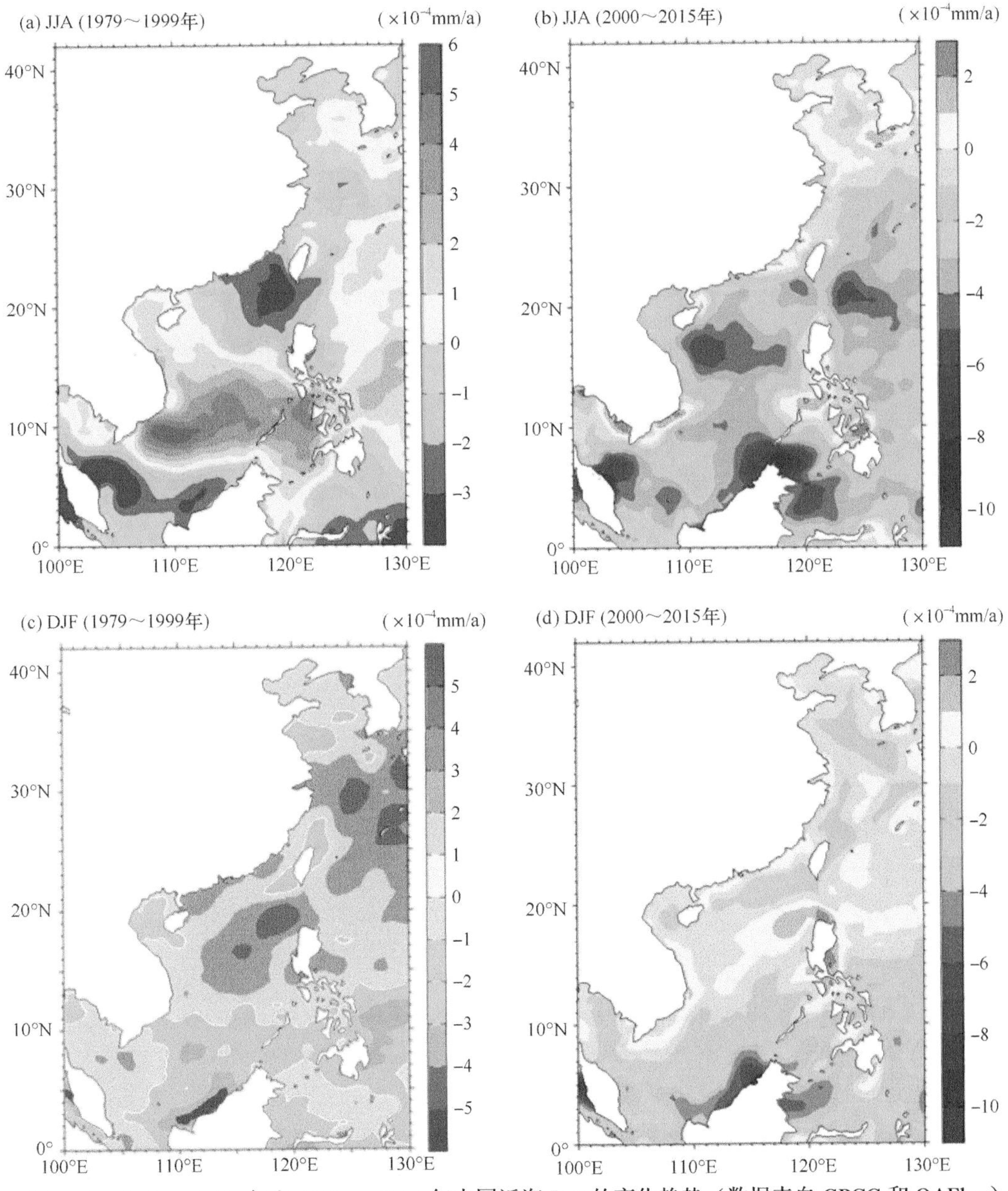

图 1.24　1979 ～ 1999 年和 2000 ～ 2015 年中国近海 E-P 的变化趋势（数据来自 GPCC 和 OAFlux）

1.5　结　　语

本章首先诠释了广义和狭义的气候变化、全球变化和人致气候变化的概念与定义，概述了广义的全球和区域海洋、中国近海气候变化，并应用海洋大气观测和再分析资料，分析了中国近海气候的长期变化特征，主要结论如下。

（1）全球和区域海洋气候变化概况

自 20 世纪中叶以来，全球平均表面气温上升速度有加快的现象，并且有明显的年际和年代际变化特征。全球海洋上层正在发生显著的变暖，近表层海水温度上升速率最大，但是升温的速率和幅度有很大的区域性差异。副热带海域海水变得更咸，而热带和极区海水则变得更淡，其中，大洋副热带涡旋海域等以蒸发为主的区域盐度升高，而热带西太平洋等以降水为主的海域盐度降低。自1979年以来，在全球变暖的背景下水循环有增强趋势。

20世纪90年代以来，全球大洋环流系统的流速似乎正在加快，且以热带海洋的变化最为突出，许多海洋流系如大洋西边界流、东边界寒流和大西洋径向翻转环流等的长期变化则有较大的差异。大洋西边界流如黑潮、东澳大利亚流和巴西流增强并向极地方向移动，而湾流则减弱。过去60多年来，大洋东边界的四大上升流系统中，除了北非的加那利寒流，北美洲的加利福尼亚寒流、南美洲的秘鲁寒流、西南非的本格拉寒流上空的风场增强，进而引起上升流增强。

（2）中国近海气候变化概况

近几十年来，中国近海出现明显的持续升温，最显著的区域主要位于东海的长江口附近至台湾海峡南部海域。1958～2018年，中国近海年平均SST的变化趋势与全球平均地表温度的较为一致。中国近海SSS有明显的长期变化趋势。20世纪70年代中期到21世纪初，中国东部海域和南海的SSS总体表现为下降的趋势。

中国近海海洋流场受到北太平洋西边界流（黑潮）和东亚季风变化的明显影响。近50年特别是1976～1998年，黑潮向北输运有增强的现象。在气候变暖背景下，随着东亚季风的年代际减弱，台湾以东黑潮入侵东海陆架出现年代际增强的现象。1980～2000年，东亚季风的减弱增强了黑潮通过吕宋海峡对南海的入侵，强化了南海的三层环流结构和垂向水交换，影响南海北部环流及南海西边界流。

（3）中国近海SST和SSS的变化特征

近几十年，特别是20世纪70年代末以来，中国近海SST与全球平均地表温度的变化基本保持一致，但是上升速率和幅度明显大于全球平均水平。春、夏、秋和冬季，中国近海均表现出显著的升温趋势。中国东部海域（渤海、黄海和东海）是对全球变暖响应最为显著的海区，且以冬季的增温最为强烈，主要位于台湾海峡至长江口的东海区域，平均升温速率超过0.5℃/10a；而夏季升温速率相对较小，主要位于东海以北的渤海、黄海及日本海。在20世纪80年代和90年代全球快速升温期，中国东部海域的升温速率均超过0.6℃/10a，是全球平均升温速率的5倍以上。

20世纪80年代以来，中国东部海域和南海的SSS总体呈现下降趋势。其中，2005年后，中国东部海域SSS下降较明显，而南海总体的下降更为明显；并且，局部海域的SSS在2000年前后有较为明显的相反变化。

（4）中国近海气压、气温、降水和淡水通量的长期变化特征

1948～2015年中国近海的海平面气压呈现低—高—低的年代际变化特征，这与全球气候在1976～1977年和20世纪90年代末发生的两次气候突变相符。中国近海气温的变化趋势与全球平均状况也基本一致。中国近海降水总体有增加的现象，主要表现为2000年之后东海和南海东部夏季降水及南海冬季降水增加。另外，中国近海海面淡水通量（E-P）具有较明显的年际和年代际变化，但是，中国东部海域与南海E-P的变化有较

明显的不同，特别是1980～2000年，中国东部海域和南海呈相反的变化趋势，之后，中国东部海域的E-P年代际波动明显，而南海以年际变化占优。

参考文献

蔡榕硕, 陈际龙, 黄荣辉. 2006. 我国近海和邻近海的海洋环境对最近全球气候变化的响应. 大气科学, 30(5): 1019-1033.

蔡榕硕, 陈际龙, 谭红建. 2011. 全球变暖背景下中国近海表层海温变异及其与东亚季风的关系. 气候与环境研究, 16(1): 94-104.

蔡榕硕, 付迪. 2018. 全球变暖背景下中国东部气候变迁及其对物候的影响. 大气科学, 42(4): 729-740.

蔡榕硕, 韩志强, 杨正先. 2020a. 海洋的变化及其对生态系统和人类社会的影响、风险及应对. 气候变化研究进展, 16(2): 182-193.

蔡榕硕, 齐庆华, 张启龙. 2013. 北太平洋西边界流的低频变化特征. 海洋学报, 35(1): 9-14.

蔡榕硕, 谭红建. 2010. 东亚气候的年代际变化对中国近海生态的影响. 台湾海峡, 29(2): 173-183.

蔡榕硕, 谭红建. 2020. 海平面上升及其对低海拔岛屿、沿海地区和社会的影响之解读. 气候变化研究进展, 16(2): 163-171.

蔡榕硕, 谭红建, 郭海峡. 2019. 中国沿海地区对全球变化的响应及风险研究. 应用海洋学学报, 38(4): 514-527.

蔡榕硕, 谭红建, 黄荣辉. 2012. 中国东部夏季降水年际变化与东中国海及邻近海域海温异常的关系. 大气科学, 36(1): 35-46.

蔡榕硕, 殷克东, 黄晖, 等. 2020b. 气候变化对海洋生态系统及生物多样性的影响//《第一次海洋与气候变化科学评估报告》编制委员会. 第一次海洋与气候变化科学评估报告(二): 气候变化的影响. 北京: 海洋出版社: 123-196.

陈海花, 李洪平, 何林洁, 等. 2015. 基于SODA数据集的南海海表面盐度分布特征与长期变化趋势分析. 海洋技术学报, 34(4): 48-52.

冯琳, 林霄沛. 2009. 1945-2006年东中国海海表温度的长期变化趋势. 中国海洋大学学报(自然科学版), 39(1): 13-18.

冯士筰, 李凤岐, 李少菁. 1999. 海洋科学导论. 北京: 高等教育出版社.

付迪, 蔡榕硕. 2017. 热带西太平洋海表盐度的变化特征及其对淡水通量的响应. 应用海洋学学报, 36(4): 466-473.

傅圆圆, 程旭华, 张玉红, 等. 2017. 近二十年南海表层海水的盐度淡化及其机制. 热带海洋学报, 36(4): 18-24.

黄邦钦. 2020. 气候变化对海洋生态灾害的影响//《第一次海洋与气候变化科学评估报告》编制委员会. 第一次海洋与气候变化国家评估报告(二): 气候变化的影响. 北京: 海洋出版社: 197-227.

李琰, 范文静, 骆敬新, 等. 2018. 2017年中国近海海温和气温气候特征分析. 海洋通报, 3: 296-302.

苗庆生, 杨锦坤, 杨扬, 等. 2016. 东海30°N断面冬季温盐分布及年际变化特征分析. 中国海洋大学学报, 46(6): 1-7.

齐庆华, 蔡榕硕, 张启龙. 2010. 源区黑潮热输送低频变异及其与中国近海SST异常变化的关系. 台湾海峡, 29: 106-113.

齐庆华, 蔡榕硕, 张启龙. 2012. 台湾以东黑潮经向热输送变异及可能的气候效应. 海洋学报, 34(5): 31-38.

谭红建, 蔡榕硕. 2012. 热带太平洋El Niño Modoki对中国近海及邻近海域海温的可能影响. 热带气象学报, 6: 897-904.

谭红建, 蔡榕硕, 黄荣辉. 2016. 中国近海海表温度对气候变暖及暂缓的显著响应. 气候变化研究进展, 12(6): 500-507.

谭红建, 蔡榕硕, 颜秀花. 2018. 基于 CMIP5 预估 21 世纪中国近海海洋环境变化. 应用海洋学学报, 37(2): 151-160.
魏凤英. 2007. 现代气候统计诊断与预测技术 . 第 2 版. 北京: 气象出版社.
吴志彦, 闵锦忠, 陈红霞, 等. 2008. 东海黑潮温、盐度与中国东部气温和降水的相互关系. 海洋科学进展, 26(2): 156-162.
张俊鹏, 蔡榕硕. 2013. 东海冷涡对东亚季风年代际变化响应的数值试验. 海洋与湖沼, 44(6): 1427-1435.
中国气象局. 2019. 中国气候变化蓝皮书 (2019).
Ashok K, Behera S K, Rao S A, et al. 2007. El Niño Modoki and its possible teleconnection. Journal of Geophysical Research: Oceans, 112: C11007.
Beal L M, Elipot S. 2016. Broadening not strengthening of the Agulhas Current since the early 1990s. Nature, 540: 570-573.
Bindoff N L, Cheung W W L, Kairo J G, et al. 2019. Changing ocean, marine ecosystems, and dependent communities//IPCC. Special Report on the Ocean and Cryosphere in a Changing Climate.
Cai R S, Guo H X, Fu D, et al. 2017b. Response and adaptation to climate change in the South China Sea and Coral Sea//Leal Filho W. Climate Change Adaptation in Pacific Countries: Fostering Resilience and Improving the Quality of Life. Cham: Springer International Publishing AG.
Cai R S, Tan H J, Kontoyiannis H. 2017a. Robust surface warming in offshore China seas and its relationship to the east Asian monsoon wind field and ocean forcing on interdecadal time scales. Journal of Climate, 30(22): 8987-9005.
Cai R S, Tan H J, Qi Q H. 2016. Impacts of and adaptation to inter-decadal marine climate change in coastal China seas. International Journal of Climatology, 36(11): 3370-3780.
Carton J A, Chepurin G A, Chen L. 2018. SODA3: A new ocean climate reanalysis. Journal of Climate, 31: 6967-6983.
Carton J A, Giese B S. 2008. A reanalysis of ocean climate using simple ocean data assimilation (SODA). Monthly Weather Review, 138(8): 2999.
Chambers D P, Merrifield M A, Nerem R S. 2012. Is there a 60-year oscillation in global mean sea level? Geophysical Research Letters, 39: L18607.
Chen Y M, Huang W R, Xu S D. 2014. Frequency analysis of extreme water levels affected by sea level rise and southeast coasts of China. Journal of Coastal Research, 68: 105-112.
Drijfhout S. 2015. Competition between global warming and an abrupt collapse of the AMOC in Earth's energy imbalance. Scientific Reports, 5: 14877.
Easterling D R, Wehner M F. 2009. Is the climate warming or cooling? Geophysical Research Letters, 36(8): 262-275.
Gan J P, Liu Z Q, Hui C X. 2016. A three-layer alternating spinning circulation in the South China Sea. Journal of Physical Oceanography, 46: 2309-2315.
Gille S T. 2008. Decadal-scale temperature trends in the southern hemisphere ocean. Journal of Climate, 21(18): 4749-4765.
Hijioka Y, Lin E, Pereira J J, et al. 2014. Asia//Barros V R, Field C B, Dokken D J, et al. Climate Change 2014: Impacts, Adaptation, and Vulnerability. Part B: Regional Aspects. Contribution of Working Group Ⅱ to the Fifth Assessment Report of the Intergovernmental Panel on Climate Change. Cambridge, New York: Cambridge University Press: 1327-1370.
Hu J, Wang X H. 2016. Progress on upwelling studies in the China seas. Reviews of Geophysics, 54: 653-673.
Hu S, Sprintall J, Guan C, et al. 2020. Deep-reaching acceleration of global mean ocean circulation over the past two decades. Science Advances, 6(6): eaax7727.

IPCC. 2013. Summary for Policymakers//Stocker T F, Qin D, Plattner G K, et al. Climate Change 2013: The Physical Science Basis. Contribution of Working Group Ⅰ to the Fifth Assessment Report of the Intergovernmental Panel on Climate Change. Cambridge, New York: Cambridge University Press.

IPCC. 2014. Summary for policymakers//Field C B, Barros V R, Dokken D J, et al. Climate Change 2014: Impacts, Adaptation, and Vulnerability. Part A: Global and Sectoral Aspects. Contribution of Working Group Ⅱ to the Fifth Assessment Report of the Intergovernmental Panel on Climate Change. Cambridge, New York: Cambridge University Press.

IPCC. 2018. Summary for Policymakers//Masson-Delmotte V, Zhai P, Pörtner H O, et al. Global Warming of 1.5℃. An IPCC Special Report on the Impacts of Global Warming of 1.5℃ Above Pre-industrial Levels and Related Global Greenhouse Gas Emission Pathways, in the Context of Strengthening the Global Rresponse to the Threat of Climate Change, Sustainable Development, and Efforts to Eradicate Poverty. https: //www.ipcc.ch/.

IPCC. 2019a. Summary for Policymakers//Pörtner H O, Roberts D C, Masson-Delmotte V, et al. IPCC Special Report on the Ocean and Cryosphere in a Changing Climate. https: //www.ipcc.ch/srocc/.

IPCC. 2019b. Climate change and land: An IPCC special report on climate change, desertification, land degradation, sustainable land management, food security, and greenhouse gas fluxes in terrestrial ecosystems. https: //www.ipcc.ch/srccl/.

Kalnay E, Kanamitsu M, Kistler R, et al. 1996. The NCEP/NCAR 40-year reanalysis project. Bulletin of the American Meteorological Society, 74: 789-799.

Kosaka Y, Xie S P. 2013. Recent global-warming hiatus tied to equatorial Pacific surface. Nature, 501: 403-407.

Liu Q, Zhang Q. 2013. Analysis on long-term change of sea surface temperature in the China seas. Journal of Ocean University of China, 12(2): 295-300.

Liu Y, Peng Z, Zhou R, et al. 2014. Acceleration of modern acidification in the South China Sea driven by anthropogenic CO_2. Scientific Reports, 4: 5148.

Mastrandrea M D, Field C B, Stocker T F, et al. 2010. Guidance note for lead authors of the IPCC fifth assessment report on consistent treatment of uncertainties. Intergovernmental Panel on Climate Change (IPCC).

Met Office. 2013. The recent pause in global warming (1): What do observations of the climate system tell us? Exeter: Met Office.

Nan F, Xue H J, Chai F, et al. 2013. Weakening of the Kuroshio intrusion into the South China Sea over the past two decades. Journal of Climate, 26(20): 8097-8110.

Nan F, Xue H J, Yu F. 2015. Kuroshio intrusion into the South China Sea: A review. Progress in Oceanography, 137: 314-333.

Oey L Y, Chang M C, Chang Y L, et al. 2013. Decadal warming of coastal China seas and coupling with winter monsoon and currents. Geophysical Research Letters, 40(23): 6288-6292.

Park K A, Lee E Y, Chang E, et al. 2015. Spatial and temporal variability of sea surface temperature and warming trends in the Yellow Sea. Journal of Marine Systems, 143: 24-38.

Pauly D, Zeller D. 2016. Catch reconstructions reveal that global marine fisheries catches are higher than reported and declining. Nature Communications, 7: 10244.

Pei Y H, Liu X H, He H L. 2017. Interpreting the sea surface temperature warming trend in the Yellow Sea and East China Sea. Science China Earth Sciences, 60(8): 1558-1568.

Rhein M, Rintoul S R, Aoki S, et al. 2013. Observations: Ocean//Stocker T F, Qin D, Plattner G K, et al. Climate Change 2013: The Physical Science Basis. Contribution of Working Group Ⅰ to the Fifth Assessment Report of the Intergovernmental Panel on Climate Change. Cambridge, New York: Cambridge

University Press: 255-315.

Skliris N, Marsh R, Josey S A, et al. 2014. Salinity changes in the world ocean since 1950 in relation to changing surface freshwater fluxes. Climate Dynamics, 43(3-4): 709-736.

Sokolov S, Rintoul S R. 2009. Circumpolar structure and distribution of the antarctic circumpolar current fronts: 1. mean circumpolar paths. Journal of Geophysical Research Atmospheres, 114(C11): 56-57.

Solomon S. 2007. Climate Change 2007: The Physical Science Basis. Working Group I Contribution to the Fourth Assessment Report of the IPCC. New York: Cambridge University Press.

Su J, Xu M, Pohlmann T, et al. 2013. A western boundary upwelling system response to recent climate variation (1960-2006). Continental Shelf Research, 57: 3-9.

Sydeman W J, Garcia-Reyes M, Schoeman D S, et al. 2014. Climate change and wind intensification in coastal upwelling ecosystems. Science, 345(6192): 77-80.

Tan H J, Cai R S. 2014. A possible impact of El Niño Modoki on sea surface temperature of China's offshore and its adjacent regions. Journal of Tropical Meteorology, 20(1): 1-7.

Tan H J, Cai R S. 2018. What caused the record-breaking warming in East China Seas during August 2016? Atmospheric Science Letters, 19(10): e853.

Tan H J, Cai R S, Huo Y L, et al. 2019. Projections of changes in marine environment in coastal China seas over the 21st century based on CMIP5 models. Journal of Oceanology and Limnology, (6): 1676-1691.

Tan H J, Cai R S, Yan X H, et al. 2021. Amplification of winter sea surface temperature response over East China Seas to global warming acceleration and slowdown. International Journal of Climatology, 41: 2082-2099.

Varela R, Álvarez I, Santos F, et al. 2015. Has upwelling strengthened along worldwide coasts over 1982-2010? Scientific Reports, 5: 10016.

Wang L, Chen W. 2014. The East Asian winter monsoon: Re-amplification in the mid-2000s. Chinese Science Bulletin, 59(4): 430-436.

WCRP Sea Level Budget Group. 2018. Global sea-level budget 1993-present. Earth System Science Data, 10: 1551-1590.

Wu L, Cai W, Zhang L, et al. 2012. Enhanced warming over the global subtropical western boundary currents. Nature Climate Change, 2(3): 161-166.

Wu R, Li C, Lin J. 2017. Enhanced winter warming in the Eastern China Coastal Waters and its relationship with ENSO. Atmospheric Science Letters, 18(1): 11-18.

Wu Z Y, Chen H X, Liu N. 2010. Relationship between East China Sea Kuroshio and climatic elements in East China. Marine Science Bulletin, 12: 1-9.

Wuebbles D J, Fahey D W, Hibbard K A, et al. 2017. Climate Science Special Report: Fourth National Climate Assessment, Volume I. Washington DC: U.S. Global Change Research Program.

Xu F H, Oey L Y. 2014. State analysis using the Local Ensemble Transform Kalman Filter (LETKF) and the three-layer circulation structure of the Luzon Strait and the South China Sea. Ocean Dynamics, 64(6): 905-923.

Xue H J, Chai F, Pettigrew N, et al. 2004. Kuroshio intrusion and the circulation in the South China Sea. Journal of Geophysical Research, 109: C02017.

Yang H, Lohmann G, Wei W, et al. 2016. Intensification and poleward shift of subtropical western boundary currents in a warming climate. Journal of Geophysical Research, 121: 4928-4945.

Yeh S W, Kug J S, Dewitte B, et al. 2009. El Niño in a changing climate. Nature, 461: 511-570.

Zeng L, Wang D, Xiu P, et al. 2016. Decadal variation and trends in subsurface salinity from 1960 to 2012 in the northern South China Sea. Geophysical Research Letters, 43(23): 12181-12189.

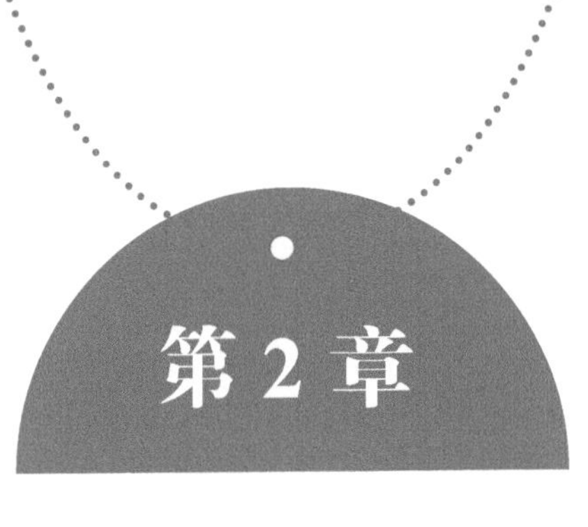

气候变化对中国近海海面温度的影响

2.1 引　　言

海面温度（SST）既是海洋最重要的物理因子之一，又是最重要的生态限制因子之一。SST 常用于衡量海洋的变化对海洋浮游植物的影响。因此，研究气候变化对中国近海 SST 变化的影响，有助于我们更好地认识气候变化对海洋环境与生态系统的影响。

影响中国近海 SST 变化的因素很多，包括太阳辐射、低层大气环流、海洋动力过程和陆地径流输入等，其中低层大气环流和海洋动力过程被认为是最重要的两个因子（冯琳和林霄沛，2009；Liu and Zhang，2013）。一方面，中国近海地处东亚季风区，东亚季风的低层大气环流调控海气界面的热通量（潜热通量和感热通量）变化，进而影响近海 SST 的变动（Liu et al.，2014；Wu et al.，2014；Yeh et al.，2010）。一般地，当东亚冬季风减弱时，海洋释放到大气的热通量将减少，并导致 SST 快速上升。反之，当东亚冬季风增强时，强风和低气温将引起大量的感热和蒸发潜热从海洋释放到大气中，SST 因海洋损失热量而下降（Wu et al.，2014）。另一方面，北太平洋强西边界流（黑潮）流经中国东部海域，黑潮在台湾岛东北部发生弯曲，黑潮分支入侵东海陆架海域，并将热量输送至中国东部海域。台湾岛以东黑潮的经向流量是影响中国近海特别是中国东部海域 SST 的重要因子（蔡榕硕等，2013；Oey et al.，2013；Cai et al.，2017）。此外，中国近海 SST 的年际和年代际变化还受到厄尔尼诺-南方涛动（ENSO）和太平洋年代际振荡（PDO）等大尺度海气相互作用因子的影响与调控，而东亚季风和黑潮则可能是其影响中国近海 SST 变化的主要途径。

本章首先研究气候变化背景下 20 世纪中叶以来东亚季风对中国近海 SST 年际和年代际变化的影响，再分析黑潮对中国近海 SST 的影响，以及东亚季风和黑潮对中国近海 SST 的共同影响机制，并分析气候变化背景下大尺度海气相互作用（ENSO、PDO）对中国近海 SST 的可能影响。

2.2 东亚季风对中国近海海面温度的影响

在海气相互作用中，热带海洋对大气的作用主要是热力的，而大气对中纬度海洋的作用主要是动力的（Xie，2004）。在混合层热力主导 SST 的海域，海面热通量集中在较浅的混合层中，这表明对海面混合层热收支起主要影响作用的是海面的净热通量（Hasselmann，1976）。并且，北太平洋中纬度海区 SST 变化主要来自大尺度大气环流异常引发的海气扰动热通量异常，其中潜热通量的贡献最大（Wu and Kinter，2010）。

研究表明，中国近海特别是中国东部海域 SST 与东亚季风有显著的负相关关系（蔡榕硕等，2011；Cai et al.，2017）。例如，近几十年来，中国近海持续的升温与东亚季风的年代际减弱有很大的关系。冬季，冷冽的东亚冬季风从欧亚大陆吹向中国近海，冷空气引起的海气温差导致海洋通过感热通量向大气释放大量的热量，上层海洋因损失热量而进一步降温。东亚冬季风的减弱会使到达中国近海的冷空气减弱，减弱的风速减少了海洋的蒸发，从海洋释放到大气中的蒸发潜热减少，海洋上层热量的损失减少，因而有利于温度的上升（Yeh and Kim，2010）。夏季，西太平洋副热带高压（简称“副高”）控制着中国近海，副高控制区域内盛行大气下沉运动，天气以晴朗少云为主，海面吸收大量的太阳短波辐射热量，而东亚夏季风的减弱，将使得海面风速降低，减少蒸发造成的热量损失，SST 出现正异常。

本节主要分析东亚季风及中国近海 SST 的年际和年代际变化及两者之间的关系，探讨大气强迫对 SST 的影响过程和可能机制。

2.2.1 数据资料和研究方法

1. 数据资料

本研究采用的风场（*U*，*V*；925hPa）、海平面气压和气温、海洋热通量及副高指数等资料见表 2.1。

表 2.1 大气再分析数据集

数据集	变量	分辨率	时间段	来源 [2022-3-30]
ERA-40	风场、气温	2.5°×2.5°	1958～2002 年	https://apps.ecmwf.int/datasets/data/era40-moda/levtype=sfc/
ERA-Interim	风场、气温	0.75°×0.75°	1979～2014 年	http://apps.ecmwf.int/datasets/data/interim-full-moda/levtype=sfc/
NCEP/NCAR Reanalysis 1	气压	2.5°×2.5°	1958～2014 年	http://www.esrl.noaa.gov/psd/data/gridded/data.ncep.reanalysis.html
OAFlux	潜热和感热通量	1°×1°	1958～2014 年	http://oaflux.whoi.edu/data.html
国家气候中心 74 项环流指数	副高面积、强度、脊线、西脊和北界等指数	—	1951～2014 年	https://www.ncc-cma.net/Website/index.php?ChannelID=43&WCHID=5

1）风场、气温：ERA-40 和 ERA-Interim，来自欧洲中期天气预报中心（ECMWF），其中 ERA-40 时间为 1958～2002 年，分辨率为 2.5°×2.5°；ERA-Interim 时间为 1979～2014 年，分辨率为 0.75°×0.75°（Uppala et al.，2005；Dee et al.，2011）。由于两套数据的时间跨度问题，本研究将之融合使用，即 1958～1978 年使用 ERA-40 数据，1979～2014 年使用 ERA-Interim 数据，使用前将 ERA-Interim 插值为 2.5°×2.5° 的分辨率，然后与 ERA-40 组合成一套数据。

2）气压：NCEP/NCAR Reanalysis 1，逐月平均再分析资料，时间范围为 1958 年 1 月到 2014 年 12 月，分辨率为 2.5°×2.5°（Kalnay et al.，1996）。

3）热通量：OAFlux，详见 1.4.1 节。

4）副高指数：来自中国气象局国家气候中心整理的 1951 ～ 2014 年逐月副高的面积指数、强度指数、脊线指数、西脊指数和北界指数等。

2. 研究方法

本研究的方法包括相关分析、回归分析、线性趋势和经验正交函数（EOF）分解，以及相关系数的显著性检验、滑动 t 检验等，相关介绍见 1.4.1 节。此外，本研究方法还包括多变量 EOF（multivariate empirical orthogonal function，MV-EOF）和 Lanczos 滤波等方法，介绍如下。

（1）多变量 EOF

经验正交函数（EOF）展开在海洋和大气资料分析中有着非常广泛的不同形式的应用，在大气中的应用最初是 Lorenz 于 1957 年在他的著作 *Empirical Orthogonal Function and Statistical Weather Prediction* 中提出的，Wang（1992）在此基础上发展了多变量 EOF。

对于多个同时变化的变量（场），假设某一事件 $Y=(y_{ijk})$ 包含有多个变量 I（i=1, 2, ⋯, I），这些变量都具有空间分布 J（j= 1, 2, ⋯, J）和时间变化 K（k= 1, 2, ⋯, K）。为了得到一致变化的变量场，首先要对每个变量进行标准化：

$$\bar{y}_{ijk}=\frac{y_{ijk}-\bar{y}_i}{\sigma_i}$$

式中，$\bar{y}_i$ 和 σ_i 分别是第 i 个变量的平均值和标准偏差，每个变量都有相同的总方差 JK。然后将它们组合成一个标准化的异常矩阵：

$$\boldsymbol{Z}=\left(z_{mk}\right)$$

此处，m=1, 2, ⋯, IJ，z_{1k}, ⋯, z_{JK} 与 y_{1jk}（j= 1, 2,⋯, J）对应，$z_{j+1,k}$, ⋯, $z_{2j,k}$ 与 y_{2jk}（j= 1, 2, ⋯, J）对应，以此类推。

最后对上述综合多个变量的场进行 EOF 分解，方法和传统的单个变量一致：

$$FV_i^{(n)}=V_i^{(n)}\big/JK$$

通过这种方法得到多个变量一致的空间场和时间变化序列。一般而言，多变量 EOF 适用于多个变量具有类似的物理意义或者一致的统计变化，最后得到的主要模态本征值对多个变量方差贡献很大（Wang，1992）。

（2）Lanczos 滤波

为了区别变量的年际和年代际变化特征，采用 Lanczos 滤波的低通滤波（8 年以上）和带通滤波（2 ～ 7 年）方法展开分析（Duchon，1979）。

Lanczos 滤波器模型为

$$y_t=\omega_t^*\cdot x_t=\sum_{k=-n}^{n}\omega_k\cdot x_{t-k}$$

其响应函数为

$$R(f)=\sum_{k=-n}^{n}\omega_k\cdot e^{i2\pi fk\Delta}$$

式中，x_t 是 t 时刻的时间序列输入；y_t 是 t 时刻的时间序列输出；Δ 是样本间隔；f 是频率；ω_t 是 Lanczos 滤波器的权重函数，有

$$\omega_t=\left[\sin(2\pi f_2 t)/\pi t-\sin(2\pi f_1 t)/\pi t\right]\cdot n\sin(\pi t/n),\ \pi t=-n,\cdots,0,\cdots,n$$

式中，f_1、f_2 分别是滤波截断频率的上下界。

2.2.2 中国近海海面温度与风场主要模态之间的关系

图 2.1 是 1971 ～ 2000 年中国近海冬季、夏季 SST 和大气低层（925hPa）风场的气候态平均。中国东部及近海受东亚季风气候的影响明显。冬季干冷，夏季暖湿，春秋为交替季节。冬季，近海上空盛行偏北风，沿着大陆岸线的变化，冬季风由西北风转为东北风，平均风速 6 ～ 7m/s，SST 为–1 ～ 28℃；夏季，基本盛行偏南风，平均风速 4 ～ 6m/s，但经常受到台风或热带气旋的影响，SST 为 24 ～ 30℃。

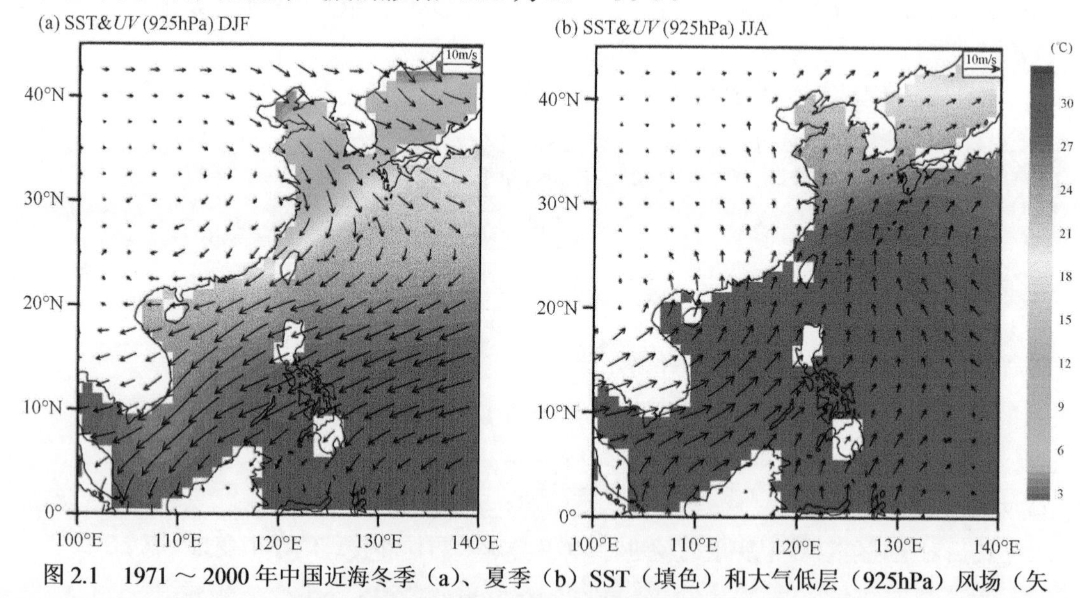

图 2.1　1971 ～ 2000 年中国近海冬季（a）、夏季（b）SST（填色）和大气低层（925hPa）风场（矢量）的气候态平均（资料来自 HadISST 和 ERA-40）

图 2.2 为 1958 ～ 2014 年中国近海冬季 SST 和风场 EOF 第一、第二模态的空间分布和时间序列。冬季 SST 的 EOF 第一模态（方差贡献 54.5%）反映了整个海区 SST 的年代际变化，最显著的区域位于东海，即台湾海峡到东海北部大片海区（图 2.2a），这与中国近海冬季 SST 变化趋势的最大区域一致。SST 的 EOF 第一模态的时间序列（图 2.2b）显示，SST 在 20 世纪 80 年代中期之后转为正位相，这表明 SST 在 20 世纪 80 年代中期之后迅速上升。冬季 SST 的 EOF 的第二模态（方差贡献 9.9%）主要是年际变化特征（图 2.2c），反映的主要是南海与中国东部海域（渤海、黄海和东海）反位相的变化特征，即南海 SST 偏高时，中国东部海域 SST 偏低。

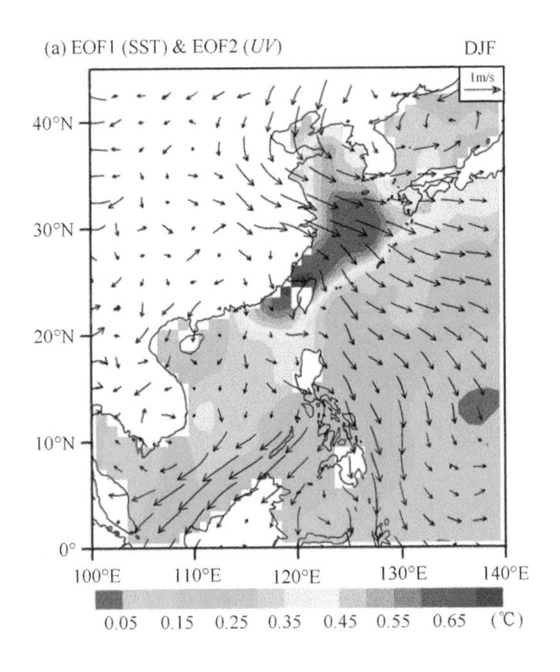

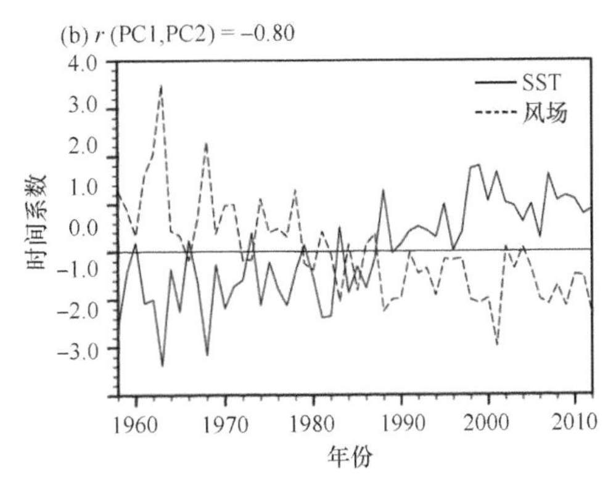

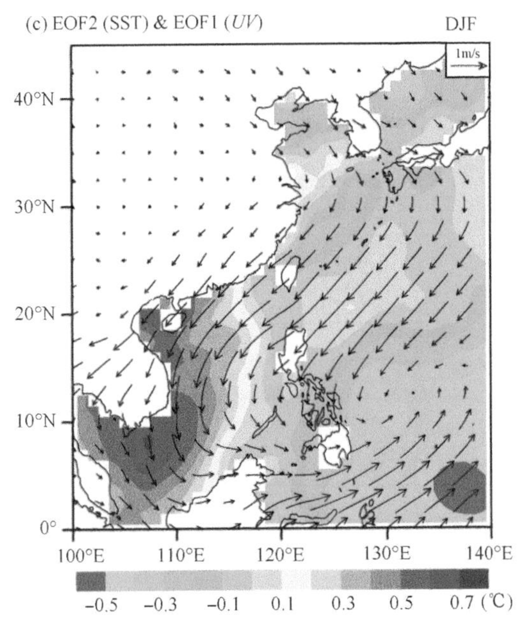

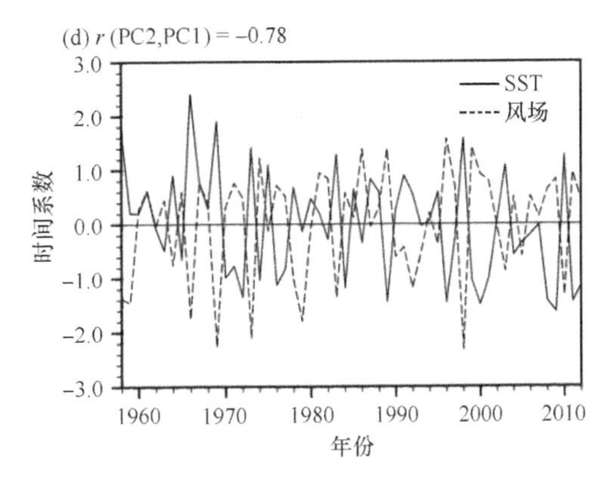

图 2.2　1958 ～ 2014 年中国近海冬季 SST 和风场的 EOF1、EOF2 两个模态的空间分布和时间序列

图 a、b 分别为 SST 的 EOF1 模态和风场的 EOF2 模态的空间分布和时间序列，图 c、d 分别为 SST 的 EOF2 模态和风场的 EOF1 模态的空间分布和时间序列系数，图 b 和 d 中 r 为相关系数（资料来自 HadISST、ERA-40 和 ERA-Interim）

与 SST 的前两个模态相似，中国近海风场的 EOF 前两个模态也反映了年际和年代际变化特征，不同的是，风场 EOF 的第一模态（方差贡献 32.5%）代表的是冬季风的年际变化（图 2.2c、d），而风场 EOF 的第二模态（方差贡献 17.2%）为年代际变化（图 2.2a、b），年代际转折发生在 20世纪 80 年代中期，表现为由正位相转为负位相，这表明东亚冬季风在 20 世纪 80 年代中期以后进入减弱阶段。

一个显著的特点是中国近海SST和东亚季风前两个模态之间有非常显著的相关关系，即中国近海特别是中国东部海域SST的年代际上升对应东亚季风的年代际减弱，相关系数达到–0.8，通过置信度为99.9%的显著性检验，并且它们位相转换的时间也均在20世纪80年代中期。同样地，中国近海SST年际变化与东亚季风的年际变化也有显著的负相关关系，相关系数达到–0.78，通过置信度为99.9%的显著性检验。此外，夏季中国近海SST和风场之间同样存在类似的关系。这种紧密的负相关关系暗含了大气对海洋的强迫作用。

由于中国近海SST和风场都具有显著的年际和年代际变化特征，为了更好地表现它们自身的特点和彼此的关系，我们对SST和风场都分别进行2～7年的带通滤波和8年以上的低通滤波。滤波的方法采用Lanczos滤波。上述滤波可将中国近海SST和风场的年际和年代际变化信号区分开来。

对滤波后的中国近海SST和风场数据再进行EOF分解，得到了各自年际和年代际分量的模态。图2.3是分别经过8年以上的低通滤波（图2.3a、b）和2～7年的带通滤波（图2.3c、d）后的中国近海冬季SST和风场的EOF主模态，图2.3a、b为年代际变化，图2.3c、d为年际变化。由图2.3可见，滤波后，EOF的第一模态可以更清晰地表征中国近海SST和风场年代际与年际变化特征及它们之间的耦合关系。中国近海SST年代际变化信号最显著的区域主要位于中国东部海域，与显著升温区一致，而东亚冬季风年代际最显著的信号是中国东部海域上空的自陆域吹来的西北风。中国近海SST和东亚冬季风年代际变化的EOF第一模态时间序列的相关系数达到–0.81。东亚冬季风在20世纪80年代初进入负位相，开始减弱，中国近海SST在80年代中期进入正位相，开始上升，考虑到SST对大气强迫响应的滞后过程，东亚冬季风年代际减弱很可能是中国近海尤其是中国东部海域迅速升温的重要因素。

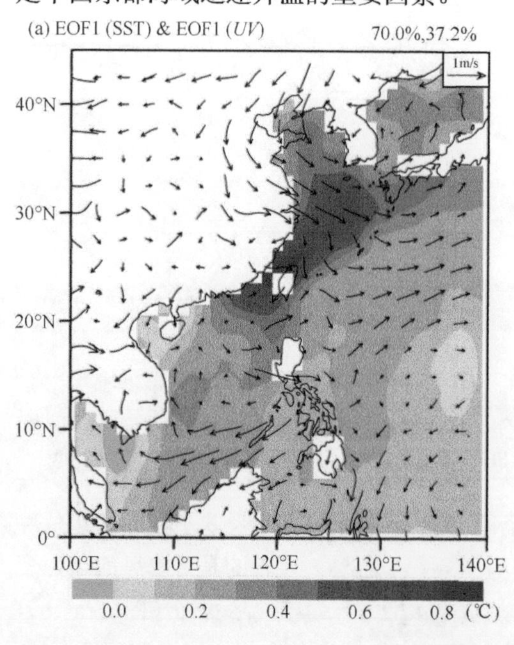

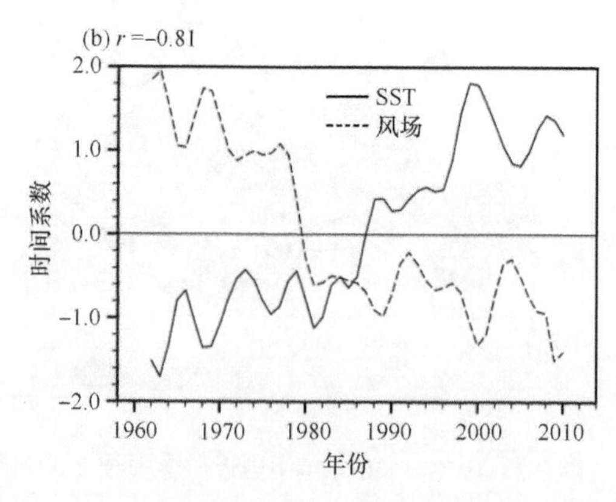

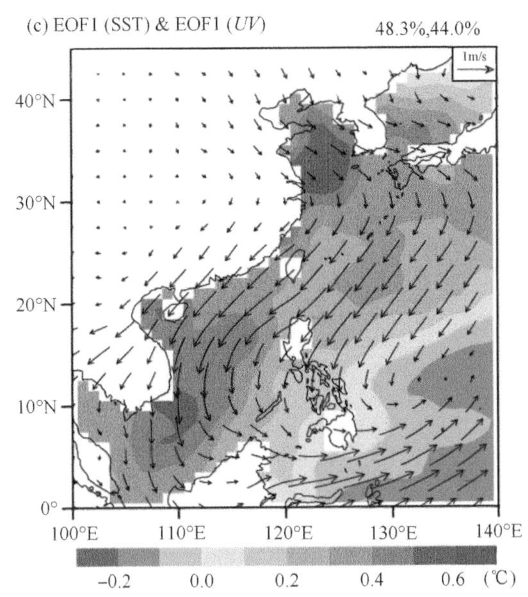

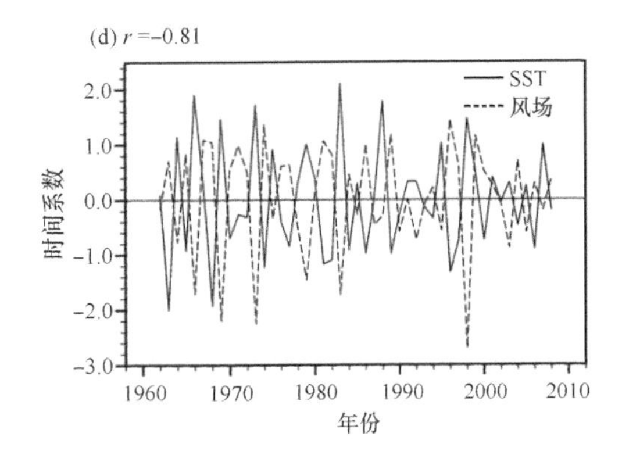

图 2.3　中国近海冬季 SST 和风场的年代际（a、b）、年际（c、d）滤波后的 EOF 主模态空间分布（a、c）和时间序列（b、d）

年代际变化为 8 年以上的低通滤波，年际变化为 2 ～ 7 年的带通滤波
（资料来自 HadISST、ERA-40 和 ERA-Interim）

中国近海 SST 和风场的年际变化也有较为一致的耦合关系，相关系数同样达到–0.81。这表明，无论是年际还是年代际尺度，东亚冬季风和中国近海 SST 均具有密切关系，并且这种关系不依赖于线性变化趋势。中国近海 SST 和风场都有明显的线性变化趋势，如 SST 的上升和风速的下降，但是年际滤波的结果表明，即使去掉线性趋势，它们依然有很好的关系。在 2000 年以后，中国近海 SST 出现了转折，相对之前有下降的趋势（图 2.3b），这与全球地表变暖暂缓的变化相一致。同时，东亚冬季风风速在同期具有上升的趋势（图 2.3b），这与 Wang 和 Chen（2014）发现的东亚冬季风在 21 世纪初出现转折性增强（re-amplification）的结果类似。另外，冬季 SST 和风场各自的年际和年代际变化的 EOF 第二模态解释的方差贡献都很小（不超过 10%），因此不再详细分析。

夏季，中国近海 SST 和风场年际、年代际变化的主模态与冬季的情况有很大的差别。就年代际（8 年低通滤波）而言，中国近海夏季 SST 年代际变化主要体现在第一模态上（方差贡献 69.9%），表现为东海北部和渤海、黄海 SST 显著上升，时间序列转折与冬季相似，发生在 20 世纪 80 年代中期。而海面风场的变化有所不同，风场前两个模态都占有相当大的方差贡献，分别为 42.5% 和 18.5%。风场的第一模态为南风的年代际变化（图 2.4），即为东亚夏季风的年代际变化，在 20 世纪 80 年代初期也发生了位相转化，并且与中国近海夏季 SST 第一模态的相关系数为–0.67，通过置信度为 99.9% 的显著性检验。风场年代际变化的第二模态（图 2.5）表现为南海和东海上空反气旋环流的变化，这与副高的结构类似。并且，第二模态与中国近海 SST 第一模态的变化同样有显著的相关关系，相关系数为 0.44，通过置信度为 99% 的显著性检验。风场年代际变化第二模态时间序列表现为在 20 世纪 90 年代的转折。因此，中国近海夏季 SST 的年代际变化同时受到东亚夏季风和副高年代际变化的影响。

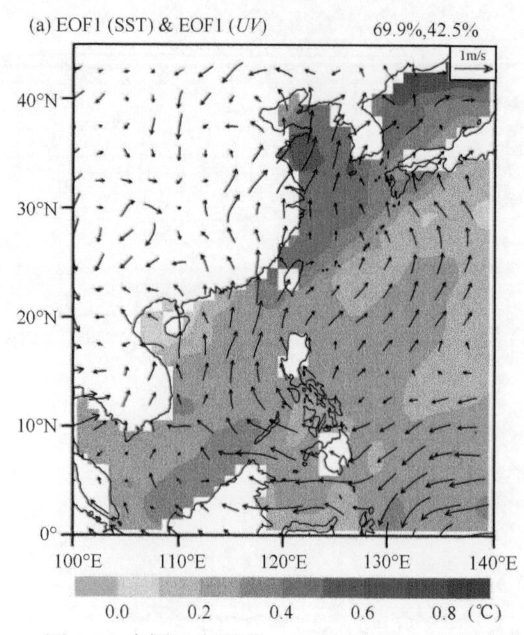

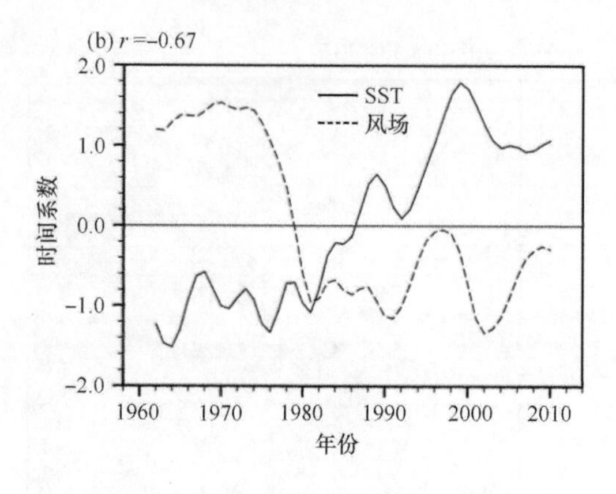

图 2.4 中国近海夏季 SST 和风场的年代际滤波后的 EOF 主模态空间分布（a）和时间序列（b）

年代际变化为 8 年以上的低通滤波，图 a 右上角数值分别为 SST 和风场模态的方差贡献，图 b 左上角数值为 SST 和风场的相关系数（资料来自 HadISST、ERA-40 和 ERA-Interim）

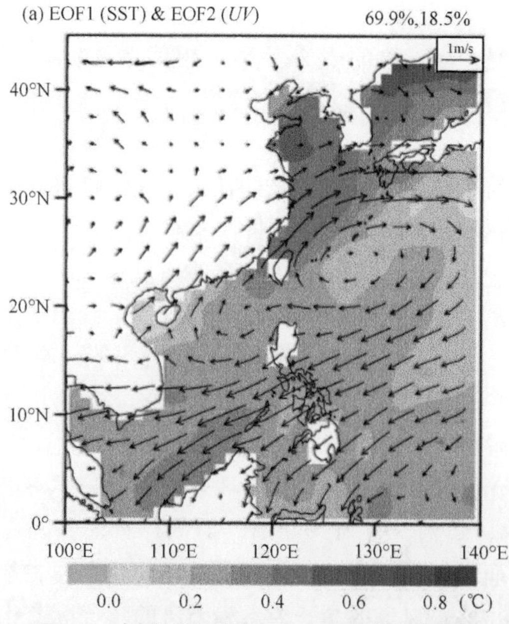

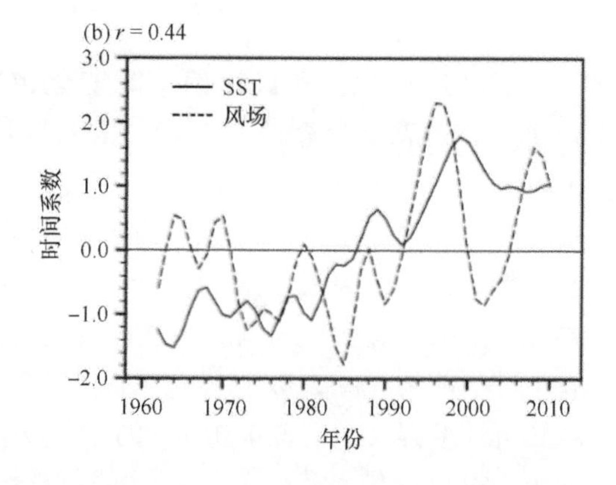

图 2.5 中国近海夏季 SST 和风场的年代际滤波后的 EOF 主模态空间分布（a）和时间序列（b）

年代际变化为 8 年以上的低通滤波，图 a 右上角数值分别为 SST 和风场模态的方差贡献，图 b 左上角数值为 SST 和风场的相关系数（资料来自 HadISST、ERA-40 和 ERA-Interim）

在年际变化方面（2～7 年带通滤波），中国近海 SST 前两个模态的方差贡献超过 50%，SST 第一模态（方差贡献 34.3%）主要表现为整个中国近海位相一致变化的空间特征，主要变化信号位于中国近海北部海区和日本海区域，SST 第一模态与风场第二模态具有显著的负相关关系（r=−0.48）。SST 的第二模态（方差贡献 21.8%）为南北反位相变化，并且 SST 第二模态与风场第一模态具有显著的正相关关系（r=0.76）。值得注意的是，风场的前两个年际模态似乎都与副高有关。风场的年际第二模态表现为中国近海中北部上空的反气旋环流，即副高偏东偏北，这种情况对应渤海和黄海的 SST 偏高，南海的 SST 偏低（图 2.6），而风场的年际第一模态为反气旋环流偏西偏南，即副高偏西偏南，这种情况会导致南海 SST 升高，北部海区 SST 降低（图 2.7）。因此，中国近海 SST 和风场的前两个年际模态彼此有显著的对应关系，SST 第一模态对应风场第二模态，SST 第二模态对应风场第一模态。

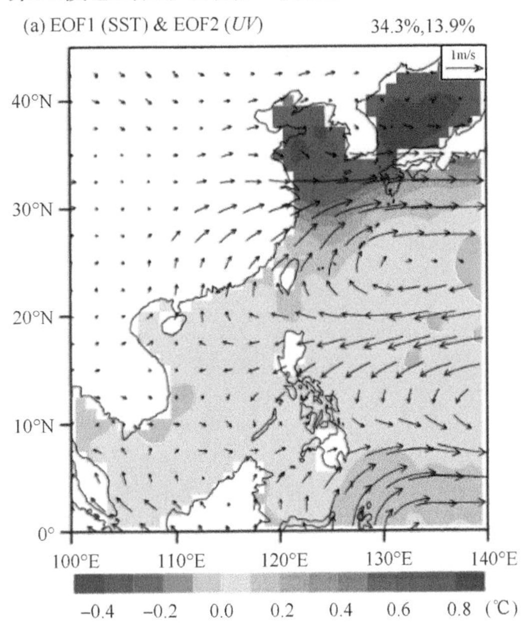

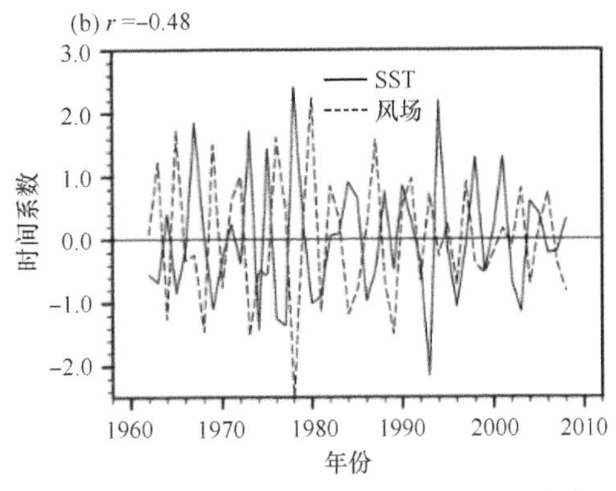

图 2.6　中国近海夏季 SST 和风场的年际滤波后 SST 的 EOF1 模态与风场的 EOF2 模态的空间分布（a）和时间序列（b）

年际变化为 2 ～ 7 年带通滤波，图 a 右上角的数值分别为 SST 和风场模态的方差贡献，图 b 左上角的数值为 SST 和风场的相关系数（资料来自 HadISST、ERA-40 和 ERA-Interim）

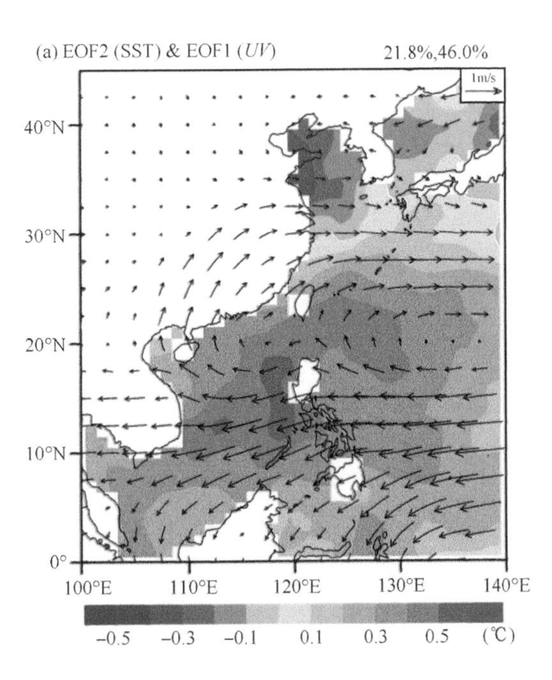

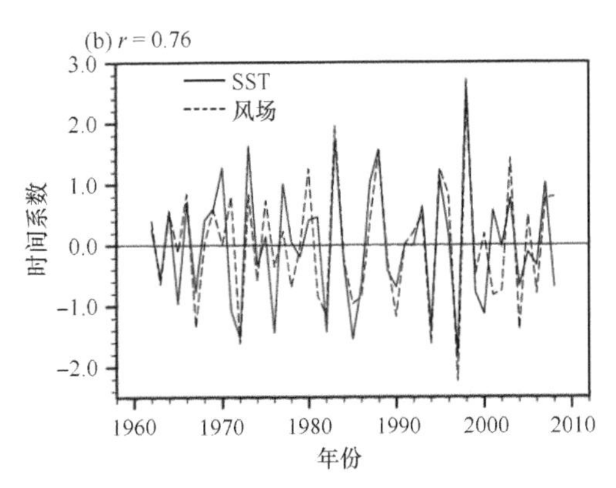

图 2.7　中国近海夏季 SST 和风场的年际滤波后 SST 的 EOF2 模态与风场的 EOF1 模态的空间分布（a）和时间序列（b）

年际变化为 2 ～ 7 年带通滤波，图 a 右上角的数值分别为 SST 和风场模态的方差贡献，图 b 左上角的数值为 SST 和风场的相关系数（资料来自 HadISST、ERA-40 和 ERA-Interim）

本节揭示的中国近海夏季风场年际模态与何超等（2012）利用矢量 EOF 对西北太平洋 850hPa 风场进行分析得到的结果相似，他们将其称为副高的两个主要年际模态，这两种模态分别对应同期赤道太平洋的异常东风和异常西风，并且将这两种模态分别命名为“赤道东风共存模态”和“赤道西风共存模态”。两种模态的西太平洋异常反气旋形成机制类似，但维持机制不同，主导振荡周期不同，与 ENSO 位相的关系也不同。副高的第一模态（“赤道东风共存模态”）与 ENSO 衰退期有关，而第二模态（“赤道西风共存模态”）则对应 ENSO 的发展位相。因此，中国近海风场年际模态表达的是对 ENSO 发展不同位相的响应，即 ENSO 可能通过近海风场的年际变率影响近海 SST。

图 2.8 是 1958 ～ 2014 年夏季平均的副高面积指数、强度指数和西伸指数。面积指数定义为在 10°N 以北、110°E ～ 180°E，500hPa 位势高度场上 588dagpm 等值线所围成的格点数的总和，而强度指数为在上述区域内 500hPa 位势高度场上不小于 588dagpm 的累计值，取 588dagpm 为 1、589dagpm 为 2、590dagpm 为 3，以此类推，然后将这些编码累加求和，因此，副高的面积指数和强度指数都可以反映副高的总体强度。西伸指数是指副高所到达的最西边界的经度数值，因此，当数值越小时，副高位置越偏西。图 2.8 中副高面积指数、强度指数和西伸指数时间序列的粗线为 5 年滑动平均。可以看出，副高在 20 世纪 90 年代中期显著增强，同时副高也向西伸展。副高的强度指数和面积指数与中国近海 SST 具有显著的正相关关系，相关区域覆盖整个中国近海，同时西伸指数与 SST 是负相关的，即副高西伸越强，SST 越高（图 2.9）。

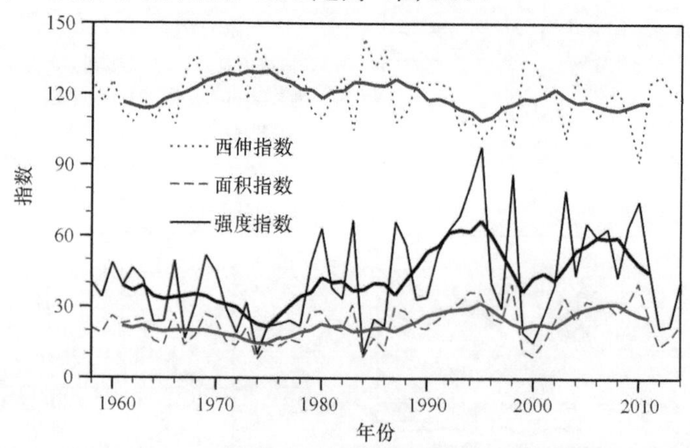

图 2.8　1958 ～ 2014 年夏季平均的副高面积指数、强度指数和西伸指数

粗线为 5 年滑动平均（资料来自国家气候中心）

副高控制区域盛行下沉运动，天气以晴朗少云为主，太阳辐射强烈，同时由于海面风速降低，蒸发造成的热量损失减少，SST 出现正异常，因此副高与其控制区域内的近海 SST 有正相关的关系。由于海洋对于大气环流异常的响应通常都有一定的滞后，因此，中国近海 SST 与副高具有滞后一个月的正相关也就不难理解了。中国近海 SST 对于副高的这种滞后响应，可以认为是副高对于近海 SST 的影响。因此，副高的总体强度和主体位置可能是影响中国近海夏季 SST 异常的重要因子。近几十年来，副高强度的年际和年代际变化可能是造成中国近海 SST 年际和年代际变异的重要因素之一，尤其是 20 世纪 90 年代以来，副高强度有明显的增强趋势，这与中国近海 SST 的急剧上升是一致的。

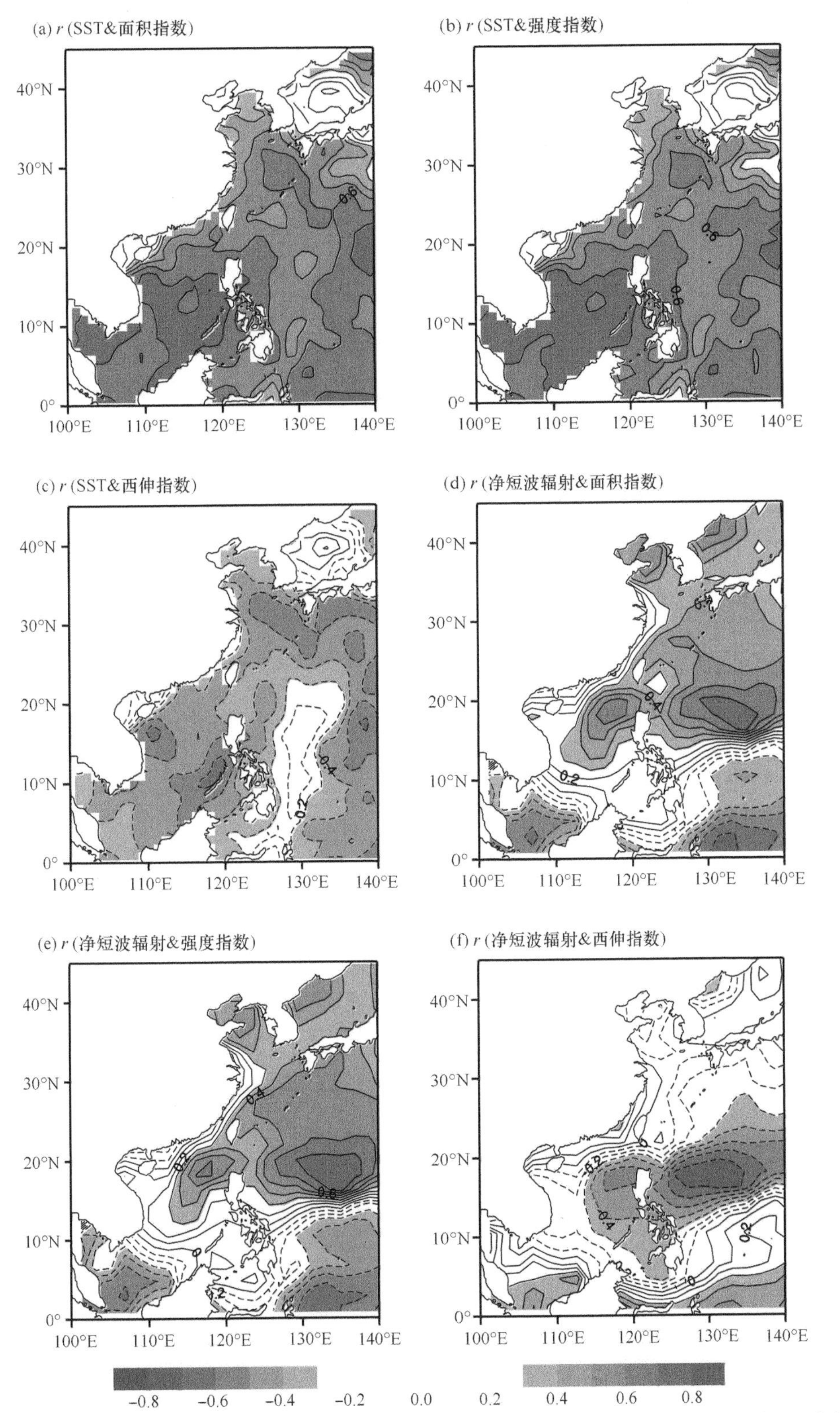

图 2.9　副高面积指数（a）、强度指数（b）和西伸指数（c）与中国近海 SST 的相关关系及 3 个指数分别与中国近海净短波辐射的相关分布（d～f）

阴影区为超过 95% 显著性检验的区域（资料来自 HadISST 和国家气候中心）

综上所述，中国近海 SST 和东亚季风的主要模态在年际和年代际尺度上都有非常好的相关关系。冬季，东亚季风和中国近海 SST 无论是在年际还是年代际尺度上都存在显著的负相关关系。东亚季风在 20 世纪 80 年代初的年代际减弱可能是导致近海 SST 在 80 年代中期以后迅速升高的重要因素。夏季，除了夏季风（南风）与 SST 有很好的负相关关系，副高也是影响 SST 年际和年代际变化的重要因子。在年际尺度上，中国近海前两个模态分别对应副高的第二和第一模态，而副高的前两个年际模态都与 ENSO 发展的不同时期有关。

2.2.3 中国近海海面温度与海气热通量的关系

海面扰动热通量（感热通量和潜热通量）是反映海洋与大气相互作用的重要指示因子。本节主要采用 OAFlux 扰动通量资料探讨中国近海尤其是中国东部海域 SST 和东亚大气环流在年际和年代际尺度上与感热通量和潜热通量的关系。根据块体热通量算法 3.0 公式，潜热通量和感热通量所依赖的主要是海面风速、SST、海面上空的大气温度和比湿。潜热（LH）通量和感热（SH）通量的表达式分别为

$$\mathrm{LH}=\rho_\mathrm{a} L_\mathrm{e} c_\mathrm{e} (q_\mathrm{s}-q_\mathrm{a})\, u_{10}$$

$$\mathrm{SH}=\rho_\mathrm{a} c_\mathrm{e} c_\mathrm{h} (T_\mathrm{s}-T_\mathrm{a})\, u_{10}$$

式中，ρ_a 是空气密度；L_e 是蒸发潜热；c_e 是定压比热；u_{10} 是相对海面高度为 10m 的平均风速；c_h 和 c_e 分别表示热量和水汽湍流交换系数；q_s 和 q_a 分别表示海面比湿和 2m 处的大气比湿；T_s 是海面温度；T_a 是近海表面 2m 处的大气温度。可以看出，潜热通量与风速和海气比湿差直接相关，后者与海面温度有关。感热通量与海气界面温差和风速有关。

扰动热通量与 SST 变化的相关关系可以反映大气影响海洋，或是海洋影响大气的特征（Wu and Kinter，2010）。一般认为，负相关的 SST 和热通量（潜热通量和感热通量）表明，潜热（感热）通量越大（小），海洋失去热量越多（少），SST 下降越多（少）。冬季，风场控制的扰动热通量对 SST 的贡献尤为明显。夏季，辐射通量（如太阳短波辐射）也是影响 SST 的重要因子。由于短波辐射受云覆盖量的影响，因此，当云覆盖量多时，到达海面的短波辐射就少，而云覆盖量的多少与大气环流的变化有关（Wu and Kinter，2010）。

（1）年际尺度关系

图 2.10 为年际尺度上中国近海冬季 SST 与海面蒸发量、海气温差和热通量（感热通量和潜热通量）的相关分布（2 ～ 7 年带通滤波）。可以看出，在年际尺度上，中国近海尤其是中国东部海域 SST 与潜热通量（图 2.10c）和感热通量（图 2.10d）呈现负相关关系。显著相关的区域位于台湾海峡和长江口以外的东海，这与中国近海尤其是中国东部海域 SST 迅速上升的区域一致。并且 SST 与热通量（潜热通量和感热通量）负相关的空间分布分别与海面蒸发量（图 2.10a）和海气温差（图 2.10b）基本一致。这种负相关的 SST 与热通量的关系表明，海洋失去热量导致 SST 降低，即热通量对 SST 具有阻尼作用（damping effect）。其中，潜热通量与海面蒸发量有关，而感热通量是由海气温差决定的。

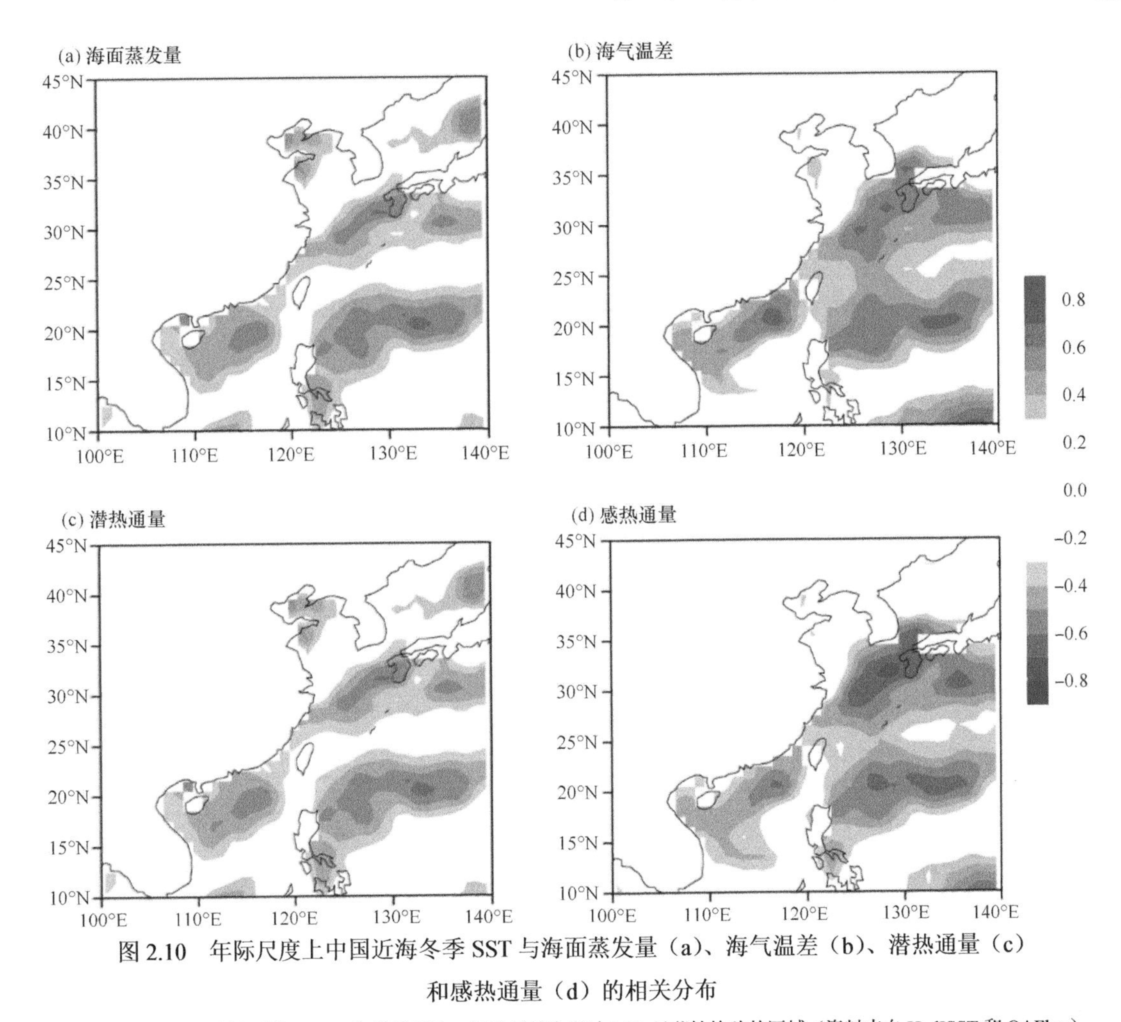

图 2.10　年际尺度上中国近海冬季 SST 与海面蒸发量（a）、海气温差（b）、潜热通量（c）和感热通量（d）的相关分布

在计算相关前已对数据进行 2 ～ 7 年带通滤波，填色区域为超过 95% 显著性检验的区域（资料来自 HadISST 和 OAFlux）

图 2.11 是年际尺度上中国近海冬季风场 PC1 与海面蒸发量、海气温差、潜热通量和感热通量的回归分布。与 SST 的关系相反，中国近海海面风场与海面蒸发量（图 2.11a）、海气温差（图 2.11b）、潜热通量（图 2.11c）和感热通量（图 2.11d）表现为正相关关系，特别是中国东部海域的海面风场与海气温差和感热通量有较强的相关关系，而海面风场与海面蒸发量和潜热通量的关系则稍弱于南海北部海域。这种正相关的关系反映了大气通过影响海气界面热通量，进而引起 SST 异常的作用，即大气对海洋的强迫作用。大气对海面蒸发量的影响主要是由风引起的，这是因为 PC1 对中国近海风速和蒸发量的空间相关分布基本一致。

冬季，当东亚冬季风强（弱）时，会带来大量（少量）冷空气，使中国近海特别是中国东部海域低层气温偏低（高）并伴随风速的增大（减弱），海气温差增大（减小），同时由风速变化引起的蒸发量增大（减小），进而引起从海洋向大气释放的潜热通量和感热通量增多（减少），最终导致 SST 降低（升高）。因此，东亚冬季风与中国近海特别是中国东部海域 SST 呈现明显的负相关关系，而海气热通量是连接大气环流和 SST 的重要纽带。

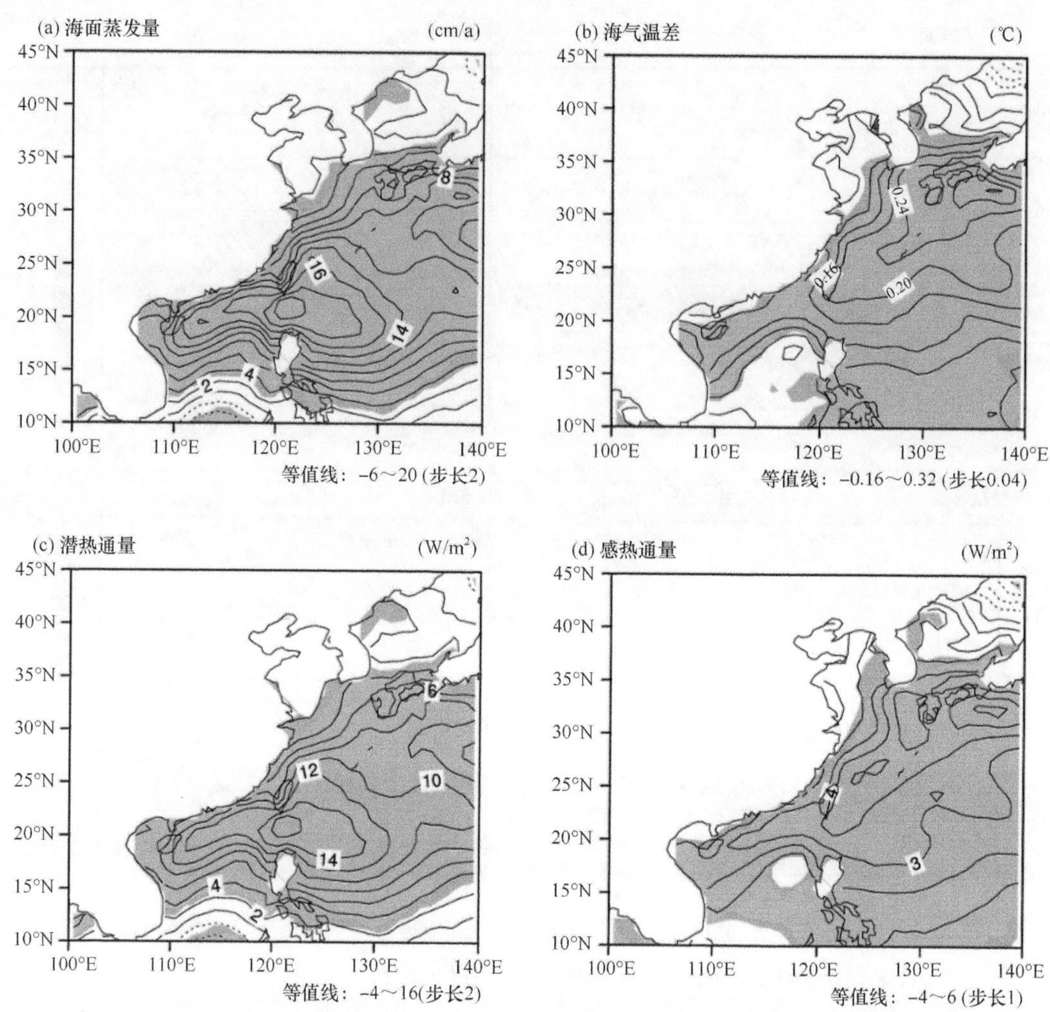

图 2.11 年际尺度上中国近海冬季风场 PC1 与海面蒸发量（a）、海气温差（b）、潜热通量（c）和感热通量（d）的回归分布

阴影区域为超过 95% 显著性检验的区域（资料来自 OAFlux）

中国东部海域的海气相互作用与热带海域有所不同。南海等热带海域的海洋上层热含量大，SST 较高（26℃以上），SST 升高会降低海面上空大气的静力稳定度，使得大气垂向混合增强；此外，较高的 SST 可以通过潜热和感热使行星边界层加热，从而降低局地海平面气压，而相应的气压梯度则使风场发生调整。因此，热带海域 SST 与风场是正相关的关系，这反映了海洋对大气的强迫作用。而中国东部海域有大部分是 200m 以浅的陆架海，黑潮区之外的海域上层海洋热含量较小，SST 较低，不容易引起对流活动；其上空大气环流主要受中纬度环流系统支配，相对稳定（准定常的），同时受大陆性系统的影响明显（如西伯利亚高压），季节和年际变率很大，东亚季风受中纬度大气环流的影响很大，而局地影响较小，因此，中国东部海域及附近海域的海气相互作用主要表现为东亚季风对 SST 的影响，它们的关系是负相关的，表现为大气对海洋的强迫作用。

（2）年代际尺度关系

在年代际尺度上，情况有所不同。中国近海 SST 与潜热通量和感热通量在年代际尺度上是正相关的，显著相关的区域与中国近海变暖强度最大的区域一致。这种正相关的关系反映了 SST 在长时间尺度上对海气热通量的主导作用，并且 SST 在年代际尺度上对潜热通量和感热通量的影响也是通过海面蒸发量和海气温差实现的，如图 2.12 所示。这与年际尺度上的关系虽然相反，但并不矛盾。根据热通量的算法公式，风速和 SST 都会对潜热通量和感热通量有影响。在年际尺度上，主要是风速占主导地位，通过热通量影响 SST，但是 SST 的升高本身也会增加热通量的释放，如黑潮区是全球海洋释放热量最多的区域之一。在更长时间尺度上，如年代际尺度，随着 SST 的持续上升，海洋向大气释放的热量也会逐渐增多，因此在年代际尺度上表现为 SST 与热通量正相关的关系，这表现为 SST对热通量的主导作用。

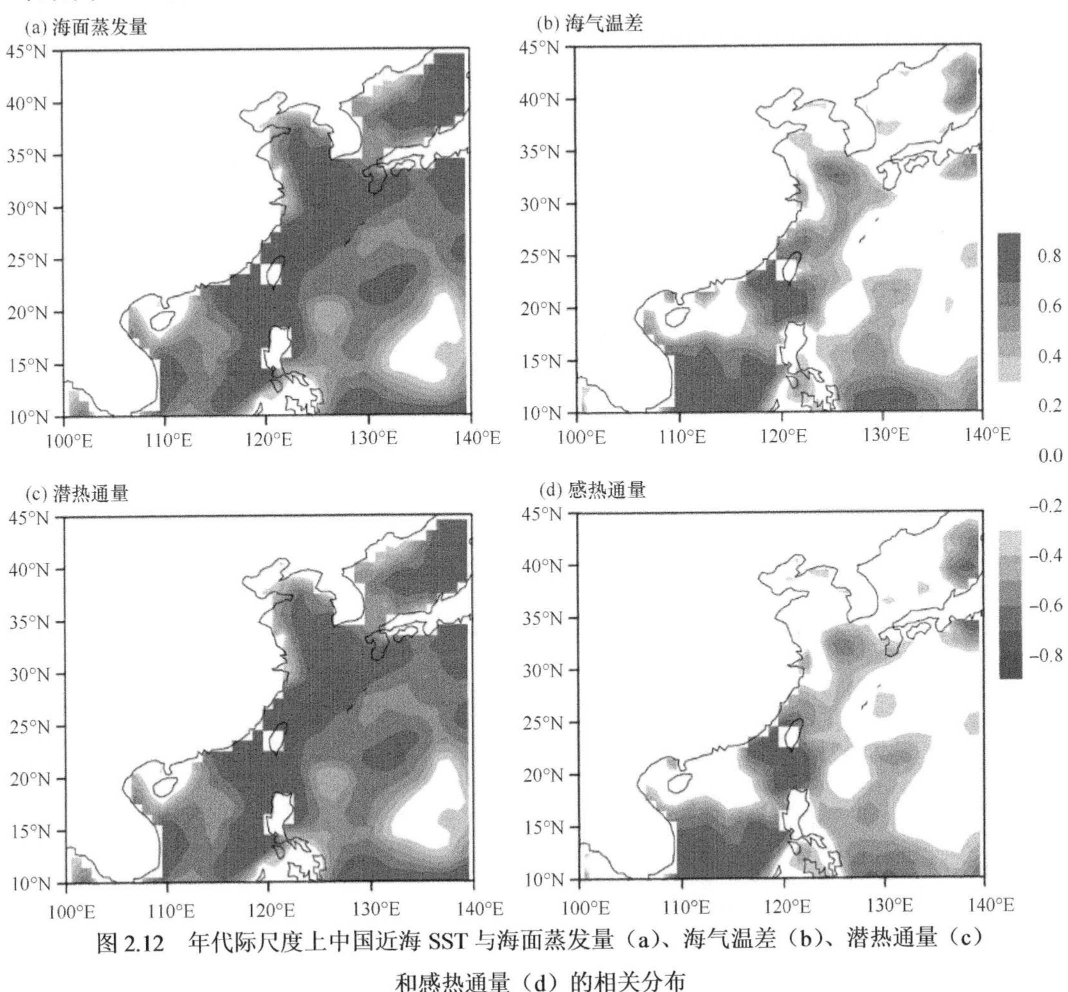

图 2.12　年代际尺度上中国近海 SST 与海面蒸发量（a）、海气温差（b）、潜热通量（c）和感热通量（d）的相关分布

计算相关前已对数据进行 8 年以上低通滤波，填色区域为超过 95% 显著性检验的区域（资料来自 HadISST 和 OAFlux）

由于在年代际尺度上东亚季风与 SST 是负相关的关系，而 SST 与热通量是正相关的，因此东亚季风在年代际尺度上与热通量也是负相关的，如图 2.13 所示。也就是说，海洋

热通量在更长时间尺度上主要是受到SST的主导作用。早在50多年前，Bjerknes（1964）就指出中纬度北大西洋的海气相互作用在不同时间尺度上的表现不同：在较短的时间尺度上（年际）主要表现为大气对SST的直接影响，而在长时间尺度上（年代际或者更长）主要表现为海洋动力过程对SST和大气的强迫作用。最近，这一观点得到了Gulev等（2013）研究的验证。他们通过再建过去100年来北大西洋的SST和热通量数据指出，在年际尺度上SST与热通量是负相关的，而在年代际尺度上（超过10年）它们的关系是正相关的。上述SST、热通量与风场在不同时间尺度上的辩证关系都是冬季的，需要指出的是，夏季也有类似的关系，但更为复杂。这是因为在年际尺度上影响夏季SST的

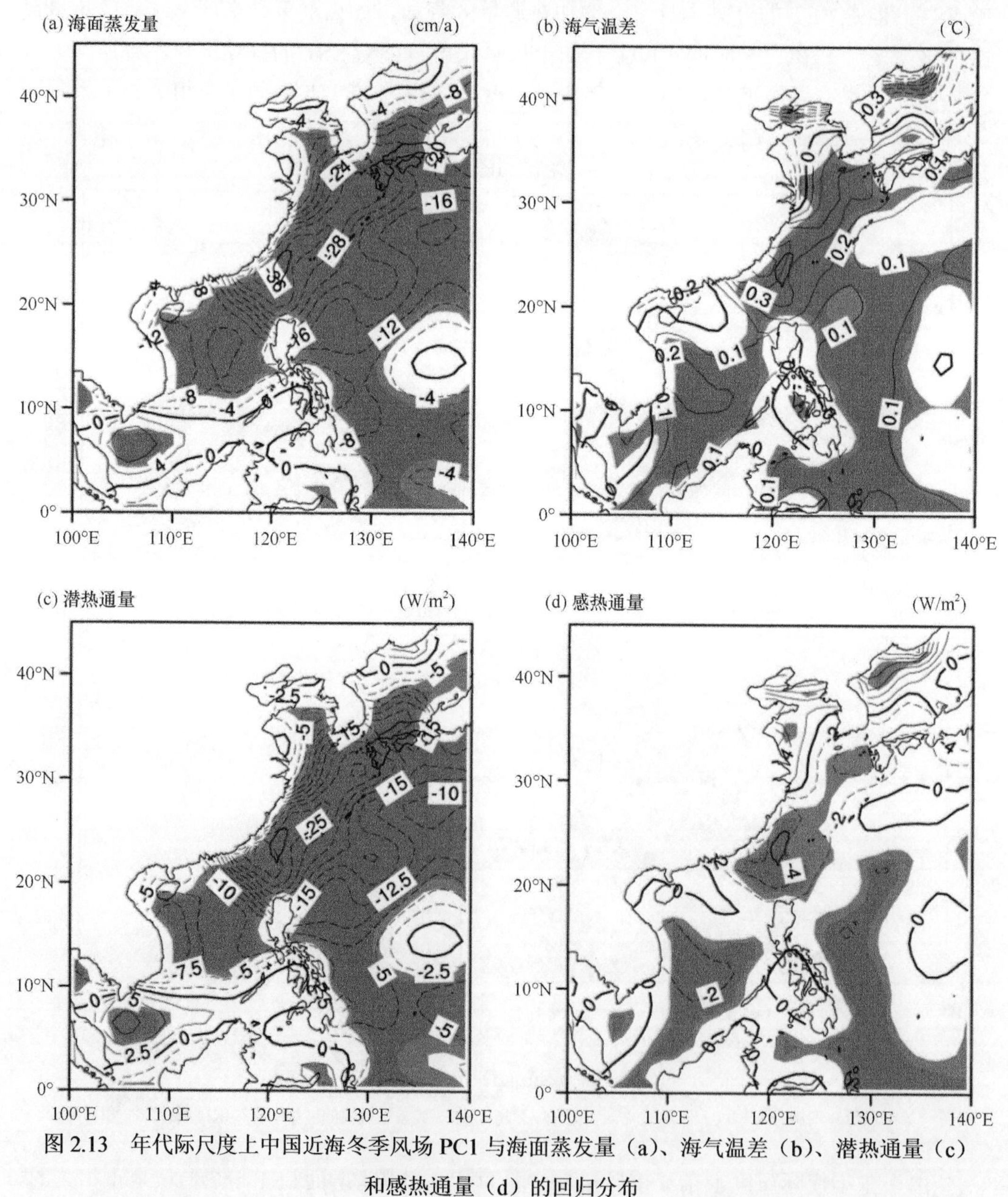

图2.13　年代际尺度上中国近海冬季风场PC1与海面蒸发量（a）、海气温差（b）、潜热通量（c）和感热通量（d）的回归分布

计算相关前已对数据进行8年以上低通滤波，阴影区域为超过95%显著性检验的区域（资料来自OAFlux）

因素很多，除了扰动热通量，还有其他因素，如太阳短波辐射、云覆盖量和降水等。并且，与东亚冬季风主要受到来自中纬度大陆的影响不同，东亚夏季风更多地受到热带海洋热力状况的影响，相对不稳定。因此，东亚夏季风对中国近海 SST 的影响较复杂，机制也有很多种。本文对此不作细究，留待以后进一步研究。

2.2.4　东亚冬季风对中国东部海域海面温度的影响

本节主要从东亚季风和热通量角度研究中国近海 SST 随时间变化的大气强迫过程。由于中国近海冬季 SST 和风场的关系最显著，因此，本节主要分析冬季的情况。

为了便于研究冬季风的强度变化，本节选择了一个冬季风指数（Wang and Chen，2014）。东亚冬季风主要是由亚洲大陆与海洋的热力差异形成的，该指数是基于东亚地区 3 个区域的海平面气压并考虑了东西向和南北向的气压梯度而构建的，表达式为

$$I_{\mathrm{EAWM}}=(2\times \mathrm{SLP}_1-\mathrm{SLP}_2-\mathrm{SLP}_3)/2$$

式中，SLP_1、SLP_2、SLP_3 分别表示 3 个区域标准化的区域平均的海平面气压，分别为西伯利亚地区（40°N ～ 60°N，70°E ～ 120°E）、北太平洋地区（30°N ～ 50°N，140°E ～ 170°W）和海洋大陆区域（20°S ～ 10°N，110°E ～ 160°E）。海平面气压数据来自 NCEP 数据集，时间为 1958 ～ 2014 年，分辨率为 2.5°×2.5°，相关详细的描述参见文献（Wang and Chen，2014）。

图 2.14a 为标准化的东亚冬季风指数及其 10 年滑动趋势。20 世纪 70 年代末和 80 年代初，东亚冬季风整体为正位相，在 80 年代中期开始转为负位相，持续到 2000 年左右，再次变为正位相。东亚冬季风相对较弱的 20 世纪 80 年代和 90 年代，正是中国近海乃至全球迅速升温的一段时期。并且，冬季风减弱最强烈的时期（20 世纪 80 年代中期，10 年滑动趋势的负值最大）也与中国近海 SST 升温最快的时间对应。有所不同的是，中国近海迅速升温的另一个时期（20 世纪 90 年代中期），冬季风指数似乎只有微弱减小的变化，但整体上还是增强的（趋势为正）。在 2000 年左右东亚冬季风转为正位相时，10 年滑动趋势有一个正的最大趋势。2000 年以后中国近海强烈的变冷趋势似乎也与东亚冬季风迅速变强有关。Wang 和 Chen（2014）的研究也表明，东亚冬季风在 21 世纪初期有反弹的趋势（re-amplification）。

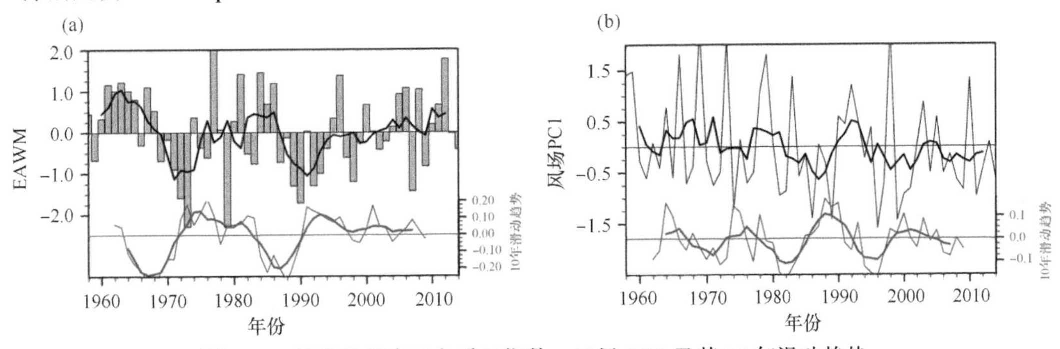

图 2.14　标准化的东亚冬季风指数、风场 PC1 及其 10 年滑动趋势

黑色粗实线为 5 年滑动平均（资料来自 NCAR/NCEP Reanalysis 1）

另外，中国近海冬季低层风场的 PC1（原始数据，无滤波，图 2.2）也有类似的结

果，如在20世纪80年代中期出现滑动趋势最低值。但是PC1还表明了在20世纪90年代中期同样出现了一次滑动趋势最低值，这很好地解释了中国近海在20世纪90年代中期的迅速升温。冬季风PC1和冬季风指数在20世纪90年代中期不一致的表现可能由以下两个原因造成：①选择的数据集不同，PC1的数据来自欧洲中期天气预报中心的ERA-Interim，而冬季风指数是用NCEP再分析数据计算得到的；②选择的指示变量不同，PC1为东亚低层（925hPa）风场（*U*，*V*），而冬季风指数是基于海平面气压计算得到的。相比于大范围的海平面气压计算得到的冬季风指数，近海风场更能反映与海温的耦合关系。

图2.15是中国东部海域冬季区域平均的风速、气温、潜热通量和感热通量的时间序列和10年滑动趋势。风速和气温是反映冬季风强弱的指标，强的冬季风通常为大风天气并带来大量冷空气，使海洋上空的气温迅速降低，而风速和气温又会通过潜热通量和感热通量影响SST。风速（图2.15a）和气温（图2.15b）的变化趋势表明它们在20世纪80年代中期变化速率都达到最大值。一方面，风速变化速率在20世纪80年代中期达到负的最大值，表明风速在这一时期是迅速下降的，并导致潜热通量的迅速下降。由海洋向大气释放的潜热通量在20世纪80年代中期的迅速减少导致该时期SST迅速上升（图2.15c）。另一方面，气温变化速率在20世纪80年代中期达到正的最大值，使得海气温差迅速减小，导致感热通量的迅速减小，造成SST迅速上升（图2.15d）。而对于20世纪90年代中期的变化来说，上述变量的表现也不是很明显，只有气温有明显的上升趋势，这可能会引起SST上升。最后，在20世纪90年代末以后，潜热通量和感热通量没有明显的上升趋势，有的时候甚至是减小的，这可能会导致SST下降。

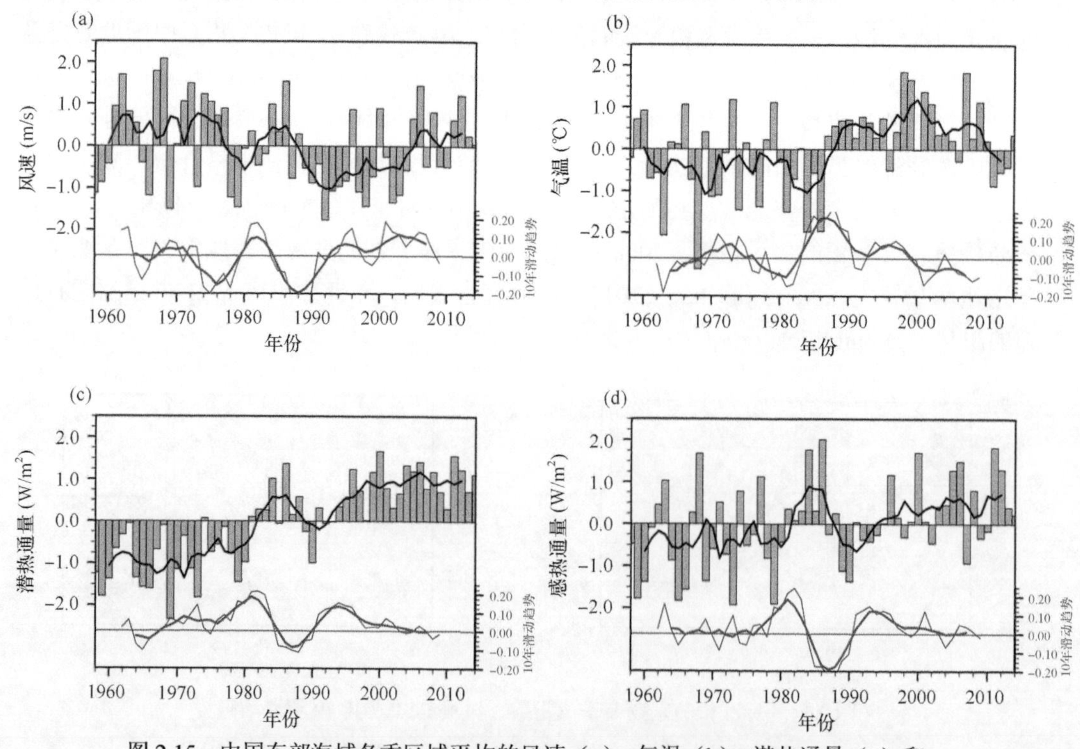

图2.15　中国东部海域冬季区域平均的风速（a）、气温（b）、潜热通量（c）和感热通量（d）的时间序列和10年滑动趋势

黑色粗实线为5年滑动平均（资料来自NCAR/NCEP）

综上所述，中国近海上空低层风场与中国近海 SST 在年际和年代际尺度上表现出显著的负相关关系，尤其是冬季，相关系数高达–0.8，显著相关的区域与中国近海主要的升温区（中国东部海域）一致。在年际尺度上尤其是冬季表现为大气通过扰动热通量强迫海洋，而在年代际甚至更长时间尺度上，则表现为 SST 对热通量变化的主导作用。然而，统计结果表明，20 世纪 80 年代东亚季风的年代际减弱可能是中国近海尤其是中国东部海域 SST 在同时期迅速上升的重要原因。在 2000 年以后东亚季风的反弹又可以解释中国近海在 21 世纪初加强的冷却现象。因此，需要进一步分析东亚季风是否通过动力作用影响中国近海 SST。

此外，中国近海夏季 SST 变化的机制比冬季复杂得多。SST 的变化不仅受到扰动热通量的影响，还与太阳短波辐射、降水和大陆淡水的输入等有关，这些因素还都受到副高的影响，副高的面积、强度及西伸程度都会影响中国近海 SST 的变化。

2.3　黑潮对中国近海海面温度的影响

中国近海是西北太平洋边缘海，海洋环流受季风、潮汐混合及大洋环流驱动。北赤道洋流向西流至菲律宾以东沿岸受地形阻挡发生分叉，一部分向南流动形成棉兰老流（Nitani，1972），另一部分向北流，成为黑潮。黑潮始自菲律宾东部海域，流经中国东部海域，沿着琉球群岛北侧继续往东北向流动，并把大量的热量从低纬度海域输运到高纬度海域，因此，其对中国近海的 SST、盐度及环流有重要的影响。

黑潮主干从台湾岛东北侧流经中国东部海域并入侵东海陆架海域，黑潮还在菲律宾东北部海域进入吕宋海峡后分为两支，一支向西南进入南海，另一支流入台湾海峡并沿海峡北上（苏纪兰，2001；Zheng et al.，2006）。台湾海峡的暖流与来自南海的暖流合并，称为台湾暖流；台湾暖流沿海峡向北分为两支，一支北上至九州岛南部海域，再经对马海峡进入日本海，称为对马暖流；另一支在济州岛南部折向西北，沿黄海槽北上，冬季可一直延伸到渤海海峡，称为黄海暖流（Zheng et al.，2006）。台湾暖流和黄海暖流为中国东部海域陆架的重要环流系统。中国的沿岸流也是中国近海环流的一个重要部分。受冬季风控制，冬季沿岸流始于渤海并沿海岸南下，依次为鲁北、苏北、浙闽和广东沿岸流等。

冯琳和林霄沛（2009）的研究指出，台湾岛东北侧黑潮入侵的加强有利于中国东部海域 SST 长期升高。蒲书箴等（2001）认为，海洋平流尤其是西边界流（黑潮）对 SST 升高的贡献超过一半，并且，黑潮体积输送处于第一位，其次是热输送。因此，本节主要基于 NCEP-CFSR 和 SODA 中的海洋上层环流数据，并利用 SST 倾向方程，从热收支角度出发，研究中国东部海域局地海洋平流过程（纬向、经向和垂直混合）对局地 SST 的影响，并讨论黑潮热输送在不同时间段的变化对中国东部海域 SST 变化趋势的影响。

2.3.1　数据资料和研究方法

（1）数据资料

本节采用了以下 3 套海洋资料。

1）SODA 数据集，相关介绍见 1.3.1 节。

2）NCEP-CFSR 是 NCEP 最近发展的一套海洋大气再分析资料。CFSR 是一套高分辨率（赤道海区为 0.25°×0.25°，热带以外海区为 0.5°×0.5°）数据集，时间间隔从逐小时到逐月，时间长度为 1979 ～ 2009 年，后期还有补充。CFSR 是基于目前最先进的海、陆、气、冰耦合系统模式，同时考虑了气溶胶辐射、云反馈和 CO_2 等温室气体的变化，并同化了大量的海洋观测资料，包括投弃式温深仪（expendable bathythermograph，XBT）、温盐深测量仪（conductivity-temperature-depth system CTD）、Argo 浮标和 Mooring 浮标等数据，另外，模式还加入了逐日变化的表面通量资料和淡水输入数据，深度为 40 层，在海洋上层（200m 以上）有 10m 的垂直分辨率（Saha et al.，2010）。

3）本节使用的潜热通量和感热通量数据来自 OAFlux，具体介绍见 2.2.1 节。此外，本节所指的辐射通量采用海面向下/向上的太阳短波辐射（SW）和长波辐射（LW），数据来自国际卫星云气候计划（International Satellite Cloud Climatology Project，ISCCP）海面辐射场，该辐射场基于 ISCCP 观测和辐射传输模式计算得到（Zhang et al.，2004），时间分辨率为 3h，空间分辨率为 2.5°×2.5°，时间是 1983 年 7 月至 2009 年 12 月。

（2）*研究方法*

本节主要采用线性趋势、相关和回归分析等统计方法，具体介绍见 1.3.1 节和 2.2.1 节。

2.3.2 中国东部海域海面温度与海洋动力过程的关系

本节利用热收支的分析方法，研究中国东部海域上层海洋动力过程对 SST 变化的影响。按照 Kang 等（2001）的方法，根据 SST 倾向（热收支）方程，SST 的局地变化是由 SST 的纬向平流、经向平流、垂直混合和热通量决定的：

$$\frac{\partial T}{\partial t}=-u\frac{\partial T}{\partial x}-v\frac{\partial T}{\partial y}-w\frac{\partial T}{\partial z}-\frac{1}{\rho c_{\mathrm{p}}h}Q_{\mathrm{net}}$$

式中，T 为 SST；u、v 和 w 分别为上层海流的纬向、经向和垂直流速；ρ 为海水密度；c_{p} 为海水比热容［4200J/(kg·K)］；h 为混合层深度（本小节取 h=50m）；Q_{net} 为海面净热通量，由短波辐射（Q_{SW}）、长波辐射（Q_{LW}）、潜热通量（Q_{LH}）和感热通量（Q_{SH}）组成：

$$Q_{\mathrm{net}}=Q_{\mathrm{LH}}+Q_{\mathrm{SH}}+Q_{\mathrm{SW}}+Q_{\mathrm{LW}}$$

对于每一个物理量 a，可以看作由平均量 $\bar{a}$ 和扰动量（异常）a' 组成（$a=\bar{a}+a'$）。将 T、u、v 和 w 等变量的平均量和异常量代入 SST 倾向方程，展开后得

$$\frac{\partial T'}{\partial t}=-\bar{u}\frac{\partial T'}{\partial x}-\bar{v}\frac{\partial T'}{\partial y}-\bar{w}\frac{\partial T'}{\partial z}-u'\frac{\partial T}{\partial x}-v'\frac{\partial T}{\partial y}-w'\frac{\partial T}{\partial z}-u'\frac{\partial T'}{\partial x}-v'\frac{\partial T'}{\partial y}-w'\frac{\partial T'}{\partial z}-\frac{1}{\rho c_{\mathrm{p}}h}Q_{\mathrm{net}}$$

式中，等号左边为局地温度异常变化，等号右边前三项分别是平均流对异常温度的输运，如 $-\bar{u}\frac{\partial T'}{\partial x}$ 为平均纬向流对异常温度的输运；之后的三项为异常流对平均温度的输运，如 $-u'\frac{\partial T}{\partial x}$ 为异常纬向流对平均温度的输运；再后面三项为异常流对异常温度的输

运，如 $-u'\dfrac{\partial T'}{\partial x}$ 为异常纬向流对异常温度的输运，一般认为这三项是由小尺度过程（如摩擦耗散）引起的，是二阶小项，可以忽略；最后一项为海面净热通量变化引起的 SST 变化。

由于 SODA 海洋再分析资料没有垂直速度，热收支分析主要采用逐月的 NCEP-CFSR 海洋再分析资料，该数据分辨率为 0.5°×0.5°，时间长度为 1979 ～ 2009 年，主要变量为 50m 以上的纬向流、经向流、垂直流速度和位温等。海洋热通量数据采用 OAFlux 的扰动热通量（感热通量和潜热通量）及 ISCCP 的长波辐射和短波辐射数据。为了简化分析，着重分析冬季的海洋各平流过程与 SST 趋势的关系。

图 2.16 为 1958 ～ 2008 年中国近海冬季和夏季上层海洋环流的气候态分布图。

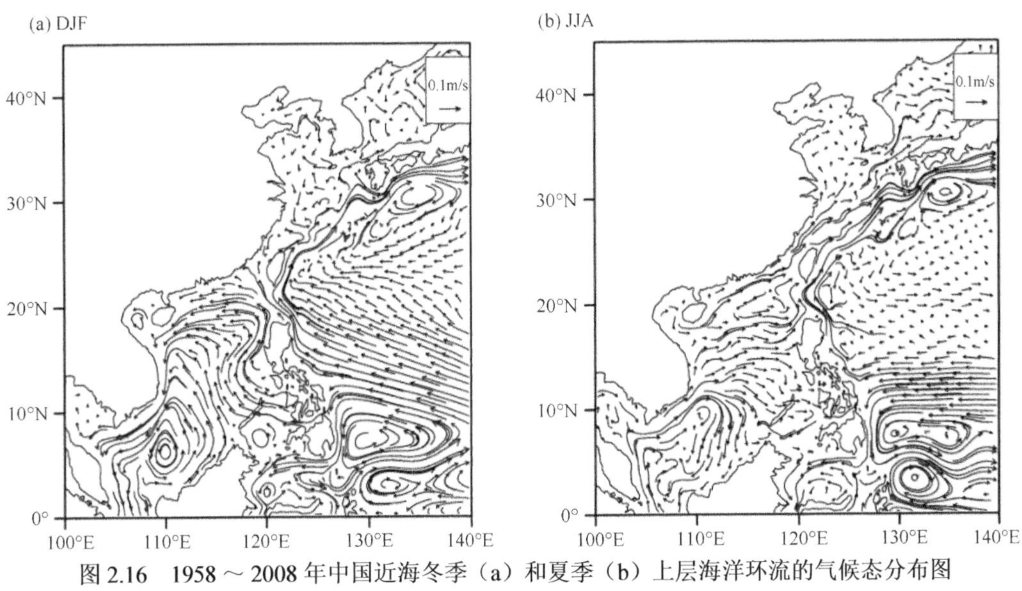

图 2.16　1958 ～ 2008 年中国近海冬季（a）和夏季（b）上层海洋环流的气候态分布图（资料来自 SODA）

图 2.17 为中国近海冬季纬向平流作用与 SST 变化的相关分布。其中，异常纬向流对平均温度的输运（$-u'\partial T/\partial x$）在中国东部海域表现为与 SST 变化的负相关（图 2.17a），平均纬向流对异常温度的输运（$-\bar{u}\partial T'/\partial x$）在中国东部海域也表现为与 SST 变化的负相关（图 2.17b），而异常纬向流对异常温度的输运（$-u'\partial T'/\partial x$）在中国东部海域与 SST 变化的关系不明显（图 2.17c）。总的纬向输运（图 2.17d，前三项的和）也主要是由异常纬向流对平均温度的输运（图 2.17a）和平均纬向流对异常温度的输运（图 2.17b）决定的。这表明，纬向平流输运对中国东部海域 SST 起到负的贡献（阻尼作用），即中国东部海域的 SST 升高时，纬向流作用将多余的热量通过平流热传导作用传给周边海域，从而降低中国东部海域 SST。中国东部海域局地纬向平流的增强不利于中国东部海域的 SST 升高。相反，平均纬向流的输运与 SST 在东海黑潮路径上表现为正相关，中国东部海域位于黑潮主干的左侧，平均纬向流将黑潮的热量向中国东部海域输送，从而使中国东部海域的 SST 升高。总的来说，纬向流对中国东部海域 SST 的上升起到负作用。

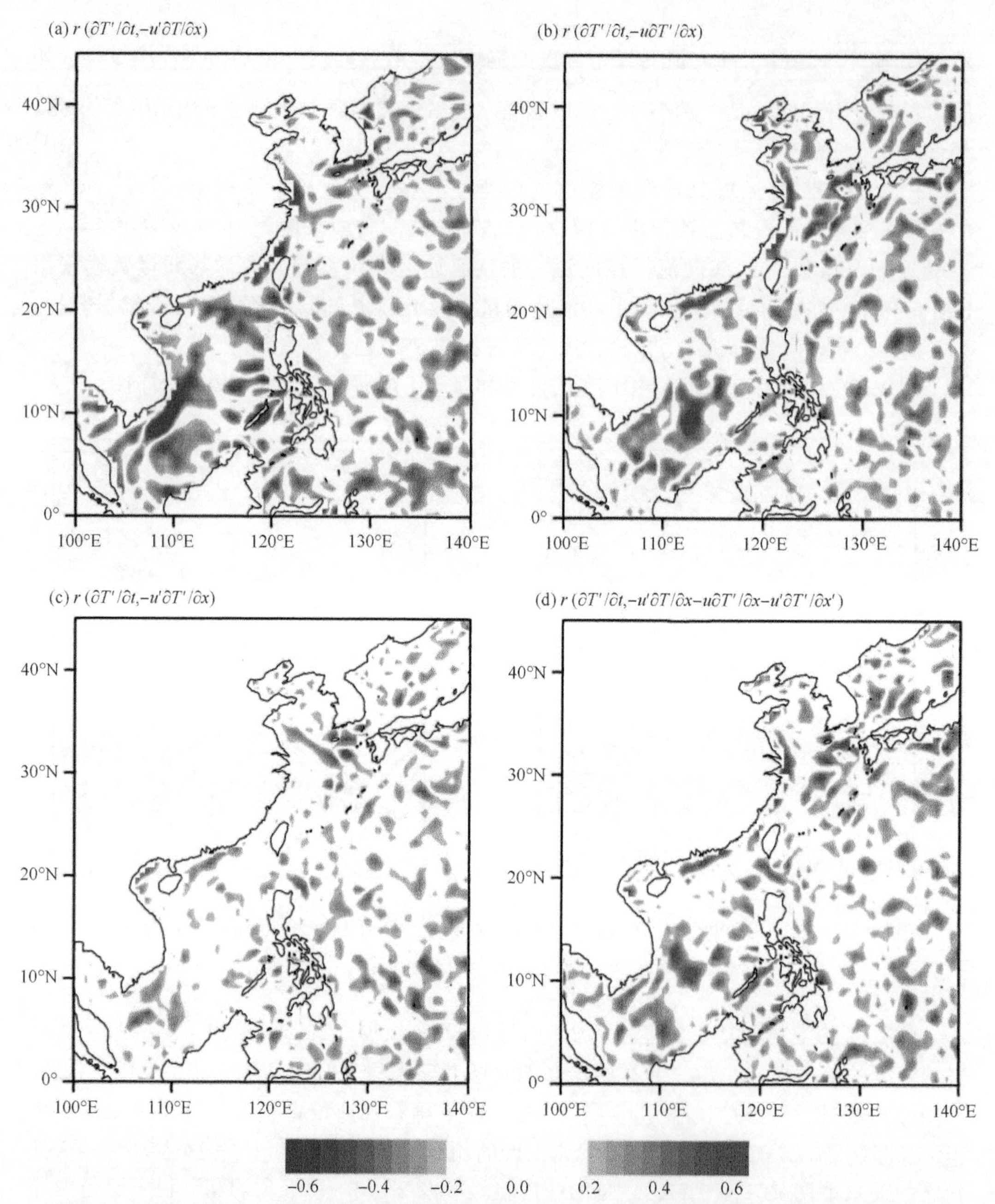

图 2.17　中国近海冬季异常纬向流对平均温度的输运（a）、平均纬向流对异常温度的输运（b）、异常纬向流对异常温度的输运（c）和它们的总和（d）与 SST 变化的相关分布（资料来自 SODA）

图 2.18 为中国近海冬季经向流对 SST 的贡献，经向流主要是由中国东部海域南部的黑潮向北的输运作用引起的。其中，异常经向流对平均温度的输运（$-v'\partial T/\partial y$）在中国东部海域表现为与 SST 变化的正相关，并且显著相关的区域遍布中国东部海域大部分区域及南海西边界（图 2.18a），而平均经向流对异常温度的输运（$-\bar{v}\partial T'/\partial y$）与 SST 变化在近岸表现为正相关，而在中国东部海域外部主要为负相关（图 2.18b）。异常经向流对异常温度的输运（$-v'\partial T'/\partial y$）对 SST 变化的贡献不大（图 2.18c）。总的经向输运

（图 2.18d）主要是由异常经向流对平均温度的输运（图 2.18a）决定的，显著区域主要位于东海、台湾海峡和南海西部近岸海域。

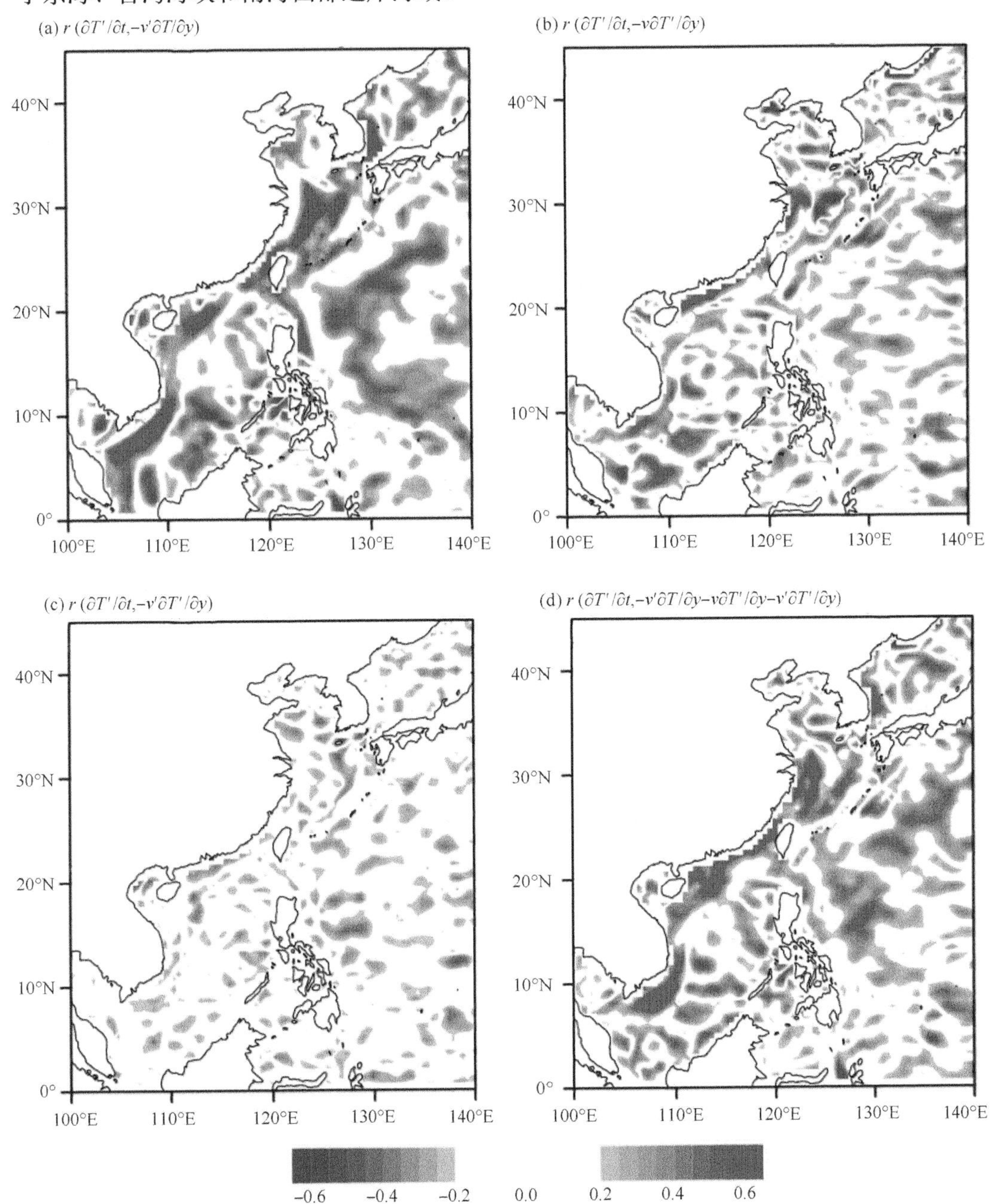

图 2.18　中国近海冬季异常经向流对平均温度的输运（a）、平均经向流对异常温度的输运（b）、异常经向流对异常温度的输运（c）和它们的总和（d）与 SST 变化的相关分布（资料来自 SODA）

台湾岛东北部的黑潮路径向北，热带的暖水被输运至中高纬度海域。这表明，黑潮经向流输运对中国东部海域 SST 起到正的贡献，即当黑潮经向输运增强时东海 SST 会升高，反之亦然。台湾岛东部的黑潮是一段宽度狭窄、流速相对较大的区域，海流以向北的经向流为主，纬向流几乎没有，如图 2.16 所示。该处断面的流量常用来衡量东海黑潮输运量及其对中国陆域气候和东海 SST 的影响（齐庆华等，2012）。

图 2.19 为中国近海冬季垂直流与 SST 变化的相关分布。与纬向流和经向流相比，垂直流对 SST 变化的贡献较小。由于垂直速度比水平速度要小一个量级以上，因此，垂直流都没有表现出与 SST 一致性的相关特征。但是在南海中部海盆及日本南部的西北太平洋开阔海域，SST 变化与垂直流有显著的负相关关系，这可能是由于在深度较大的海区配合较大的风速，海洋垂直混合作用较强。但是总的垂直混合作用（图 2.19d）与 SST 变化的关系并不是非常显著。

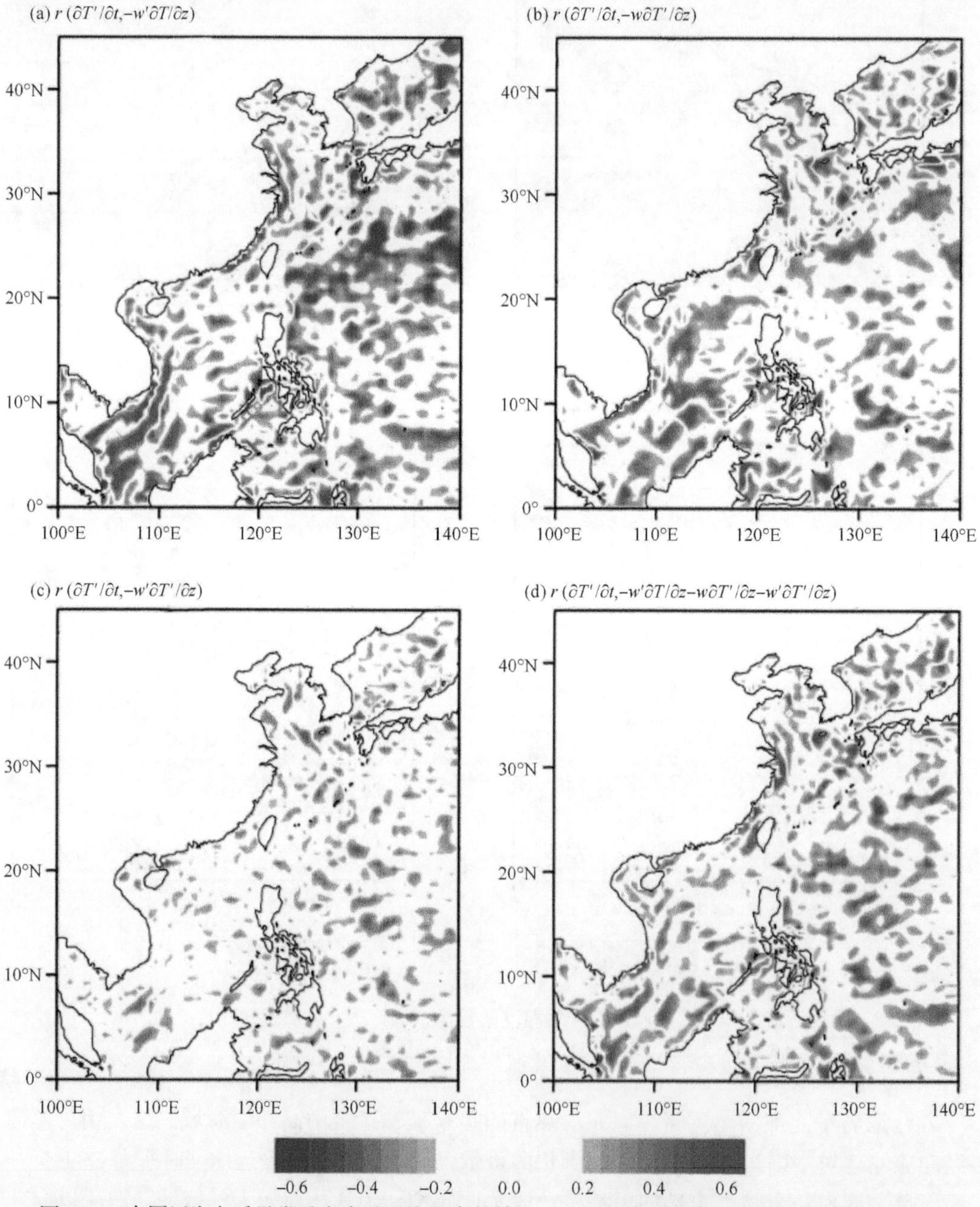

图 2.19　中国近海冬季异常垂直流对平均温度的输运（a）、平均垂直流对异常温度的输运（b）、异常垂直流对异常温度的输运（c）和它们的总和（d）与 SST 变化的相关分布（资料来自 SODA）

为了定量分析海洋动力过程各项对 SST 变化的贡献，选择 SST 年际变化最显著的中国东部海域的东海区域（25°N ～ 35°N，120°E ～ 130°E）建立平均指数，该区域也是冬季升温最强烈的区域。另外，还考虑了东海热通量对 SST 趋势变化的贡献，热通量数据来自 OAFlux 的潜热通量和感热通量及 ISCCP 的长波辐射和短波辐射，该数据的时间长度为 1985 ～ 2009 年。基于以上数据，研究 SST 倾向方程中各项（纬向流、经向流、垂直流和净热通量）对 SST 趋势变化的贡献。值得注意的是，此处的 SST 趋势（倾向）不同于前面几章提到的长期变化趋势，实际为 $\partial SST'/\partial t$，即后一年冬季 SST 减去上一年冬季 SST。由图 2.20 可以看出，东海 SST 倾向具有显著的年际变化，年变化幅度将近 1℃。在海洋动力过程各项中，经向流输运和净热通量变化对 SST 倾向的贡献是较大的，而纬向流输运的贡献较小，垂直流的贡献最小。经向流输运与 SST 倾向的关系最好，相关系数达到 0.51，其次是净热通量（0.36），二者均通过置信度为超过 95% 的显著性检验，而纬向流及垂直流与 SST 变化的关系不明显，相关系数分别为–0.17 和–0.03，见表 2.2。这表明经向流输运和净热通量对东海 SST 变化起到正的贡献，即有利于该处 SST 的升高，而纬向流输运和垂直流作用对 SST 变化起到的是阻尼作用。例如，当 SST 高时，垂直流会将海洋上层热量下传而阻止 SST 的进一步升高。这与前面纬向流及垂直流与 SST 倾向变化的空间相关的结果（图 2.17，图 2.19）是一致的。总之，经向流和净热通量变化对 SST 变化起到正的贡献，而纬向流和垂直混合作用对 SST 变化是负的作用。

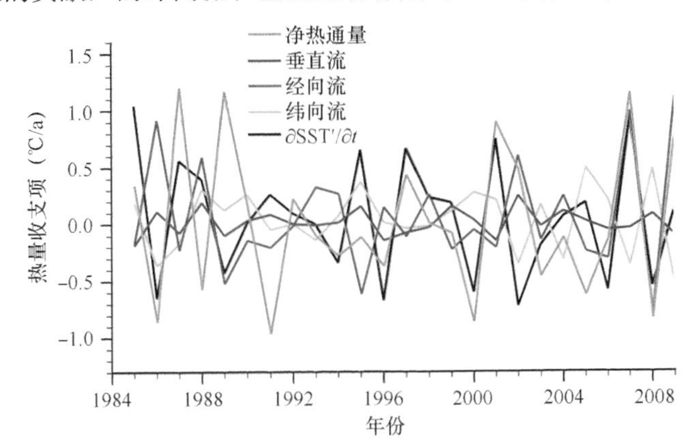

图 2.20　SST 倾向方程中各项的时间变化序列

表 2.2　东海 SST 倾向（ $\partial SST'/\partial t$ ）与海洋动力过程各项的相关系数

	纬向流	经向流	垂直流	净热通量
	–0.17	0.51*	–0.03	0.36*

* 通过置信度为超过 95% 的显著性检验

将图 2.20 中的各项进行年平均以计算它们在 1985 ～ 2009 年的平均变化，结果见图 2.21。其中，冬季 SST 在 25 年平均每年增加了 0.0563℃，1985 ～ 2009 年共增加了 1.41℃。经向流输运和净热通量的贡献分别为 0.061℃/a 和 0.026℃/a，即 25 年间可以分别使 SST 升高 1.52℃和 0.65℃，但是纬向流和垂直流对 SST 变化起到阻尼作用（分别为–0.035℃/a 和–0.009℃/a）。1985 ～ 2009 年海洋动力过程和净热通量对 SST 变化总的贡献为 1.075℃，与 SST 的实际变化相当。因此，东海 SST 的变化主要来自经向流输运和净热通量作用，结果与冯琳和林霄沛（2009）利用其他数据研究的结果类似。

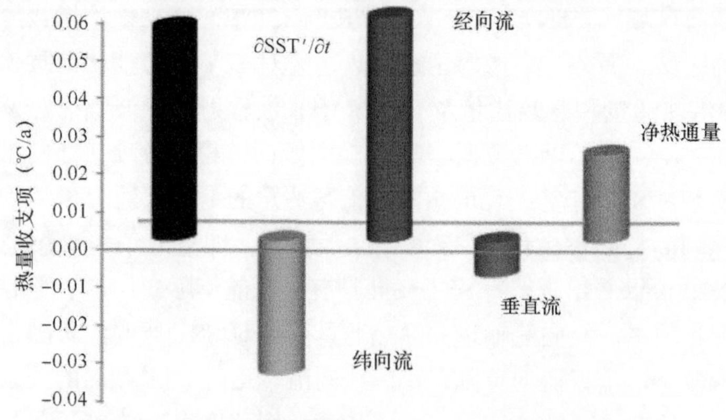

图 2.21　SST 倾向方程中各项对 SST 变化的实际贡献

综上所述，海洋动力过程中经向流输运对中国东部海域 SST 有明显的作用，其中经向流主要是由异常经向流的输运（图 2.21）决定的，显著区域主要位于东海、台湾海峡和南海西部近岸。而纬向流和垂直流作用与东海 SST 的关系不明显。对 SST 倾向方程各项贡献的定量分析结果表明，东海 SST 的局地变化主要是由经向流的输运和净热通量作用引起的，而纬向流和垂直流对 SST 的变化起到阻尼作用。

上述的分析都是针对冬季，夏季的海洋动力过程与冬季有很大的差异，经向流和净热通量对 SST 的贡献不如冬季明显。夏季 SST 变化的影响因素可能更多。另外，冬季、夏季净热通量变化也有很大差异。冬季，东海平均潜热通量约 200W/m^2，感热通量约 100W/m^2，而太阳短波辐射在 100W/m^2 左右，净热通量在 300W/m^2 左右，主要由潜热通量决定，表现为海洋向大气释放热量（图 2.22a）。夏季，太阳短波辐射达 200 ～ 250W/m^2，而潜热通量约 50W/m^2。因此，夏季的净热通量主要由短波辐射决定，为 100 ～ 150W/m^2，表现为海洋得到热量（图 2.22b）。因此，夏季中国近海 SST 可能更多地受到副高和云覆盖量等的影响。

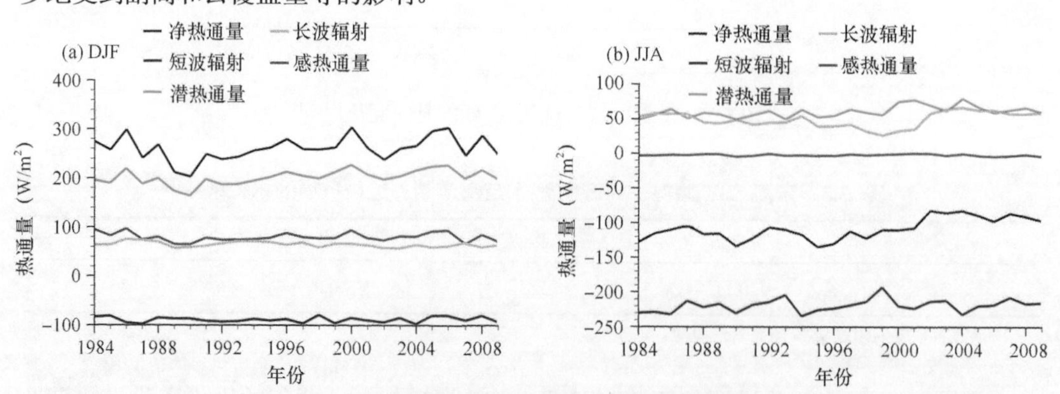

图 2.22　冬季（a）和夏季（b）东海区域平均的潜热通量、感热通量、长波辐射、短波辐射和净热通量的时间变化序列

正值代表大气获得海洋释放的热量，负值代表大气向海洋输送热量

2.3.3　黑潮对中国东部海域海面温度的影响

2.3.2 节利用 SST 倾向方程定性分析了海洋动力过程各项对中国东部海域及附近海

域 SST 的影响。结果表明，黑潮的经向输运过程是中国东部海域 SST 变化的重要影响因子，并且经向输运最显著的区域是台湾岛东部的黑潮路径。本节以此为基础，进一步研究黑潮近几十年来热量和质量的输运变化及其对中国东部海域 SST 的影响。前人的研究表明，在黑潮热输送变化的贡献中，黑潮体积输送处于第一位，其次是热输送（蒲书箴等，2001）。因此，选择台湾岛东部的 23°N 黑潮断面（0 ～ 200m），利用 SODA 流量数据资料，如经向流速（*V*），建立黑潮流量指数，分析黑潮流量输运的变化及其可能影响。

黑潮具有高温、高盐、流幅窄、流速高和流量大的特点，速率一般为 0.3m/s 以上（图 2.16）。近几十年来，黑潮的热输送和体积输送都显著加强（Zhang et al.，2012；蔡榕硕等，2009，2013）。图 2.23 为中国近海次表层（5m）海流在 1958 ～ 2008 年的冬季和夏季的变化趋势，规定经向流和纬向流的趋势为正时分别用向北和向东的箭头表示。由图 2.23 可以看出，从菲律宾东部开始的黑潮向北流经台湾岛以东海域和东海的西侧、琉球群岛的北侧，再向东北延伸，通过吐噶喇海峡流至日本列岛南部。黑潮在 1958 ～ 2008 年表现出增强的趋势。在台湾岛东北部海域，黑潮入侵中国东部海域的纬向流也有明显的加强趋势。这表明黑潮的经向输送有长期加强的趋势，并且会对中国东部海域的 SST 起到明显的作用。

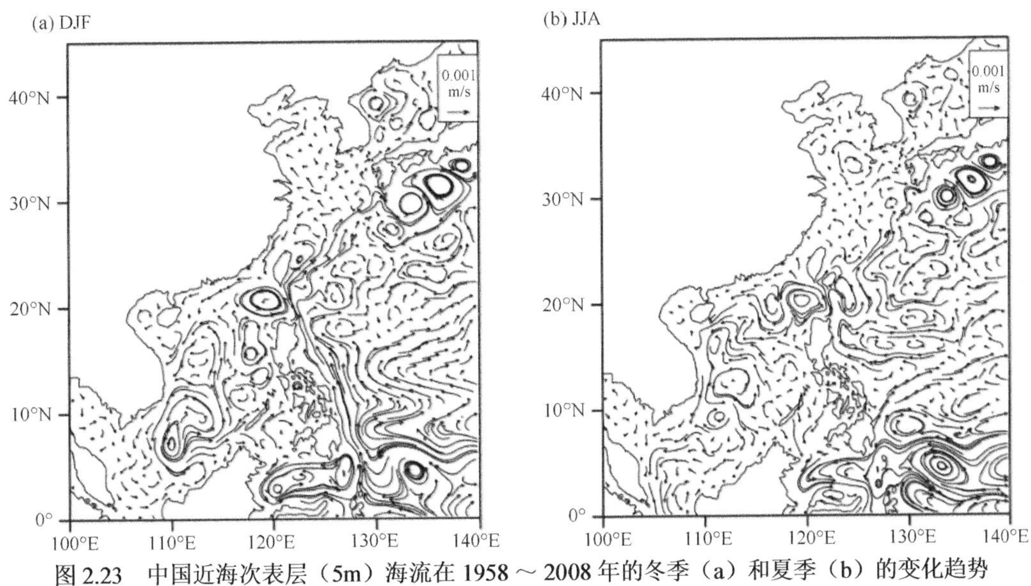

图 2.23　中国近海次表层（5m）海流在 1958 ～ 2008 年的冬季（a）和夏季（b）的变化趋势（资料来自 SODA）

图 2.24 为台湾岛东部冬、夏季黑潮 23°N 断面（121°E ～ 125°E）海洋上层（200m 以上）经向流速的气候态平均（黑线，1958 ～ 2008 年）和长期变化趋势（填色）。台湾岛东部的黑潮区断面宽度为 121.5°E ～ 123.5°E，经向流速较大，200m 以上流速在 0.4m/s 以上，上层流速则可以达到 0.5m/s 以上；并且，夏季流速要大于冬季。冬、夏季，黑潮流域 200m 以上的经向流速在 1958 ～ 2008 年均有显著的增大趋势，且深度越浅变化趋势越明显，最大值接近每年 0.002m/s。为了确认上述结果，本节进一步计算了菲律宾东部 18°N 断面的黑潮经向流速变化趋势，得到的结果与 23°N 断面的基本一致。上述结论也与前人的研究结果类似（Wu et al.，2012；Zhang et al.，2012；蔡榕硕等，2013）。

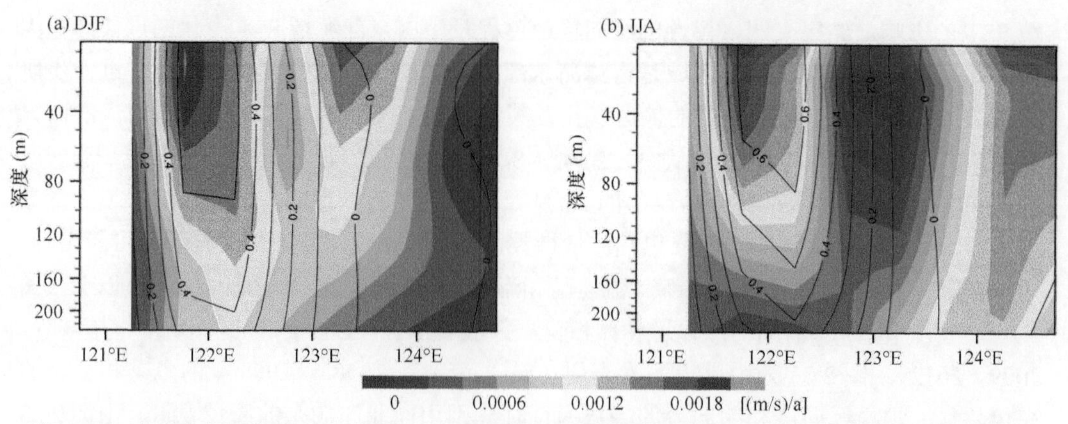

图 2.24　台湾岛东部冬季（a）、夏季（b）黑潮 23°N 断面（121°E ～ 125°E）海洋上层经向流速的气候态平均（黑线，单位为 m/s，1958 ～ 2008 年）和长期变化趋势（填色）（资料来自 SODA）

图 2.25 是黑潮 18°N 断面和 23°N 断面经度-深度平均的经向流量指数。其中，选择的经度-深度区间分别是 100m 深度以上 121.25°E ～ 122.25°E 和 122.75°E ～ 123.25°E。黑潮经向流量指数在 18°N 断面和 23°N 断面的变化基本一致，但是 23°N 断面处的值要明显小于 18°N 断面的，这是因为黑潮在通过 18°N 断面向北流的过程中，一部分通过吕宋海峡进入南海，另一部分作为主干继续北上。因此，黑潮 18°N 断面的经向流量指数可以反映其对南海和中国东部海域产生影响的流量因子，而 23°N 断面的经向流量指数则主要反映其对中国东部海域产生影响的流量指标。

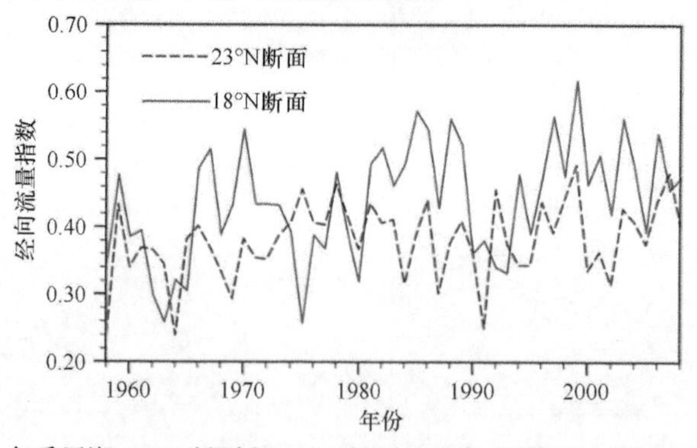

图 2.25　冬季黑潮 18°N 断面和 23°N 断面的经度-深度平均的经向流量指数

图 2.26 是中国近海冬季和夏季黑潮 23°N 断面的经向流量指数对上层（5m）海洋环流的回归分布。结果表明，黑潮 23°N 断面的经向流量与进入中国东部海域的海洋环流流量呈现正相关关系，即当黑潮 23°N 断面的经向流量较大（小）时，黑潮进入中国东部海域的流量将较大（小）。黑潮流量的增大表示有更多的暖水进入中国东部海域，这将使中国东部海域的 SST 升高。同时，当黑潮经向流量增大时，中国南下的沿岸流将减弱，这也是中国东部海域 SST 升高的原因之一。因此，冬季黑潮经向流量大时，暖水注入的增加和冷水南下的减少均会使中国东部海域的 SST 升高。在两者的共同作用下，冬季从台湾海峡到中国东部海域出现加强的升温趋势。

夏季，黑潮经向流量的增大还会使中国东部海域的东海北部和黄海南部出现气旋性的涡旋（图 2.26b）。该涡旋类似于前人发现的东海冷涡（井上尚文，1975；胡敦欣等，

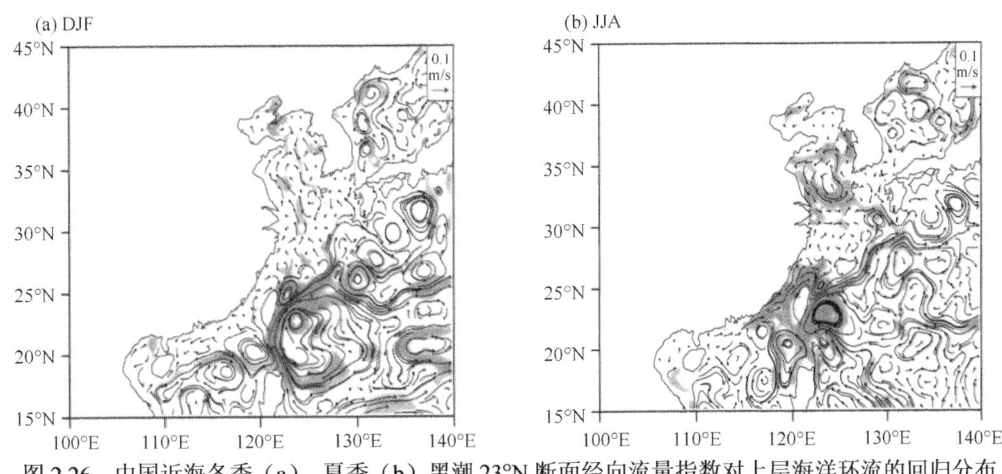

图 2.26　中国近海冬季（a）、夏季（b）黑潮 23°N 断面经向流量指数对上层海洋环流的回归分布

阴影区域为超过 95% 显著性检验的区域

1980），即在东海北部大陆架上、济州岛西南侧，存在一个由黄海暖流、黄海沿岸流和台湾暖流等海流组成的封闭的气旋式中尺度涡旋，直径为 100 ～ 200km，中心大致位于（32°N，125°E）并随季节变动。蔡榕硕等（2015）的研究表明，在 1976/1977 年前后，黑潮经向热输运发生跃变后，冬季东海冷涡没有明显变化，而夏季东海冷涡则明显增强，除了冷涡中心的温度显著降低，气旋式环流也显著加强；并且，冬季黑潮经向热输运跃变并未引起黄海暖流的明显变化，而冬季风导致的海水强烈混合冷却作用可能抵消了黑潮经向热输运的影响，这使得东海冷涡的变化并不明显；夏季，受黑潮经向热输运跃变的影响，台湾暖流显著增强，从而引起东海冷涡区域气旋式环流的加强和冷涡中心温度的降低。本节得到了与上述数值模拟类似的结果。

尽管黑潮的经向流量输送对中国近海尤其是中国东部海域的海洋上层环流和 SST 有显著的影响，但是它对中国近海 SST 在不同时间段的变化趋势的贡献还不清楚。图 2.27 为 23°N 断面（以下皆指流经该断面的黑潮）黑潮经向流量指数在春、夏、秋、冬四季和年平均的时间序列及 10 年滑动趋势。黑潮经向流量指数的 10 年滑动趋势在四个季节的表现均不一致。春季，黑潮经向流量指数主要表现为 20 世纪 70 年代中期增大、80 年代初期减小和 90 年代初期再增大（图 2.27a），这与春季东海 SST 的变化趋势是不一致的。秋季，黑潮经向流量指数的 10 年滑动趋势同样与 SST 的 10 年滑动趋势不一致（图 2.27c）。夏季，黑潮经向流量指数在 20 世纪 80 年代中期有显著增大的趋势，并且其 10 年滑动趋势达到峰值（图 2.27b），这与东海在 80 年代中期快速的升温过程是一致的。因此，夏季黑潮经向流量指数在 20 世纪 80 年代中期的增大有利于该时期东海 SST 的迅速上升，但是在 90 年代以后黑潮经向流量指数是减小的，不能解释 90 年代中期东海的另一个迅速升温期。冬季黑潮的经向流量增大在 20 世纪 80 年代中期是减小的，这与该时期东海迅速升温不一致，但是在 90 年代中期是显著增大的，并且其变化速率达到峰值（图 2.27d），这与冬季东海 SST 的 10 年滑动趋势在 90 年代中期达到峰值是一致的。因此，黑潮经向流量输运在 20 世纪 90 年代中期的显著加强有利于该时期东海 SST 的迅速升高。

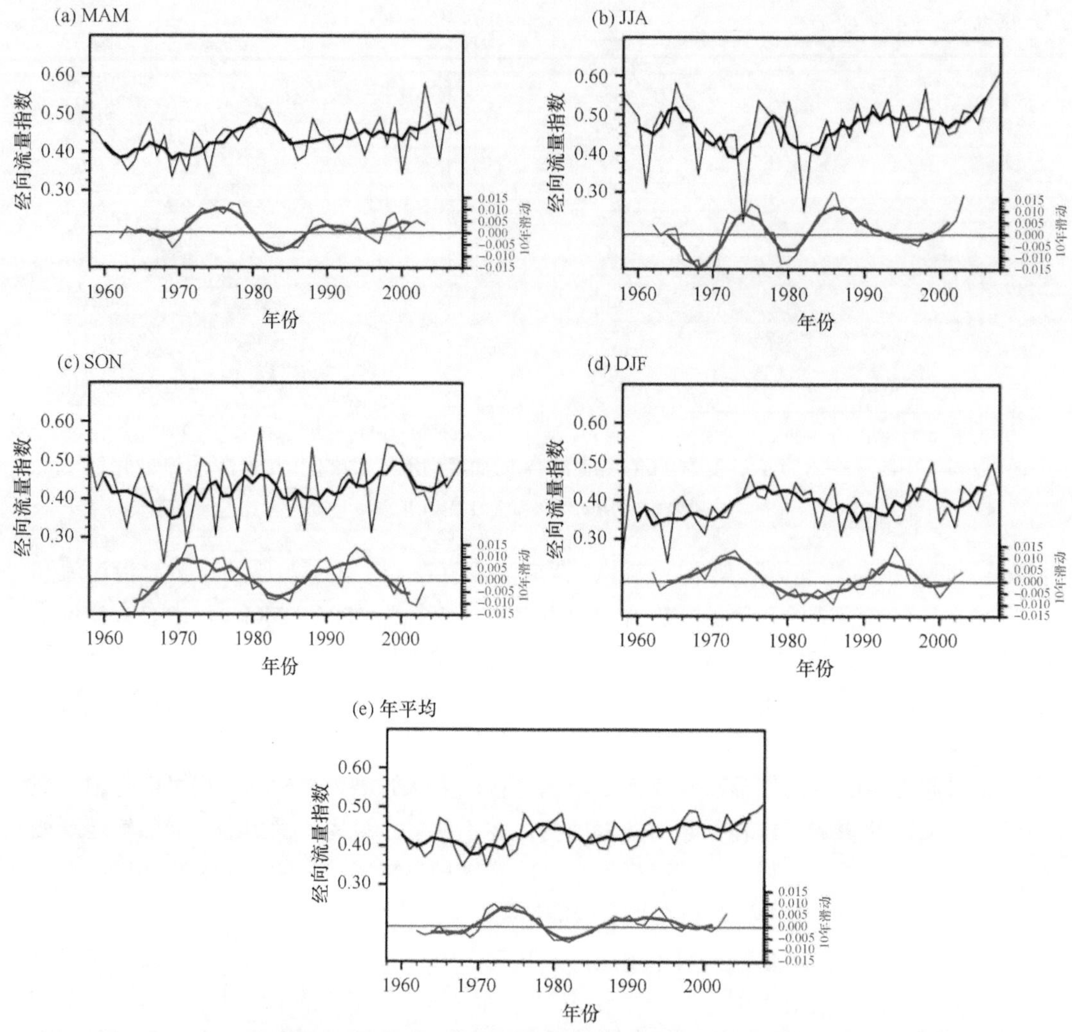

图 2.27 23°N 断面黑潮经向流量指数在四季和年平均的时间序列及 10 年滑动变化趋势

黑色粗线为 5 年滑动平均

黑潮的经向体积输送在 1958 ～ 2008 年总体趋势是增强的，以每年 0.002m/s 的平均速率增长。黑潮经向流量输运有利于黑潮暖水向中国东部海域的输送，从而可引起 SST 的升高。并且，黑潮夏季和冬季的经向流量输运分别在 20 世纪 80 年代中期和 90 年代中期有显著的加强趋势，这可能是东海 SST 分别在 80 年代中期和 90 年代中期迅速升高的重要原因。另外，黑潮经向流量在其他时期的变化趋势与同时期东海 SST 的变化趋势并不一致，这可能意味着在黑潮经向输送作用不明显的时期，大气的强迫在起主导用。

2.3.4 东亚季风和黑潮对中国近海海面温度的共同影响

2.2 节的研究表明，中国近海 SST 与东亚季风低层风场在年代际尺度上表现出显著的负相关关系，如图 2.3、图 2.4 所示。图 2.28a 显示了 1958 ～ 2008 年中国近海冬季气候态平均的 30m 层流场分布，图 2.28b 为 8 年低通滤波后 30m 层流场对东亚冬季风

925hPa 风场 PC1 回归的空间形态，其中阴影区域对应于显著负相关的区域。这表示图 2.3a、b 中的中国东部海域的年代际升温不仅与图 2.3b 中 EAWM 的 PC1 代表的东亚冬季风年代际减弱显著相关，还与图 2.28b 中红色箭头所示的黑潮入侵东海陆架海域的分支及经过吕宋海峡进入南海北部的黑潮支流有密切关系。换言之，黑潮暖水入侵东海陆架海域和南海北部有利于中国东部海域的年代际升温。这是因为图 2.3a 显示，在中国东部海域上空年代际减弱的西北风产生的弱埃克曼（Ekman）流（其流向为向南），有利于黑潮入侵东海陆架海域，所以其对 SST 年代际的上升有显著贡献。

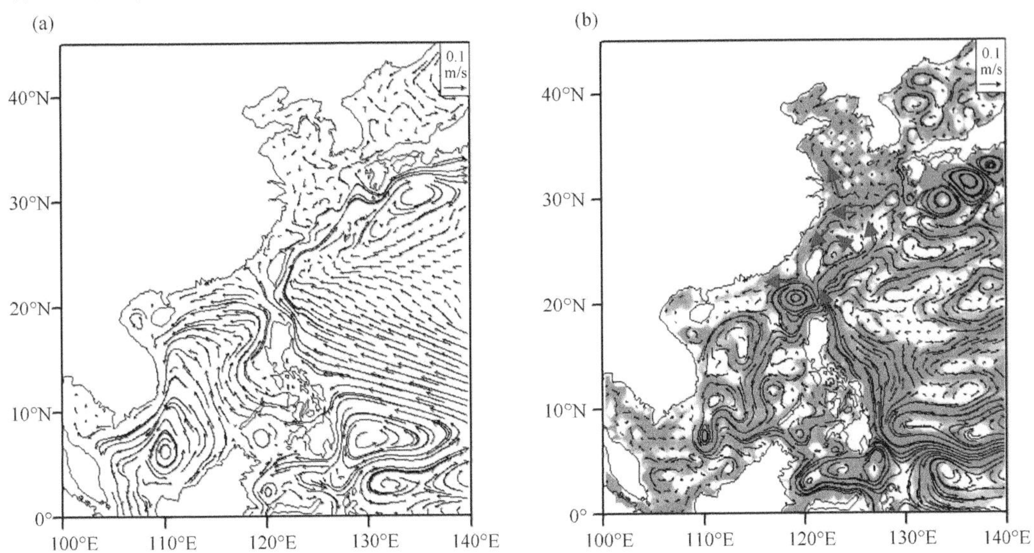

图 2.28　1958 ～ 2008 年中国近海冬季气候态平均的 30m 层流场分布（a）及同期 8 年低通滤波后 30m 层流场对东亚冬季风（EAWM）925hPa 风场 PC1 回归的空间形态（阴影区域为超过 95% 显著性检验的区域，红色箭头表示黑潮）（b）

图 2.4a、b 展示的东亚夏季风的年代际减弱与中国东部海域 SST 有明显的负相关关系。图 2.29a、b 也分别揭示了 1958 ～ 2008 年中国近海夏季气候态平均的 30m 层流场，以及 8 年低通滤波后 30m 层流场对东亚夏季风 925hPa 风场 PC1 回归的空间形态，其中阴影区域对应于显著负相关的区域。图 2.4a、b 中的中国东部海域的年代际升温除了与图 2.4b 中夏季风场 PC1 代表的东亚夏季风年代际减弱明显相关，还与图 2.29b 中红色箭头所示的黑潮暖水入侵东海陆架海域的分支有密切关系。从图 2.29b 红色箭头所示的环流可见，在黄海南部和东海北部的逆时针环（暖）流加强，暖流分支进入黄海后，还沿岸向南和向北流动。这表明渤海、黄海和东海的升温与源自黑潮的东海逆时针环（暖）流的增强明显相关。同样，由于东亚夏季风的风向向北，当东亚夏季风处于年代际减弱时，其产生的向东的埃克曼流也处于减弱中，有利于黄海逆时针环（暖）流的加强，见图 2.29b。由此可见，当东亚冬、夏季风处于年代际减弱中，且埃克曼风生流亦处于减弱中时，分别通过加强东海和黄海的逆时针环（暖）流，有利于黑潮暖水入侵东海陆架海域，使得冬、夏季东海和黄海分别得到黑潮暖水的贡献，因而 SST 显著上升。

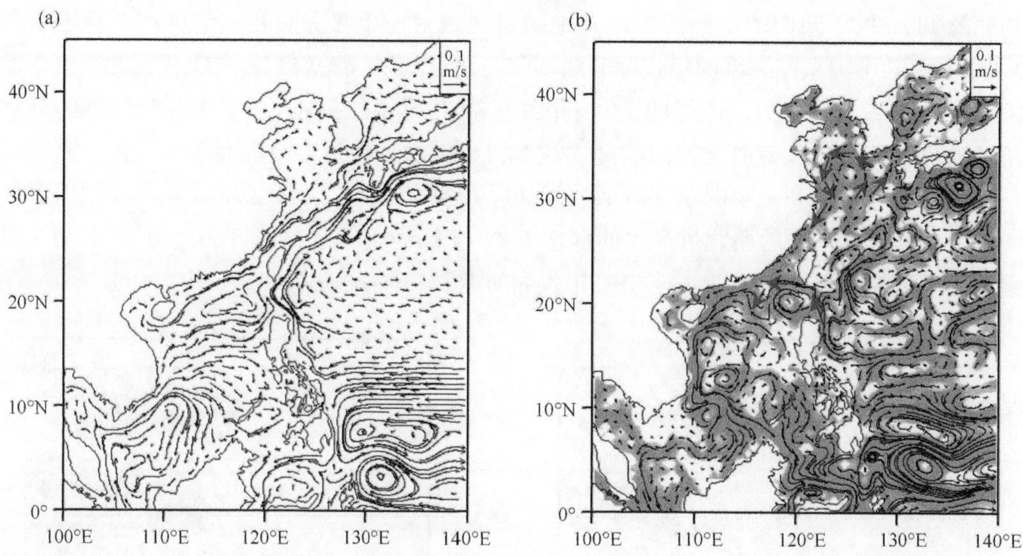

图 2.29 1958 ～ 2008 年中国近海夏季气候态平均的 30m 层流场（a）及同期 8 年低通滤波后 30m 层流场对东亚夏季风（EASM）925hPa 风场 PC1 回归的空间形态（阴影区域为超过 95% 显著性检验的区域，红色箭头表示黑潮）（b）

2.4 ENSO 和 PDO 对中国近海海面温度的影响

热带海洋 SST 的年际冷暖异常和年代际位相变化均会影响整个大气环流的年际和年代际变化，并引起全球及区域气候的异常。ENSO 是全球气候最显著的 SST 年际变化信号（Cane and Zebiak，1985）。当厄尔尼诺［El Niño，称为传统型或东部型厄尔尼诺（EP-El Niño）］现象发生时，赤道东太平洋大范围的海水温度比常年高 0.5℃，其中热带太平洋东部广大水域水温升高，赤道洋流和东南信风变异，大气环流模式发生显著变化，赤道西太平洋与印度洋之间海平面气压呈负相关关系，即南方涛动现象；反之，在拉尼娜（La Niña）期间，东南太平洋气压明显升高，印度尼西亚和澳大利亚的气压降低。ENSO 是年际尺度上引起全球多地发生严重干旱、暴风雨和洪水的罪魁祸首。例如，1997/1998 年的 El Niño 事件导致成千上万人死亡，造成的世界直接经济损失达数十亿美元。ENSO 现象一般每隔 2 ～ 7 年出现一次，持续几个月至一年不等。研究显示，在 20 世纪 70 年代末全球气候经历了一次显著的气候跃变后，传统的 El Niño 事件发生的频率降低了，而出现一种类似于 El Niño 的现象，并且有趋于频繁的现象，SST 的正异常中心位于赤道中太平洋地区，将其称为 El Niño Modoki（像 El Niño，但不是 El Niño）（Ashok et al.，2007），也称为中部型厄尔尼诺（CP-El Niño）或暖池型厄尔尼诺（warm pool El Niño）（Kao and Yu，2009；Kug et al.，2009）。CP-El Niño 发生时，赤道中太平洋海水异常偏暖，而其两侧的赤道西太平洋和赤道东太平洋海水会异常偏冷，上升运动发生在赤道中太平洋，两侧的赤道西太平洋和赤道东太平洋海面上空有异常的下沉运动，这种独特的大气环流形势对全球气候产生了与 EP-El Niño 明显不同的影响。

Tan 和 Cai（2014）的研究表明，CP-El Niño 与中国近海尤其是黑潮区 SST 有显著的负相关关系，并与 EP-El Niño 有明显的差别。例如，EP-El Niño 与中国近海 SST 显著正相关的区域主要位于南海和日本南部海区，且发生在 EP-El Niño 达到顶峰（冬季）后的春季，而 CP-El Niño 与中国近海大部分海区的 SST 呈负相关关系，尤其是在黑潮流域附近，且秋季最显著。

太平洋地区 SST 的显著变化除了有发生于热带地区的 ENSO 现象，还有显著的北太平洋 SST 的年代际变化。Mantua 等（1997）对北太平洋 SST 异常（SSTA）作经验正交函数（EOF）分解得到的第一模态即太平洋年代际振荡（PDO）。PDO 的空间形态类似于一个马蹄形，即北太平洋中部的 SSTA 与阿拉斯加湾、加利福尼亚沿岸和热带东太平洋的 SSTA 反位相。PDO 分别以“冷位相”和“暖位相”交替出现，每次持续 20 ～ 30 年。全球气候的年代际变化与 PDO 的位相转换有紧密关联。例如，PDO 在 1976/1977 年和 20 世纪 90 年代末发生了位相变化，全球气候尤其是东亚地区气候随之发生了一系列的变化（Chavez et al.，2003）。此外，PDO 的 EOF 第二模态是北太平洋 SST 变异的另一个重要特征，被称为维多利亚模态（Victoria mode）（Bond et al.，2003）或者北太平洋涡旋振荡（North Pacific gyre oscillation，NPGO）（Di Lorenzo et al.，2008）。Di Lorenzo 等（2010）的研究表明，NPGO 对 ENSO 循环有重要的调控作用。在 20 世纪 90 年代末以后，全球海洋 SST 不像之前一致性地快速升温，不同区域表现出很大的差异。最显著的是热带中东太平洋的 SST 负异常及北太平洋 SST 正异常，这是典型的负位相的太平洋年代际振荡（PDO）。有研究指出，2000 年以后负位相 PDO 可能是全球气候变暖停滞的主要驱动因子（Kosaka and Xie，2013）。张志华等（2012）指出，中国近海 30°N 附近海域是年际和年代际变化信号最强的区域，其年代际变化与 PDO 有密切的关系。

中国近海 SST 除了具有较强的变化趋势，还有显著的年际和年代际变化特征。本节将基于 HadISST 数据利用小波分析等方法研究中国近海 SST 的年际和年代际变化，并研究 SST 年际和年代际变化与 ENSO 和 PDO 的关系。为了方便研究，我们仅选择冬季和夏季的 SST 指数进行分析。

2.4.1　数据资料和研究方法

（1）数据资料

本节采用长时间序列和高分辨率的 SST 资料及风场资料，主要有 1958 年 1 月至 2014 年 12 月 HadISST 的 1°×1° SST 资料（详见 1.3.1 节）和同期 NCEP/NCAR Reanalysis 1 的 2.5°×2.5° 夏季再分析风场资料（详见 2.2.1 节）。

（2）研究方法

应用的方法主要有经验正交函数（EOF）分解、小波分析、相关分析、回归分析及合成等统计诊断分析方法。

2.4.2　中国近海海面温度的年际和年代际变化周期

图 2.30 为中国近海 SST 显著变化区域，即中国东部海域（21°N ～ 38°N，118°E ～ 130°E）冬季和夏季 SST 的小波分析。可以看出，中国东部海域冬季和夏季 SST 序列具有较为一致的变化周期。在年际尺度上有显著的 2 年变化周期，即准两年振荡（quasibiennial oscillation，QBO），以及 3 ～ 7 年的年际信号，这与 ENSO 的变化周期类似。这表明中国东部海域 SST 的年际变异可能与 ENSO 有关。值得注意的是，中国东部海域 SST 周期振荡为准两年振荡和 3 ～ 7 年振荡，而在 20 世纪 80 年代中期以后，这两种年际变化信号融合在一起，并大体表现为一种 3 ～ 4 年的年际变化特征。这可能与 ENSO 在 20 世纪 70 年代末以后活动更为频繁有关，具体过程还有待进一步研究。

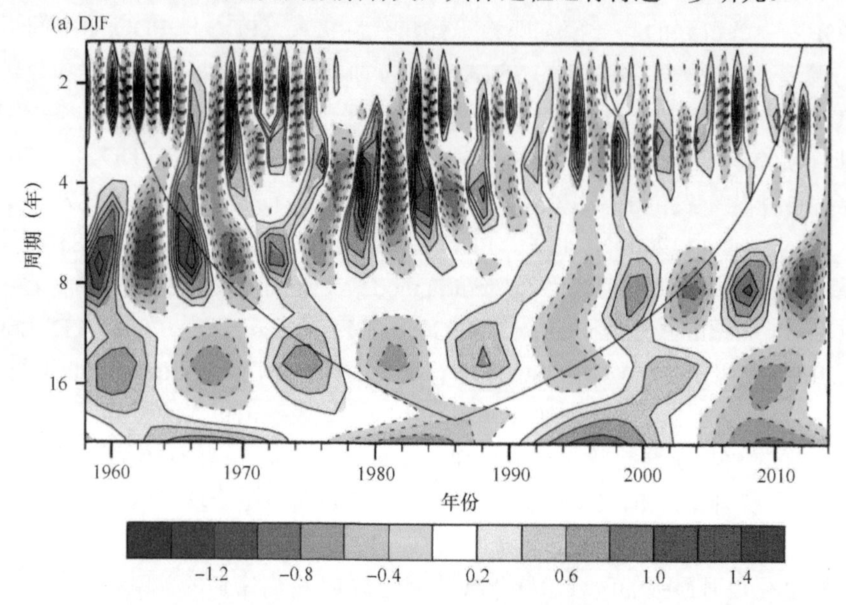

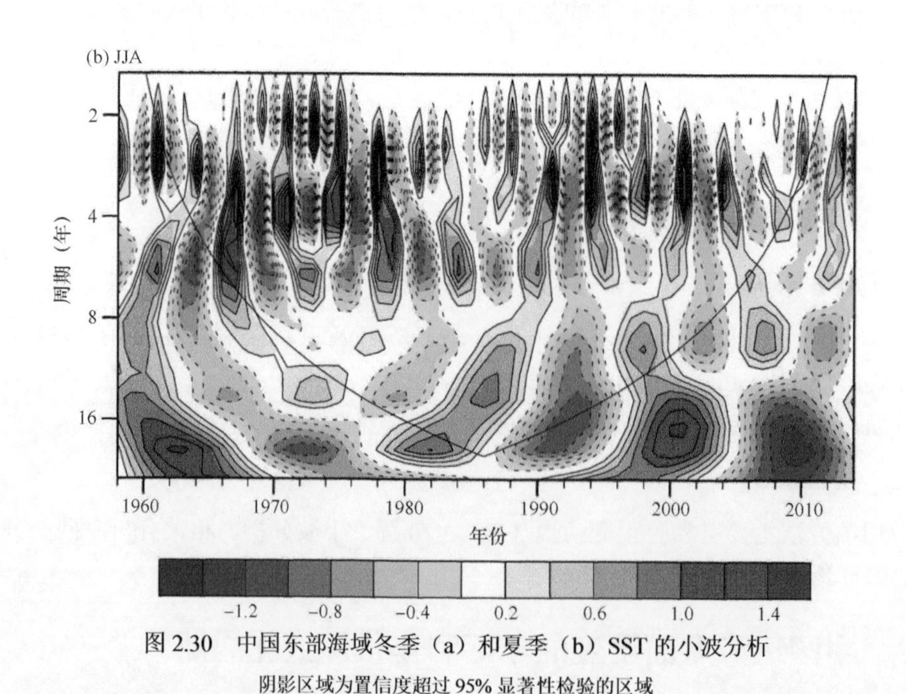

图 2.30 中国东部海域冬季（a）和夏季（b）SST 的小波分析

阴影区域为置信度超过 95% 显著性检验的区域

在年代际尺度上，中国东部海域 SST 主要表现为大约 16 年的低频振荡特征，这似乎与太平洋年代际振荡（PDO）有关，但又有所不同，因为 PDO 的振荡周期一般是 20 ～ 30 年（Mantua and Hare，2002）。小波系数实部绝对值大小在物理意义上表示周期信号的强弱，上述中国东部海域显著的 SST 年际和年代际变化周期在小波实部具体数值上也表现得很强烈，它揭示了年际和年代际变化的主要周期、强度和位相转换在时间域上的变化。

图 2.31 为中国东部海域冬季 SST 时间序列的滑动 t 检验。可以看出，中国东部海域 SST 在 20 世纪 80 年代中期和 90 年代末发生了气候跃变，即 SST 在 20 世纪 80 年代中期以后迅速地升温，而在 90 年代末发生转折，SST 开始逐渐下降。中国东部海域 SST 在 20 世纪 80 年代中期的突变可能与东亚季风和黑潮热输送的年代际突变有关。研究表明，东亚季风在 20 世纪 70 年代末期发了显著的年代际减弱，东亚季风的年代际减弱与 SST 的持续上升有显著的相关关系（蔡榕硕等，2011）；并且，黑潮经向热输送在 20 世纪 70 年代末也发生了年代际变化，表现为热输送的年代际增强，并与中国近海 SST 变化有显著的正相关关系（齐庆华等，2012；Zhang et al.，2012）。因此，中国近海特别是中国东部海域 SST 的年代际突变可能与东亚季风和黑潮热输送的年代际变化有关，具体的机制和物理过程我们将在后面的章节详细论述。

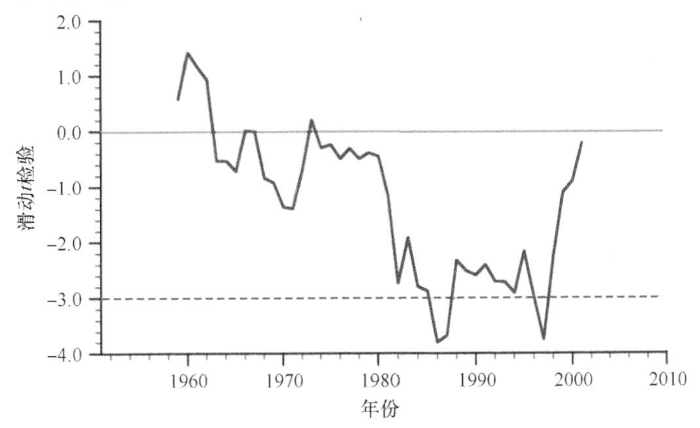

图 2.31　中国东部海域冬季 SST 时间序列的滑动 t 检验

虚线为 95% 的置信度

2.4.3　ENSO 对中国近海海面温度的影响

中国东部海域 SST 的年际变化周期与 ENSO 的年际信号基本一致。研究表明，在 El Niño 达到成熟期后南海 SST 会出现“双峰型”增温特征（在 El Niño 达到顶峰后的 2 月和 8 月，南海 SST 会有显著的正异常变化），而由 El Niño 引起的大气和海洋环流异常分别是这两次增温过程的主要贡献者（Wang et al.，2006）。还有研究表明，El Niño 与东海 SST 有 6 ～ 8 个月的滞后正相关关系（孙楠楠，2009）。许多研究指出，EP-El Niño 和 CP-El Niño 对中国近海 SST 和海洋环流的影响是不同的。例如，Liu 等（2014）比较了两类 El Niño 对南海热力异常的影响并指出，虽然南海在两类 El Niño 事件之后都会出现“双峰型”增温特征，但相对于 EP-El Niño 引起的南海全海盆尺度的 SST 异常，CP-El Niño 仅能引起南海西部海域增温。传统的 EP-El Niño 与源区黑潮（18°N 断面）热输送的关系显著，而与东海黑潮（24°N 断面）的关系并不明显（Shen et al.，2014）。但是 CP-El Niño 对于中国东部海域尤其是黑潮流域的影响较明显，显著相关海域甚至到达日本南部海域。因此，本节后面的内容将探讨中国近海 SST 年际变化与两类 El Niño 的关系。

按照 Ashok 等（2007）的观点，对热带太平洋 SST 进行 EOF 分解，得到的前两个模态即为 EP-El Niño 和 CP-El Niño。本节首先采用 EOF 分解方法分析了 1979 ～ 2014 年冬季赤道太平洋 SST 异常（SSTA），得到的 EOF 第一模态解释了 55.6% 的方差贡献，这主要反映了 EP-El Niño 现象（图 2.32a），第二模态主要表现为 CP-El Niño（El Niño Modoki）现象（图 2.32c）。显然，EP-El Niño 和 CP-El Niño 在空间结构上有明显的不同。CP-El Niño 发生时，赤道中太平洋海水异常偏暖，而其两侧的赤道西太平洋和东太平洋海水异常偏冷，上升运动发生在赤道中太平洋，在其两侧的赤道西太平洋和赤道东太平洋海面上空则有异常的下沉运动。上述 SST 的 EOF 第一、第二模态的时间系数为负时主要反映传统的 La Niña 和 La Niña Modoki 现象。关于 CP-El Niño 的形成机制及其与 EP-El Niño 的差异目前仍有争议。例如，Lian 和 Chen（2012）认为，CP-El Niño 很大程度上依赖于经验正交函数（EOF）分解方法，该现象的出现可能是方法本身产生的，如果采用物理意义更强的旋转 EOF 方法，CP-El Niño 现象就不明显了。Johnson（2013）也认为，El Niño 本身是一种非线性的现象，采用线性的方法（如 EOF 分解）将它分开可能不合适。但是，Newman 等（2011）认为 CP-El Niño 和 EP-El Niño 是由两个随机的不同的初始条件发展形成的。EP-El Niño 主要是由纬向风异常引起的赤道太平洋温跃层异常引起的，而很多 CP-El Niño 事件都与经向的温度梯度有关。本节只关注它们对于中国近海的影响。

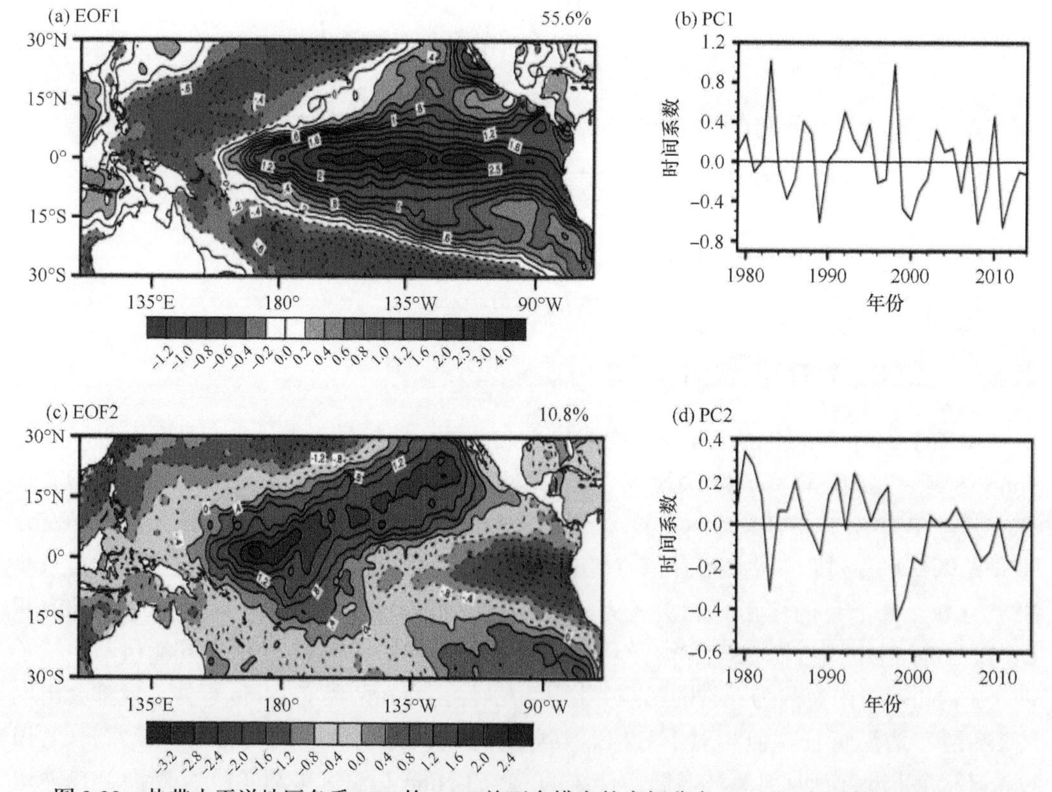

图 2.32　热带太平洋地区冬季 SST 的 EOF 前两个模态的空间分布（a、c）与时间序列（b、d）

图 2.32 中 EOF 的空间模态反映了两类 El Niño 发生时赤道太平洋 SST 的空间结构，而主分量（principle component，PC）的时间序列则反映其时间变化特征。按照 EOF 分

解方法的定义，PC1（图2.32b）和PC2（图2.32d）在理论上是正交的，即相关系数为零，因此，EOF分解方法可以很好地区分EP-El Niño和CP-El Niño。EP-El Niño与中国近海SST的相关分布显著区域主要位于南海，在El Niño达到顶峰的冬季，虽然热带西太平洋SST负异常，但是南海大部分区域都是SST正异常，并且在EP-El Niño达到成熟后的春季和夏季，南海也为正相关分布，即在El Niño发生后的第二年，南海会有两次显著的升温过程。如前所述，Wang等（2006）的研究指出，在El Niño达到成熟期后南海SST会出现"双峰型"增温特征（在El Niño达到顶峰后的2月和8月，南海SST会有显著的正异常变化），El Niño引起的大气和海洋环流异常是其主要贡献者。本节的研究结果与上述研究结果类似。

图2.33和图2.34分别是中国近海春季、夏季、秋季和冬季SST与PC1和PC2的相关分布。可以看出，CP-El Niño与中国近海春季、夏季、秋季和冬季SST的相关分布与EP-El Niño的差别很大。PC2与中国近海四个季节SST均有显著的负相关关系，并且在冬季和秋季更显著（图2.34）。在CP-El Niño达到顶峰的冬季，热带西太平洋SST为负异常，

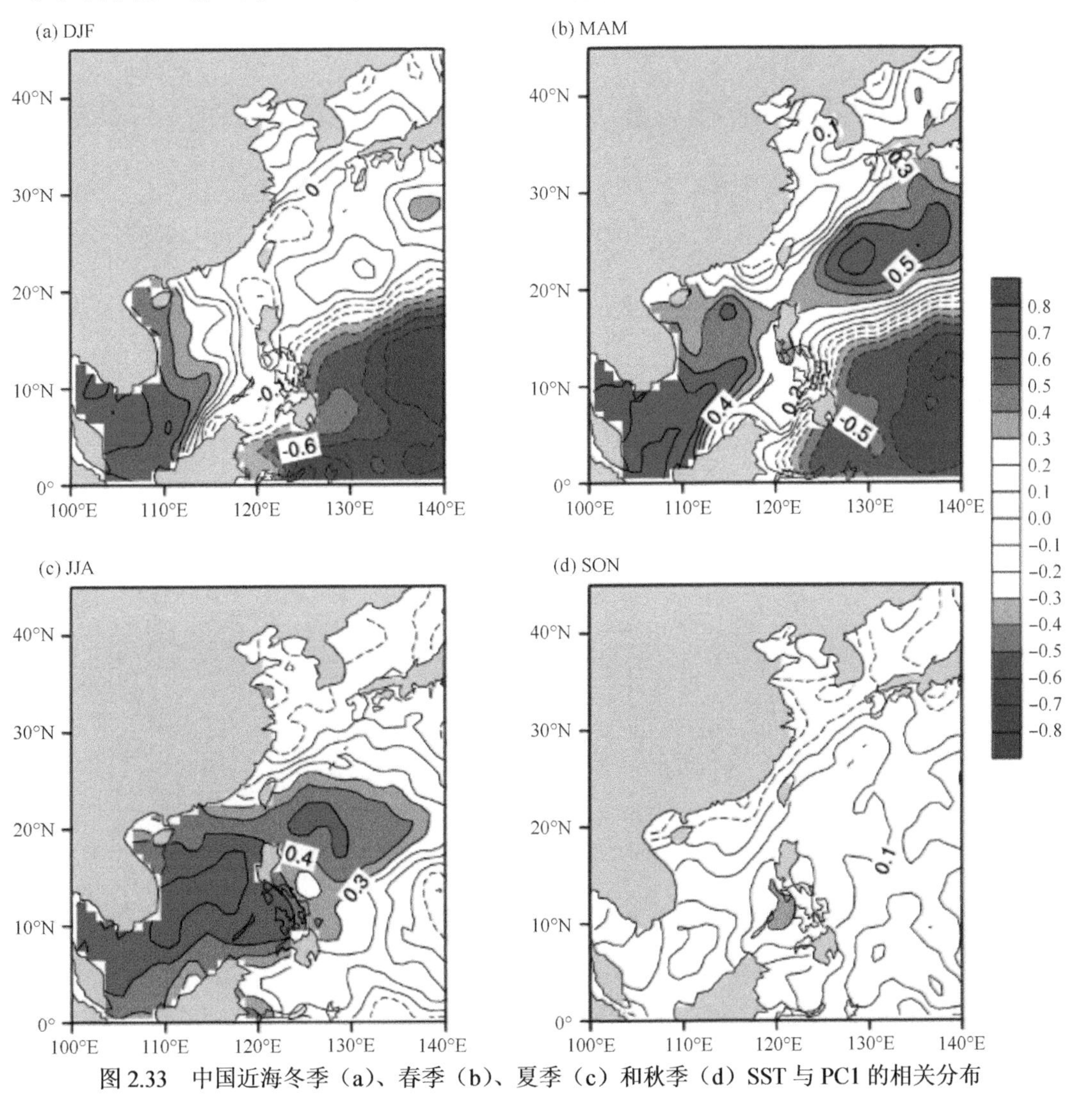

图2.33　中国近海冬季（a）、春季（b）、夏季（c）和秋季（d）SST与PC1的相关分布

最大值位于源区黑潮区域和吕宋海峡附近（图 2.34a），在之后的春季和夏季这种相关性有所减弱，到了秋季负相关达到最大值，显著相关的区域位于台湾岛东北的东海黑潮区（图 2.34d）。因此，黑潮可能是 CP-El Niño 影响中国近海 SST 的重要途径。由于 CP-El Niño 发生期间，热带西太平洋表层暖水流向热带中太平洋地区，这使得黑潮向北的径向输运减弱，因此黑潮对上述南海东北部和台湾岛以东的西北太平洋海域的热输送减弱。对于中国浅海陆架海域而言，即黑潮流轴以东的浅海陆架，大部分海域 SST 可能更易受到东亚季风的影响（蔡榕硕等，2011），而这使得 CP-El Niño 通过黑潮影响中国近海陆架海域的信号可能较弱，但是 CP-El Niño 仍有可能通过影响中国近海上空的风场而间接对中国近海陆架海域的 SST 变化产生作用。

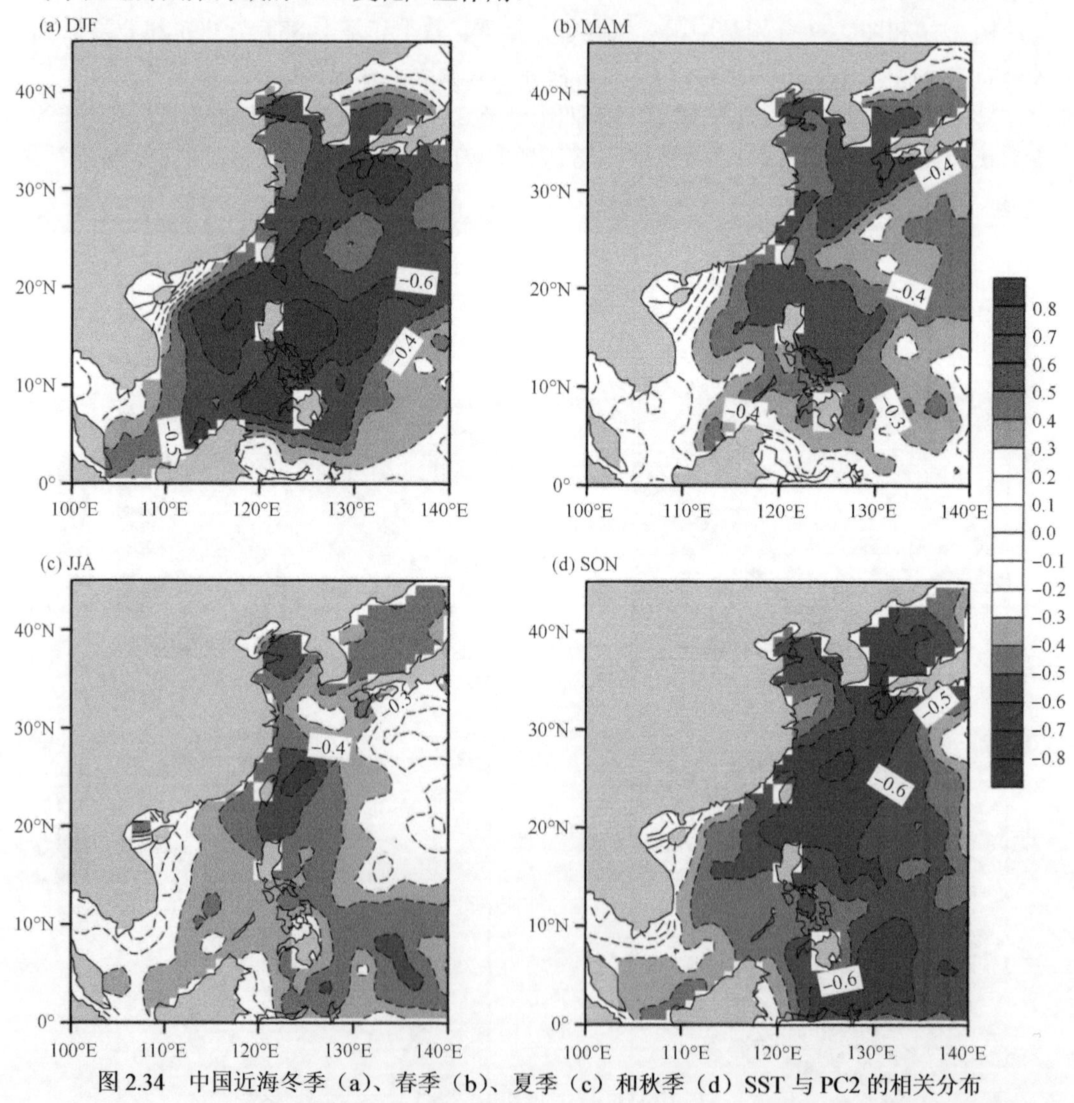

图 2.34　中国近海冬季（a）、春季（b）、夏季（c）和秋季（d）SST 与 PC2 的相关分布

Yu 等（2010）指出，CP-El Niño 具有 3 ～ 4 年的年际变化周期，并且在 20 世纪 70 年代末以后 CP-El Niño 发生的频率超过 EP-El Niño。回顾图 2.30 揭示的结果，中国近海 SST 年际变率在 20 世纪 80 年代中期以后由准两年振荡和 3 ～ 7 年振荡两种年际信号融合在一起，并大体表现为 3 ～ 4 年的年际变化特征。由此可以推断，中国近海 SST 年际

变化特征的转变可能与 ENSO 格局（regime）在 20 世纪 70 年代末发生转变有关。研究表明，热带地区 SST 的异常变化主要通过“大气桥”的作用影响全球大气和海洋的变化（Xie et al.，2009）。这是因为热带地区 SST 异常首先会引起热带地区大气垂直运动的异常，进而会对全球大气环流产生影响，再通过局地海气相互作用影响不同地区的海洋和大气状况，如传统的 ENSO 及其影响。而当 CP-El Niño 现象发生时，赤道中太平洋海水异常偏暖，赤道太平洋海面上空出现双沃克（Walker）环流特征，即在赤道中太平洋产生上升气流，而在其两侧的西太平洋和东太平洋产生异常的下沉气流，这种独特的环流形势可能会引起中纬度地区的中国近海及邻近海区上空大气环流异常。为此，我们选取了 7 个典型的夏季 CP-El Niño 年进行合成分析，分别是 1986 年、1990 年、1991 年、1992 年、1994 年、2002 年、2004 年。

图 2.35 为 7 个夏季 CP-El Niño 年赤道太平洋附近海域平均低空（925hPa）风场减去 1979 ～ 2009 年 31 年的夏季气候态平均的异常风场，填色是与风场相同方法合成的海面温度异常分布。CP-El Niño 发生时，赤道西太平洋和东太平洋海面上空分别盛行异常西风和异常东风，这会引起两个海区表层暖水向赤道中太平洋集中，使赤道中太平洋出现正的 SST 异常极值中心，而赤道西太平洋和赤道东太平洋海区则由于表层海水流失而引起低层较冷的海水涌升，从而分别出现负的 SST 异常极值中心，这也是出现 CP-El Niño 的主要原因。因此，CP-El Niño 发生时，一方面，赤道西太平洋地区出现 SST 负异常，这可能使得北太平洋西边界流中黑潮向中纬度地区输运的热力强度偏弱；另一方面，赤道太平洋地区的风场异常引起中国近海及邻近海域等中纬度地区上空出现偏北风异常，这也不利于北太平洋西边界流中黑潮向北的输运。蔡榕硕等（2011）指出，东亚冬季风与中国近海尤其是中国东部海域的 SST 有显著的负相关关系。而夏季 CP-El Niño 发生时，中国近海上空的异常偏北风会导致中国近海及邻近海域 SST 的降低，并且引起海洋对大气的滞后响应效应。例如，梅士龙等（2006）的研究表明，黑潮流域 SSTA 滞后于太平洋风场约 3 个月。因此，夏季的 CP-El Niño 与同年秋季中国近海及邻近海域 SST 的负相关关系也就不难理解了。

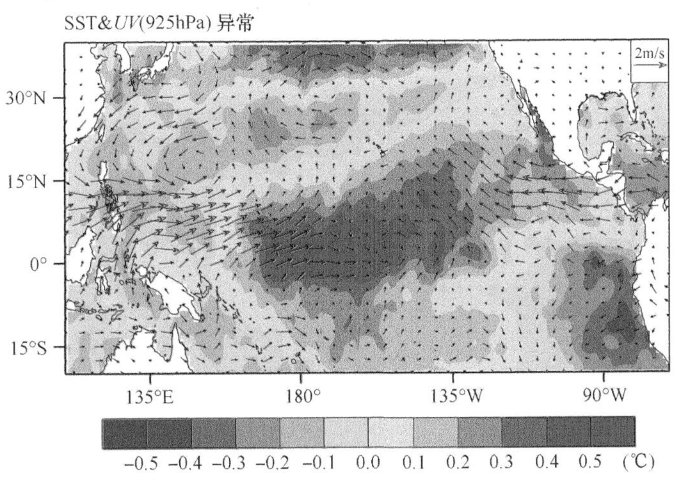

图 2.35　夏季 CP-El Niño 年赤道太平洋附近海域合成的低空风场及海面温度异常分布

CP-El Niño 通常是在夏季达到最强盛时期，有时会持续到秋冬季节。按照同样的方法，对秋季 CP-El Niño 事件的研究结果表明，秋季的 CP-El Niño 与冬季的中国近海及邻近海域 SST 没有显著的相关关系，并且相关的大气环流状况和 SST 异常情况也不明显，即秋季 CP-El Niño 对中国近海及邻近海域冬季 SST 的影响不大。由此可见，CP-El Niño 期间，中国近海及邻近海域上空盛行的东亚冬季风异常可能是影响同期该海域 SST 变化的主要因素之一。

2.4.4 PDO 对中国近海海面温度的影响

中国近海 SST 的变化趋势与全球平均温度的变化基本一致，但是中国近海 SST 的变化速率和幅度明显大于全球平均及其他全球气候变化关键区。由此可见，中国近海变暖的加速和暂缓是全球变化的重要现象之一。主导全球气候变化的因子一般是大尺度海气相互作用的因子，如太平洋年代际振荡（PDO）和大西洋多年代际振荡（AMO）等。图 2.36 为 PDO 指数和 AMO 指数的变化趋势，可以看出，PDO 在 20 世纪 70 年代末进入正位相，并分别在 80 年代中期和 90 年代中期达到顶峰，在 90 年代末转为负位相。中国近海升温最迅速的两个时期分别是 PDO 处于正位相最大值的时期，20 世纪 90 年代末以后中国近海 SST 下降也与 PDO 进入负位相的时期是基本一致的。东海 SST 的 10 年滑动趋势与 PDO 指数的相关系数为 0.55（超过 99% 置信度），而与 AMO 指数的关系不大（相关系数为–0.19）。这表明中国近海 SST 的年代际变化很可能既是对 PDO 位相变化的响应，又是对全球气候变化的区域响应。全球气候变暖的时候，中国近海 SST 以加快的速率上升，而当全球气候变暖停滞时，中国近海 SST 又以更快的速率下降。因此，中国近海是全球气候变化的敏感区，这可能与中国近海独特的地理位置和气候条件有关。

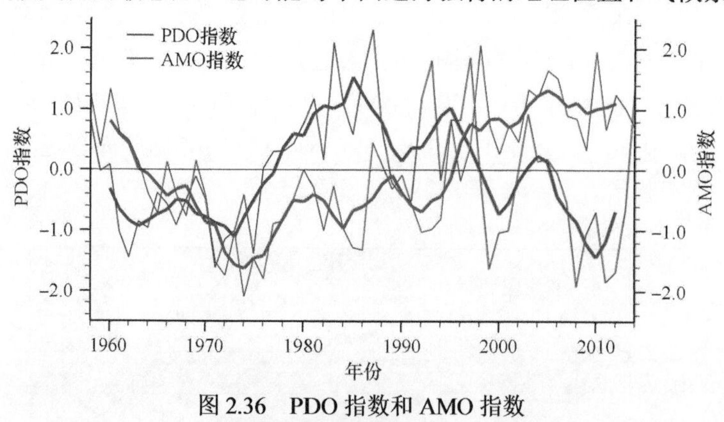

图 2.36　PDO 指数和 AMO 指数

粗线为 5 年滑动平均

一般认为，中纬度海区的海气相互作用主要是以大气为主导的 SST 变化，即大气通过强迫海气界面的感热通量和潜热通量来影响中纬度海区的 SST 异常。在年际和年代际尺度上，东亚季风与中国近海 SST 的变化均呈负相关关系，但影响机制有所不同（2.2 节），前者主要为大气（东亚季风）影响海气温差和海气热通量，进而影响 SST，而后者主要为大气（东亚季风）影响黑潮入侵中国近海特别是中国东部海域，从而影响 SST（Cai et al.，2017）。

图 2.37 揭示了中国近海（20°N ～ 40°N，118°E ～ 130°E）区域平均的气温、风速和

黑潮 23°N 断面 100m 以上经向体积输送指数的变化。中国近海上空气温与 SST 有类似的变化趋势，即在 20 世纪 80 年代中期和 90 年代中期加速升温，而在 90 年代末以后气温有下降的趋势（图 2.37a 红线）。另外，中国近海上空风速在 20 世纪 80 年代和 90 年代处于负异常，较小的风速有利于 SST 升高，而在 90 年代末以后，风速开始变大并转为正异常（图 2.37b），风速的变大会使蒸发潜热增多，从而导致 SST 降低。中国近海在 20 世纪 80 年代中期、90 年代中期的迅速变暖和 90 年代以后的冷却与东亚季风强弱引起的海面上空气温和风速的变化关系密切。东亚季风的年代际变化又受到 PDO 的调控，在 20 世纪 70 年代末以后 PDO 进入正位相时，东亚季风出现年代际减弱，而 2000 年以后 PDO 转为负位相时，东亚季风又开始加强（Wang and Chen，2014）。因此，PDO 的位相转换有可能调控东亚季风，进而影响中国近海 SST 的变化。

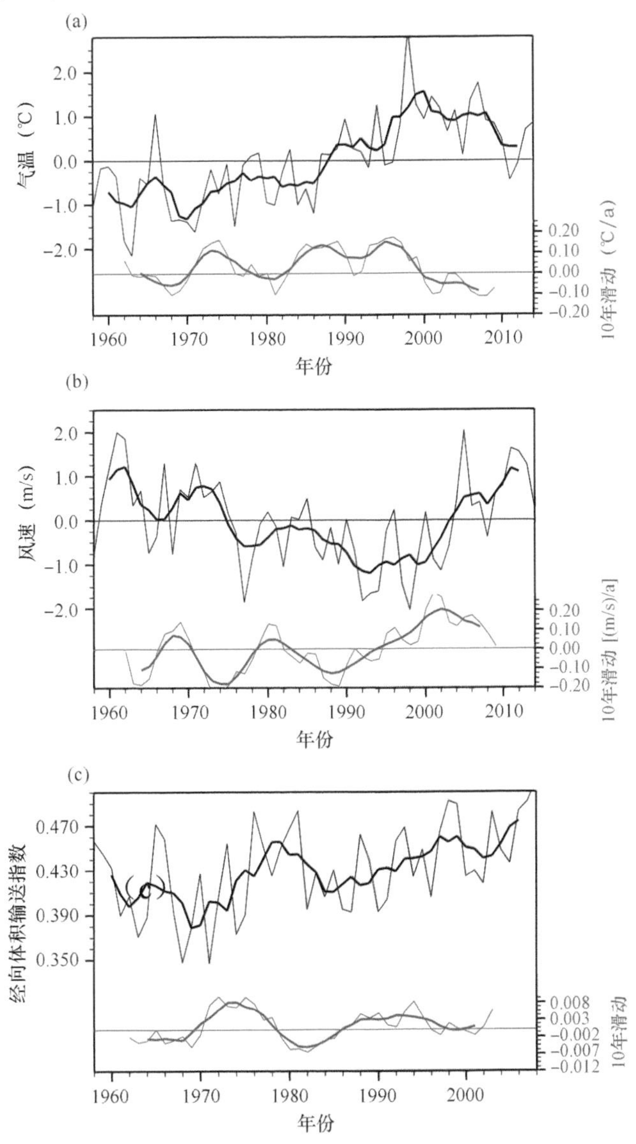

图 2.37　中国近海（20°N ～ 40°N，118°E ～ 130°E）区域平均的气温（a）、风速（b）和黑潮 23°N 断面的 100m 以上经向体积输送指数（c）的时间序列和 10 年滑动趋势

粗黑线和粗红线为 5 年滑动平均

研究表明，黑潮的经向热输送强弱与中国近海 SST 的冷暖异常有密切的联系（齐庆华等，2012；蔡榕硕等，2013）。按照齐庆华等（2012）的方法，我们利用 SODA 资料计算了台湾以东黑潮的经向热输送，如图 2.37c 所示。结果表明，黑潮的经向输送在 20 世纪 80 年代初开始上升，一直到 90 年代末，上升的速率在 90 年代中期达到顶峰（红线），这与中国近海 SST 的变化速率也是基本一致的。在 20 世纪 90 年代末期，黑潮的经向输送有减弱的趋势。黑潮的年代际波动也受到 PDO 调控（Zhang et al.，2012）。因此，黑潮也可能是 PDO 影响中国近海 SST 变化趋势的重要途径。

2.5 结　语

本章基于多套大气-海洋再分析资料研究了气候变化背景下东亚大气环流和海洋动力过程对中国近海 SST 变化的影响过程，以及其与 ENSO 和 PDO 等大尺度气候因子的关系，主要结论有以下几点。

（1）东亚季风对中国近海 SST 的影响

中国近海尤其是中国东部海域 SST 除了显著的长期升温趋势，还具有强烈的年际和年代际变化特征。东亚季风的年际和年代际变化对中国近海 SST 具有显著的影响，两者的主要模态有显著的负相关关系。在年际尺度上，中国近海特别是中国东部海域 SST 与海气热通量为负相关关系，揭示了强（弱）东亚季风通过扰动海气界面热通量对海洋产生强迫作用，海洋向大气释放的热量增多（减少），导致 SST 降低（上升）；反之，在年代际尺度上，中国近海特别是中国东部海域 SST 与海气热通量为正相关关系，揭示了长时间尺度上 SST 的升高（降低），将通过影响海气温差和海面蒸发量，使得海洋向大气释放的热量增多（减少），表现出 SST 变化对热通量的主导作用，而东亚季风在年代际尺度上对 SST 的重要影响（负相关关系）在于其对黑潮入侵中国近海的动力作用方面。

（2）黑潮对中国近海 SST 的影响

黑潮的经向热输送与中国近海 SST 的变化关系密切。海洋动力过程中经向流作用对中国近海尤其是中国东部海域 SST 有明显的作用，其中经向流主要是由异常经向流的输运决定的，显著区域主要位于东海、台湾海峡和南海西部近岸。中国东部海域 SST 的局地变化主要是由经向流输运和净热通量引起的，而纬向流和垂直流对 SST 的变化起到阻尼作用。黑潮经向流的增强有利于黑潮暖水向东海的输入，同时会减少高纬度沿岸流冷水南下，从而使东海 SST 升高。黑潮源区（18°N）和台湾以东（23°N）断面 200m 以上的经向流在 1958 ～ 2008 年有显著增强的趋势，并且在 20 世纪 80 年代中期夏季和 90 年代中期冬季分别有显著的加强趋势，这可能是中国东部海域 SST 在上述两个时期快速上升的重要原因之一。

（3）东亚季风、黑潮和中国近海 SST 变化之间的关系

传统认为，中纬度海域风场与 SST 呈负相关关系，主要是由于风力强，因此海气热交换快，海洋向大气释放热量多且快，引起上层海洋 SST 下降；相反，风力弱，则导致海气热交换慢，海洋向大气释放热量少且慢，引起上层 SST 上升。然而，研究发现，在年代际尺度上，当东亚冬、夏季风处于减弱状态时，埃克曼效应产生弱的风生流，而由

于风生流起到阻碍黑潮入侵东海陆架海域的作用，因此，当风生流减弱时，有利于黑潮暖水入侵东海陆架海域，加强东海和黄海的逆时针环（暖）流，为该海域 SST 的年代际上升提供了重要的热量来源。相反，当东亚冬、夏季风处于增强状态时，埃克曼效应产生强的风生流，不利于黑潮暖水入侵东海陆架海域，对中国东部海域年代际尺度的降温有重要作用。综上分析，中国近海 SST 的年代际升温是东亚大气强迫和近海海洋动力过程共同作用的结果。

（4）ENSO 对中国近海 SST 的影响

中国近海 SST 具有显著的 3 ～ 7 年的年际变化周期，并有明显的区域差异特征，这可能与热带太平洋传统型和中部型厄尔尼诺（EP-El Niño 和 CP-El Niño）的变化周期有关。这两类 El Niño 与中国近海四个季节的 SST 具有明显不同的相关关系，其中，EP-El Niño 与中国近海 SST 具有显著的正相关关系，且在 El Niño 达到顶峰后的春季和夏季更为显著；CP-El Niño 则与中国近海 SST 具有显著的负相关关系，主要发生在第二年的秋季，显著相关的区域位于黑潮流域附近。

（5）PDO 对中国近海 SST 的影响

中国近海 SST 具有 16 年左右的年代际变化周期，这可能与太平洋年代际振荡（PDO）位相转换有关，中国近海升温最迅速的两个时期均是 PDO 处于正位相最大值的时期，20 世纪 90 年代末以后中国近海 SST 下降也与 PDO 进入负位相的时期是基本一致的。综上，东亚季风和黑潮可能是 PDO 影响中国近海 SST 年代际变化的主要途径。

参考文献

蔡榕硕, 陈际龙, 黄荣辉. 2006. 我国近海和邻近海的海洋环境对最近全球气候变化的响应. 大气科学, 30(5): 1019-1033.

蔡榕硕, 陈际龙, 谭红建. 2011. 全球变暖背景下中国近海表层海温变异及其与东亚季风的关系. 气候与环境研究, 16(1): 94-104.

蔡榕硕, 齐庆华. 2014. 气候变化与全球海洋: 影响、适应和评估之解读. 气候变化研究进展, 10(3): 185-190.

蔡榕硕, 齐庆华, 谭红建. 2015. 气候变化与亚太海洋区域: 影响・适应・风险管理. 应用海洋学学报, 34(1): 141-149.

蔡榕硕, 齐庆华, 张启龙. 2013. 北太平洋西边界流的低频变化特征. 海洋学报, 35(1): 9-14.

蔡榕硕, 谭红建. 2010. 东亚气候的年代际变化对中国近海生态的影响. 台湾海峡, 29(2): 173-183.

蔡榕硕, 谭红建, 黄荣辉. 2012. 中国东部夏季降水年际变化与东中国海及邻近海域海温异常的关系. 大气科学, 36(1): 35-46.

蔡榕硕, 张俊鹏, 颜秀花. 2015. 东海冷涡对黑潮热输运年代际跃变的响应特征. 应用海洋学学报, 34(3): 301-309.

蔡榕硕, 张启龙, 齐庆华. 2009. 源地黑潮及其上下游流量的变化特征. 台湾海峡, 28(3): 299-307.

冯琳, 林霄沛. 2009. 1945-2006 年东中国海海表温度的长期变化趋势. 中国海洋大学学报 (自然科学版), 39(1): 13-18.

谷德军, 王东晓, 袁金南. 2004. 黑潮输送的异常及其与大尺度海气相互作用的关系. 热带海洋学报, 23(6): 30-39.

何超, 周天军, 邹立维, 等. 2012. 夏季西北太平洋副热带高压的两种年际变率模态. 中国科学 (地球科学), 42(12): 1923-1936.

胡敦欣, 丁宗信, 熊庆成. 1980. 东海北部一个气旋型涡旋的初步分析. 科学通报, (1): 29-31.
梅士龙, 闵锦忠, 孙照渤. 2006. 黑潮 SSTA 与赤道太平洋风场及 ENSO 关系初探. 南京气象学院学报, 29(3): 385-389.
蒲书箴, 周明煜, 刘赞沛, 等. 2001. 西北太平洋异常变化. 海洋学报, 23(4): 25-30.
齐庆华, 蔡榕硕, 张启龙. 2010. 源区黑潮热输送低频变异及其与中国近海 SST 异常变化的关系. 台湾海峡, 29: 106-113.
齐庆华, 蔡榕硕, 张启龙. 2012. 台湾以东黑潮经向热输送变异及可能的气候效应. 海洋学报, 34(5): 31-38.
苏纪兰. 2001. 中国近海的环流动力机制研究. 海洋学报, 23(4): 1-16.
孙楠楠. 2009. 东海黑潮海表温度变化及其与厄尔尼诺和全球变暖的关系. 中国海洋大学博士学位论文.
张志华, 陈幸荣, 蔡怡. 2012. 中国近海海表面温度年际年代际振荡关键海区分析研究. 海洋预报, 29(4): 1-6.
井上尚文. 1975. 東シナ海大陸棚上の海底付近の流動. 海と空, 51(1): 5-12.
Ashok K, Behera S, Rao S, et al. 2007. El Niño Modoki and its possible teleconnection. Journal of Geophysical Research Oceans, 112: C11007.
Bjerknes J. 1964. Atlantic air-sea interaction. Advances in Geophysics, 10: 1-82.
Bond N A, Overland J E, Spillane M, et al. 2003. Recent shifts in the state of the North Pacific. Geophysical Research Letters, 30(23): 2183.
Cai R S, Tan H J, Kontoyiannis H. 2017. Robust surface warming in offshore China seas and its relationship to the east Asian monsoon wind field and ocean forcing on interdecadal time scales. Journal of Climate, 30(22): 8987-9005.
Cai R S, Tan H J, Qi Q H. 2016. Impacts of and adaptation to inter-decadal marine climate change in coastal China seas. International Journal of Climatology, 36(11): 3770-3780.
Cane M A, Zebiak S E. 1985. A theory for El Niño and the Southern Oscillation. Science, 228(4703): 1085-1087.
Carton J A, Giese B S. 2008. A reanalysis of ocean climate using Simple Ocean Data Assimilation (SODA). Monthly Weather Review, 136(8): 2999-3017.
Chavez F P, Ryan J, Lluch-Cota S E, et al. 2003. From anchovies to sardines and back: Multidecadal change in the Pacific Ocean. Science, 299(5604): 217-221.
Dee D P, Uppala S M, Simmons A J, et al. 2011. The ERA-Interim reanalysis: Configuration and performance of the data assimilation system. Quarterly Journal of the Royal Meteorological Society, 137(656): 553-597.
Di Lorenzo E, Cobb K M, Furtado J C, et al. 2010. Central Pacific El Niño and decadal climate change in the North Pacific Ocean. Nature Geoscience, 3(11): 762-765.
Di Lorenzo E, Schneider N, Cobb K M, et al. 2008. North Pacific Gyre Oscillation links ocean climate and ecosystem change. Geophysical Research Letters, 35: L08607.
Duchon C E. 1979. Lanczos filtering in one and two dimensions. Journal of Applied Meteorology, 18(8): 1016-1022.
Gulev S K, Latif M, Keenlyside N, et al. 2013. North Atlantic Ocean control on surface heat flux on multidecadal timescales. Nature, 499(7459): 464-467.
Hasselmann K. 1976. Stochastic climate models part Ⅰ. Theory. Tellus, 28(6): 473-485.
IPCC. 2013. Summary for policymakers//Stocker T F, Qin D, Plattner G K, et al. Climate Change 2013: The Physical Science Basis. Contribution of Working Group Ⅰ to the Fifth Assessment Report of the Intergovernmental Panel on Climate Change. Cambridge, New York: Cambridge University Press.
Johnson N C. 2013. How many ENSO flavors can we distinguish? Journal of Climate, 26(13): 4816-4827.
Kalnay E, Kanamitsu M, Kistler R, et al. 1996. The NCEP/NCAR 40-year reanalysis project. Bulletin of the

American Meteorological Society, 74: 789-799.

Kang I S, An S I, Jin F F. 2001. A systematic approximation of the SST anomaly equation for ENSO. Journal of the Meteorological Society of Japan, 79(1): 1-10.

Kao H Y, Yu J Y. 2009. Contrasting eastern-Pacific and central-Pacific types of ENSO. Journal of Climate, 22(3): 615-632.

Kosaka Y, Xie S P. 2013. Recent global-warming hiatus tied to equatorial Pacific surface. Nature, 501: 403-407.

Kug J S, Jin F F, An S I. 2009. Two types of El Niño events: Cold tongue El Niño and warm pool El Niño. Journal of Climate, 22: 1499-1515.

Lian T, Chen D. 2012. An evaluation of rotated EOF analysis and its application to tropical Pacific SST variability. Journal of Climate, 25(15): 5361-5373.

Lima F P, Wethey D S. 2012. Three decades of high-resolution coastal sea surface temperatures reveal more than warming. Nature Communications, 3: 704.

Liu N, Wu D, Lin X, et al. 2014. Seasonal variations of air-sea heat fluxes and sea surface temperature in the northwestern Pacific marginal seas. Acta Oceanologica Sinica, 33(3): 101-110.

Liu Q, Zhang Q. 2013. Analysis on long-term change of sea surface temperature in the China Seas. Journal of Ocean University of China, 12(2): 295-300.

Mantua N J, Hare S R. 2002. The Pacific decadal oscillation. Journal of Oceanography, 58(1): 35-44.

Mantua N J, Hare S R, Zhang Y, et al. 1997. A Pacific interdecadal climate oscillation with impacts on salmon production. Bulletin of the American Meteorological Society, 78: 1069-1079.

Miller A J, Cayan D R, Barnett T P, et al. 1994. The 1976-77 climate shift of the Pacific Ocean. Oceanography, 7: 21-26.

Newman M, Shin S I, Alexander M A. 2011. Natural variation in ENSO flavors. Geophysical Research Letters, 38: L14705.

Nitani H. 1972. Beginning of the Kuroshio//Stommel H, Yoshida K. Kuroshio—Its Physical Aspects. Seattle: University of Washington Press.

Oey L Y, Chang M C, Chang Y L, et al. 2013. Decadal warming of coastal China Seas and coupling with winter monsoon and currents. Geophysical Research Letters, 40(23): 6288-6292.

Saha S, Moorthi S, Pan H L, et al. 2010. The NCEP climate forecast system reanalysis. Bulletin of the American Meteorological Society, 91(8): 1015-1057.

Shen M L, Tseng Y H, Jan S, et al. 2014. Long-term variability of the Kuroshio transport east of Taiwan and the climate it conveys. Progress in Oceanography, 121: 60-73.

Tan H J, Cai R S. 2014. A possible impact of El Niño Modoki on sea surface temperature of China's offshore and its adjacent regions. Journal of Tropical Meteorology, 20(1): 1-7.

Uppala S M, Kallberg P W, Simmons A J, et al. 2005. The ERA-40 reanalysis. Quarterly Journal of the Royal Meteorological Society, 131(612): 2961-3012.

Walker G. 1924. Correlation in seasonal variations of weather: Ⅸ. A further study of world weather. Memorandum of the Indian Meteorology Department, 24: 275-332.

Wang B. 1992. The vertical structure and development of the ENSO anomaly mode during 1979-1989. Journal of the Atmospheric Sciences, 49(8): 698-712.

Wang C, Wang W, Wang D, et al. 2006. Interannual variability of the South China Sea associated with El Niño. Journal of Geophysical Research: Oceans, 111: C03023.

Wang L, Chen W. 2014. The East Asian winter monsoon: Re-amplification in the mid-2000s. Chinese Science Bulletin, 59(4): 430-436.

Wang Y L, Wu C R, Chao S Y. 2016. Warming and weakening trends of the Kuroshio during 1993-2013.

Geophysical Research Letters, 43(17): 9200-9207.
Wu L, Cai W, Zhang L, et al. 2012. Enhanced warming over the global subtropical western boundary currents. Nature Climate Change, 2(3): 161-166.
Wu R, Chen W, Wang G, et al. 2014. Relative contribution of ENSO and East Asian winter monsoon to the South China Sea SST anomalies during ENSO decaying years. Journal of Geophysical Research: Atmospheres, 119(9): 5046-5064.
Wu R, Kinter J L. 2010. Atmosphere-ocean relationship in the midlatitude North Pacific: Seasonal dependence and east-west contrast. Journal of Geophysical Research: Atmospheres, 115(D6): 620-631.
Xie S P, Hu K, Hafner J, et al. 2009. Indian Ocean capacitor effect on Indo-Western Pacific climate during the summer following El Niño. Journal of Climate, 22: 730-747.
Yeh S W, Kim C H. 2010. Recent warming in the Yellow/East China Sea during winter and the associated atmospheric circulation. Continental Shelf Research, 30(13): 1428-1434.
Yeh S W, Kug J S, Dewitte B, et al. 2009. El Niño in a changing climate. Nature, 461: 511-514.
Zhang Q, Hou Y, Yan T. 2012. Inter-annual and inter-decadal variability of Kuroshio heat transport in the East China Sea. International Journal of Climatology, 32(4): 481-488.
Zhang Y, Rossow W B, Lacis A A, et al. 2004. Calculation of radiative fluxes from the surface to top of atmosphere based on ISCCP and other global data sets: Refinements of the radiative transfer model and the input data. Journal of Geophysical Research, 109: D19105.
Zheng Q, Fang G, Song Y T. 2006. Introduction to special section: Dynamics and Circulation of the Yellow, East, and South China Seas. Journal of Geophysical Research: Oceans, 111(C11): C11S01.

第3章

气候变化对中国近海物候的影响

3.1 引　言

地球绕自转轴自西向东转动，同时又绕太阳公转，南北半球不同地区受到太阳光照射的角度和热量不同，带来地球上每年温度的变化，春、夏、秋和冬季的季节气候轮替，以及相应的生物与非生物的物候。对应于四季不同节候，动植物有繁殖、生长和发育等生物的物候，包括植物的开花和结果、动物的迁徙或冬眠，而自然界有初霜、终霜、结冰和解冻等非生物的物候。由于物候是长期自然形成的，因此，人们通常也认为物候是不变的。虽然影响物候的因素有经度、纬度和海拔等，但归根到底主要是温度的变化。研究表明，气候变化背景下动植物的繁殖、生长和迁徙等生物周期，包括物种的地理分布和季节性演替规律，以及结冰和解冻等非生物周期出现异常（Parmesan and Yohe，2003；Loarie et al.，2009；Thackeray et al.，2010；Burrow et al.，2011）。这也揭示了地球上生物与非生物的物候正在发生变化。

气候变化是温度、湿度和降水等要素的长期变化及其相互作用，相对于降水等要素的变化而言，温度变化的速度和量级的不确定性较小，因此，以温度的变化速度来衡量气候和物候的变化速度不失为一种较为有效的方法（Loarie et al.，2009）。地球上不同区域对气候变暖的响应有较大的差异，如海洋的升温虽然普遍比陆地的升温慢，但是大部分热带海洋的气候变化比同纬度陆地更显著（Burrows et al.，2011；Hoegh-Guldberg et al.，2014）。研究显示，敏感物种的生存与适应在很大程度上主要取决于适应气候变化的速度（Loarie et al.，2009），对于未能适应气候变化速度的物种而言，它们将面临严重的威胁（Colwell et al.，2008）。生物一般可通过自身组织的调节来适应气候变化，维持自身及生态系统的稳定。海洋物种通常会随着海洋区域的气候与环境的变化而变，如向两极方向转移、向高纬度地区移动，或通过改变与调整生物节律，以适应气候变化（吴军等，2011；Loarvie et al.，2009；Hoegh-Guldberg et al.，2014；Cai et al.，2016；蔡榕硕和付迪，2018）。

基于上述概念、定义和基本方法，为了解气候变化对中国近海物候的影响，本章首先分析中国近海气候变化的速度和物候的变迁，再研究不同气候情景（RCP2.6、RCP4.5、RCP8.5）下未来中国近海气候变化速度及未来物候的变迁，分析气候变化对中国近海生物和非生物物候的影响及风险，进而为评估气候变化对中国近海初级生产的影响、风险和适应对策提供必要的基础。

3.2 全球和中国近海的气候变化速度

以全球的气候变化为出发点，研究区域涵盖了全球以及中国东部的陆域和近海（0°～45°N，100°E～140°E），再聚焦中国近海（0°～42°N，100°E～130°E），包括渤海、黄海、东海和南海。其中，渤海、黄海的范围选取（35°N～41°N，117°E～127°E），东海范围选取（22°N～35°N，120°E～130°E）；南海范围选取（5°N～22°N，105°E～120°E）。

3.2.1 数据资料和研究方法

1. 数据资料

本节采用了以下海洋和大气的实测及再分析数据资料。

1）海洋资料：SST 采用英国气象局哈德莱气候科学与服务中心的 SST 月平均数据（详见 1.3.1 节）。

2）大气资料：海平面气压、近地面气温、850hPa 风场、500hPa 位势高度场及 200hPa 风场数据均来 NCEP/NCAR Reanalysis（详见 2.2.1 节）；925hPa 风场采用 JRA55（Japanese 55-year Reanalysis）再分析资料（Ebita et al.，2011），时间为 1958～2014 年，分辨率为 1.25°×1.25°，目的是与以往的研究结果（Cai et al.，2017）相衔接。

3）IPCC CMIP5 模式数据：不同气候情景下未来中国近海环境预估数据采用 CMIP5 的模式数据。IPCC CMIP5 的模式主要用于预估多种温室气体排放（典型浓度路径，RCP）情景下未来的气候变化。CMIP5 模式耦合了大气、海洋、陆面、海冰、气溶胶、碳循环、动态植被和生物地球化学等多个模块，被称为地球系统模式。RCP 包括 RCP2.6、RCP4.5、RCP6.0 和 RCP8.5 等 4 种情景，每种情景提供了一种受社会经济条件影响的典型温室气体浓度路径，并给出了到 2100 年相应的辐射强迫值，分别为 2.6W/m^2、4.5W/m^2、6.0W/m^2 和 8.5W/m^2（赵宗慈，2009）。由于任何气候系统模式的模拟都只是实际气候系统的某种近似，且各个模式所擅长的变量和模拟的区域不同，因此，对未来气候状况的预估不宜仅使用单个模式数据。为此，在利用其模拟和预估中国近海未来气候状况时，需要检验拟选用模式的适用性和可靠性，再从中筛选适用于中国近海 SST 变化的多模式数据，对多模式数据进行综合分析后，才能得出可靠的结论。

本章主要采用 IPCC CMIP5 中对中国近海 SST 变化的模拟能力较好的模式数据（谭红建等，2016），包括 BCC-ESM1.1、FGOALS-g2、HadGEM2-AO、HadGEM2-CC、HadGEM2-ES、IPSL-CM5A-MR、IPSL-CM5B-LR、MIROC-ESM、MPI-ESM-LR 等模式数据，模式基本信息如表 3.1 所示，关于模式的更多细节可参阅 https://esgf-node.llnl.gov/search/cmip5/。

表 3.1　9 个 CMIP5 全球气候模式基本信息

编号	名称	国家（机构）	分辨率（经向×纬向）
1	BCC-ESM1.1	中国（CMA）	192×145
2	FGOALS-g2	中国（IAP）	128×60
3	HadGEM2-AO	韩国/英国（NIMR/KMA）	192×145
4	HadGEM2-CC	英国（Hadley Centre）	192×145
5	HadGEM2-ES	英国（Hadley Centre）	192×145
6	IPSL-CM5A-MR	法国（IPSL）	144×143
7	IPSL-CM5B-LR	法国（IPSL）	96×96
8	MIROC-ESM	日本（MIROC）	128×64
9	MPI-ESM-LR	德国（MPI）	192×96

由于本章应用的各种海洋大气再分析资料及模式数据的制作机构不同，空间格点分辨率和时间节点等没有统一的标准，存在各种差异，因此，为了数据分析的一致性，需要加以整合，统一其数据格式。为此，本章应用双线性插值的方法，将再分析数据资料和模式数据进行处理，如将数据插值到 1°×1° 或研究所需的分辨率，而在分析大气环流形势距平时，则将分辨率不同的模式数据和历史观测数据，包括模式的海平面气压、近地面气温、风场和位势高度等数据统一插值到 2.5°×2.5° 的格点上，再进行相关的数理统计分析。

2. 研究方法

为了解过去和未来中国近海 SST 平均气候态的分布特征，本章采用等权重方法对逐月数据进行全年和季节平均，以得出全年和季节的平均气候态。其中，历史气候态时间取 1981～2010 年，而 21 世纪的前期、中期和末期的气候态时间分别选取 2020～2029 年、2050～2059 年和 2090～2100 年。研究方法如下。

1）采用线性拟合方法、相关分析及显著性检验、EOF 分解（详见 1.3.1 节）。

2）采用多模式集合平均方法，以便更为准确地预估中国近海 SST 的变化，其优点是可将模拟能力较好的几个模式的模拟结果进行等权重平均，这也是目前预估未来区域气候变化的常用方法。

鉴于温度相对降水等其他要素的变化而言，其不确定性较小，本章以温度的变化来衡量气候变化的速度（Loarie et al.，2009；蔡榕硕和付迪，2018），具体采用了地球表面的地理等温线及春、秋季代表月的出现时间来分析中国近海的气候变化速度。相关定义和计算方法如下。

a）地理等温线的迁移速度

中国近海地理等温线是指 SST 相同各点的连接线，任意一条 SST 等温线上的各点温度值都相等。一般地，长期的年平均或季节平均的地理等温线位置是固定的，但随着全球气候变暖特别是由于气候态温度的变化，长期的年平均或季节平均地理等温线的位置发生迁移，不再是传统意义上相对固定的地理等温线。简言之，当气候态的温度变化时，相应的地理等温线的位置将产生位移。基于此，本研究以中国近海 SST 等值线的迁移速度来代表中国近海的气候变化速度，等温线的迁移速度（km/10a）是年平均 SST 的长期变化趋势（℃/10a）与其二维空间梯度（℃/km）的比值（Loarie et al.，2009）。其中，中国近海年平均 SST 的长期变化趋势采用最小二乘法线性拟合方法计算获得。

b）春、秋季的物候及其变迁速度

选择春、秋季代表月出现时间的变迁速度，来衡量历史或未来气候情景下区域气候变暖（冷）程度的变化。这是因为春季至秋季的时间代表的是一年中的暖期，同时，春季（代表月）出现和秋季（代表月）结束时间代表着环境物候的变化，这与生物生长节律的变化有重要的关系。本章采用季节代表月平均地表温度的长期变化趋势（℃/10a）与其季节变率（℃/30d）的比值来表示代表性季节（如春、秋季）出现时间的变迁速度（d/10a）（Burrows et al.，2011）。具体而言，季节温度变迁速率是采用每月中间温度的季节变率与长期月平均温度的线性变化趋势（℃/10a）的比值。其中，季节变率（℃/30d）是指前一个月中间的温度与下个月中间的温度之差，再除以 2，即代表该年该季节（温度）的变化率。而计算得到的季节温度变迁速率的单位为 30d/a，其转换为 d/10a 的方法是按 365.25d/a 计，除以 12 月，再乘以 10 年计算得到的。

一般定义春季的时间为 3 ～ 5 月，秋季为 9 ～ 11 月，本章分别选取 4 月、10 月作为春、秋季的代表月。为了衡量全球变暖背景下中国近海春、秋季出现时间的变化程度，以春季为例，首先计算春季的季节变率（℃/30d），即 5 月与 3 月 SST 差值的一半，再将以线性拟合得到的 SST 长期线性变化趋势（℃/10a）除以其季节变率（℃/30d），进而得到春季出现时间的变迁速度（30d/10a）。最后，再将该值转换成单位为 d/10a 的变迁速度，从而得到季节以天数为单位的变迁速度（d/10a）（Burrows et al.，2011）。若其值为正，则表示春季提前到来，反之，则表示春季延迟到来。因此，本章采用春、秋季代表月开始或结束时间的变化来研究中国近海春、秋季物候的演变。

本章以全球表面温度的变化为出发点，以中国近海地理等温线的变化为主要研究对象，首先分析几十年来全球尺度范围内年平均表面温度的气候变化速度，再聚焦中国东部地区尤其是近海海面温度，主要是地理等温线的变化，进而为评估气候变化对中国近海浮游生物和生态的影响奠定基础。

3.2.2 全球表面温度的气候变化速度

图 3.1 为 1960 ～ 2014 年全球（不含极区）年平均表面温度的变化趋势的空间分布。可见，全球表面温度的上升趋势十分明显，北半球的升温趋势比南半球显著。一般地，陆地的升温高于海洋。其中，欧亚大陆、北美洲大陆的中高纬度地区和非洲大陆北部的升温颇为显著，南美洲大陆的东部地区升温也较明显；大西洋、印度洋至西太平洋的升温较为显著，其中，副热带的大洋西边界流及其延伸体，如黑潮和湾流的升温尤其明显，但北太平洋的中部、东部和南太平洋的东部及南部的局部海区有降温的现象。简言之，最近 60 多年来，全球表面显著变暖，北半球尤为明显，陆地比海洋升温快，北印度洋、西北太平洋和北大西洋的变暖也较明显。中国东部地区的陆域及相邻海域（0° ～ 45°N，100°E ～ 140°E，图 3.1 中蓝色方框所示）范围内，从陆域东部的西北延伸至东部沿海地区升温趋势也较为明显，中国近海及邻近海域均有明显的升温趋势，其中以台湾海峡以北和琉球群岛以西的中国东部海域较为显著。

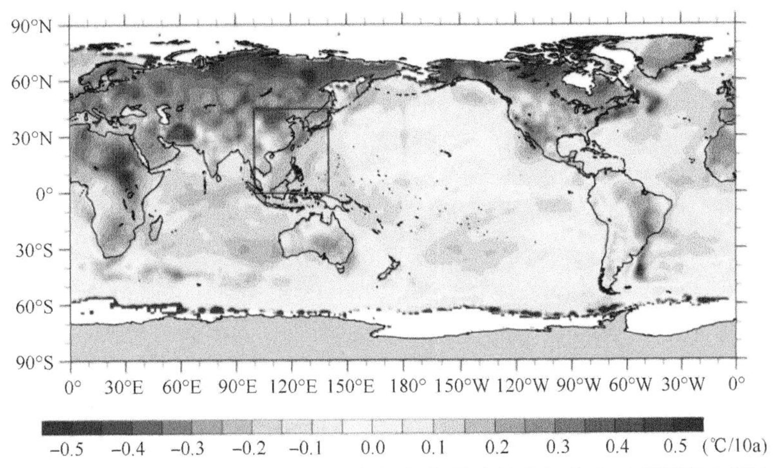

图3.1　1960～2014年全球年平均表面温度的变化趋势的空间分布（蔡榕硕和付迪，2018）

数据来源为HadCRU4和HadISST再分析资料

图3.2为1960～2014年全球表面年平均温度的二维空间梯度分布。可见，陆地表面温度的空间梯度一般要大于海洋，海洋中热带海域SST的空间梯度最小。全球表面温度空间梯度较突出的区域有：欧亚大陆的青藏高原地区、格陵兰地区、南美大陆西部和大洋西边界流域，如西北太平洋黑潮和大西洋湾流海域及其延伸区，这些区域的表面温度梯度比同纬度其他地区要大得多。由于陆域地表的地形地貌较为复杂，地面的高程变化较大，高海拔地区比平原地区的温度空间梯度大，如青藏高原地区及其邻近区域，这些地区高程的变化导致地表温度的空间梯度也较大，而海洋的表面较为均匀，因此SST的空间梯度较小。在中国东部陆域及相邻海域中，陆域地表温度的空间梯度虽然一般要高于同纬度海域，但局部如长江流域表面温度空间梯度较小，因此，其空间分布总体起伏较大。中国近海SST的空间梯度呈现自南向北逐步升高的现象，其中，热带海域SST的空间梯度最小，而中国东部海域的SST空间梯度最大。

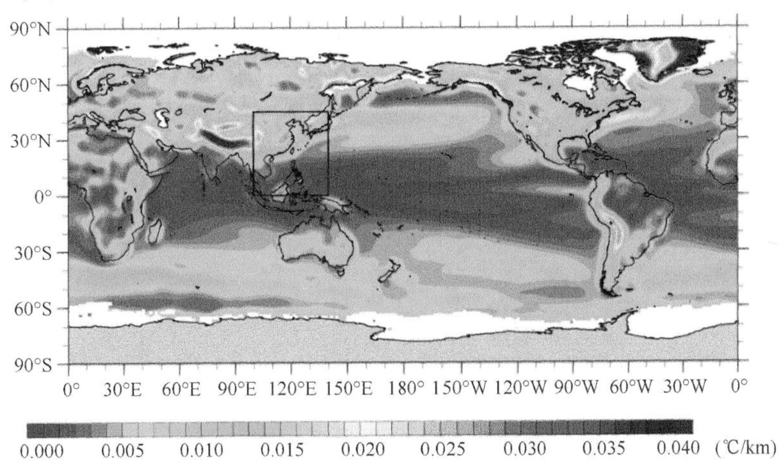

图3.2　1960～2014年全球表面年平均温度的二维空间梯度分布（蔡榕硕和付迪，2018）

图3.3为1960～2014年全球表面年平均温度的气候变化速度的空间分布。如前所述，气候变化速度是以年平均表面温度的长期变化趋势（℃/10a）与其空间梯度（℃/km）的

比值来表示的。换言之，以全球表面地理等温线的迁移速度来衡量并代表气候变化的速度（Loarie et al.，2009）。由图 3.3 可见，全球海洋表面地理等温线（白色等值线）有向两极方向迁移的显著现象，全球热带海洋的气候变化速度较大。但是，太平洋地区中部和西南部地区局部海区有相反的现象。全球的各大陆也有类似现象，北美大陆和欧亚大陆（除了青藏高原及相邻地区）的地理等温线基本向北迁移；非洲大陆地理等温线大体以赤道为分界线有向两极方向迁移的明显现象；澳大利亚大陆的地理等温线基本向南极方向移动，而南美大陆的变化则较不一致，地理等温线向南、北等不同的方向迁移，这可能与陆域地表高程不一相关。

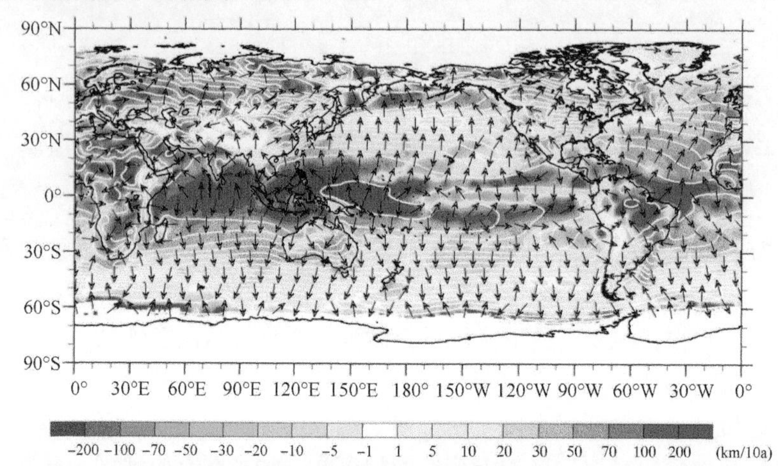

图 3.3　1960 ～ 2014 年全球表面年平均温度的气候变化速度的空间分布（蔡榕硕和付迪，2018）

正（负）值代表变暖（冷）；白色实线代表地理等温线，箭矢代表表面温度移动速度的方向，
填色代表表面温度移动速度的大小

3.2.3　中国东部地区地理等温线的变化特征

图 3.4 为 1960 ～ 2014 年中国东部地区年平均表面温度的变化趋势的空间分布及纬向平均。由图 3.4a 可见，中国东部地区除了西南局部区域，绝大部分区域呈现明显的升

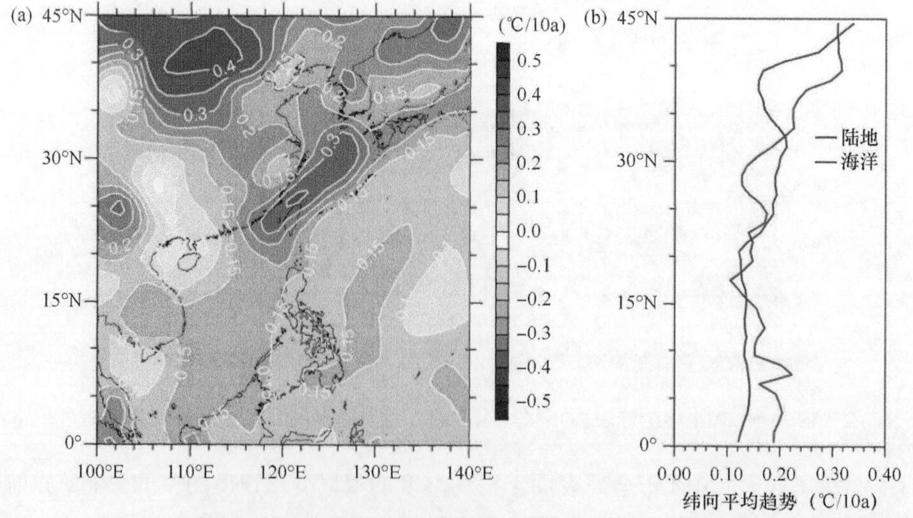

图 3.4　1960 ～ 2014 年中国东部地区年平均表面温度的变化趋势的空间分布（a）及纬向平均（b）（蔡榕硕和付迪，2018）

温趋势。其中，陆地以华北地区，海洋以中国东部海域（渤海、黄海和东海）的升温最为显著，最高升温趋势可达到0.4℃/10a以上。由图3.4b还可看到，同纬度纬向平均的估算结果显示，中国东部地区的大部分亚热带地区（21N°～33°N）（大约为海南岛以北，济州岛以南）海洋的升温速率要高于同纬度的陆地，而北部的温带地区和南部的热带地区及其相邻的中南半岛的陆地升温速率则要高于海洋。

图3.5为1960～2014年中国东部地区年平均表面温度的二维空间梯度分布。可见，温带和亚热带地区（22°N～45°N）的空间梯度要高于热带地区（0°～22°N，热带北缘大约以中国陆域南部沿海为界）。在温带和亚热带地区的陆地和海洋各占两大部分，地形地貌较为复杂，表面温度的空间梯度较大，而热带地区则以海洋区域为主，表面较为均匀，地表温度的空间梯度较小。

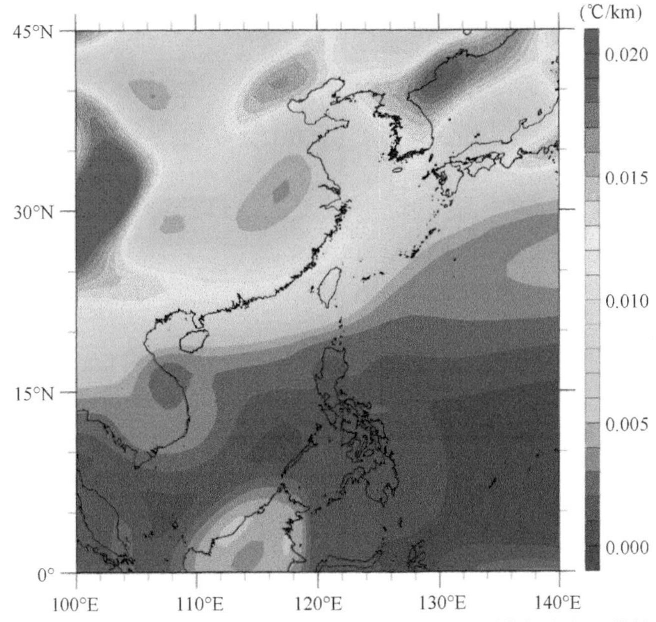

图3.5　1960～2014年中国东部地区年平均表面温度的二维空间梯度分布（蔡榕硕和付迪，2018）

图3.6为1960～2014年中国东部地区年平均表面温度的气候变化速度（地理等温线迁移速度）的空间分布。可见，表面温度上升趋势显著（图3.4）或空间梯度小（图3.5）的地区，气候变化速度（地理等温线迁移的速度）要大。中国东部地区陆域及相邻海域的气候变化速度（地理等温线迁移的速度）较大，总体有向北迁移的明显态势，其中，中国东部陆域地理等温线基本向北迁移，中国东部海域的地理等温线主要向西北方向的海岸线迁移，而南海的地理等温线主要向北移动。这表明无论是陆域，还是海域，升温区域总体向北快速扩展，南海地理等温线的迁移速度比中国东部海域快，变化程度从1km/10a至20km/10a以上。总体而言，热带海域的气候变化速度大于陆域，在同纬度地区，海域的气候变化速度也基本大于相邻陆域。此外，中国东部陆域表面温度的气候变化速度并不一致，主要是华北地区及其向华东地区延伸的区域较为突出。

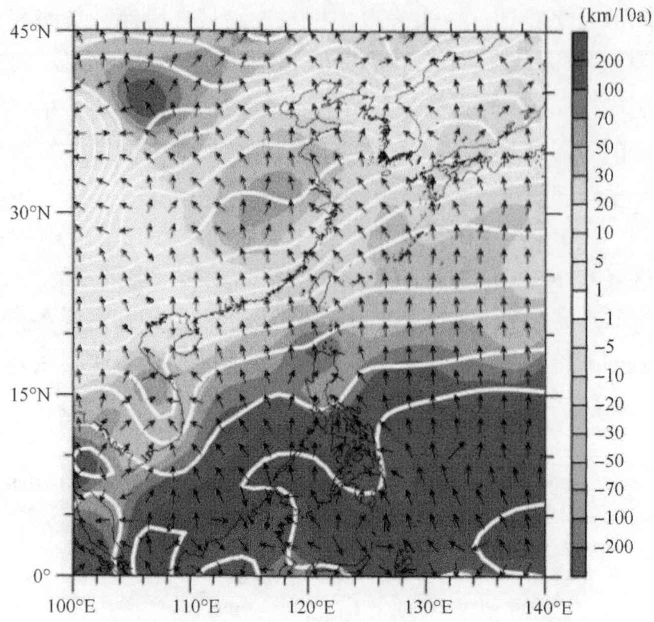

图 3.6　1960 ～ 2014 年中国东部地区年平均表面温度的气候变化速度的空间分布（蔡榕硕和付迪，2018）

白色实线代表地理等温线，箭矢代表表面温度移动速度的方向，填色代表表面温度移动速度的大小

3.2.4　气候变化对中国近海地理等温线分布的影响

（1）全球变暖背景下中国近海 SST 的时空分布特征

为了解过去几十年来中国近海 SST 对全球气候变暖的响应特征，采用年平均、季节平均及线性拟合等方法，首先分析中国近海 SST 的时空分布特征。气候态时间取 1981 ～ 2010 年，中国近海 SST 的气候态分布特征如图 3.7 所示。

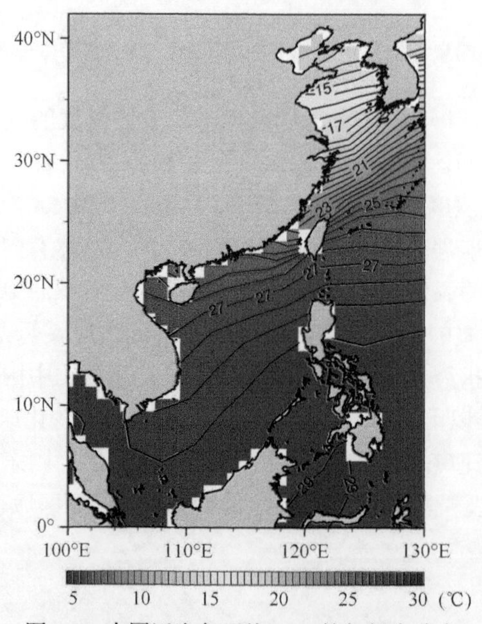

图 3.7　中国近海年平均 SST 的气候态分布

由图3.7可知，中国近海SST自南向北逐渐降低。南海SST最高，均高于25℃，且等温线较为稀疏，这也说明南海SST二维空间梯度较小，分布较为均匀；东海等温线呈西南-东北走向，西北低，东南高，等温线分布密集，自东南向西北温度迅速降低；黄海全年平均SST低于17℃；渤海SST为四海区最低，年平均SST低于13℃。

由于中国近海处在东亚季风区，受到东亚冬、夏季风的长期调控，因此，对中国近海SST的气候态分别按季节加以讨论。图3.8为中国近海SST的春、夏、秋、冬四季平均气候态分布。由于太阳辐射在地球表面时空分布的不均匀性及季风等因素的影响，中

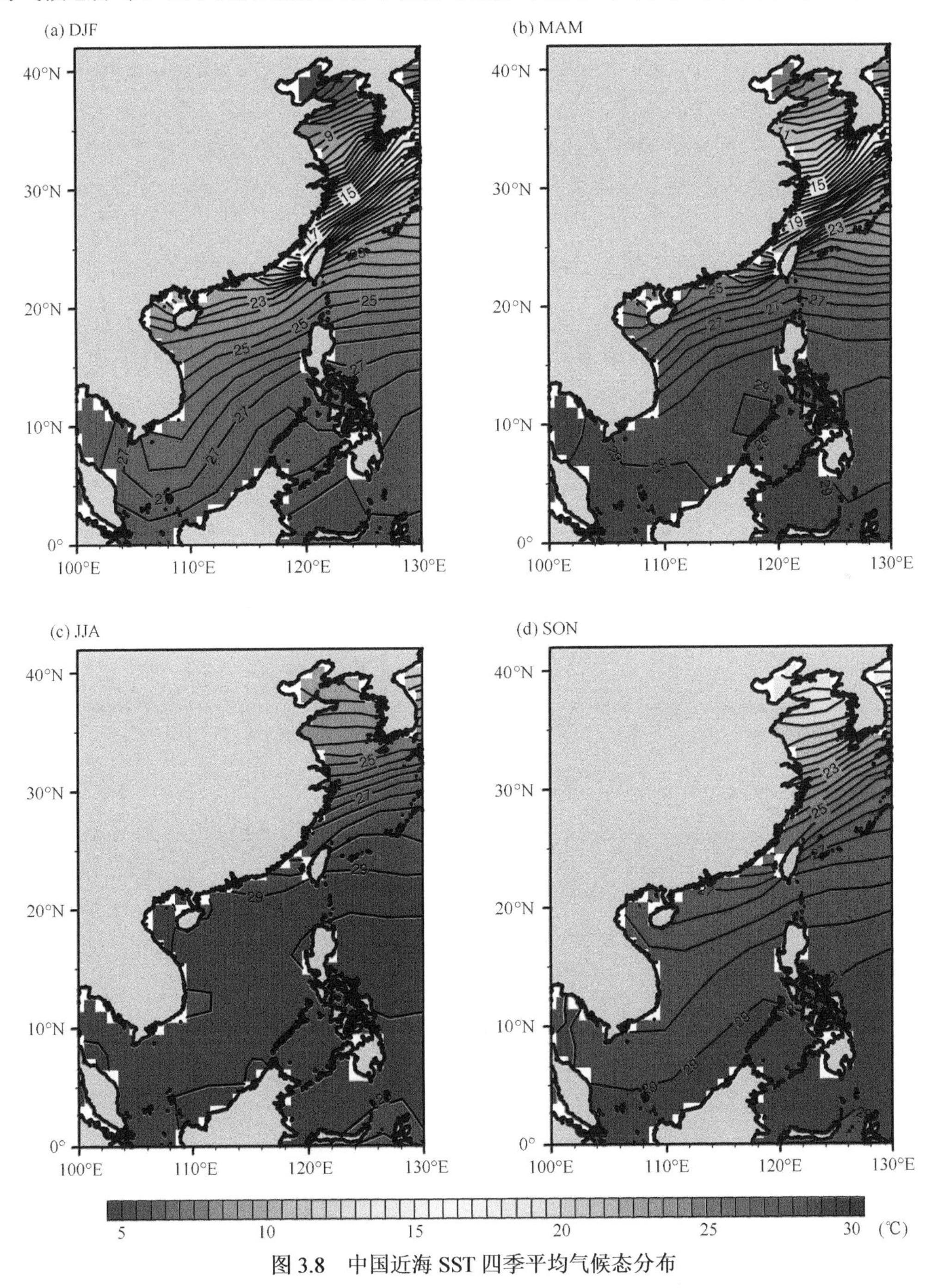

图3.8　中国近海SST四季平均气候态分布

国近海不同海区的气候差异及季节变化较明显。其中，冬季太阳高度角最小，东亚冬季风强盛，各海区 SST 为四季最低，以 23℃等温线为例，冬季其平均位置在海南岛与台湾岛南部的连线上；春季，随日照时间增加，东亚冬季风逐渐减弱，进入季风过渡期，SST 逐步上升，等温线逐渐向北移动，23℃等温线北移到台湾岛中部；夏季，太阳直射北半球，各海区接收太阳辐射量为四季最多，夏季风随之逐渐增强，SST 也为四季最高，等温线位置为四季最北，23℃等温线继续北移至 35°N 附近；秋季，太阳直射位置在赤道附近，随接收太阳辐射量的减少，夏季风强度开始减弱，进入 过渡期，各海区 SST 开始逐渐下降，等温线南移，23℃等温线南移至长江入海口附近。

在中国近海四个海区中，南海冬春季 SST 等温线基本呈东-西走向，夏秋季 SST 等温线的分布则较为稀疏，变化不大；南海终年高温，夏季平均温度最高，地区差异和季节变化均较小。中国东部海域（渤海、黄海和东海）四季 SST 等温线基本呈西南-东北走向，自东南至西北，SST 等值线分布密集，二维空间梯度大，从东南到西北温度迅速降低；中国东部海域冬春季 SST 较低、夏秋季较高，季节变化大，这表明中国东部海域的海洋环境可能受到东亚季风更大的影响。

（2）中国近海的气候变化速度

鉴于 20 世纪 80 年代之后全球变暖加剧，特别是中国近海呈现持续快速升温的趋势，因此，本研究重点关注 80 年代以后中国近海的 SST 线性变化趋势。时间选取 1980 ～ 2014 年，中国近海 SST 年平均线性趋势如图 3.9 所示。

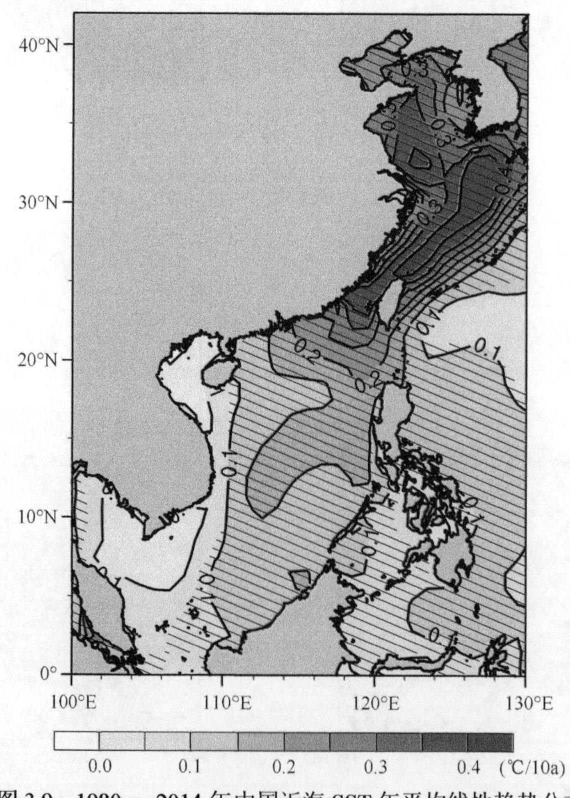

图 3.9　1980 ～ 2014 年中国近海 SST 年平均线性趋势分布

由图 3.9 可见，1980 ～ 2014 年中国近海各海区 SST 普遍呈上升趋势。其中，南海增温最慢，增速为 0.1 ～ 0.2℃/10a；中国东部海域（渤海、黄海和东海）的增温显著，尤其是东海和黄海，SST 的长期上升速率为 0.3 ～ 0.35℃/10a，且海面升温速率最大区域位于东海的长江口附近至台湾海峡南部海域，这也是全球海洋温度上升最显著的区域之一，与之前的研究结果一致（蔡榕硕等，2006；Cai et al.，2017），因此，该海域的升温对海洋生物节律和生态系统产生了明显的影响（蔡榕硕，2010）。

为了认识中国近海 SST 在四季的线性变化趋势，同样进行分季节讨论，如图 3.10

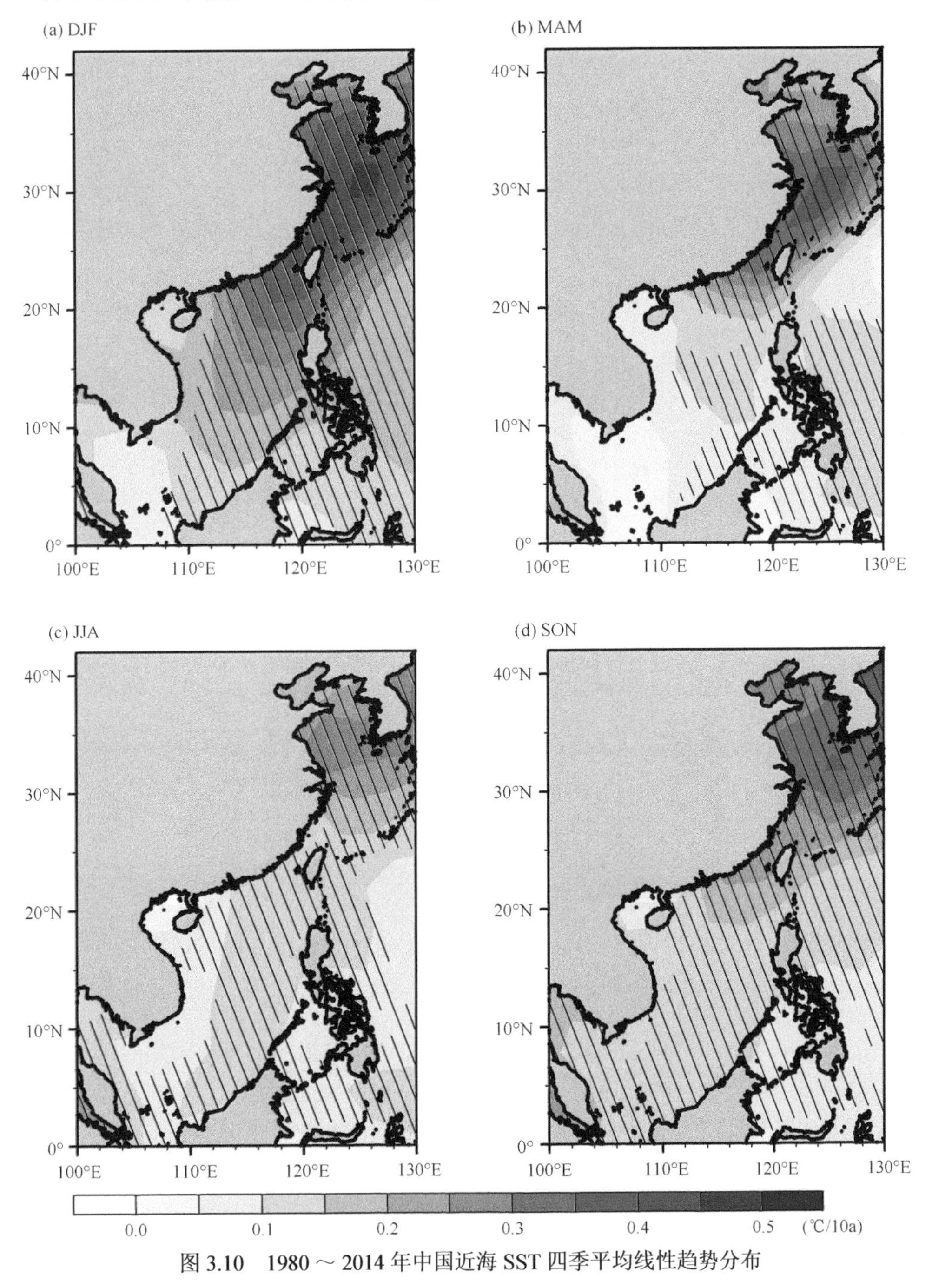

图 3.10　1980 ～ 2014 年中国近海 SST 四季平均线性趋势分布

斜线区域为超过 95% 显著性检验的区域

所示。可见，1980～2014年中国各海区四季中SST都表现为不同程度的增温。四季中，冬季中国近海增温最为显著，增温最明显的区域分布在渤海、黄海和东海，尤其是东海，最大增温大于0.5℃/10a，这可能是受到东亚冬季风年代际减弱的影响（Cai et al., 2017），其次为春季，再次为秋季，夏季各海区增幅最小。此外，各季节中SST增幅最大的区域均集中在中国东部海域。

从以上的分析可知，过去几十年来中国近海对全球气候变化的响应特征是持续快速变暖，而中国近海各海域不同程度的升温可能带来地理等温线时空分布特征的变迁。为此，我们采用中国近海SST等值线代表的地理等温线的变迁来研究近几十年全球变暖背景下中国近海的气候变化情况。

图3.11为1980～2014年中国近海地理等温线的变迁速度分布，图中填色反映了地理等温线的迁移速率，矢量则表示了地理等温线的迁移方向。当地理等温线迁移速率为正值时，表示该等温线向温度较低的方向移动；反之，则表示该等温线向温度较高的方向移动。

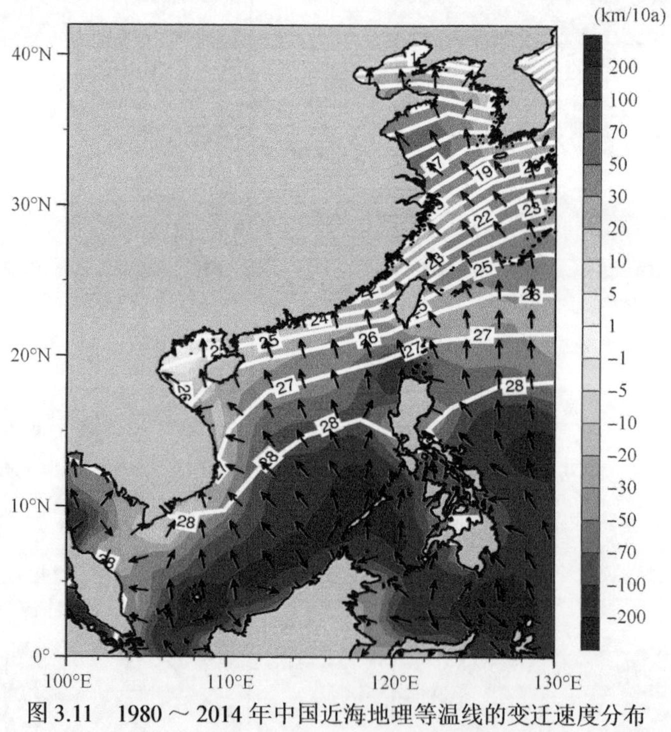

图3.11　1980～2014年中国近海地理等温线的变迁速度分布

填色代表地理等温线迁移速率，单位为km/10a；白色等值线为SST等值线，单位为℃；黑色矢量代表地理等温线迁移方向

由图3.11可知，1980～2014年全球变暖背景下中国近海地理等温线普遍朝偏北的方向迁移，即由温度较高的区域如热带和亚热带向温度较低的区域如温带迁移。地理等温线迁移方向沿其梯度方向朝北方移动，在渤海和黄海北部，地理等温线较为平直，地理等温线主要向正北方向的海岸线迁移，而从黄海中部以南到东海，地理等温线主要呈西南-东北走向，地理等温线主要往西北向迁移。南海北部的地理等温线主要向正北方向迁移，而中部以南地理等温线的迁移方向则变为西北向。这表明无论是中国东部海域，还是南海，升温区域总体向北快速扩展，南海因SST水平梯度小，地理等温线的迁移比

中国东部海域更快，迁移速率为 5 ～ 100km/10a。此外，从中国近海气候变化的速率分布来看，地理等温线迁移较明显的区域主要集中分布在等温线较为稀疏的区域，即南海以南、东海东部和黄海西部的海域。

图 3.11 还揭示了中国近海地理等温线主要朝偏北方向的海岸线方向移动。由此可见，为了适应气候变暖，在中国近海对 SST 敏感的物种将遵循其生态位特性，随着地理等温线移动的方向往海岸线迁移。这也是研究地理等温线变迁的意义所在。

3.3　气候变化对中国近海物候的影响特征

3.3.1　全球的物候变化特征

图 3.12 为北（南）半球的春（秋）季代表月平均表面温度（代表性温度）出现时间的变迁速度，北（南）半球春（秋）季以 4 月为代表月。正值表示季节代表性时间提前的速度，负值表示季节代表性时间推迟的速度。可见，赤道以北大部分地区春季提前到来，而赤道以南大部分地区的秋季推迟结束，其中，热带地区的变化最为显著。值得注意的是，北太平洋地区中部、南太平洋西南部局部海域及大西洋的局部海区有相反的现象出现，即春（秋）季推迟到来（提前结束）。

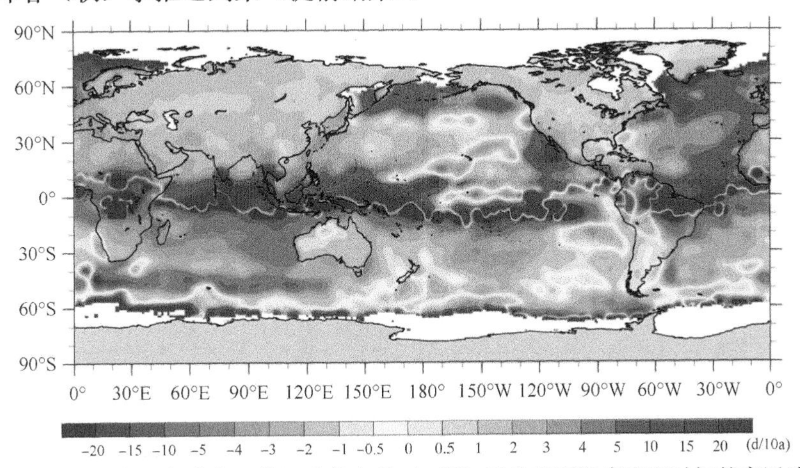

图 3.12　北（南）半球春（秋）季代表月（4 月）平均表面温度出现时间的变迁速度（蔡榕硕和付迪，2018）

正值代表提前；负值代表推迟

图 3.13 为北（南）半球秋（春）季代表月平均表面温度（代表性温度）出现时间的变迁速度，北（南）半球秋（春）季以 10 月为代表月。可见，北半球赤道以北大部分地区秋季（10 月）推迟结束，而南半球赤道以南大部分地区春季（10 月）提前到来。同样从图 3.13 可以看到，北太平洋中部、南太平洋西南部局部海域及大西洋和印度洋的局部海区有相反的现象，即秋（春）季结束（到来）时间推迟（提前）。

由图 3.12、图 3.13 可见，以 4 月与 10 月为代表月的全球春、秋季月平均表面温度出现时间的变迁结果为：南北半球的温暖期均普遍延长，而寒冷期则均明显缩短。这表明地球表面大部分地区显著变暖，并且全球范围的春、秋季物候发生了较大的变化，但也应注意到局部地区有相反的现象。

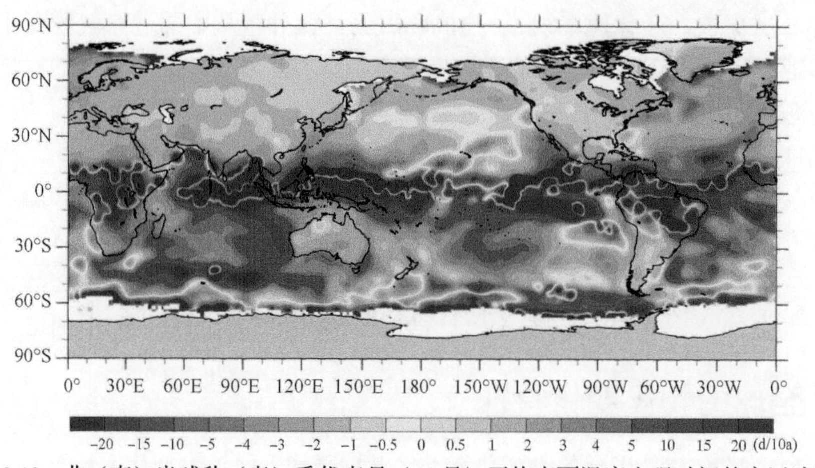

图 3.13　北（南）半球秋（春）季代表月（10 月）平均表面温度出现时间的变迁速度（蔡榕硕和付迪，2018）

正值代表提前；负值代表推迟

3.3.2　中国东部地区物候变化特征

图 3.14 为 1960 ～ 2014 年中国东部地区（包括中国近海）春季代表月（4 月）平均表面温度出现时间变迁速度的空间分布及纬向平均（正值代表春季提前到来，负值反之）。可以看出，中国东部地区陆域的春季（以 4 月为代表）正在以 1 ～ 3d/10a 的速度普遍提前到来；但是，值得注意的是，在中国东部西南局部地区春季有推迟到来的现象。这可能与局地气候变化有关，这也表明中国东部地区气候变化的空间差异较为显著。此外，中国近海春季提前到来的速度是中国东部陆域的 3 ～ 5 倍，其中，中国东部海域局

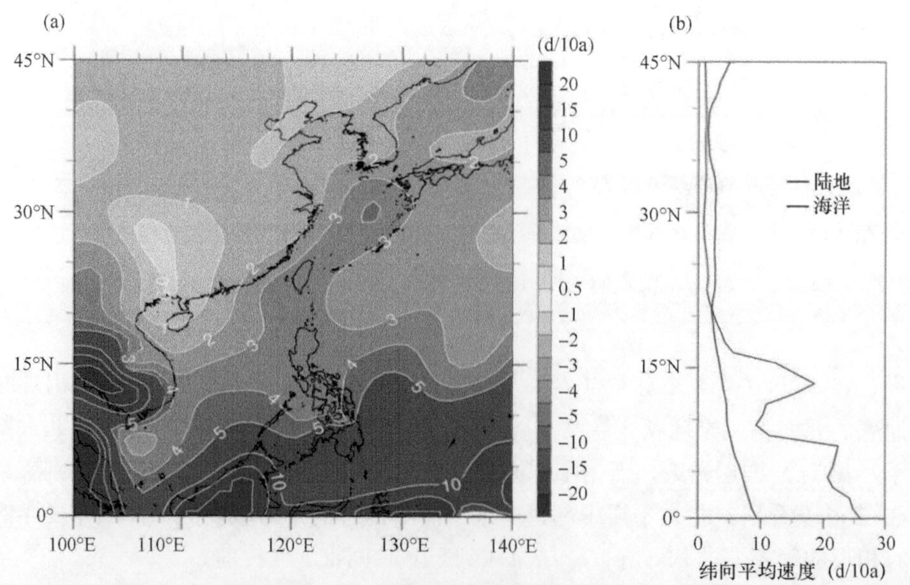

图 3.14　1960 ～ 2014 年中国东部地区（包括中国近海）春季代表月（4 月）平均表面（陆地和海域表面）温度出现时间变迁速度的空间分布（a）及纬向平均（b）（蔡榕硕和付迪，2018）

正值代表春季提前到来，负值反之

部春季甚至提前5d/10a以上到来。位于热带海域的南海，春季以2～5d/10a的速度提前到来，这比位于亚热带和温带地区的中国东部海域（渤海、黄海和东海）春季提前到来的速度更快。然而，在中国东部海域的黄海和东海，有西南-东北走向的带状区域春季提前到来的速度明显比相邻区域更快。这是由于该区域气候变暖趋势更显著，如图3.4所示。

图3.15为1960～2014年中国东部地区（包括中国近海）秋季代表月（10月）平均表面温度出现时间变迁速度的空间分布及纬向平均。可以看出，中国东部地区的秋季（以10月为代表）正在以1d/10a的速度普遍推迟结束。同样值得注意的是，中国东部西南局部地区的秋季反而以0.5d/10a的速度提前结束。这也说明该地区存在与其他地区不同的气候变化现象。此外，中国近海秋季推迟结束的速率是中国东部陆域的2～5倍（图3.15b），而位于热带海域的南海的秋季结束时间远比亚热带和温带的渤海、黄海和东海更为滞后。

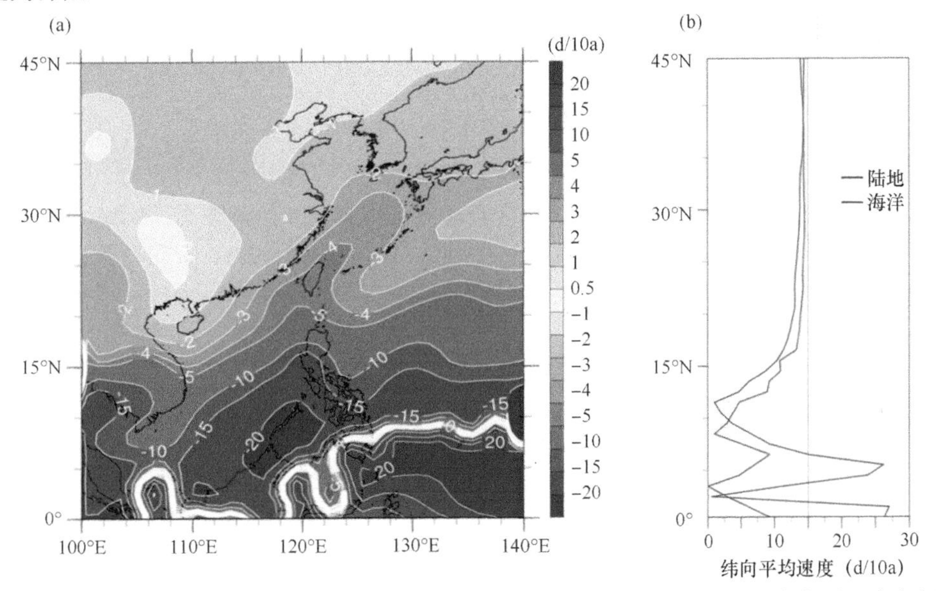

图3.15 1960～2014年中国东部地区（包括中国近海）秋季代表月（10月）平均表面（陆地和海域表面）温度出现时间变迁速度的空间分布（a）及纬向平均（b）（蔡榕硕和付迪，2018）

正值代表秋季提前结束，负值反之

此外，中国东部海域秋季推迟结束的速度也比相邻区域明显。这可能是由于该海域气候变暖趋势更强，如图3.4所示。

图3.14和图3.15的结果显示：过去60多年来，中国东部地区的春、秋季时间变长，即温暖期明显延长，中国东部地区的物候有显著变化；中国近海物候变化比陆地明显，中国东部海域的变化尤其突出。预计这一现象随着全球变暖的加剧还将持续，而中国东部海域出现热带化的现象可能比陆地更为严重。

3.3.3 中国近海物候变化特征

上述分析表明，全球气候变暖背景下中国东部地区地理等温线发生了明显的变化。本节进一步具体分析中国近海春、秋季物候的变迁，见图3.16。

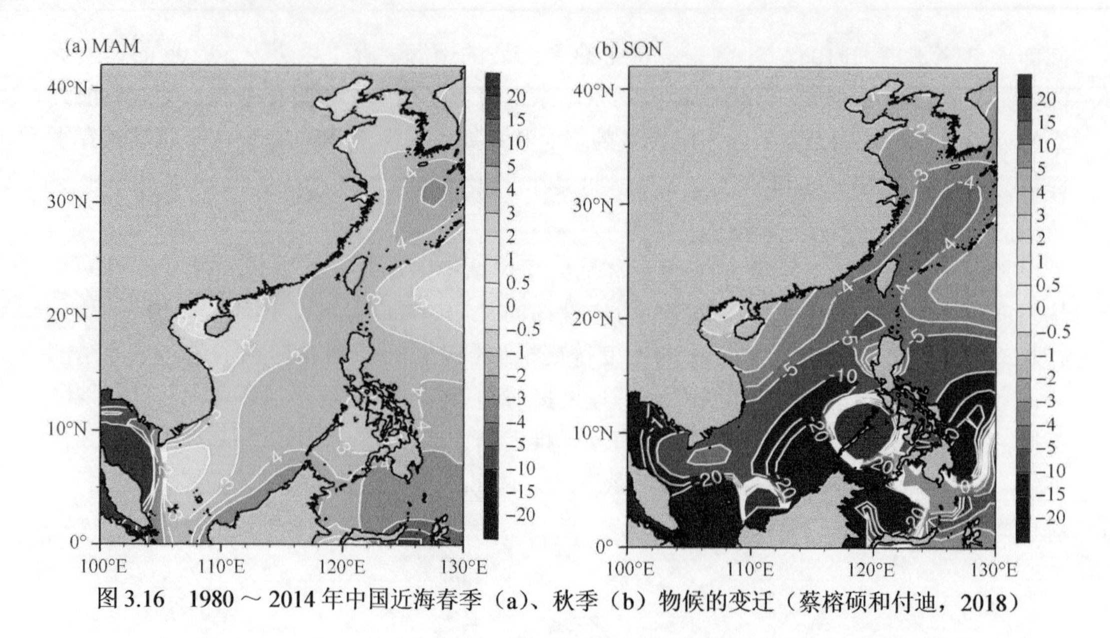

图 3.16　1980 ～ 2014 年中国近海春季（a）、秋季（b）物候的变迁（蔡榕硕和付迪，2018）

图 3.16a 为 1980 ～ 2014 年中国近海各海区春季物候的变化情况，正值表示春季提前到来。可以看出，在中国近海各海区中，春季到来的时间渤海平均提前 1 ～ 2d/10a；黄海大部分海域平均提前 2 ～ 3d/10a，局部甚至达到 4d/10a；黄海东南部、东海东部的大部分海域提前 3 ～ 4d/10a，特别是济州岛以南海域出现一个中心区，该区春季提前到来尤其明显，约提前 4d/10a 以上；南海西部海域平均提前 2 ～ 3d/10a，而南海东部及南部海域平均提前 3d/10a 以上。

图 3.16b 为 1980 ～ 2014 年中国近海各海区秋季物候的变化情况，负值表示秋季推迟结束。可见，秋季渤海平均推迟 1 ～ 2d/10a 结束；黄海大部分海域平均推迟 2 ～ 3d/10a 结束；东海平均推迟 3 ～ 5d/10a 结束，尤其是沿着黑潮流域，即东海东部呈西南-东北走向的海区，这表明该海域秋季的滞后特征比同纬度其他海域明显。值得注意的是，黑潮源地，即菲律宾以东海域，西太平洋暖池区秋季滞后的现象更为明显。南海的北部海域秋季结束的时间推后 2 ～ 5d/10a，而中部及南部海域秋季平均推后 5 ～ 20d/10a 结束。总体来看，在中国近海，与位于亚热带和温带地区的中国东部海域相比，位于热带海域的南海秋季滞后的特征更为突出。

由上述分析可见，中国近海各海区春、秋季的物候发生了显著的变化。通过对历史时期中国近海春、秋季代表月海面温度出现时间的变迁速度的分析，我们可以看到，在全球普遍变暖的背景下中国近海各海区普遍有春季提前到来、秋季推迟结束的现象。这表明中国近海的温暖期（春季至秋季）普遍延长，而寒冷期（冬季）有明显缩短的态势。未来随着全球气候变暖的加剧，中国近海的地理气候带将向北迁移，其分布将发生较大的变化（缪启龙等，2009）。中国近海特别是位于亚热带的中国东部海域，将可能逐渐出现热带化的现象，而部分温带海域也将逐步演变为暖温带。中国近海物候的明显变化将给该海域海洋生物生长节律带来明显的影响，除了海洋生物的丰度和地理分布的变化，春季优势物种的演替提前、持续时间延长及物种的地理分布北移也将成为常见的现象（蔡榕硕等，2010，2019；唐森铭等，2017）。

3.3.4 气候变化对中国东部地区生物物候的影响特征

上述分析结果表明，近几十年来全球变暖背景下中国东部地区出现明显的气候变迁，包括区域气候呈现快速变暖的趋势，地理等温线以1～20km/10a的速度向北快速迁移扩展，其中，中国东部海域的气候变化速度比相邻同纬度地区的陆域更快。由此可见，随着全球气候的进一步变暖，中国东部地区的局部，如位于亚热带的中国东部海域，将可能逐渐出现热带化的现象，而温带部分地区也将逐步演变为暖温带。其中，中国东部海域、华北等地区的变化将较为严重。中国东部地区无论是陆域还是海域，春、秋季物候的变化是较为显著的，并且很可能随着气候变暖的加剧进一步愈加显著。

以往的研究指出，全球变暖背景下中国不同气候带的界线北移，地理气候带的分布将发生较大的变化，并形成干湿地区分布的新格局（缪启龙等，2009）。一般春季气温每上升0.5℃和1℃，物候期分别提前2d和3.5d；反之，气温每下降0.5℃和1℃，物候期分别推迟4d和8d（丁抗抗等，2010；Zheng et al.，2002）。对于陆域植物而言，为适应气候变化，中国木本植物有春季物候提前的现象，且空间差异较明显，物候期的提前与推迟对温度变化的响应是非线性的。例如，近30年来，由于气候变暖，东北地区如哈尔滨的春、秋季植物的物候开始日期显著提前，且长度明显延长，而冬季的物候开始日期则延迟（徐韵佳等，2015），但是，西南东部和长江中游等局部地区的春季物候甚至有推迟的现象（吴绍洪等，2012）。这与图3.14和图3.15所示的中国东部西南局部地区的春、秋季物候的变化基本一致。此外，春季树木开花物候与气温的变化基本对应，但变化幅度不一致（Lu et al.，2006）。

由于地球表面的大部分生物对于气候与环境条件的变化敏感，具有感知温度等环境条件变化的能力，并能通过自组织的调节来适应这种变化，从而维持生物自身和生态系统的稳定。因此，地表大部分的生物自身特征或其地理分布通常会随着区域气候与环境特别是温度的变化而变化，如沿着地理等温线的迁移而迁徙，包括向两极方向转移，向高处移动，或改变与调整生物自身的物候，以适应气候变暖。

随着气候变暖的加剧和气候带的北移，中国植被带的范围、面积和界限有相应变化，如植被带向高纬度地区或向西移动，包括森林带和适生的树种向北推进等（李克让等，2006）。其中，林线位置对气候变暖有明显的响应，会出现林线升高的现象（吕佳佳和吴建国，2009）。例如，东北长白山岳桦的树高对气候变暖有显著的响应（王晓东和刘慧清，2012），且岳桦的种群呈现整体向上迁移的趋势，分布范围从海拔1900～1950m扩展至2150m（周晓峰等，2002）。近几十年来，在中国东部近海或海湾尤其是亚热带水域，出现浮游生物和游泳动物等的暖水种数量增加、暖温种数量减少、物种的地理分布北移、春季物种演替提前及持续时间延长等现象（蔡榕硕，2010；孙晓霞等，2011；林更铭和杨清良，2011；Yan et al.，2016；唐森铭等，2017）。但是，需要指出的是，生物物种适应气候变化如温度的上升也是有限的。当气候与环境条件的变化超出其自身适应和调节能力时，生物物种自身直至生态系统的结构和功能将遭受破坏，甚至引起不可逆的变化。例如，极端海面温度导致海洋造礁珊瑚的大规模白化与死亡（Hoegh-Guldberg et al.，2014）。

图 3.11 显示中国近海地理等温线主要是向北和西北方向的海陆分界线即海岸线方向移动，这也预示着为了适应气候变暖，海洋生物物种将随地理等温线向海岸线方向移动。由此可见，海洋生物的迁移必然终将受到海岸线的阻隔，迁徙的生物在到达海陆分界线之后将“无处可去”，最终可能无法适应海面温度的持续上升而在本地区内消失或灭绝（Burrows et al.，2011）。而随着海洋生物跟随地理等温线的北移，海洋生物地理分布也将有明显变化，区域内海洋生物的群落结构、物种丰富度和多样性等也将发生变化，本地物种外移后的缺位可能会导致外来物种入侵的加剧，从而可能给渔业和水产养殖业带来较大的影响。在海洋持续变暖的背景下，中国近海如位于热带地区的南海南部的海洋生物将不断向北迁徙，之后，能补位的热带生物将趋于单一和稀缺，而不能或难于长距离迁徙的海洋生物，其物种数量有趋于减少和优势种趋于单一化的现象（林更铭和杨清良，2011；Burrows et al.，2011；Yan et al.，2016；唐森铭等，2017）。此外，污水排海、过度捕捞和失衡的围填海等人类活动则削弱了海洋生物和生态系统对气候变暖的适应能力，加剧了中国近海和海岸带生态系统对气候变化的敏感性和脆弱性（Cai et al.，2016）。因此，可以预计，在气候变化叠加人类活动的影响下，中国东部地区包括近海的生态系统及生物多样性将面临极大的气候与环境风险。

3.4　不同气候情景下未来中国近海气候变迁及其对物候的影响特征

本节采用 IPCC CMIP5 模式数据，预估不同气候情景（RCP2.6、RCP4.5 和 RCP8.5）下中国近海 SST 的时空变化特征，分析未来中国近海地理等温线及物候的变迁状况，为评估中国近海气候变迁对浮游植物的影响提供必要的基础。

3.4.1　RCP2.6 情景

RCP2.6 情景是温室气体低排放浓度路径的代表，它假设人类采取积极应对气候变化的方式之后，未来 10 年人为温室气体的排放开始下降，到 21 世纪末其辐射强迫减小至 2.6W/m^2，是一种较积极乐观的假设。本节分析在此情景下中国近海 SST 的时空变化特征、地理等温线的变迁和春、秋季物候的变迁。

（1）RCP2.6 情景下中国近海 SST 的时空分布特征

图 3.17 为 RCP2.6 情景下 21 世纪 30 年代、60 年代、90 年代中国近海 SST 的分布。可见，中国近海 SST 自南向北呈带状分布，温度逐渐降低；在 21 世纪不同年代，不同时期 SST 等值线位置虽稍有北移，但基本变化不大，处于一个比较稳定的状态。

图 3.18 为 RCP2.6 情景下 21 世纪（2006 ～ 2100 年）中国近海 SST 的线性趋势分布。本节利用最小二乘法对 RCP2.6 情景下 21 世纪中国近海 SST 的年平均数据进行线性拟合，得到中国近海 SST 的线性趋势。由图 3.18 可见，在 RCP2.6 情景下，中国近海 SST 线性增长趋势不明显，线性趋势较大的海域主要分布在渤海大部和黄海西北部。

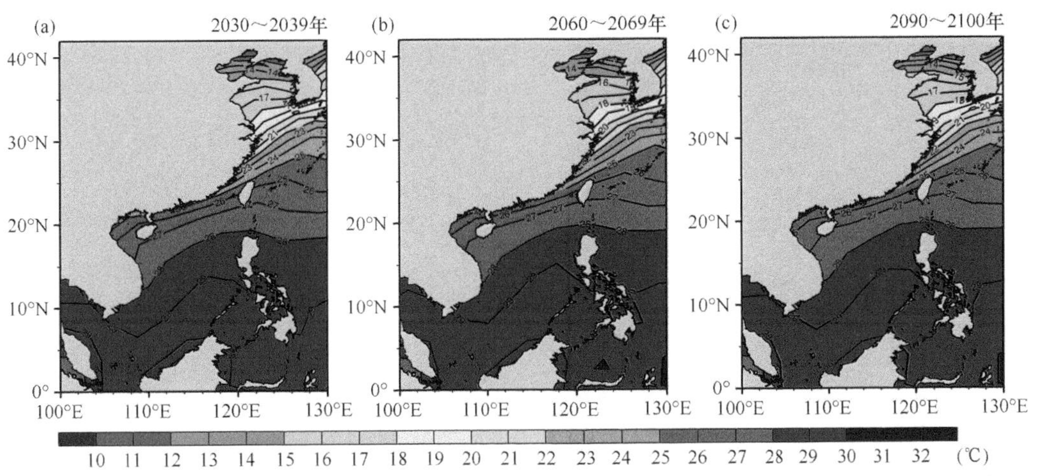

图 3.17　RCP2.6 情景下 21 世纪 30 年代（a）、60 年代（b）、90 年代（c）中国近海 SST 的分布

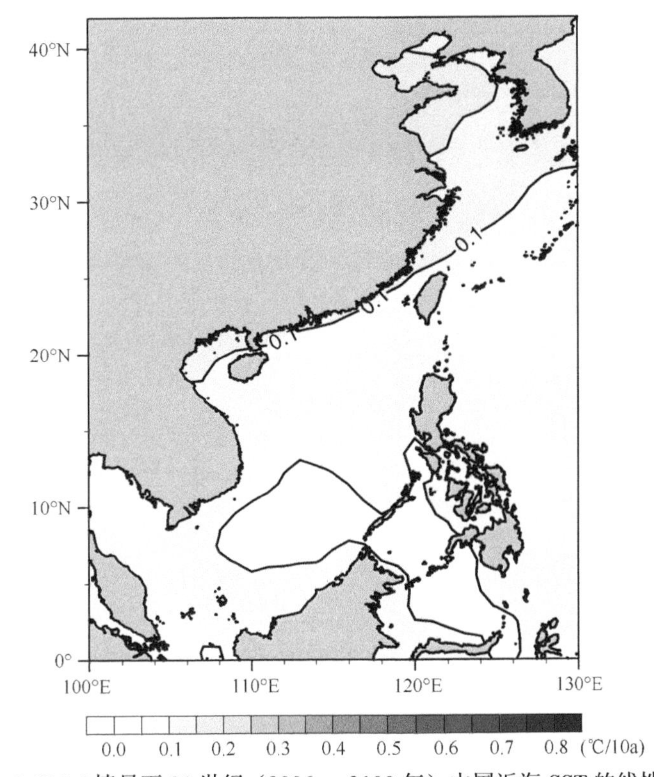

图 3.18　RCP2.6 情景下 21 世纪（2006 ～ 2100 年）中国近海 SST 的线性趋势分布

图 3.19 为 RCP2.6 情景下 21 世纪（2006 ～ 2100 年）中国近海 SSTA 的 EOF 第一模态。EOF 第一模态提供了 72.4% 的方差贡献，反映了未来中国近海 SST 对 RCP2.6 情景的主要响应特征。可见，在 RCP2.6 情景下，中国近海 SST 呈现同位相变化，中国东部海域尤其是渤海和黄海北部为强信号区，中国近海 SST 变化普遍较为平缓，大约在 2045 年到达峰值，之后 10 年有小幅下降，并趋于稳定，无较大的波动变化。

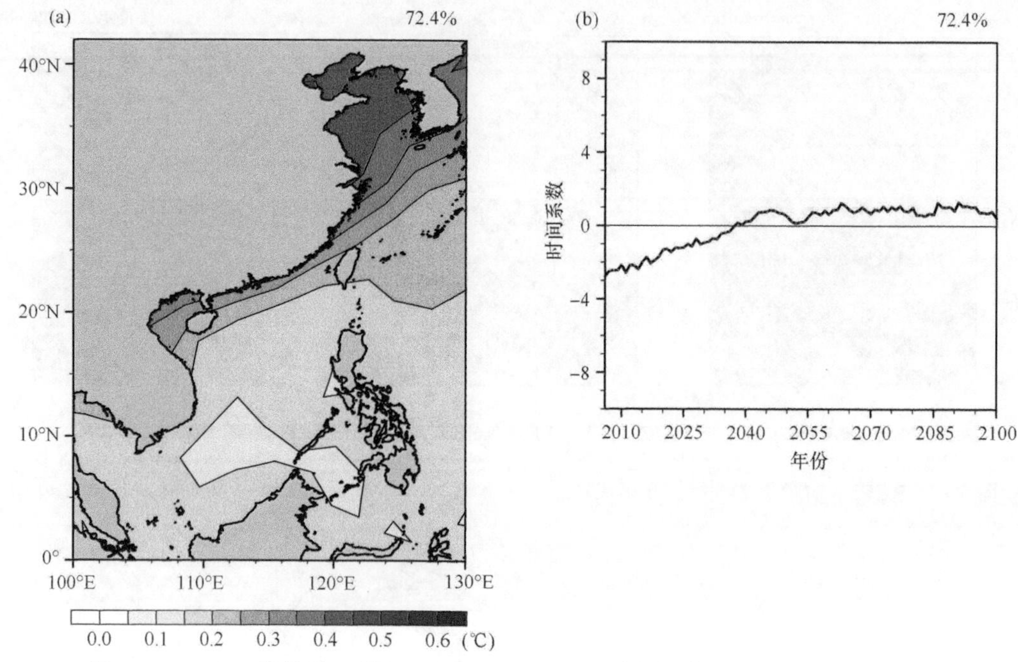

图 3.19 RCP2.6 情景下 21 世纪（2006 ～ 2100 年）中国近海 SSTA 的 EOF 第一模态

为了解在 RCP2.6 情景下，21 世纪不同时期（30 年代、60 年代和 90 年代）中国近海 SST 的变化情况，本节进一步分析 30 年代平均 SST 与当前气候态的差距、60 年代与 30 年代的差距、90 年代与 60 年代的差距，如图 3.20 所示。

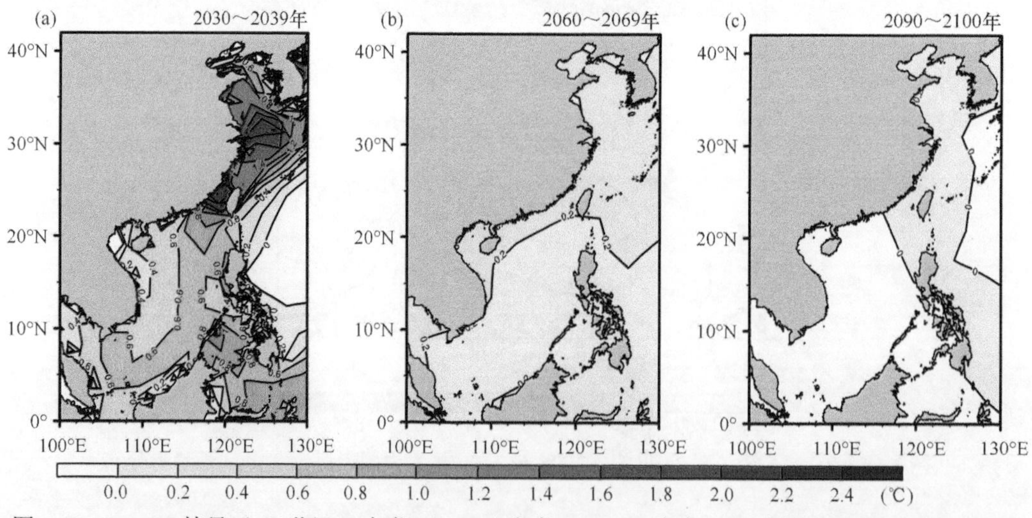

图 3.20 RCP2.6 情景下 21 世纪 30 年代（a）、60 年代（b）、90 年代（c）中国近海 SST 的变化分布

在 RCP2.6 情景下，与当前气候态相比，到 21 世纪 30 年代，中国东部海域的大部分区域增温约 1℃，而在长江入海口东部、黄海南部和台湾海峡出现小范围增温大于 1.5℃的区域，局部地区增温幅度则大于 2℃。由于 RCP2.6 情景下温室气体的排放量较低，从 21 世纪 30 年代到 60 年代，中国近海 SST 无较大波动，南海升温幅度小于 0.2℃，渤海、黄海和东海增幅均为 0.2 ～ 0.4℃。到了 21 世纪 90 年代，与 60 年代相比，中国近海 SST 的升幅普遍小于 0.2℃，而南海大部分海域的 SST 甚至出现负增长。简言之，在

RCP2.6情景下，21世纪前期，中国近海增温较为明显，其中，中国东部海域的增温较明显，但中期和后期的增温不明显。到21世纪末期，与当前气候态相比，中国近海SST增幅最大值约为2℃，主要升温区为黄海和东海的部分海域及台湾海峡，这与全球变暖背景下中国近海SST变化趋势的分布基本一致。

（2）RCP2.6情景下中国近海地理等温线的变迁

在RCP2.6情景下，中国近海有一定程度的升温，本节应用IPCC CMIP5模式数据，预估RCP2.6情景下中国近海地理等温线及春、秋季物候的变迁。图3.21为RCP2.6情景下21世纪（2006～2100年）中国近海地理等温线的变迁速度分布。

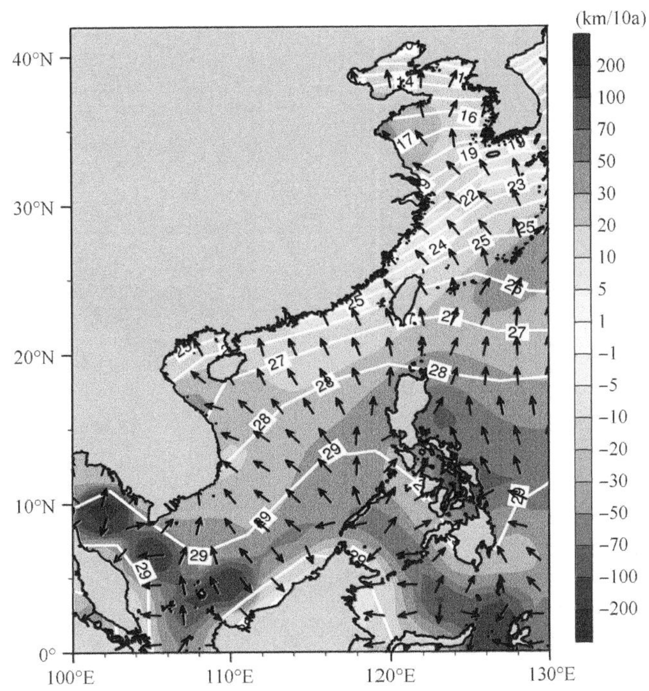

图3.21 RCP2.6情景下21世纪（2006～2100年）中国近海地理等温线的变迁速度分布

填色表示等温线迁移速率（单位：km/10a）；白色等值线为SST等值线（单位：℃）；黑色矢量表示等温线迁移方向

在RCP2.6情景下，与1980～2014年相比，21世纪（2006～2100年）中国近海地理等温线的平均位置略有北移，如28℃等温线。渤海和黄海北部等温线朝正北方向迁移；黄海南部、东海及南海大部等温线基本呈西南-东北走向，将向西北方向迁移。这表明，无论是中国东部海域，还是南海，地理等温线总体继续向偏北方向迁移。地理等温线分布较稀疏的区域，如南海南部、黄海西部，其迁移速率较大，而东海的等温线分布较密集，空间二维梯度较大，迁移速率较小，即等温线位置移动速率较小。在RCP2.6情景下，与1980～2014年相比，中国近海地理等温线的迁移速率整体普遍较小，变化范围为5～30km/10a。

（3）RCP2.6情景下中国近海春、秋季物候的变迁

图3.22a、b为RCP2.6情景下21世纪（2006～2100年）中国近海春、秋季物候的变迁。图3.22a显示春季提前到来（正值），平均提前0～2d/10a，黄海大部分海域的春

季提前特征比渤海和沿岸更为明显。与 1980 ~ 2014 年相比，中国近海各区域春季提前到来的天数不明显。图 3.22b 显示秋季结束时间延后（负值）。与 1980 ~ 2014 年相比，中国近海秋季结束时间延后的特征也不明显。其中，渤海和黄海北部秋季推后 0 ~ 1d/10a 结束；黄海中部以南直到南海北部秋季平均推后 1 ~ 2d/10a 结束；而南海南部则较明显，推后时间大于 4d/10a。

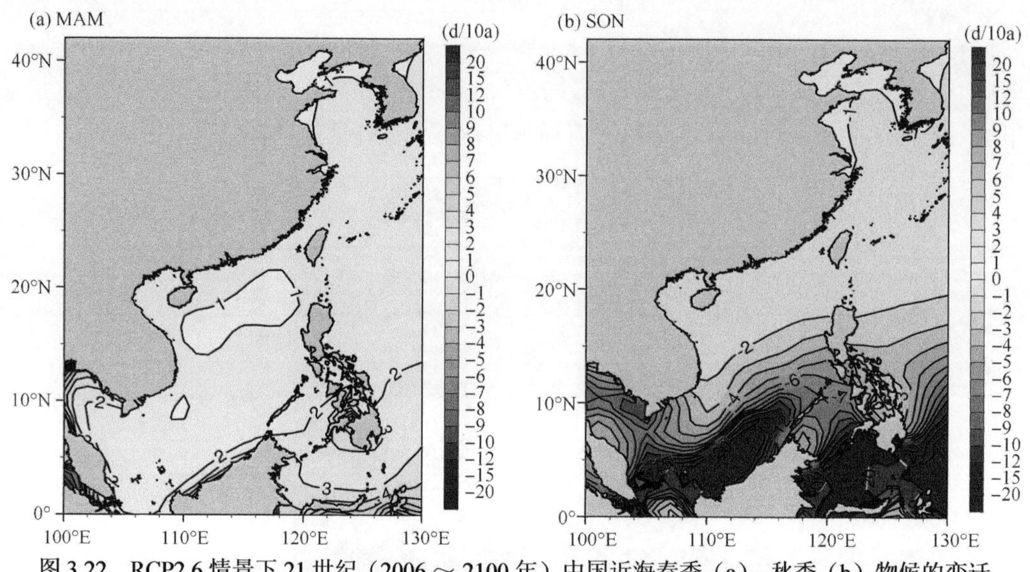

图 3.22　RCP2.6 情景下 21 世纪（2006 ~ 2100 年）中国近海春季（a）、秋季（b）物候的变迁

3.4.2　RCP4.5 情景

RCP4.5 情景是温室气体中等排放浓度路径的代表，这一情景假设到 2080 年以后，大气中的 CO_2 等温室气体浓度降低，到 21 世纪末年辐射强迫稳定在 4.5W/m^2。

（1）RCP4.5 情景下中国近海 SST 的时空分布特征

图 3.23 为 RCP4.5 情景下 21 世纪 30 年代、60 年代、90 年代中国近海 SST 的分布。可见，与 RCP2.6 情景（图 3.17）相比，RCP4.5 情景下中国近海升温幅度较大。在 RCP4.5 情景下，21 世纪 30 年代中国近海地理等温线的平均位置已经接近于 RCP2.6 情景下 21 世纪 90 年代（图 3.17c）的状态。换言之，RCP4.5 情景下比 RCP2.6 情景下中国近海 SST 等值线位置更偏北，如 21 世纪 30 年代时，17℃等温线的平均位置在黄海中部，而 60 年代北移至 35°N，到了 90 年代，南海南部已有部分海域 SST 大于 30℃，且范围随时间延长继续扩大。而东海的中、北部海域的等温线位移则相对较小。由于 RCP4.5 情景是假设自 2080 年以后，人类的温室气体排放降低，因此，从 21 世纪 60 年代到 90 年代，中国近海等温线虽略有北移，但总体变化相对稳定。

图 3.24 为 RCP4.5 情景下 21 世纪（2006 ~ 2100 年）中国近海 SST 的线性趋势分布。与 RCP2.6 情景相比，RCP4.5 情景下中国近海 SST 的线性趋势较大，其中，渤海和黄海大部分较显著。例如，渤海线性增温高于 0.3℃/10a，黄海大部分海域增温 0.25℃/10a，南海海域增温较不明显。

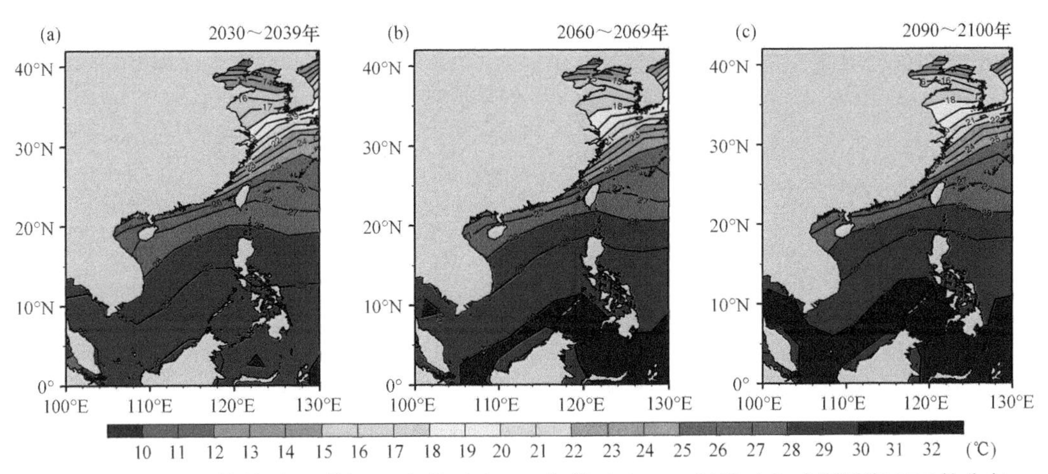

图 3.23　RCP4.5 情景下 21 世纪 30 年代（a）、60 年代（b）、90 年代（c）中国近海 SST 的分布

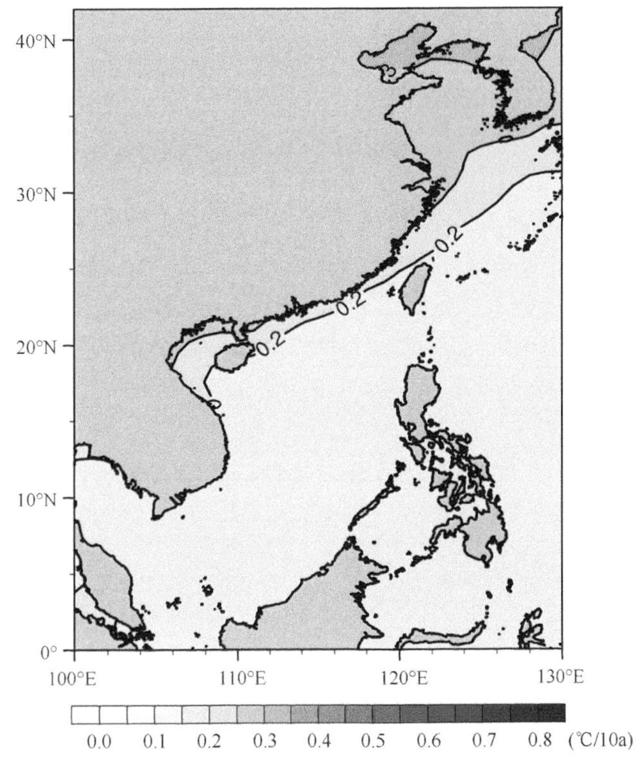

图 3.24　RCP4.5 情景下 21 世纪（2006 ～ 2100 年）中国近海 SST 的线性趋势分布

图 3.25 为 RCP4.5 情景下 21 世纪（2006 ～ 2100 年）中国近海 SSTA 的 EOF 第一模态。中国近海 SSTA 的 EOF 第一模态提供了 92.3% 的方差贡献，反映了 RCP4.5 情景下中国近海 SST 对未来全球变暖的主要响应特征。在 RCP4.5 情景下，中国近海 SST 也呈同位相变化，中国东部海域为强信号区，与 RCP2.6 情景（图 3.19）相比，其升温的变化更明显；到 21 世纪前期和中期，中国近海 SST 一直以较大速率上升，仅到 2080 年之后，中国近海 SST 上升才逐渐变缓，到 21 世纪末期趋于稳定。

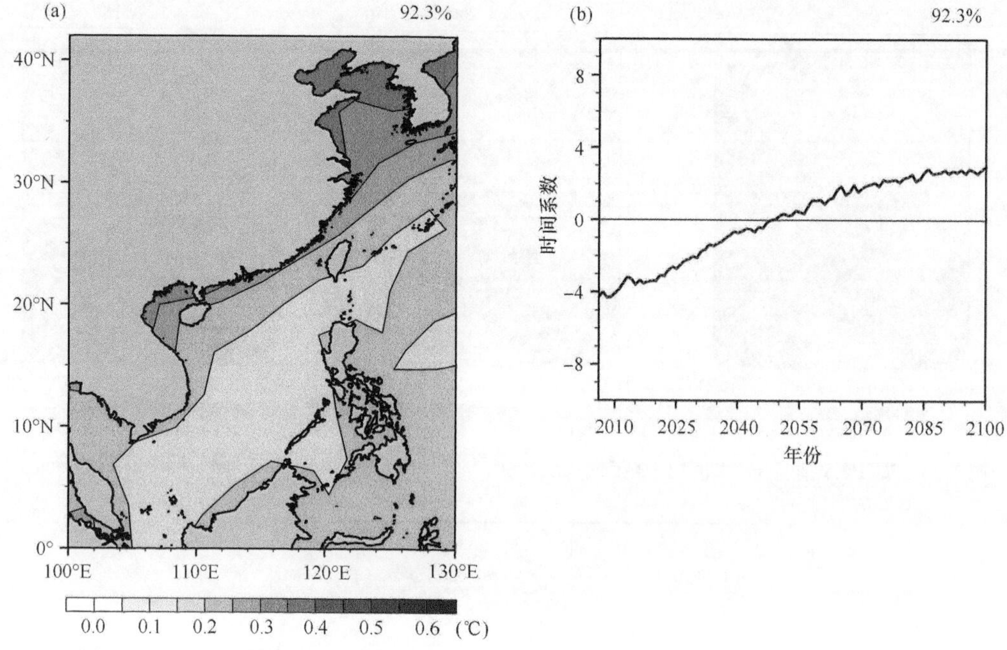

图 3.25　RCP4.5 情景下 21 世纪（2006 ～ 2100 年）中国近海 SSTA 的 EOF 第一模态

本节进一步分析了 RCP4.5 情景下 21 世纪 30 年代、60 年代和 90 年代中国近海 SST 的变化情况。图 3.26 表明，在 RCP4.5 情景下，中国近海 SST 变化对全球气候变暖的响应较为明显。与当前气候态相比，21 世纪 30 年代中国近海 SST 增温大于 1.5℃的区域与 RCP2.6 情景下同时代（图 3.20a）相比有所扩大。从 21 世纪 30 年代到 60 年代，渤海、黄海及东海大部分海域 SST 的增幅大于 0.6℃，这表明与当前气候态相比，中国东部海域 SST 增幅已经大于 2℃，部分海域增幅甚至大于 2.5℃，南海的平均增温幅度也大于 1℃。从 21 世纪 60 年代到 90 年代，中国近海继续增温，但速度变小，增幅较大海域仍分布在中国东部海域尤其是渤海和黄海。在 RCP4.5 情景下，与当前气候态相比，到 21 世纪末期，中国东部海域 SST 增幅为 2.5 ～ 3.5℃，南海的大部分海域增温幅度大于 1.5℃。由此可见，在 RCP4.5 情景下，中国近海 SST 的变化比在 RCP2.6 情景（图 3.20）下更大。

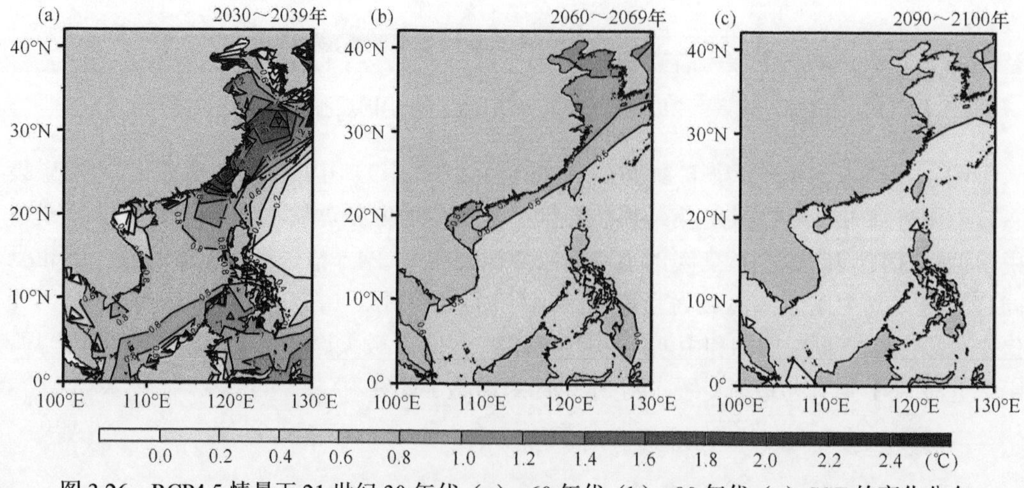

图 3.26　RCP4.5 情景下 21 世纪 30 年代（a）、60 年代（b）、90 年代（c）SST 的变化分布

（2）RCP4.5 情景下中国近海地理等温线的变迁

图 3.27 显示了 RCP4.5 情景下 21 世纪（2006 ～ 2100 年）中国近海地理等温线的变迁速度分布。可见，与 RCP2.6 情景相比，中国近海地理等温线平均位置略有北移，如 28℃等温线，迁移方向与 RCP2.6 情景（图 3.21）类似，渤海和黄海北部的等温线向正北方向迁移，黄海南部、东海及南海大部等温线基本呈西南-东北走向，向西北方向迁移。RCP4.5 情景是按照当前人类排放温室气体的速度设置，中国近海地理等温线迁移速率分布接近于 1980 ～ 2014 年的状态。与 RCP2.6 情景（图 3.21）相比，RCP4.5 情景下中国近海气候变化速率普遍增大。其中，渤海等温线迁移速率为 20 ～ 30km/10a，黄海西部沿海海域等温线迁移速率较大，大于 50km/10a；东海等温线分布密集，等温线迁移速率较小，为 5 ～ 10km/10a；南海终年高温，SST 分布均匀，空间二维梯度小，等温线迁移速率普遍大于 50km/10a。

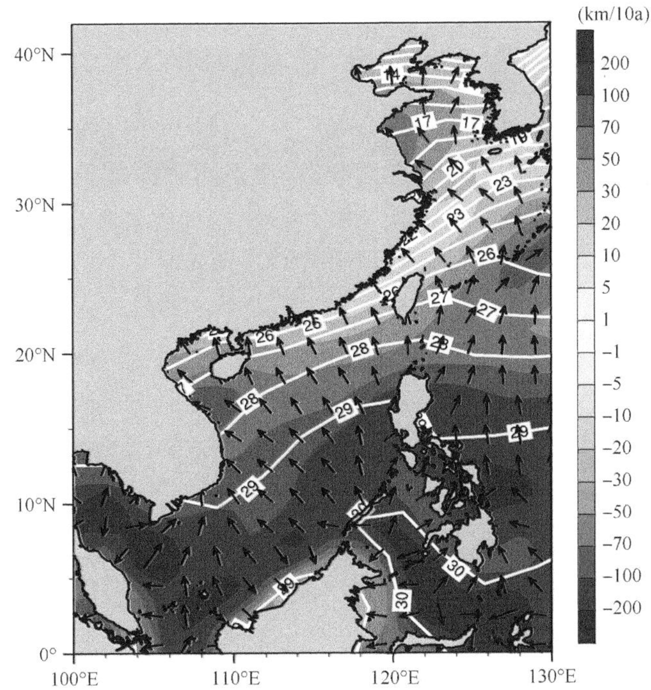

图 3.27 RCP4.5 情景下 21 世纪（2006 ～ 2100 年）中国近海地理等温线的变迁速度分布

填色表示等温线迁移速率（单位：km/10a）；白色等值线为 SST 等值线（单位：℃）；黑色矢量表示等温线迁移方向

（3）RCP4.5 情景下中国近海春、秋季物候的变迁

基于 RCP4.5 情景下中国近海地理等温线的变迁状况，本节进一步分析在此情景下中国近海春、秋季物候的变化。图 3.28a、b 分别为 RCP4.5 情景下未来中国近海春、秋季物候的变化。图 3.28a 显示春季提前到来（正值）。比较 RCP2.6（图 3.22a）和 RCP4.5 两种情景，空间分布上二者特征相似，不同的是，黄海比渤海的变化更明显，并且 RCP4.5 情景下春季提前到来时间更早。RCP4.5 情景下，渤海春季提前 1 ～ 2d/10a 到来，黄海大部分海域春季提前 2 ～ 3d/10a 到来，黄海东南部、东海东部春季提前 3 ～ 4d/10a 到来。南海北部春季平均提前 2 ～ 3d/10a 到来，而南海中部以南春季平均提前 3d/10a 以上到来。

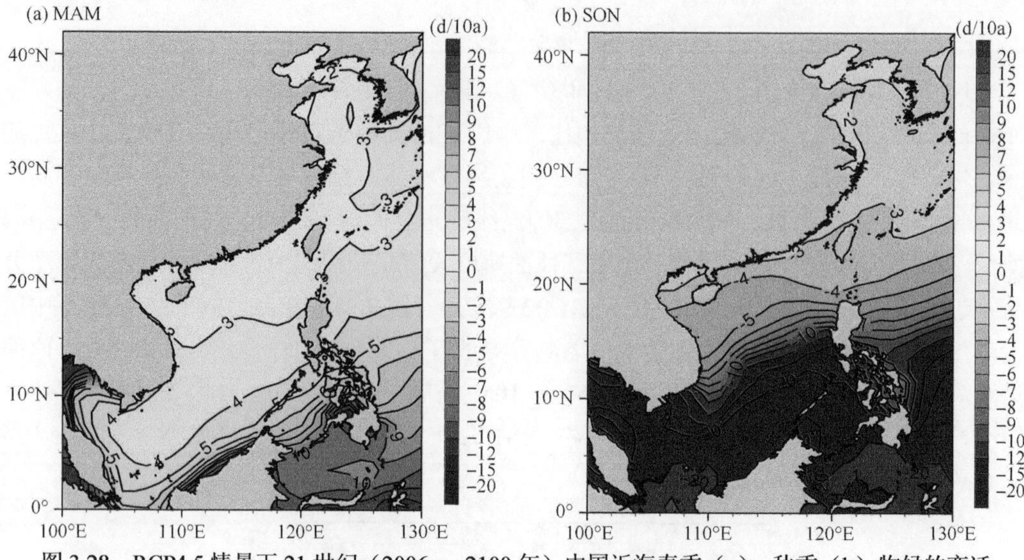

图 3.28　RCP4.5 情景下 21 世纪（2006 ～ 2100 年）中国近海春季（a）、秋季（b）物候的变迁

图3.28b显示秋季普遍滞后结束（负值）。可见，RCP4.5情景下21世纪（2006～2100年）中国近海自北向南秋季滞后天数逐渐增加，黄海北部秋季的滞后比同纬度其他海域更明显。在 RCP4.5 情景下，渤海秋季结束时间推后 1 ～ 2d/10a，黄海大部分海域推后 2 ～ 3d/10a，南海推后超过 3d/10a，而南海中部以南推后 10d/10a 以上。

3.4.3　RCP8.5 情景

RCP8.5 情景是温室气体高排放浓度路径的代表，这一情景假设到 2100 年，大气中的 CO_2 等温室气体浓度比工业革命前高 3 ～ 4 倍，辐射强迫达到 8.5W/m^2。

（1）RCP8.5 情景下中国近海 SST 的时空分布特征

图 3.29 为 RCP8.5 情景下 21 世纪 30 年代、60 年代和 90 年代中国近海 SST 的分布。在 RCP8.5 情景下，21 世纪 30 年代中国近海地理等温线位置分布与 RCP4.5 情景（图 3.23a）相似，但随时间的增加，中国近海 SST 的增幅更大，变化更为剧烈，等温线

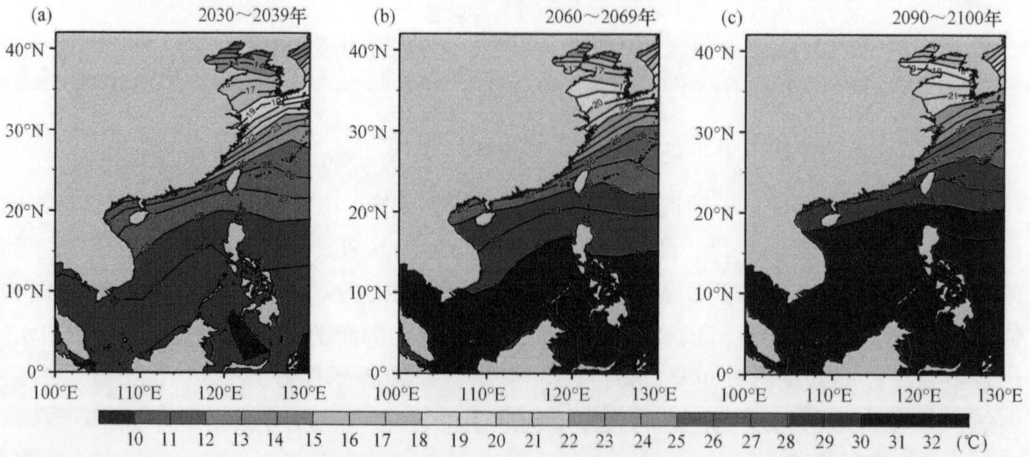

图 3.29　RCP8.5 情景下 21 世纪 30 年代（a）、60 年代（b）、90 年代（c）中国近海 SST 的分布

北向位移更明显。例如，温带的 20℃等温线，21 世纪 30 年代时其位置处在黄海、东海交界处，到 90 年代将移动到黄海中部；热带的 30℃等温线位移更加显著，到 21 世纪末，南海绝大部分海域平均 SST 将大于 30℃。RCP8.5 情景下未来不同时期中国近海 SST 的变化范围如表 3.2 所示。与 RCP2.6、RCP4.5 情景相比，在 RCP8.5 情景下，21 世纪不同时期中国近海均有更明显的升温。

表 3.2　RCP8.5 情景下 21 世纪 30 年代、60 年代、90 年代中国近海各海区 SST 的变化范围　（单位：℃）

时期	渤海	黄海	东海	南海
21 世纪 30 年代	10 ～ 15	11 ～ 20	20 ～ 26	26 ～ 30
21 世纪 60 年代	13 ～ 17	13 ～ 21	21 ～ 27	27 ～ 31
21 世纪 90 年代	15 ～ 19	16 ～ 23	23 ～ 29	29 ～ 32

图 3.30 为 RCP8.5 情景下 21 世纪（2006 ～ 2100 年）中国近海 SST 的线性趋势分布。可见，在 RCP8.5 情景下，中国近海增温速率将大于 0.35℃/10a，升温速率大于 RCP4.5 情景（图 3.24）。与南海相比，中国东部海域尤其是渤海、黄海及东海北部海域增温速率更大。渤海 SST 的线性趋势最大，平均线性增速大于 0.7℃/10a，黄海大部分海域的线性增温速率约为 0.55℃/10a，东海的线性增温速率为 0.4 ～ 0.55℃/10a。除沿海部分海域外，南海的平均线性增温速率为 0.35 ～ 0.4℃/10a。

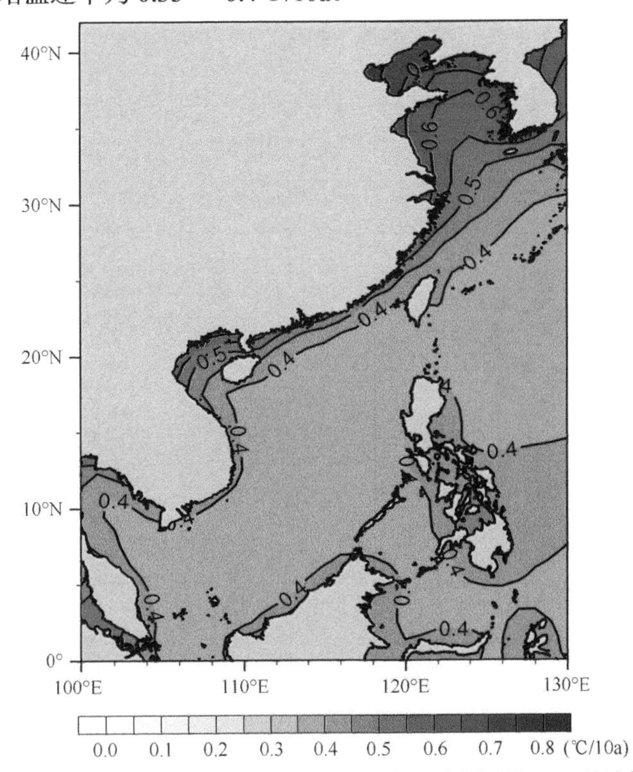

图 3.30　RCP8.5 情景下 21 世纪（2006 ～ 2100 年）中国近海 SST 的线性趋势分布

图 3.31 为 RCP8.5 情景下 21 世纪（2006 ～ 2100 年）中国近海 SSTA 的 EOF 第一模态。EOF 第一模态提供了 97.8% 的方差贡献，反映了中国近海 SST 对未来全球变暖的主要响

应特征。与RCP2.6情景（图3.19）和RCP4.5情景（图3.25）相似，未来中国近海SST呈同位相的变化，中国东部海域为强信号区，但在RCP8.5情景下，中国近海SST将以更高的速率上升，未来海洋变暖将更为显著。

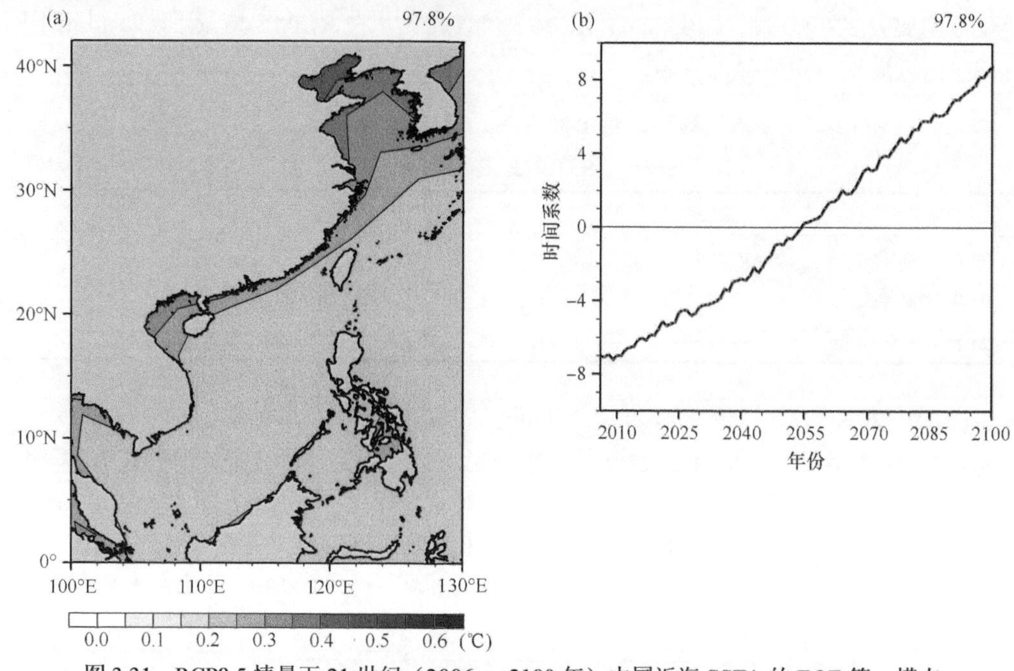

图3.31　RCP8.5情景下21世纪（2006～2100年）中国近海SSTA的EOF第一模态

图3.32为RCP8.5情景下21世纪不同时期（30年代、60年代和90年代）中国近海SST的变化分布。可以看出，与当前气候态相比，21世纪30年代RCP8.5情景下中国近海SST增温状况与同时代RCP4.5情景（图3.26a）下差别不大，即在21世纪前期，RCP4.5、RCP8.5两种情景下中国近海SST的变化程度相近。但从21世纪30年代到60年代，RCP8.5情景下中国近海SST的增速显著大于RCP4.5情景下（图3.26b）。中国东部海域大部分海域增幅大于1.4℃，其中，黄海北部及渤海海域SST增幅大于2.2℃。南

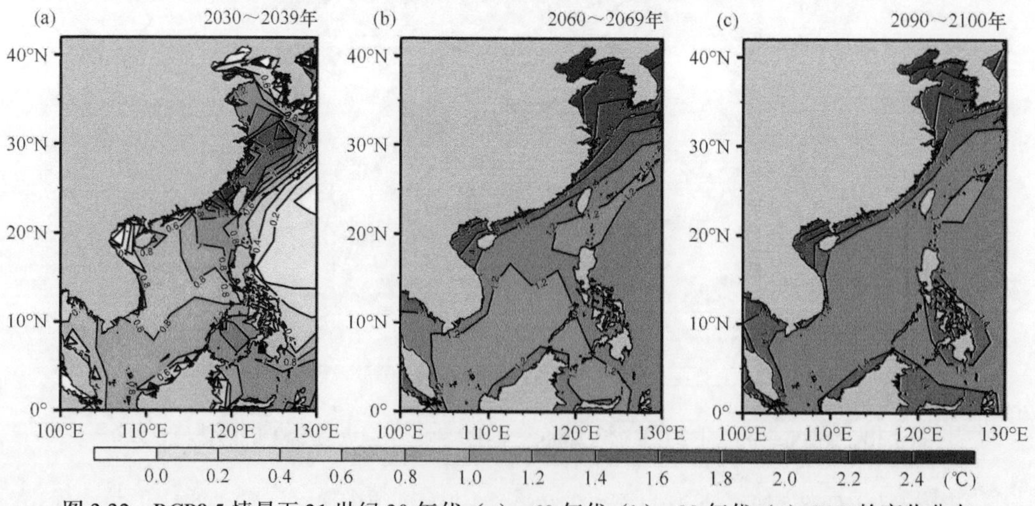

图3.32　RCP8.5情景下21世纪30年代（a）、60年代（b）、90年代（c）SST的变化分布

海中部和东部 SST 增幅大于 2℃。从 21 世纪 60 年代至 90 年代，RCP4.5 情景（图 3.26c）下中国近海 SST 增速放慢，而 RCP8.5 情景下中国近海增温速率持续居高不下。

（2）RCP8.5 情景下中国近海地理等温线的变迁

图 3.33 为 RCP8.5 情景下 21 世纪（2006 ～ 2100 年）中国近海地理等温线的变迁速度分布。与 RCP4.5 情景（图 3.27）相比，在 RCP8.5 情景下中国近海地理等温线的平均位置有更明显的北移，如热带的 30℃等温线和温带的 17℃等温线；并且，地理等温线迁移速率也显著增加，如黄海西部海域、南海大部分海域。在 RCP8.5 情景下，平均每 10 年黄海西部及南海大部分海域等温线位置向北移动近 1°，而南海中部以南海域等温线向北移动接近 2°。

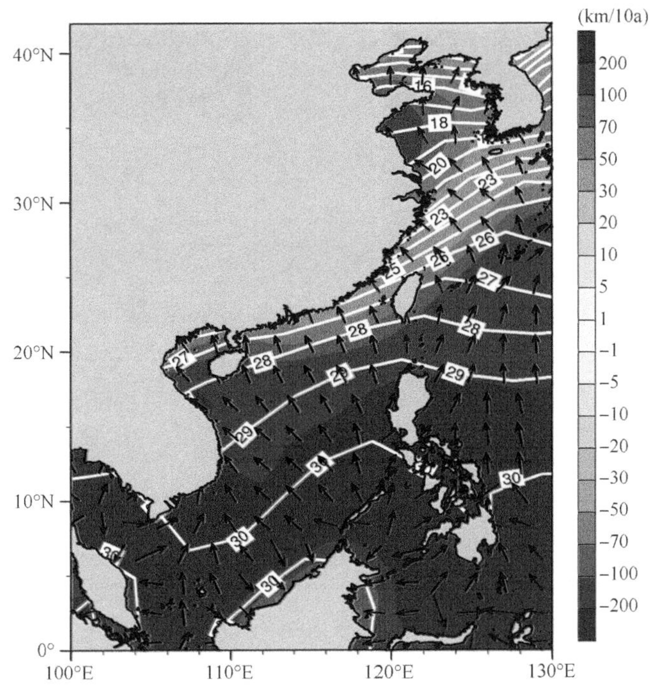

图 3.33　RCP8.5 情景下 21 世纪（2006 ～ 2100 年）中国近海地理等温线的变迁速度分布

填色表示等温线迁移速率（单位：km/10a）；白色等值线为 SST 等值线（单位：℃）；黑色矢量表示等温线迁移方向

（3）RCP8.5 情景下中国近海春、秋季物候的变迁

图 3.34a、b 分别为 RCP8.5 情景下中国近海春、秋季物候的变迁。图 3.34a 显示中国近海春季提前到来（正值），RCP8.5 情景比 RCP4.5 情景（图 3.28a）春季提前到来的时间更多，渤海春季提前 3 ～ 4d/10a 到来，黄海大部分海域春季提前到来天数增加到 4 ～ 6d/10a，多于 RCP4.5 情景（图 3.28a）和 RCP2.6 情景（图 3.22a）；黄海比渤海的变化更明显，黄海东南部、东海东部春季提前到来时间超过 6d/10a。南海大部分海域春季提前 5 ～ 7d/10a 或以上到来。图 3.34b 显示中国近海秋季结束时间延后（负值），比 RCP4.5 情景（图 3.28b）更为突出，渤海秋季推后 2 ～ 3d/10a 结束，黄海大部分海域秋季推后 3 ～ 5d/10a 结束，黄海的变化比渤海更明显，东海大部分海域秋季推后时间超过 5d/10a，南海大部分的变化更显著。

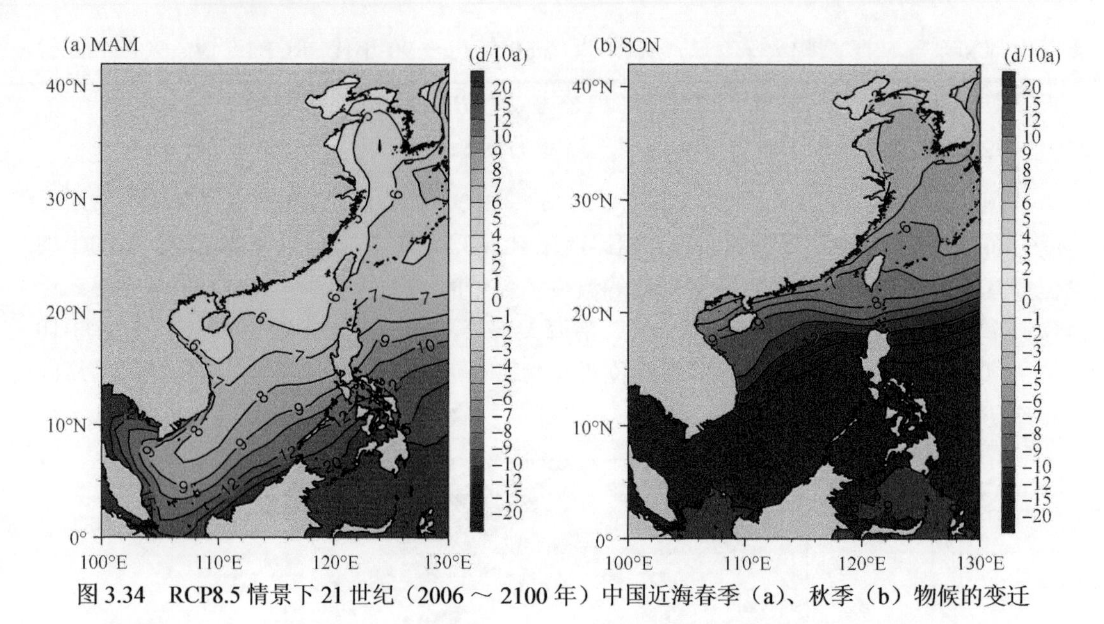

图 3.34 RCP8.5 情景下 21 世纪（2006 ～ 2100 年）中国近海春季（a）、秋季（b）物候的变迁

3.5 结　　语

本章首先分析了近几十年来全球和中国东部地区平均表面温度的变化趋势、地理等温线的变迁速度及春、秋季物候的变迁，特别是中国近海的气候变化速度和春、秋季物候的变迁，详细分析了不同气候情景下未来中国近海 SST 的时空变化、地理等温线的变化及其对物候的影响，主要结论如下。

（1）气候变化对中国近海地理等温线的影响

全球变暖背景下中国近海 SST 呈现十分明显的快速上升趋势，中国东部海域（渤海、黄海和东海）的升温最为显著。中国近海尤其是中国东部海域对全球变暖的显著响应与东亚季风的年代际减弱有明显的关系，即东亚季风的年代际减弱，有利于黑潮暖水入侵东海陆架海域，且海-气界面热通量发生变化，这导致中国近海特别是中国东部海域 SST 明显上升。中国近海地理等温线普遍向偏北方向迁移，并随着时间的推移，地理等温线的迁移速度加快。中国热带海域的气候变化速度大于陆域，但在同纬度地区，海域的气候变化速度基本大于相邻陆域。

（2）气候变化对中国近海物候的影响

伴随着中国近海不同程度的升温，中国近海春、秋季物候发生明显变化，春季提前到来、秋季推迟结束，即温暖期延长、寒冷期明显缩短。中国近海，特别是位于亚热带的中国东部海域，将可能逐渐出现热带化的现象，而温带部分地区也将逐步演变为暖温带。中国近海物候的明显变化将给该海域海洋生物节律带来明显的影响，除了海洋生物的丰度和地理分布的变化，春季物种演替提前、持续时间延长及物种的地理分布北移等现象也将成为常见的现象。

（3）气候变化对未来中国近海地理等温线与物候的影响

在温室气体高排放情景（RCP8.5 情景）下，未来中国近海 SST 的上升最为显著，其次为 RCP4.5 情景，而 RCP2.6 情景下中国近海 SST 的变化最小。也就是说，在温室气体排放浓度越高的情景下，未来中国近海地理等温线北移和物候的变化也越明显，其中，中国近海春季普遍更早到来，秋季更迟结束，即温暖期延长、寒冷期缩短。此外，值得注意的是，黄海春、秋季物候的变化比渤海更为明显。

这种气候变迁将会对中国近海生态系统和生物多样性尤其是黄海的冷水种生物造成更明显的影响，包括某些海洋物种地理分布范围的萎缩或北移，而春季优势物种演替的提前，也会引起海洋生态系统的结构与功能发生异常变化。

参考文献

蔡榕硕. 2010. 气候变化对中国近海生态系统的影响. 北京: 海洋出版社.

蔡榕硕, 陈际龙, 黄荣辉. 2006. 我国近海和邻近海的海洋环境对最近全球气候变化的响应. 大气科学, 30(5): 1019-1033.

蔡榕硕, 付迪. 2018. 全球变暖背景下中国东部气候变迁及其对物候的影响. 大气科学, 42(4): 729-740.

蔡榕硕, 谭红建. 2010. 东亚气候的年代际变化对中国近海生态的影响. 应用海洋学学报, 29(2): 173-183.

蔡榕硕, 谭红建, 郭海峡. 2019. 中国沿海地区对全球变化的响应及风险研究. 应用海洋学学报, 38(4): 514-527.

丁抗抗, 高庆先, 李辑. 2010. 我国植物物候变化及对气候变化的响应综述. 安徽农业科学, 38(14): 7414-7417.

李克让, 曹明奎, 於琍, 等. 2006. 中国自然生态系统对气候变化的脆弱性评估. 地理研究, 24(5): 653-663.

林更铭, 杨清良. 2011. 全球气候变化背景下台湾海峡浮游植物的长期变化. 应用与环境生物学报, 17(5): 615-623.

吕佳佳, 吴建国. 2009. 气候变化对植物及植被分布的影响研究进展. 环境科学与技术, 32(6): 85-95.

缪启龙, 丁园圆, 王勇. 2009. 气候变暖对中国亚热带北界位置的影响. 地理研究, 28(3): 634-642.

孙晓霞, 孙松, 吴玉霖, 等. 2011. 胶州湾网采浮游植物群落结构的长期变化. 海洋与湖沼, 42(5): 639-646.

谭红建, 蔡榕硕, 颜秀花. 2016. 基于 IPCC-CMIP5 预估 21 世纪中国近海海表温度变化. 应用海洋学学报, 35(4): 451-458.

唐森铭, 蔡榕硕, 郭海峡, 等. 2017. 中国近海浮游植物生态对气候变化的响应. 应用海洋学学报, 36(4): 455-465.

王晓东, 刘惠清. 2012. 长白山北坡林线岳桦种群动态对气候变化响应的坡向分异. 地理科学, 32(2): 199-206.

吴军, 徐海根, 陈炼. 2011. 气候变化对物种影响研究综述. 生态与农村环境学报, 27(4): 1-6.

吴绍洪, 周广胜, 孙国栋, 等. 2012. 陆地自然生态系统和生物多样性//秦大河, 等. 中国气候与环境演变: 2012. 第二卷: 影响与脆弱性. 北京: 气象出版社: 212-247.

徐韵佳, 戴君虎, 王焕炯, 等. 2015. 1985-2012 年哈尔滨自然历主要物候期变动特征及对气温变化的响应. 地理研究, 34(9): 1662-1674.

周晓峰, 王晓春, 韩士杰, 等. 2002. 长白山岳桦—苔原过渡带动态与气候变化. 地学前缘, 9(1): 227-231.

Burrows M T, Schoeman D S, Buckley L B, et al. 2011. The pace of shifting climate in marine and terrestrial ecosystems. Science, 334(6056): 652-655.

Cai R S, Tan H J, Kontoyiannis H. 2017. Robust surface warming in offshore China seas and its relationship to the East Asian monsoon wind field and ocean forcing on interdecadal time scales. Journal of Climate, 30(22): 8987-9005.

Cai R S, Tan H J, Qi Q H. 2016. Impacts of and adaptation to inter-decadal marine climate change in coastal China seas. International Journal of Climatology, 36(11): 3770-3780.

Colwell R K, Brehm G, Cardelús C L, et al. 2008. Global warming, elevational range shifts, and lowland biotic attrition in the wet tropics. Science, 322(5899): 258-261.

Ebita A, Kobayashi S, Ota Y, et al. 2011. The Japanese 55-year reanalysis "JRA-55": An interim report. Scientific Online Letters on the Atmosphere, 7(1): 149-152.

Hoegh-Guldberg O, Cai R S, Poloczanska E, et al. 2014. The ocean//Barros V R, Field C B, Dokken D J, et al. Climate Change 2014: Impacts, Adaptation, and Vulnerability. Part B: Regional Aspects. Contribution of Working Group Ⅱ to the Fifth Assessment Report of the Intergovernmental Panel on Climate Change. Cambridge, New York: Cambridge University Press: 1655-1731.

Loarie S R, Duffy P B, Hamilton H, et al. 2009. The velocity of climate change. Nature, 462(7276): 1052-1055.

Lu P L, Yu Q, Liu J D, et al. 2006. Advance of tree-flowering dates in response to urban climate change. Agricultural and Forest Meteorology, 138(1-4): 120-131.

Parmesan C, Yohe G. 2003. A globally coherent fingerprint of climate change impacts across natural systems. Nature, 421(6918): 37-42.

Thackeray S J, Sparks T H, Frederiksen M, et al. 2010. Trophic level asynchrony in rates of phenological change for marine, freshwater and terrestrial environments. Global Change Biology, 16(12): 3304-3313.

Yan X H, Cai R S, Bai Y S. 2016. Long-term change of the marine environment and plankton in the Xiamen Sea under the influence of climate change and human sewage. Toxicological and Environmental Chemistry, 98(5-6): 669-678.

Zheng J Y, Ge Q S, Hao Z X. 2002. Impacts of climate warming on plants phenophases in China for the last 40 years. Chinese Science Bulletin, 47(21): 1826-1831.

第4章

气候变化对过去和现在中国近海初级生产力的影响

4.1 引 言

一般来说，海洋初级生产力指的是浮游植物、底栖植物（包括定生海藻、红树和海草等高等植物）及自养细菌等生产者通过光合作用制造有机物的能力，是衡量海域生产有机物或经济产品能力的重要指标（冯士筰等，1999）。在初级生产者中，浮游植物贡献了超过 95% 的海洋初级生产力，它通过海洋食物网，驱动着海洋生态系统中的物质循环和能量流动（Field et al.，1998）。浮游植物具有种类多、体积小、分布广及繁殖快、对环境的变化有快速响应等特点，从而可以作为指示海洋生态系统变化的良好指标（Anav et al.，2015）。

叶绿素a 存在于所有的绿色植物中，也是海洋浮游植物等藻类进行光合作用必需的色素（Raven et al.，2004），叶绿素a 浓度可反映水域中植物的现存生物量。研究表明，浮游植物初级生产力与生物量的变化基本保持一致（Henson et al.，2010）。因此，通过调查研究海洋叶绿素a 浓度的变化，可以反映研究海域初级生产力的总体变化。

海洋叶绿素a 浓度与 SST、SSS、营养盐和光照等环境要素有密切的关系，因此，其成为研究海洋浮游植物生物量与初级生产力的重要指标（Henson et al.，2010）。研究表明，海洋中叶绿素a 浓度的变化还与风、流场等动力因素引发的海水垂直混合息息相关。近年来，由于受气候变化和人为活动等因素的影响，中国近岸海域的环境发生了较大变化，部分海域的营养盐结构明显失衡，赤潮灾害愈加频发（杨静等，2012）。因此，研究表征海洋初级生产力的叶绿素a 浓度和相关环境影响因子的动态变化及关系显得十分必要，这对于中国近海环境和灾害监测及海洋管理具有重要意义（赵辉等，2005）。

在诸多海洋叶绿素a 浓度观测数据的获得方式中，船舶走航调查、岸站和浮标观测等常规方法不仅速度慢、采样点稀疏、调查成本高，还难以实现大范围与海洋过程同步的采样观测。卫星海洋遥感观测技术的发展使得这一困境得到了根本改善。近二十多年来，利用卫星遥感技术手段反演海洋要素，不仅具有探测频率高、成本低及大范围、长时间同步观测等优点，在有些调查海域中，还可完成船舶、浮标难以实施的观测任务，并与常规的观测资料有很好的互补性（Tang et al.，2004；侯一筠等，2001；赵辉等，2005）。

卫星遥感数据在获取过程中受到大气云层等因素的干扰，并在时间和空间上有不规律的缺失，使得卫星遥感数据产品经常包含各种噪声的干扰。因此，本章首先开展中国近海范围的卫星遥感应用数据重构方法的分析与实验，对卫星遥感的中国近海表层叶绿素a浓度数据进行重构；其次，应用重构的中国近海表层叶绿素a浓度数据，分析1998～2018年中国近海表层叶绿素a浓度的时空变化特征，并结合SST、SSS和淡水通量等再分析资料，分析中国近海表层叶绿素a浓度与环境因子的关系，开展过去和现在中国近海初级生产力变化的检测与归因分析；最后，分析气候变化对过去和现在中国近海初级生产力的影响。

4.2 中国近海表层叶绿素a浓度遥感数据重构研究

4.2.1 卫星遥感数据应用概述

（1）卫星遥感海洋叶绿素a浓度观测资料的应用发展

近年来，随着卫星遥感技术的不断发展，卫星资料SeaWiFS、COCTS、MODIS等反演的SST、水色等精度有所提高，并且具有探测速度快、成本低、可实现大范围水域同步测量的优点，因此，人们也开始应用越来越丰富的卫星遥感水色数据研究海洋表层叶绿素a浓度的时空变化。例如，Hu等（2004）利用中等分辨率波段的MODIS在佛罗里达坦帕湾开展了河口水质监测。Moses等（2009）利用MODIS和MERIS卫星数据，估算了第聂伯河（Dnieper River）水库和亚速海中的叶绿素a浓度。Mauri等（2007）利用MODIS数据探讨了亚得里亚海北部叶绿素a浓度的变化机制。Ciappa（2009）利用2003～2007年的MODIS叶绿素a图像作为表层示踪物，验证了西西里海峡（Sicily Channel）和伊奥尼亚海（Ionian Sea）中同期的表层环流结构。Sarangi等（2015）利用SeaWiFS和OCM遥感资料，研究了北阿拉伯海（North Arabian Sea）叶绿素a分布特征及其与海面高度异常和海面温度之间的相互关系，帮助人们更好地理解海洋中的生态-物理耦合过程。Behrenfeld等（2006）利用海色遥感卫星提供的浮游植物含碳量及叶绿素a分布资料，计算了海水中浮游植物生物量和叶绿素a浓度的比值，首次评估了全球范围浮游植物生长率及碳基净生产力。

同样，中国也有许多应用遥感资料分析叶绿素a（以下均指海水表层叶绿素a）的研究，并获得了有关海洋叶绿素a浓度时空分布特征及其变化机制的许多认识。赵辉等（2005）利用1997年10月至2002年9月SeaWiFS卫星遥感数据，研究了南海表层叶绿素a浓度季节变化及空间分布特征，认为南海大部分海域表层叶绿素a浓度冬季普遍较高，春季较低。陈楚群等（2001）利用4个代表月份的SeaWiFS卫星资料，分析了南海海域表层叶绿素a浓度分布的季节变化，认为叶绿素a浓度分布与南海环流状况具有良好的耦合关系。官文江等（2005）利用2000年SeaWiFS反演数据计算了中国东部海域初级生产力的时空分布特征。邹亚荣（2004）和邹亚荣等（2005）分别基于 HY-1/COCTS 和 MODIS 卫星数据，分析了 2003 年渤海表层叶绿素a 浓度的时空分布及其与 SST 的关系，指出近海表层叶绿素a 浓度与 SST 呈正相关关系，渤海中央区域则呈负相关关系。从丕福等（2006）利用 1998 ～ 2003 年 SeaWiFS 反演计算出的叶绿素a 浓度数据，分析了中国陆架海域表层叶绿素a 浓度分布的规律和机制。

具体而言，当前用于海洋水色探测的星载遥感器有两类。一类是传统水色探测器，如海岸带水色扫描仪（coastal zone color scanner，CZCS）、SeaWiFS、海洋水色水温扫描仪（ocean color and temperature scanner，OCTS）。其中，1997 年美国 SeaStar 卫星所搭载的海洋水色扫描仪 SeaWiFS（http://oceancolor.gsfc.nasa.gov/SeaWiFS/）是 20 世纪 90 年代的代表性探测器。SeaWiFS 比 1978 年卫星搭载的 CZCS 有更高的光谱分辨率，配置 8 个水色波段，波段窄，灵敏度高，覆盖周期也由 6d 缩短为 2d，覆盖范围由局部海域变为全球海域；并且，在数据定标、大气校正等方面比之前的 CZCS 都有较大改进，具备了更强的探测水色物质成分的能力。另一类是中等分辨率成像光谱仪如 MODIS、MERIS 及全球成像仪（GLI）等传感器。其中，MODIS 由两颗美国新一代对地观测系统（EOS）在轨业务卫星 TERRA 和 AQUA 所搭载（http://modis.gsfc.nasa.gov/），共有 36 个探测光谱通道，被认为是 SeaWiFS 传感器的延续。与 SeaWiFS 相比，除了有 250m 和 500m 可见光探测通道，MODIS 还将 0.66 ～ 0.68μm 的通道划分为两个，目的在于满足二类水体提取叶绿素a 信息的需要，避免了其他物质对遥感吸收和散射的影响，同时，MODIS 的水色波段与 SeaWiFS 相比具有更高的信噪比和更窄的波段宽度（Esaias et al.，1998；刘闯和葛成辉，2000）。德国、日本、法国和印度等国家的主要海洋机构和欧空局（European Space Agency）也相继开展从卫星传感器到实际应用的广泛研究与实践。

中国发展海洋水色遥感技术已有二十多年的历史。从 20 世纪 80 年代起，中国发射了风云系列卫星，而 2002 年发射的神舟三号飞船搭载有中分辨率成像光谱仪（CMODIS）。此外，HY-1B（2007 年）、FY-3A（2008 年）等卫星的成功发射都极大地丰富了中国海洋水色遥感资料源（邹亚荣等，2005）。从目前的研究进展来看，利用 MODIS 传感器数据开展水质环境监测的应用研究还比较少。

虽然上述研究开启了利用卫星遥感数据资料研究中国近海表层叶绿素 a 及初级生产力的基本特征和影响机制的工作，但受到了所应用卫星遥感数据在精度、序列长度和缺测等方面的诸多限制。目前从较大范围和较长时间的角度，系统地研究中国近海表层叶绿素a 浓度的时空变化特征和影响机制的工作仍然较少。

国内外已发射的主要水色探测器和目前在轨运行的水色传感器如表 4.1 所列。

表 4.1　主要海洋卫星水色传感器（郭俊如，2014）

传感器	国家/机构	卫星	在轨时间	刈幅（km）	分辨率（m）	波段	波谱范围（nm）
CZCS	美国	Nimbus-7	1978.10 ～ 1986.06	1 566	825	6	433 ～ 12 500
MOS	德国/印度	IRS-P3	1996.03 ～ 2001.03	200	500	18	408 ～ 1 600
OCTS	日本	ADEOS-Ⅰ	1996.08 ～ 1997.06	1 400	700	12	402 ～ 12 500
POLDER	法国	ADEOS-Ⅰ	1996.08 ～ 1997.06	2 400	6 000	9	443 ～ 910
SeaWiFS	美国	SeaStar	1997.08 ～ 2002.09	2 806	1 100	8	402 ～ 885

续表

传感器	国家/机构	卫星	在轨时间	刈幅（km）	分辨率（m）	波段	波谱范围（nm）
OCM-Ⅰ	印度	IRS-P4	1999.05 ～ 2003.11	1 420	350	8	402 ～ 885
MODIS-Terra	美国	Terra (EOS-AMI)	1999.12 ～至今	2 330	1 000	36	405 ～ 14 385
OSMI	韩国	KOMPSAT-2	2006.07 ～至今	800	850	6	400 ～ 900
CMODIS	中国	SZ-3	2002.03 ～ 2002.08	650 ～ 700	400	34	403 ～ 12 500
COCTS	中国	HY-1A	2002.05 ～ 2004.04	1 400	1 100	10	402 ～ 12 500
CZI				500	250	4	420 ～ 890
MODIS-Aqua	美国	Aqua (EOS-PMI)	2002.05 ～至今	2 330	1 000	36	405 ～ 14 385
GLI	日本	ADEOS-Ⅱ	2003.01 ～ 2003.10	1 600	250/1 000	36	375 ～ 12 500
POLDER-2	法国	ADEOS-Ⅱ	2003.01 ～ 2003.10	2 400	6 000	9	443 ～ 910
COCTS	中国	HY-1B	2007.04 ～ 2010.05	1 400	1 100	10	402 ～ 12 500
CZI				500	250	4	433 ～ 695
MMRS	阿根廷	SAC-C	2000.11 ～ 2013.08	360	175	5	480 ～ 1 700
MERIS	欧空局	ENVISAT	2002.03 ～ 2012.05	1 150	300/1 200	15	412 ～ 1 050
PARASOL	法国	Myriade Series	2004.12 ～至今	2 100	6 000	9	443 ～ 1 020
OCM-Ⅱ	印度	Oceansat	2009.09 ～至今	1 420	350/4 000	12	400 ～ 900
GOCI	韩国	OCMS	2010.06 ～ 2021.04	2 500	500	8	400 ～ 865
OLCI	欧空局	GMES-Sentinel3	2016.02 ～至今	1 270	300	16	400 ～ 1 040
VIIRS	NOAA/IPO	NPOESS C-1	2011.10 ～至今	3 000	800	22	402 ～ 11 800
SGLI	日本	GCOM-C1	2017.12 ～至今	1 600	250/1 000	19	380 ～ 12 500

（2）卫星遥感数据重构方法的研究与应用概况

为了更好地利用已有的遥感数据，特别是使用可见光与红外波段反演的遥感数据，克服云层覆盖等天气要素对遥感数据造成的大面积无规律缺失问题，国内外学者发展了很多方法来处理数据缺失问题。在图像处理领域，缺失点资料的重构相当于图像的重构或图像的恢复，主要是根据使用数据的时间或者空间的相关关系来实现。

Everson 等（1997）使用最优插值方法重构 SST 缺失点数据。Jay（1999）提出利用样条插值的方法。Kondrashov 等（2006）使用奇异谱分析对 50 年的月平均 IRI（International Research Institute for Climate and Society）数据集的 SST 缺失点进行了重构。Gunes 等（2007）比较了本征正交分解（proper orthogonal decomposition，POD）和克里金插值（Kriging interpolation）方法重构非平稳流场的时空缺失点，结果显示，在时间分辨率足够高的情况下，POD 方法重构精度高于克里金插值方法；在时间分辨率不够高的情况下，克里金插值的效果更好一些。Becker 和 Rixen（2003）提出了一种无参数方法（必要的参数从数据本身获得），基于经验正交函数（empirical orthogonal function，EOF）的方法来重构时间序列数据中的缺失点，并且，使用人工和实际的遥感数据序列进行缺失点的重构。 Alvera-Azcárate 等（2005，2007）利用基于 EOF 分解的数据插值方法（DINEOF），对 1995 年 5 月 9 日至 10 月 22 日的 AVHRR 遥感数据 135 幅进行了缺失点重构，并与最优插值方法进行了比较，DINEOF 方法与最优插值法有相近的重构精度，但是后者花费的时间比前者高了一个数量级，达到 30 倍之多。

朱江等（1995）利用客观分析中的最优插值方法对 SST 数据进行了插值补缺。马寨璞和井爱芹（2004）对 SST 数据补缺提出了动态最优插值的方法。谈建国等（2000）对于检测出的云区，采用同周期相近时相 AVHRR 资料的相对变化率来反演替代云区，保证替补后资料的客观性和图像的连续性，从而大幅度地提高了 NOAA 遥感资料的可用性，该方法简单易行，但增加了对遥感资料的要求（有云区域可能在一定的时间里还是有云，要找到好的替补图像也比较困难），而且误差达到了 1.48℃。毛志华等（2001）对云覆盖区域综合采用了资料插值、平滑、匹配修正等方法，以及数值内插、曲面拟合和动力方程的数值替补方法，并利用历史同期标准温度图进行时间域的替补。

值得一提的是，由于大气中的云是随时间和空间变化的不稳定因子，其造成的遥感数据的缺失区域具有随机性，现有的云检测算法并不能很有效地检测薄云，大片区域数据缺失与由薄云未得到准确检测造成的异常数据同时存在。因此，需要充分利用卫星遥感数据的时间与空间的相关关系，有效地剔除异常数据并重构缺失区域数据。在重构遥感数据缺失值的方法当中，Beckers 和 Rixen（2003）提出的 DINEOF 方法具有重构精度高和运算速度快等优点，但也还存在原始数据中异常值（噪声）未得到有效剔除等不足之处。

海洋叶绿素a 浓度作为浮游植物现存生物量的指示因子，在很大程度上可以反映研究海域的初级生产力，故获取大范围、长时间序列完整的叶绿素a 浓度数据，对研究海洋生态变化具有重要意义。由于云层覆盖等天气要素会造成遥感数据大面积无规律缺失问题，由卫星遥感数据反演得到的叶绿素a 浓度数据往往无法满足使用需求，需要进一步利用科学的数据重构方法对数据进行缺失恢复，使之完整、合理，才能更好地为海洋生态变化研究所用。

4.2.2　数据资料与提取方法

（1）数据资料与提取方法

本研究采用的卫星遥感海洋叶绿素a 浓度资料是来自 NASA 海洋水色处理中心（OCDPS，http://oceancolor.gsfc.nasa.gov）的 3 套资料：① SeaWiFS 遥感数据，时间范围 1998 年 1 月至 2010 年 12 月；② MODIS-Aqua 遥感数据，时间范围 2002 年 7 月至 2018 年 12 月；③ MODIS-Terra 遥感数据，时间范围 2000 年 2 月至 2018 年 12 月。

数据规格：3 级月平均产品，分辨率为 9km×9km，数据产品格式为 HDF（分级数据格式）的扩充 HDF-EOS 格式；研究区域影像大小为 217×157（中国东部海域）和 300×300（南海），时间帧为 252 帧，叶绿素a 浓度观测数据总像元数目为 31 265 388。

（2）提取方法

本章按照像素点平均的方法（刘天然，2010），提取了时间长度为 1998 年 1 月至 2018 年 12 月、分辨率为 9km×9km 的海洋叶绿素a 浓度的遥感观测数据。

对卫星遥感海洋叶绿素a 浓度数据做初步检视，发现其缺测比例较高，如图 4.1 所示。

可见，由三个传感器观测数据经过初步融合得到的原始数据整体空间覆盖率较高，但可以看到，大陆近岸海域包括长江口附近海域、东海部分海域及台湾海峡邻近海域的覆盖率均较低，但南海大部分海域的覆盖率在 80% 以上。因此，需要对卫星遥感数据进一步重构才能满足本章研究中国近海表层叶绿素a 浓度长时间序列变化的需要。

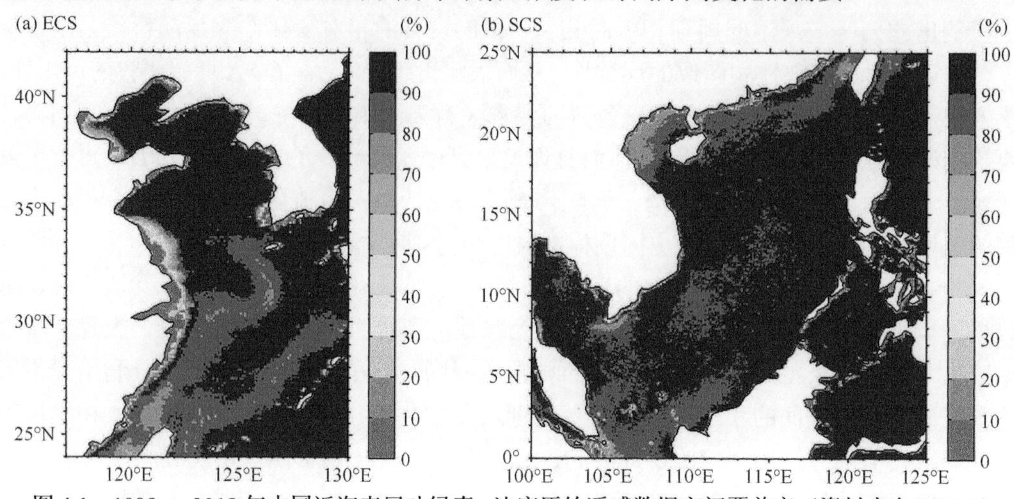

图 4.1　1998 ～ 2018 年中国近海表层叶绿素a 浓度原始遥感数据空间覆盖率（资料来自 NASA）

4.2.3　中国近海表层叶绿素a 浓度遥感数据重构方法研究

（1）DINEOF 方法

为了获得完整的卫星遥感资料，国内外已发展了多种数据重构的处理方法，如最优插值（OI）、经验正交函数（EOF）分解、期望最大化（EM）、奇异谱分析（SSA）、卡尔曼滤波（KBF）、本征正交分解（POD）及变分资料同化（VDA）等方法。其中大多数方法受限于数据的原始状况，或依赖相关参数和先验值等信息，在适用性及计算效率上都有所限制。而 DINEOF 方法是目前新兴的最有效的叶绿素 a 遥感数据重构方法之一，具有无需先验值、自适应、时空相关及适用于大面积缺测数据重构等传统重构方法不具备的优势。

DINEOF 是由 Beckers 和 Rixen（2003）在 2003 年提出的一种无需先验信息（通过自身获取必要参数），基于 EOF 分解来重构时空场中缺失点的方法。该方法是一种时空平滑方法，使用数量较少的几个重要特征模态来表征原始数据集，特征模态的重要程度由其解释原始数据的总方差贡献决定，本质上是一种低通滤波器。DINEOF 方法重构结果的精度较高，但资料重构后对原始数据集中的中小尺度信息，特别是小尺度信息有一定的平滑效果。该方法在构建数据的初始时刻，赋予缺测数据一个预测值（通常为 0），然后借助 EOF 分解，对数据进行多次反复的迭代分解和合成，计算出最小交叉验证误差，得到相对应的特征模态保留数，即最优模态保留数，从而获得最佳重构数据。该方法操作简便，适合处理数据量大和缺失率高的时空场，并且与最优插值（OI）有相近的重构精度，但后者的运算时间是前者的 30 倍。

DINEOF 方法重构缺失点（Alvera-Azcárate et al.，2005；Beckers and Rixen，2003）的工作流程如下。

将待重构的叶绿素a 浓度时空场设为矩阵 $\boldsymbol{X}^0_{m\times n}$，其中 m 为空间点数，n 为时间点数。$\boldsymbol{I}$ 为待重构的缺测点集，其中的缺测值用 NaN 表示。本文主要采用以下步骤进行数据重构。

步骤 1：将 $\boldsymbol{X}^0_{m\times n}$ 中有观测值的点减去其时间维的平均值得到 $\boldsymbol{X}_{m\times n}$，记 $\bar{\boldsymbol{X}}_{m\times 1}$ 为 $\boldsymbol{X}^0_{m\times n}$ 时间维上的平均值。随机取出有效数据总量的 1% 作为交叉校正集 $\boldsymbol{X}^{\mathrm{C}}$，对 $\boldsymbol{X}$ 中相同位置的数据赋值为 NaN。对 $\boldsymbol{X}$ 中赋值为 NaN 的点用 0 替换，令 $P=1$。

步骤 2：对矩阵 $\boldsymbol{X}$ 进行奇异值分解：

$$\boldsymbol{X}=\boldsymbol{USV}^{\mathrm{T}} \tag{4.1}$$

式中，$\boldsymbol{U}_{m\times m}$、$\boldsymbol{S}_{m\times n}$、$\boldsymbol{V}_{n\times n}$ 分别为奇异值分解后对应的空间特征模态、奇异值矩阵和时间特征模态，T 表示矩阵转置。

步骤 3：利用式（4.2）补齐缺测点数据：

$$\boldsymbol{X}^{\mathrm{re}}_{i,j}=\sum_{t=1}^{P}\alpha_t\left(\boldsymbol{u}_t\right)_i\left(\boldsymbol{v}^{\mathrm{T}}_t\right)_j \tag{4.2}$$

式中，$(i,j)\in\boldsymbol{I}$；$\boldsymbol{u}_t$ 和 $\boldsymbol{v}_t$ 分别是空间和时间特征模态的第 t 列；α_t 为对应的奇异值。

然后根据式（4.3）计算本次重构的均方根误差 R：

$$R=\sqrt{\frac{1}{N}\sum_{t=1}^{N}\left(\boldsymbol{X}^{\mathrm{re}}_t-\boldsymbol{X}^{\mathrm{C}}_t\right)^2} \tag{4.3}$$

式中，N 为校正集 $\boldsymbol{X}^{\mathrm{C}}$ 的数据点数。

步骤 4：令

$$\boldsymbol{X}^{\mathrm{re}}=\boldsymbol{X}+\partial\boldsymbol{X} \tag{4.4}$$

式中，$\partial\boldsymbol{X}$ 为缺测点的修正值矩阵（不影响已有观测值的点）。再利用式（4.1）对 $\boldsymbol{X}^{\mathrm{re}}$ 进行奇异值分解，重复步骤 3，直至均方根误差 R 收敛。

步骤 5：令保留模态数 $P=1, 2, \cdots, k_{\max}$，重复步骤 2 ～ 4，并记录对应的均方根误差 R^P。此时总有一个 P 值，令 R^P 最小，取 P 值作为最优模态保留数 k。

步骤 6：取最优模态保留数 k 对缺失数据进行重构，得到的矩阵仍记为 $\boldsymbol{X}$，对 $\boldsymbol{X}$ 的每列都加上 $\bar{\boldsymbol{X}}_{m\times 1}$，得到最终的重构矩阵。

在遥感产品中，难免会存在一些严重偏离实际观测值的“异常点”，异常值产生的原因可能是受到难以检测的薄云等大气方面的影响，亦有可能是传感器和算法产生的系统误差（李智勇等，2009）。DINEOF 方法在计算过程中，需要从原始数据中随机取出一部分作为交叉校正集，这关系到后续最佳保留模态数和重构次数的确定，其也是衡量重构精度的关键参数。由于交叉校正集选取具有随机性，当有“异常点”被选入该集时，这种异常会表现为在 EOF 分解中的时间模态在该时刻点明显脱离曲线的一般变化趋势，而空间特征模态会保留异常数据区域的特征，导致最后重构完整数据时会把这种“污染”扩散到其他时刻点（丁又专，2009）。

另一个问题是，DINEOF 方法无法重构有效数据覆盖率极低的时次（小于 5%）。倘若不事先剔除原始数据中缺失率较高的图像，重构后该图像的值将为原始数据的平均值。

（2）经验模态分解

经验模态分解（empirical mode decomposition，EMD）是黄锷（Huang et al.，1998）提出的一种信号分析方法，主要依据数据自身的时间尺度特征来进行信号分解，适用于处理非平稳非线性数据。与其他信号处理方法相比，EMD 创新性地引入了基于信号局部特征的固有模态函数（intrinsic mode function，IMF），每个 IMF 可以是线性的，也可以是非线性的。任何时候，任一信号都可以分解为有限个固有模态分量，这些固有模态相互叠加后即可得到原复合信号。EMD 通过多次筛选过程（sifting process）实现逐个分解 IMF，在每一次筛选过程中，根据信号的上、下包络计算出局部平均值，其中上、下包络由信号的局部极大值和极小值通过样条插值得出。分解出的 IMF 具有两个特性：一是极值点数目与跨零点数目相等或相差一个；二是由局部极大值构成的上包络和由局部极小值构成的下包络平均值为零。

EMD 的一般步骤如下。

设 $X(t)$ 为待分解信号，其上、下包络线分别为 $u(t)$ 和 $v(t)$，有

$$m(t)=\frac{u(t)+v(t)}{2} \tag{4.5}$$

筛选过程：

$$h_1(t)=X(t)-m(t) \tag{4.6}$$

根据上文中的定义，理论上 $h_1(t)$ 满足 IMF 的两个特性，但样条逼近的过冲和俯冲作用，会影响原来极值的大小位置和产生新的极值。因此，$h_1(t)$ 并不能完全满足 IMF 的两个特性，要对上面的筛选过程进行迭代，用新的 $h_k(t)$ 替代 $X(t)$：

$$m_k(t)=\frac{u_k(t)+v_k(t)}{2} \tag{4.7}$$

$$h_{k+1}(t)=h_k(t)-m_k(t) \tag{4.8}$$

直到 $h_{k+1}(t)$ 满足 IMF 的两个特性，即得到第一个 IMF，记为 $c_1(t)$，则信号的剩余部分为

$$r_1(t)=X(t)-c_1(t) \tag{4.9}$$

对信号的剩余部分 $r_1(t)$ 继续进行上述分解，直到 $r_n(t)$ 为单调信号或小于预先给定的值，此时 EMD 完毕，得到所有的 IMF 及余量：

$$X(t)=\sum_{i=1}^{n}c_i(t)+r_n(t) \tag{4.10}$$

至此，就完成了对信号 $X(t)$ 的 EMD。

（3）DINEOF-EMD 方法研究

为了改善上面提到的 DINEOF 方法中存在的问题，结合 EMD 能够有效检验信号噪声的特性，丁又专（2009）提出了一种在 DINEOF 基础上发展的自适应 EMD-EOF 重构方法，并利用该方法有效重构了东海海域的海面温度与悬浮泥沙遥感数据。该方法利用 EMD 方法对 DINEOF 重构过程中产生的时间特征模态做噪声分析，以达到剔除原始数据中异常值（噪声）的目的。本节在丁又专（2009）方法的基础上，引入二次订正过

程，形成 DINEOF-EMD 重构方法，即在有效原始观测值的空间点上构建的误差数据集中，对该空间点上其他缺测处的重构值进行二次订正，从而达到优化重构结果的目的。DINEOF-EMD 方法的技术路线如下。

对原始数据进行首次经典 DINEOF 重构后，得到最优保留模态数和相应的时间特征模态，对于原始数据覆盖率小于 5% 的时次，利用数据集的时间相关性，赋予其相邻时次时间特征模态值的插值；接着对时间特征模态进行 EMD，检测噪声，剔除异常像元，最后完成重构。在整个计算过程中，每应用一次 DINEOF 分解，都会做一次相应的二次订正，以帮助提高重构精度，使交叉验证数据集的误差更快地收敛。具体运算步骤如下。

步骤 1：利用经典 DINEOF 方法对原始数据 $\boldsymbol{X}^0_{m\times n}$ 进行第一次重构，得到最佳保留模态数 P_1，以及对应的空间特征模态 $\boldsymbol{U}$、奇异值矩阵 $\boldsymbol{S}$ 和时间特征模态 $\boldsymbol{V}$。

步骤 2：令 t=1, 2, …, P_1，对 $\boldsymbol{V}$ 的第 t 列进行 EMD，得到 $\boldsymbol{v}_t$ 对应的 IMF 及余量 $\boldsymbol{r}_t$。考察数列 $\boldsymbol{v}_t-\boldsymbol{r}_t$ 的平均值和标准差，当该数列中存在时刻点偏离平均值大于标准差的 3 倍时，则标记该点为异常点。

步骤 3：对 $\boldsymbol{v}_t$ 中标记为异常点的，用相邻时刻点的线性插值替换（当异常点位于数列头或尾时，使用外推法计算），得到经 EMD 滤波分析平滑过后的时间特征模态 $\boldsymbol{V}_{\text{new}}$。

步骤 4：以 $\boldsymbol{V}_{\text{new}}$ 替代 $\boldsymbol{V}$，利用式（4.2）对 $\boldsymbol{X}^0_{m\times n}$ 进行第二次重构，得到重构值 $\boldsymbol{X}^{\text{re}}_2$。对于 $\boldsymbol{X}^{\text{re}}_2$ 中每一个受到时间特征模态 $\boldsymbol{V}$ 变动影响的点，考察其与原始数据的差值（若存在的话），当差值大于某一阈值时（这里针对叶绿素 a 浓度设定为 1mg/m^3），认为原始数据在该点出现异常，将其剔除，并标记为 NaN（无效数据）。记剔除异常点的原始数据为 $\boldsymbol{X}^0_{[1]}$，并认为其可信度高于未剔除异常点的原始数据。

步骤 5：对 $\boldsymbol{X}^0_{[1]}$ 进行第三次 DINEOF 重构，得到新的最佳保留模态数 P_2 及相应的空间特征模态 $\boldsymbol{U}$、奇异值矩阵 $\boldsymbol{S}$ 和时间特征模态 $\boldsymbol{V}$。

步骤 6：重复步骤 2、步骤 3，对新的时间特征模态 $\boldsymbol{V}$ 进行 EMD，替换其中的异常点，得到滤波分析平滑过后的时间特征模态 $\boldsymbol{V}_{\text{new}}$。

步骤 7：利用第三次 DINEOF 计算出的 P_2、$\boldsymbol{U}$、$\boldsymbol{S}$ 及更新的 $\boldsymbol{V}_{\text{new}}$ 对 $\boldsymbol{X}^0_{[1]}$ 进行最后一次重构，得到最终的重构值 $\boldsymbol{X}^{\text{re}}_3$，至此 DINEOF-EMD 方法步骤结束。

以上为本节针对叶绿素 a 遥感数据重构提出的改进后的 DINEOF-EMD 方法，在多次 EOF 分解的基础上，利用 EMD 剥离噪声的特性，达到检测剔除异常点的目的，并引入二次订正的方法，减少误差，进而提升重构精度。DINEOF-EMD 方法计算流程如图 4.2 所示。

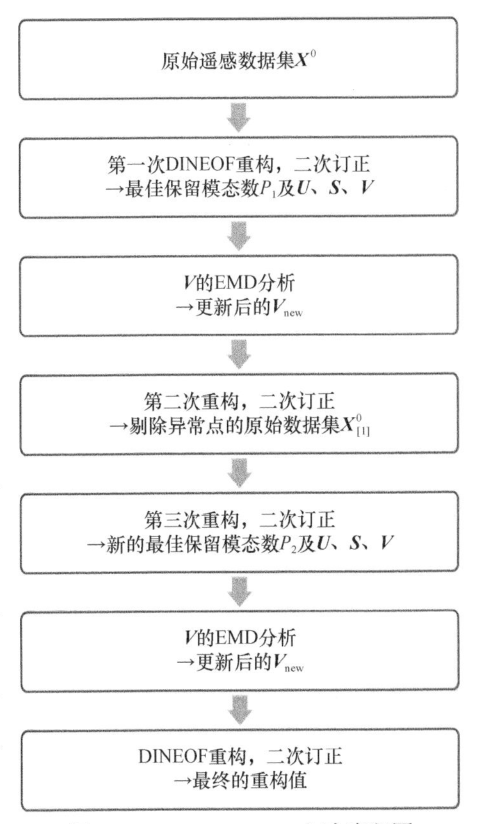

图 4.2　DINEOF-EMD 方法流程图

二次订正方法简介（郭俊如，2014）：DINEOF 方法重构目标数据集 $\boldsymbol{X}_{m\times n}^{0}$ 的最后一步，会生成 $\boldsymbol{X}_{m\times n}^{\mathrm{re}}$，这个数据集中包含了所有点的重构值。最终的成品数据集 $\boldsymbol{X}_{m\times n}^{\mathrm{RE}}$ 由上述两个矩阵根据式（4.11）生成：

$$X_{i,j}^{\mathrm{RE}}=\begin{cases}X_{i,j}^{0},X_{i,j}^{0}\neq\varnothing\\X_{i,j}^{\mathrm{re}},X_{i,j}^{0}=\varnothing\end{cases}\tag{4.11}$$

已有原始有效观测数据的点，沿用其原始值 $X_{i,j}^{0}$；原始数据集中的缺测点，则用重构值 $X_{i,j}^{\mathrm{re}}$ 填补。然而这种方法忽略了一点，对于已有原始值的点，重构值 $X_{i,j}^{\mathrm{re}}$ 和原始值 $X_{i,j}^{0}$ 存在一定的误差 $\boldsymbol{\gamma}_{i,j}$，这个误差包含了什么样的信息？实际上，由于 DINEOF 方法首要关注时空大尺度的信息，而平滑数据中周期小于半年的信息，即小尺度的非线性随机信号无法被重建出来（这种作用相当于低通滤波），误差 $\boldsymbol{\gamma}_{i,j}$ 往往因此而产生。二次订正正是基于数据同化的思想，构建误差数据集，将由 DINEOF 方法得到的数据进行再分析和二次订正，以得到包含小尺度信息的、更合理的重构数据。订正过程概括如下。

定义误差数据集 $\boldsymbol{\gamma}$：

$$\boldsymbol{\gamma}_{i,j}=\begin{cases}X_{i,j}^{\mathrm{re}}-X_{i,j}^{0},X_{i,j}^{0}\neq\varnothing\\\quad 0,\qquad X_{i,j}^{0}=\varnothing\end{cases}\tag{4.12}$$

$\boldsymbol{\gamma}'_{i,j}$ 为二次订正值，其计算公式为

$$\boldsymbol{\gamma}'_{i,j}=\int_{j-T_0}^{j+T_0}\left(\boldsymbol{\gamma}_{i,x}\cdot\frac{\theta_{i,x}}{\sum\limits_{t\in(|t-j|<T_0)}\theta_{i,t}}\right)\mathrm{d}x\tag{4.13}$$

式中，T_0 为截断时间，表示参与订正目标点的最长时间间隔，在本节中取为30d；θ 为订正目标点时误差值 $\boldsymbol{\gamma}_{i,j}$ 所占的比重，其计算公式为

$$\theta_{i,x}=\exp\left(-\frac{\left\|x_{i,x}^{0}-x_{i,j}^{0}\right\|^{2}}{2\sigma^{2}}\right)\tag{4.14}$$

式中，σ 为尺度参数，它表示计算 $\theta_{i,x}$ 时随时刻间距增加而产生的衰减率，由于本研究中截断时间 T_0 内数据量较少，该参数在此处被简略设为 1。

所以，式（4.11）中的成品数据集 $\boldsymbol{X}_{m\times n}^{\mathrm{RE}}$ 应为

$$X_{i,j}^{\mathrm{RE}}=\begin{cases}\quad X_{i,j}^{0},\quad X_{i,j}^{0}\neq\varnothing\\X_{i,j}^{\mathrm{re}}+\boldsymbol{\gamma}'_{i,j},X_{i,j}^{0}=\varnothing\end{cases}\tag{4.15}$$

至此，二次订正过程结束。

4.2.4　中国近海表层叶绿素a 浓度遥感数据重构分析

从所获得的 3 级月平均遥感产品到可供重构算法使用的原始数据需要经过以下预处理。

1）数据格式转换和区域选取。在全球数据中选取出中国东部海域和南海的数据，将数据格式转换为 NETCDF 格式。

2）数据多相合成。对于任一时间帧的任一空间点，若该点只有一个传感器的有效观测值，则赋予该值；若有多个传感器的有效观测值，则赋予其平均值；若无有效观测值，则标记为缺测（NaN）。

3）为方便重构（王跃启和刘东艳，2014），对原始数据做对数化处理，在重构完成时再将其还原。

（1）叶绿素a 浓度遥感数据重构方案与实验

为寻求最合适的叶绿素a 浓度重构方案，基于经典 DINEOF 方法和改进的 DINEOF-EMD 方法对中国东部海域和南海两个研究区域分别设计对比实验，具体方案和实验结果如表 4.2 所示。

表 4.2　中国近海表层叶绿素a 浓度遥感数据重构方案与实验结果

序号	区域	方法	Mode	N	RMSE	MAE	R^2
实验一	中国东部海域	DINEOF	41	2	0.2888	0.2048	0.9533
实验二	中国东部海域	DINEOF-EMD	47	2	0.2707	0.1959	0.9584
实验三	南海	DINEOF	33	2	0.2659	0.1905	0.8834
实验四	南海	DINEOF-EMD	27	2	0.2544	0.1891	0.8853

注：表中 Mode 为最佳保留模态数，N 为迭代次数，RMSE 为经交叉验证后的均方根误差，MAE 为绝对平均误差，R^2 为复相关系数

对于重构结果中最优参数的选择，在进行 EOF 分解和迭代过程中需确定的两个参数，分别为 EOF 最佳保留模态数和重构迭代次数。这两个参数通过交叉验证来选择最优值，交叉验证的过程为：首先，从原始数据的非缺测矩阵中随机抽取像元的 1% 作为交叉校正集，将交叉校正集数据所在位置设为缺测 NaN；然后，将变化后的矩阵进行分解重构；最后，在获得重构结果场时，计算交叉校正集位置的重构值与实测值的均方根误差，当达到收敛时，即认为数据所取最佳保留模态数和迭代次数为最优。

实验结果显示，对同一研究区域，采用 DINEOF-EMD 方法的重构结果要明显优于采用经典 DINEOF 方法的重构结果。对比实验一、实验二可以看出，在中国东部海域的叶绿素a 浓度遥感资料重构结果中，DINEOF-EMD 方法的均方根误差随着保留模态数的增加明显下降，这表明重构精度明显提升（图 4.3a）；南海表层叶绿素a 浓度遥感数据的重构情况类似，随着保留模态数的增加，重构精度有明显提升（图 4.3b），并且节约了部分计算资源，同时，绝对平均误差有所下降，复相关系数波动较小。综上，重构结果较为理想，在高效重构算法 DINEOF 的基础上，DINEOF-EMD 方法将重构精度提高了 5% ～ 10%，在研究区域取得了较好的重构数据。

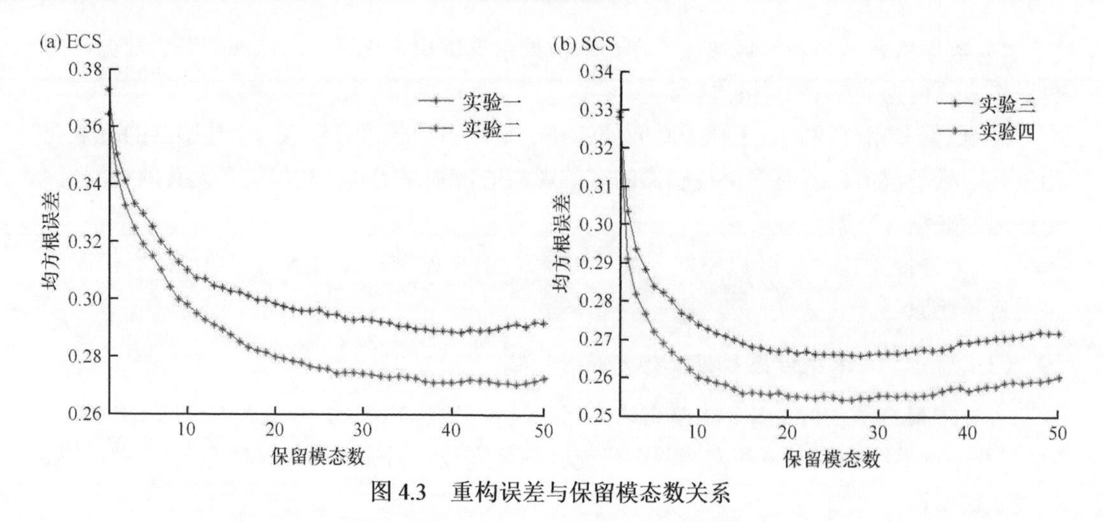

图 4.3　重构误差与保留模态数关系

（2）中国东部海域表层叶绿素a浓度遥感数据重构结果

本节应用发展后的DINEOF-EMD方法，重构了中国东部海域表层叶绿素a浓度遥感数据。为比较分析遥感资料重构前后的状态，图4.4给出了1998年12月至1999年5月连续6帧（第12～17帧）的中国东部海域表层叶绿素a浓度遥感数据资料重构前后的对比图像（实验二）。

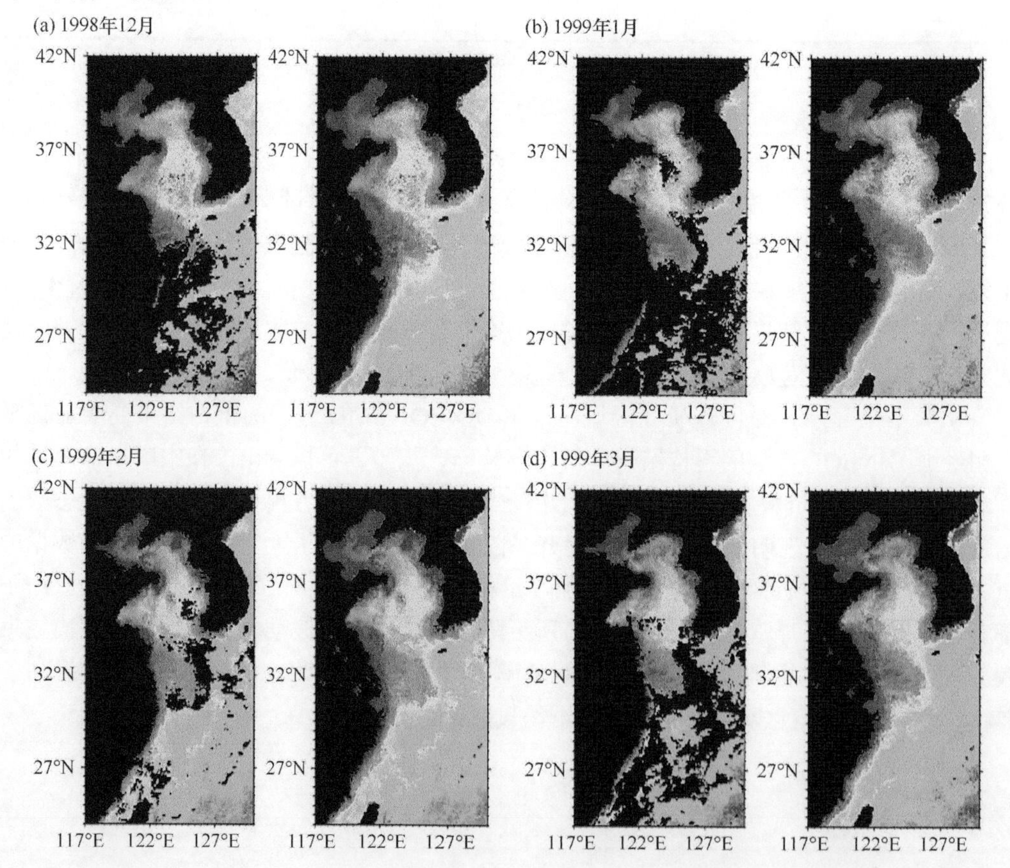

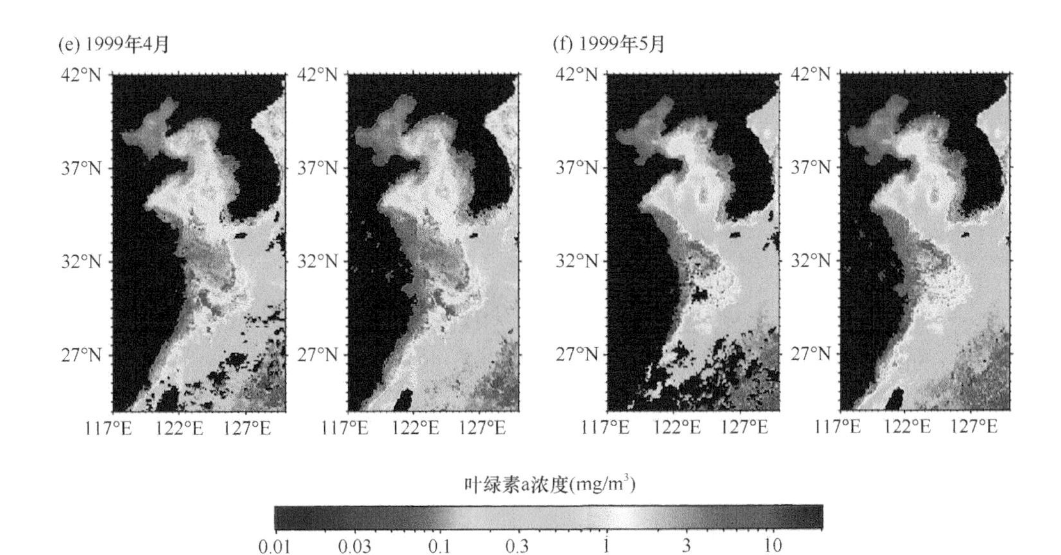

图 4.4　中国东部海域表层叶绿素a 浓度遥感数据资料重构前后对比图像（实验二）

图 4.4 中 6 组对比图中的左、右图分别表示同一时刻叶绿素a 浓度的卫星遥感原始值及其重构值。其中，渤海区域表层叶绿素a 浓度在 1998 年冬季至 1999 年春季时间段内维持在较高水平，与历史资料分布趋势相符（孙军等，2003）。黄海、东海冬季叶绿素a 浓度分布较为平均，高值区出现在黄海近岸及苏北近海；进入春季以后，远岸海域的叶绿素a 浓度逐渐下降，而长江口及其偏北部海区持续呈现高值，其主要原因可能是长江入海口附近由长江冲淡水带入了大量的营养物质，这与众多历史研究结果较一致（周伟华等，2003；宁修仁等，1995；赵保仁，1993；鲁北伟等，1997）。值得注意的是，在 1999 年 1 月（图 4.4b）的左侧原始图中，叶绿素a 浓度的缺测率很高，存在不规则的大面积缺测空白，传统的插值方法无法完成有效补缺，更无法保证重构数据的连续性和高精度。而 DINEOF-EMD 方法通过剔除异常像元，保留重构数据所需要的最佳模态数，较好地保存了数据的时空分布特征。

为了进一步考察 DINEOF-EMD 方法在重构局部像素数据上的合理性，在空间上取两个在原始数据中时间覆盖率较高（98% 以上）的像素点，对时间序列进行重构前后的对比，见图 4.5。

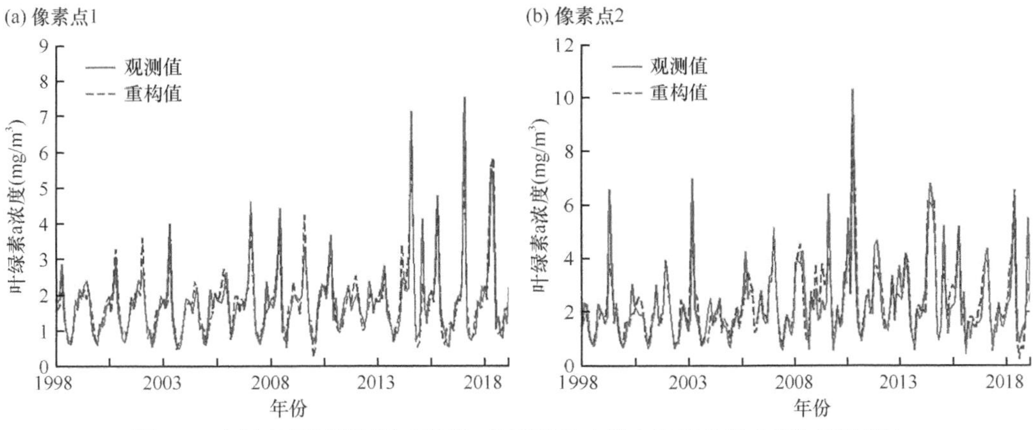

图 4.5　中国东部海域表层叶绿素a 浓度重构实验中局部像素点重构前后对比

需要说明的是，在使用DINEOF-EMD方法得到的重构结果中，对于存在有效原始观测值的像素点，将会沿用其原始值而不做重构插值。DINEOF-EMD方法能够计算得出所有像素点的重构值，对于某一像素点，对比其重构值与原始观测值的时间序列，可以看出所用重构方法对原始数据的拟合性能及对时空特征的概括能力。从图4.5可以直观地看出，DINEOF-EMD方法计算所得重构值与原始观测值耦合良好，这表明重构值较为合理可信。

（3）南海表层叶绿素a浓度遥感数据重构结果

同样，为考察应用本节发展的DINEOF-EMD方法的重构效果，选取了原始数据缺失率较高的时次做重构前后图像对比分析，如图4.6所示。应用DINEOF-EMD方法重构的数据结果，较好地保留了原始数据大、中尺度特征，同时平滑了部分小尺度信息，对缺失率较高的图像也能有较好的重构效果。

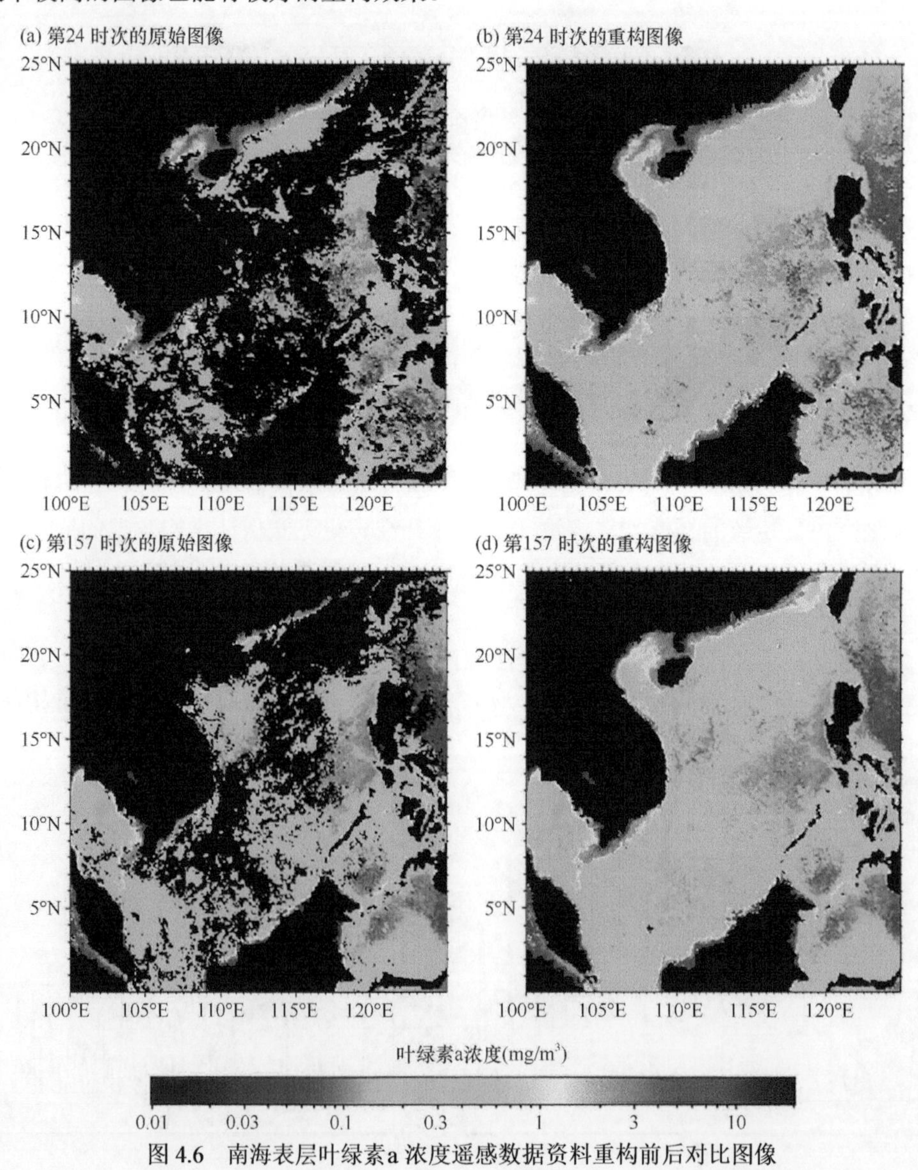

图4.6 南海表层叶绿素a浓度遥感数据资料重构前后对比图像

为了进一步考察 DINEOF-EMD 方法在重构局部像素数据上的合理性，在空间上取某个在原始数据中覆盖率较高的像素点，对其时间序列做重构前后对比，见图 4.7。可以直观地看出，DINEOF-EMD 方法计算所得重构值与原始观测值耦合良好，说明重构值较为合理可信。

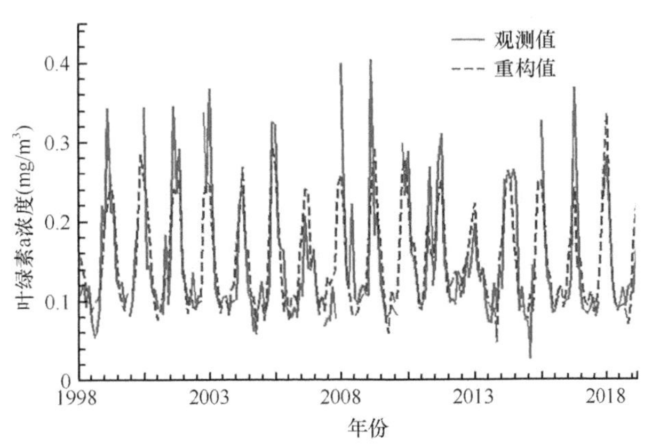

图 4.7　南海表层叶绿素 a 浓度重构实验中局部像素点重构前后对比

本节的重构实验分析结果表明，DINEOF-EMD 方法能够有效地重构叶绿素a 卫星遥感数据，且精度较高。重构数据较好地保留了原始数据的大、中尺度特征，对小尺度信息有部分平滑，重构得到的中国近海表层叶绿素a 遥感图像较为合理可信。

4.3　中国近海表层叶绿素a 浓度的时空变化特征

近年来，已有许多工作利用卫星数据资料研究中国近海表层叶绿素a 和初级生产力的基本特征及其与环境影响因子的关系（傅明珠等，2009；刘昕等，2012；孙军等，2003；王晓琦等，2015；郑小慎等，2012；龙爱民等，2006），但由于受观测数据的精度和连续性等限制，研究主要集中在短时间和局部海域，对于中国近海的叶绿素a 浓度在全海域和长时间的变化特征及其与环境因子关系的研究较少。

鉴于此，本节主要应用高精度的重构数据，首先研究 1998 年至 2018 年中国近海表层叶绿素a 浓度的时空变化特征。

4.3.1　数据资料与分析方法

（1）数据资料

数据资料为 4.2 节重构得到的叶绿素a 浓度遥感观测数据，时间范围为 1998 年 1 月至 2018 年 12 月，分辨率为 9km×9km。

（2）分析方法

本节主要涉及线性趋势和滑动 t 检验等数据分析处理方法（详见 1.3.1 节）。

4.3.2 中国东部海域表层叶绿素a浓度的时空变化特征

（1）气候态特征及长期变化趋势

图4.8为1998～2018年中国东部海域表层年平均叶绿素a浓度分布。可见，总体上，中国东部海域表层叶绿素a浓度的空间分布表现为从近岸向远海呈带状分布及逐渐降低的特点。这可能与中国东部海域大部分区域位于陆架区，受陆源营养盐输入的影响较严重有关。数据结果显示，长江口附近海域及渤海的叶绿素a浓度较高，最高可超过5.0mg/m^3，这可能是由于长江及黄河等河流的冲淡水团带来大量陆源营养物质，为浮游植物的生长提供了有利的营养条件，而冲淡水携带的营养盐分布一般有近岸高、离岸低的特点，叶绿素a浓度的空间分布正好反映了这一特点。

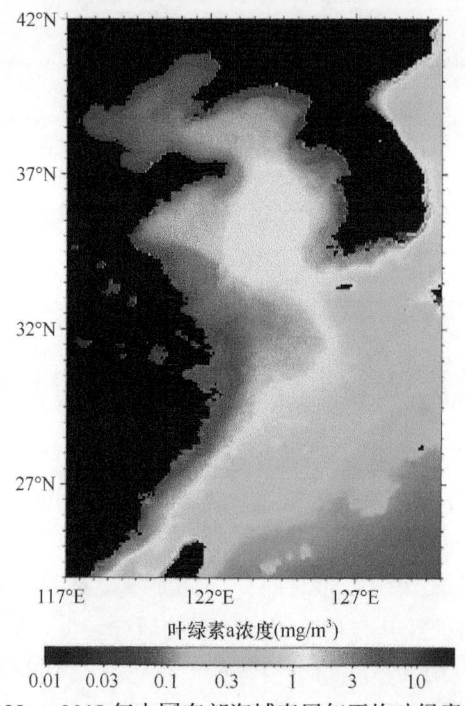

图4.8 1998～2018年中国东部海域表层年平均叶绿素a浓度分布

图4.9是1998～2018年中国东部海域表层叶绿素a浓度的年平均变化趋势。对每个空间点上的叶绿素a浓度的年平均值采用线性拟合分析方法（Cai et al.，2016），从而估算出21年来叶绿素a浓度在空间上的年平均变化趋势。由图4.9可见，连云港沿岸、莱州湾、渤海湾北部及黄海北部沿岸海域均出现了大于2mg/m^{3}的叶绿素a浓度增量，结果通过置信度为95%的显著性检验。叶绿素a浓度增量较大的海域集中在渤海、黄海北部及黄海西部，增量在1.0mg/m^{3}以上，且大部分通过显著性检验。长江口附近叶绿素a浓度变化趋势较为复杂，北部有一块叶绿素a浓度明显降低区域。另外，远岸海域叶绿素a浓度总体变化趋势是降低。从总体上看，1998～2018年中国东部海域表层叶绿素a平均浓度呈逐年增加态势（图4.10），21年来增加了0.1071mg/m^3，年均增长0.0051mg/m^3。

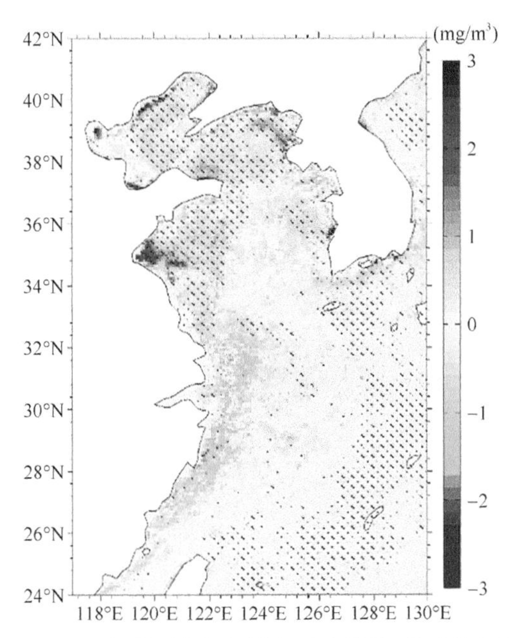

图 4.9　1998 ～ 2018 年中国东部海域表层叶绿素a 浓度的年平均变化趋势

阴影处为超过 95% 显著性检验的区域

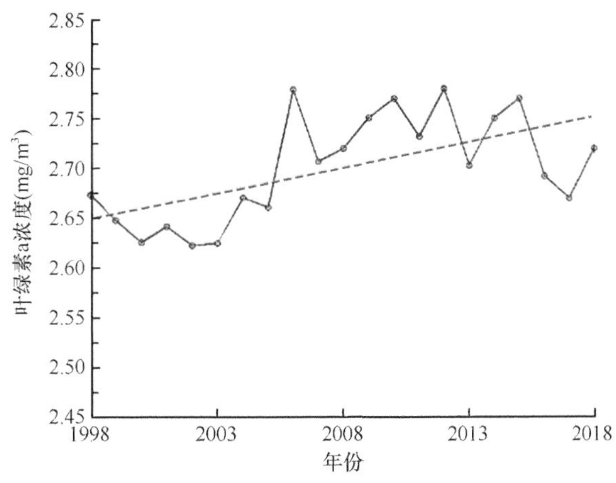

图 4.10　1998 ～ 2018 年中国东部海域表层叶绿素a 浓度的变化趋势

蓝色实线代表卫星遥感数据，红色虚线代表线性拟合变化趋势

图 4.11 为 1998 ～ 2018 年中国东部海域表层叶绿素a 浓度分解模态及其显著周期。应用重构的高精度的卫星遥感叶绿素a 浓度资料进行 EMD，并对各 IMF 分量做功率谱分析，提取出具有较强物理意义的模态和变化周期。第一保留模态（C1）反映的主要是季节变化振荡信号，功率谱分析显示这种变化具有 4 个月和半年的周期变化特征，第二保留模态（C2）则呈现显著的 12 个月的周期变化特征。

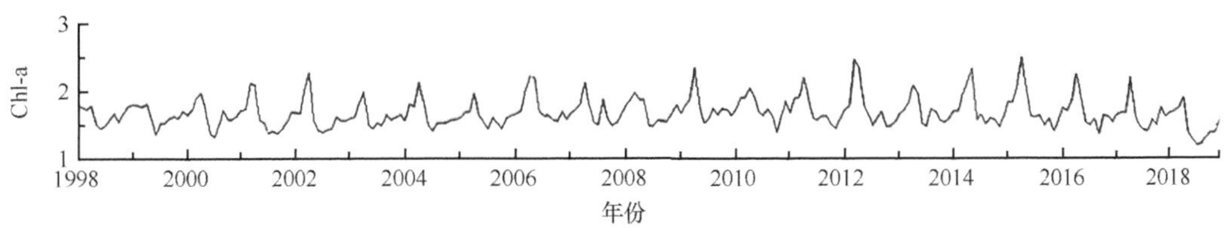

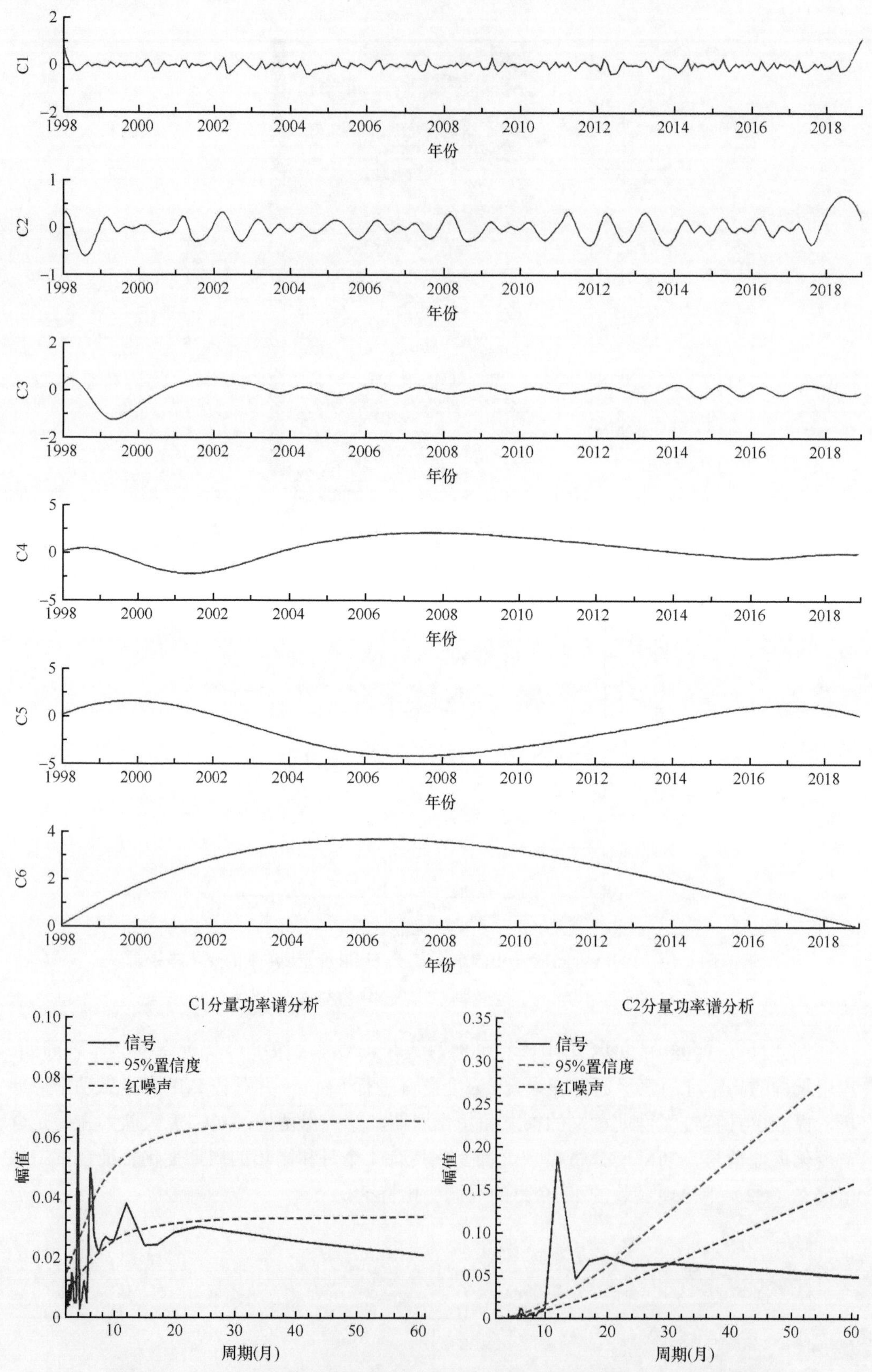

图 4.11 1998～2018 年中国东部海域表层叶绿素a 浓度分解模态及其显著周期

（2）年及季节变化特征

图 4.12 为 1998 ～ 2018 年中国东部海域表层叶绿素a 平均浓度的季节变化。可见，中国东部海域表层叶绿素a 平均浓度呈现明显的季节变化特征。其中，最大值出现在春季 4 月，叶绿素a 浓度达到 2.974mg/m³；之后，叶绿素a 浓度迅速下降，并在夏季 7 月达到全年最低值，为 2.560mg/m³；秋季 8 月、9 月有小幅度回升，到了 10 月又有所回落；秋季过后，冬季叶绿素a 浓度迅速上升。1998 ～ 2018 年中国东部海域表层叶绿素a 浓度总体平均值为 2.698mg/m³。

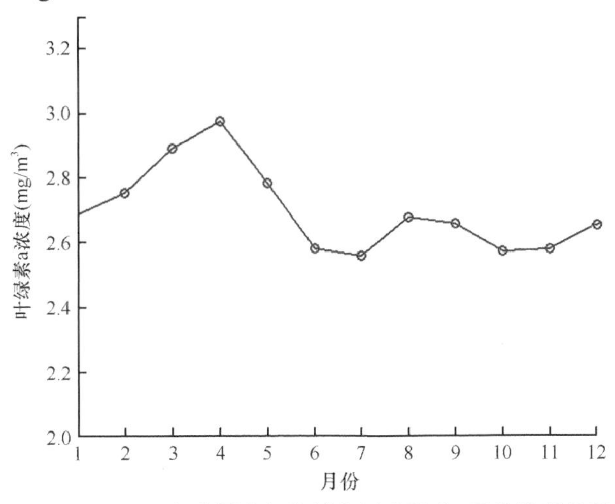

图 4.12　1998 ～ 2018 年中国东部海域表层叶绿素a 平均浓度的季节变化

图 4.13 为 1998 ～ 2018 年中国东部海域表层叶绿素a 浓度逐月平均分布。由于中国东部海域表层叶绿素a 浓度有明显的季节变化特征，因此，从春、夏、秋、冬四个季节的角度出发，进一步讨论分析该海域表层叶绿素a 浓度的空间变化情况。

冬季（12 月至次年 2 月）：中国东部海域表层叶绿素a 浓度变化幅度相较其他季节偏小。由于冬季日照时间少于其他季节，海水温度较低，上层海水混合强烈，冬季风最强，营养盐、浮游植物随海水的上下混合而均匀分布于整个混合层，但由于浮游动物的生物活动减弱，叶绿素a 浓度略有增加。中国东部海域表层叶绿素a 浓度较高的区域主要分布在渤海、黄海的鸭绿江口和海州湾及其外海、东海的长江口近海及浙江中南部近岸海域。叶绿素a 浓度相对低值区则分布在东海东南部外海、黄海暖流入侵区域。

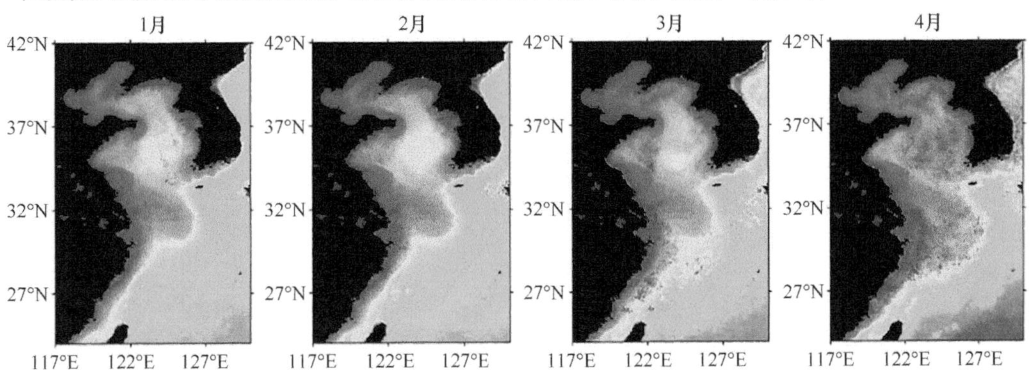

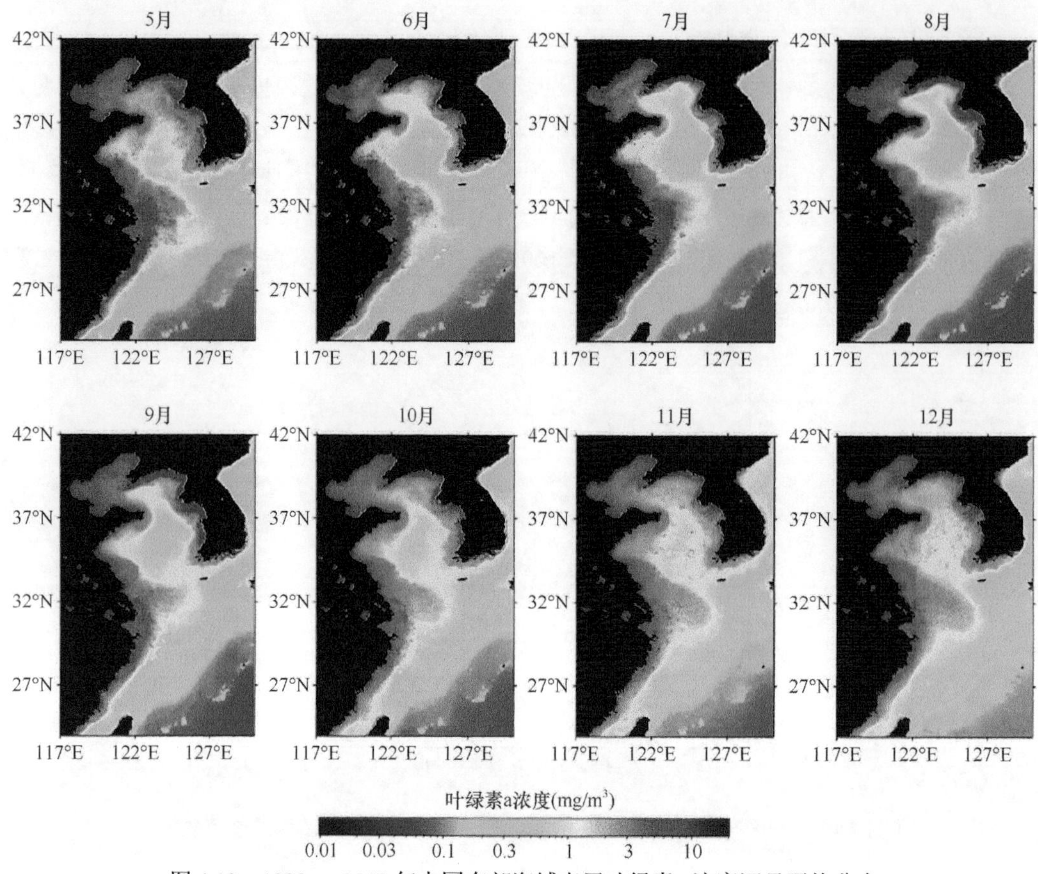

图 4.13　1998 ～ 2018 年中国东部海域表层叶绿素a 浓度逐月平均分布

春季（3 ～ 5 月）：3 ～ 4 月是中国东部海域表层浮游植物量达到全年峰值的时期，表现为叶绿素a 浓度的高值区面积明显增大，分布于渤海、黄海和东海的部分海区，达到全年中最大。主要原因可能是日照时间增加，水温升高，气温高于表层水温，透明度增大（费尊乐等，1988），透光层的深度加大，并且冬季积贮的营养盐被浮游植物充分利用，浮游植物大量繁殖，表层叶绿素a 浓度达到高峰。此时，河流入海径流量也开始渐增，河口附近海域营养盐类含量增加，并自沿岸及河口区向离岸方向递减。3 ～ 4 月，浮游植物迅速繁殖生长，在河口附近低盐水和高盐水交混区域内形成了浮游植物的密集区。5 月，表层叶绿素a 浓度高值区面积开始有所减小，如黄海和东海的高值区面积明显减小；低于 1.0mg/m^3 的相对低值区主要分布于东海的东南部外海，叶绿素a 浓度向东南外海方向逐渐递减至最低。

夏季（6 ～ 8 月）：虽然沿岸叶绿素a 浓度仍然维持较高值，但叶绿素a 浓度的高值区面积进一步减小。这可能是由于春季海洋浮游动物数量逐渐增加，到浮游植物密集区索饵，抑制了浮游植物数量的增加。春末夏初，海洋浮游动物生物量逐渐增加并达到高峰，叶绿素a 浓度降低，另外，水温继续升高，海水垂向上更加稳定，透明度增大，海水层化现象明显，叶绿素a 浓度在 6 月急剧降低。夏季汛期大量河水的流入给近岸带来了丰富的陆源物质，营养盐含量在此期间逐月增加，因此叶绿素a 浓度高值区位于渤海的大部分海域、东海的长江口邻近外海、闽浙沿岸及舟山群岛周边等海域。但是，黄海中、北部及东海离岸海域的叶绿素a 浓度普遍降低。

秋季（9 ～ 11 月）：叶绿素a 浓度的变化幅度与春、夏季相比减小，总体分布趋势仍表现出由近岸向外海逐渐降低的特征，但近岸高值区有所减小，而远岸叶绿素a 浓度有逐渐增加的趋势。这可能是由于日照时间逐渐减少，海面开始释放热量，水温下降，温跃层减退，并且随着北风的加强，海水混合加强，混合层加大，上层海水中营养盐得到补充，幼鱼、幼虾等海洋生物逐渐移向远岸海域索饵，减少了对近岸浮游植物的摄食，导致叶绿素a 浓度又有小高值出现。浮游植物数量在 9 ～ 11 月又出现增长趋势，高值区位于渤海、黄海的鸭绿江口和海州湾近岸、东海的长江口附近海域。叶绿素a 浓度相对低值区普遍分布在南黄海中央海域及东海远岸海域。

4.3.3　南海表层叶绿素a 浓度的时空变化特征

（1）气候态特征及长期变化趋势

图 4.14 为 1998 ～ 2018 年南海表层年平均叶绿素a 浓度的分布。可见，叶绿素a 浓度空间分布的基本特点是近岸海域高、离岸海域低，海盆中岛礁周围相对较高。南部湄公河口附近海域叶绿素a 高浓度分布可能与湄公河入海径流输入的大量陆源营养盐有关。

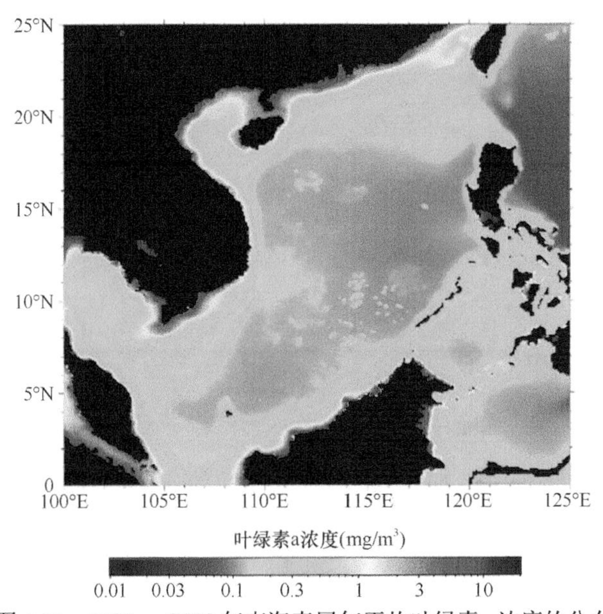

图 4.14　1998 ～ 2018 年南海表层年平均叶绿素a 浓度的分布

图 4.15 是 1998 ～ 2018 年南海表层叶绿素a 浓度的线性变化量。对每个空间点上的叶绿素 a 浓度年平均值采用线性拟合的方法（Cai et al.，2016），从而分析得到 1998 ～ 2018 年南海表层叶绿素a 浓度空间上的年平均线性变化量。图 4.16 为 1998 ～ 2018 年南海表层叶绿素a 浓度变化趋势。可以看到，21 年来南海全海域平均叶绿素a 浓度总体呈下降的态势，下降了约 0.1741mg/m^3，年均下降约 0.008mg/m^3；其中，琼州海峡东侧和北部大陆沿岸海域相邻海域叶绿素a 浓度明显降低，大部分海域略有降低；远海区域叶绿素a 浓度的变化不明显，变化量一般在零值附近波动。

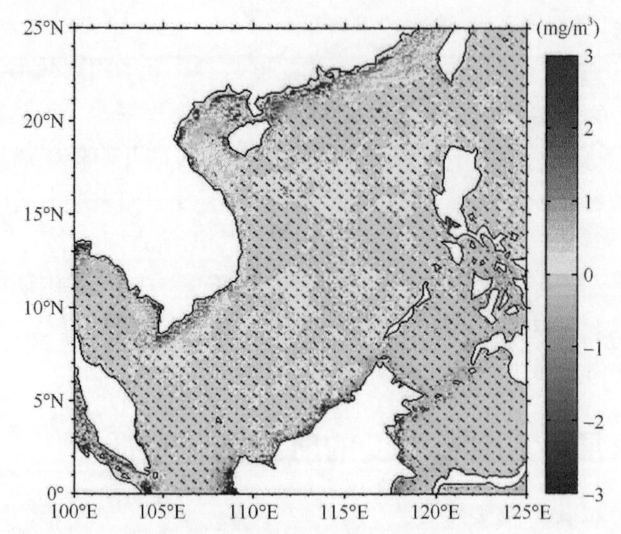

图 4.15　1998 ～ 2018 年南海表层叶绿素a 浓度的线性变化量

圆点处为超过 95% 显著性检验的区域

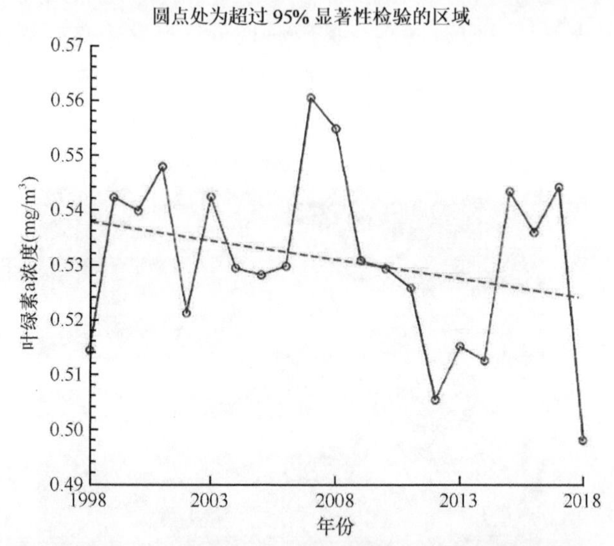

图 4.16　1998 ～ 2018 年南海表层叶绿素a 浓度的变化趋势

蓝色实线代表卫星遥感数据，红色虚线代表线性拟合的年际变化趋势

图 4.17 为 1998 ～ 2018 年南海表层叶绿素a 浓度分解模态及其显著周期。首先将高精度的叶绿素a 浓度的卫星遥感重构资料进行 EMD，再对各 IMF 分量做功率谱分析，提取出具有较强物理意义的模态和变化周期。结果显示，第一保留模态（C1）反映的主要是南海表层叶绿素a 浓度的季节变化情况，而功率谱分析结果显示，这种变化具有显著的半年变化特征，第二保留模态（C2）则呈现明显的 12 个月变化特征。

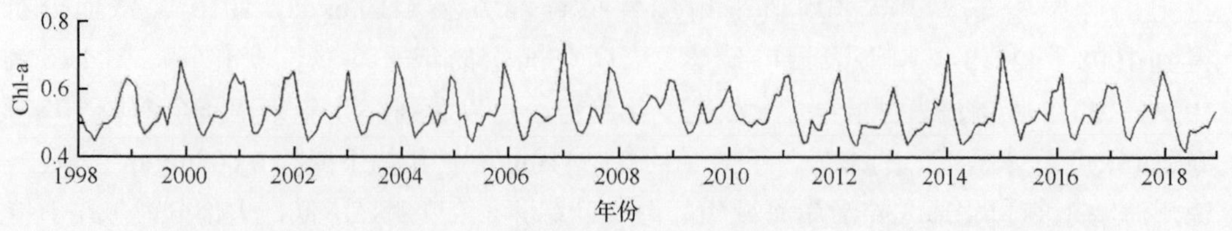

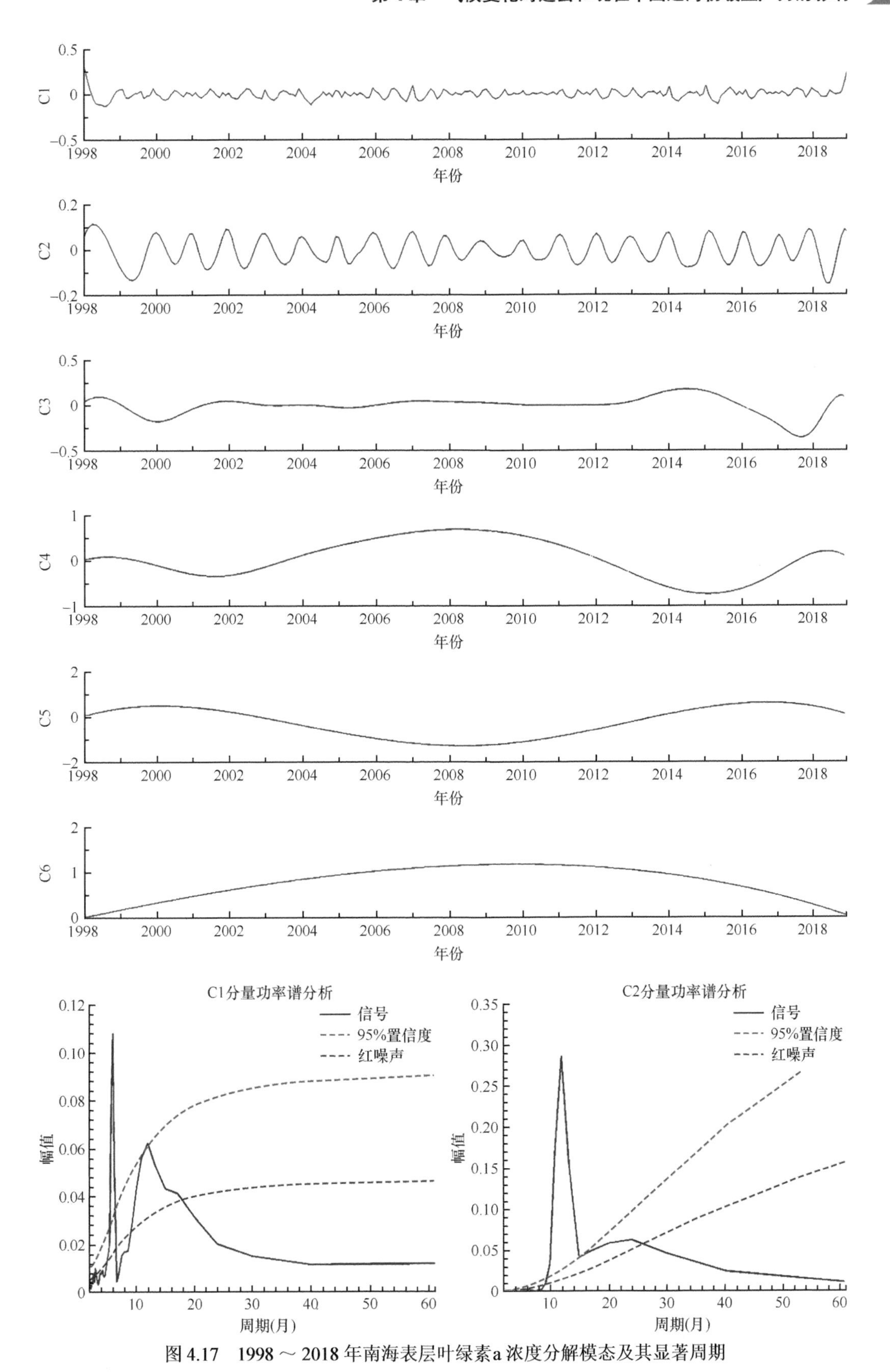

图 4.17　1998 ～ 2018 年南海表层叶绿素a 浓度分解模态及其显著周期

（2）年及季节变化特征

图 4.18 为 1998 ～ 2018 年南海表层叶绿素a 平均浓度的季节变化。可见，南海表层叶绿素a 平均浓度的季节变化特征明显，最大值出现在冬季 1 月，叶绿素a 平均浓度达到 0.631mg/m³。在这之后叶绿素a 浓度迅速下降，在春季 5 月达到全年最低值，为 0.458mg/m³。之后，叶绿素a 浓度开始逐渐上升，在夏季 8 月达到 0.516mg/m³，为同年的第二个峰值。到了秋季 9 月，叶绿素a 浓度有小幅下降，但是，9 月过后，叶绿素a 浓度迅速上升，并在冬季达到全年最高值。南海 21 年表层叶绿素a 浓度总体平均值为 0.531mg/m³。

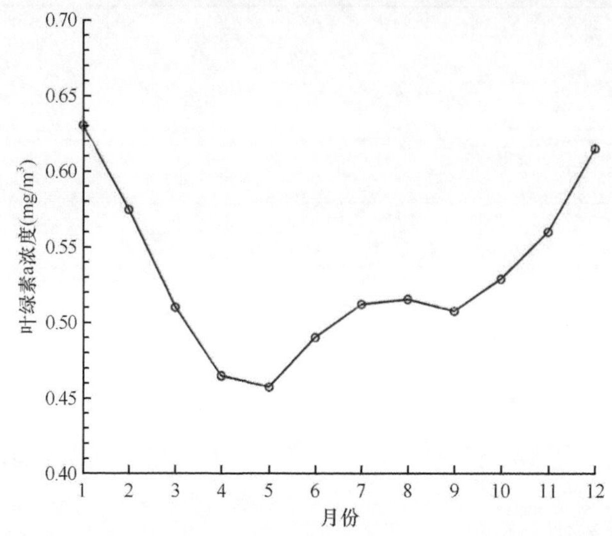

图 4.18　1998 ～ 2018 年南海表层叶绿素a 平均浓度的季节变化

图 4.19 为 1998 ～ 2018 年南海表层叶绿素a 浓度的逐月平均分布。由于南海表层叶绿素a 浓度的季节变化特征较明显，因此，下面从春、夏、秋、冬四个季节的角度出发，讨论分析叶绿素a 浓度的空间变化情况。

冬季（12 月至次年 2 月），南海表层叶绿素a 浓度普遍高于其他季节。除了南海中部的部分区域，在大部分区域叶绿素a 浓度都超过 0.3mg/m³，整个南海北部的叶绿素a 浓度都达到了和海南岛西部海域相同水平，琼州海峡及其邻近海域的高值区域（＞ 1.0mg/m³）相比其他季节明显扩张，达到全年最大。冬季南海海面温度达到全年最低，为浮游植物提供了一个适宜生长的温度环境（陈楚群等，2001），同时受东北季风的影响，以及沿岸海流、气旋环流和南海暖流的作用（李立和伍伯瑜，1989），海水的垂直混合强度大于水平混合，底层大量营养物质进入海水表层（李小斌等，2006），这有利于浮游植物生长，因此南海北部表层叶绿素a 浓度上升。此外，10 月至次年 1 月在吕宋岛西北海域存在一个强上升流区（Shaw et al.，1996），同时黑潮在流经吕宋海峡时有一较强分支通过吕宋海峡进入吕宋岛北部海域（鲍李峰等，2005），两者造成冬季吕宋岛西北海域表层叶绿素a 浓度出现局部升高。

春季（3 ～ 5 月），相对冬季而言，南海表层叶绿素a 浓度普遍较低，具体表现为 3 月过后，整个南海海域表层叶绿素a 浓度迅速降低，达到全年最低值，尤其是南海中部和东部即吕宋岛及巴拉望岛西部海域，叶绿素a 浓度下降明显。近岸海域虽然还保持着

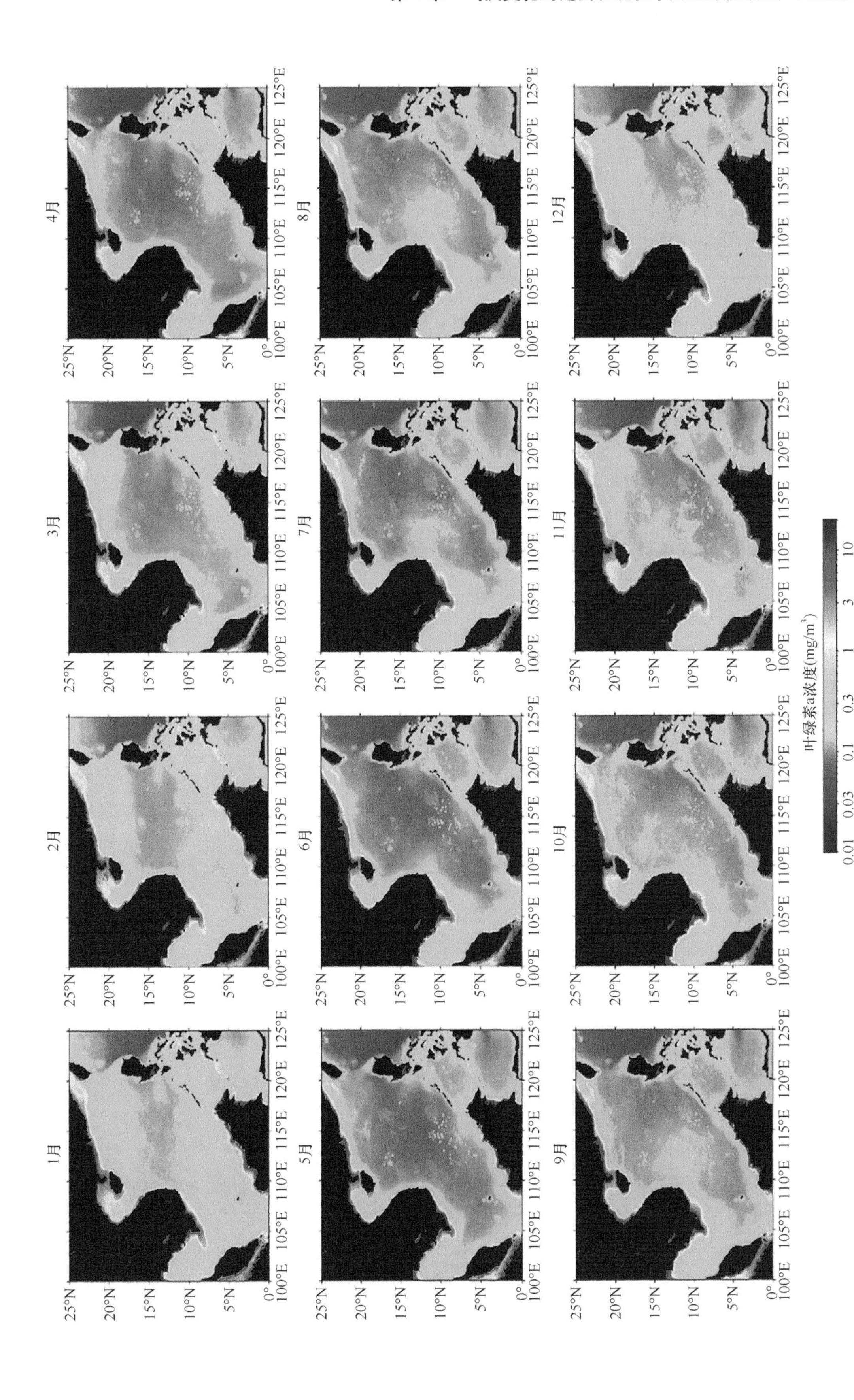

图 4.19　1998～2018 年南海表层叶绿素 a 浓度的逐月平均分布

较高的叶绿素a浓度，但高值范围已有明显缩小。这可能是由于春季海面温度迅速升高，风速减小，不利于海水垂直混合，表层营养盐得不到有效补充，而且过高的温度也不利于浮游植物生长，因此南海整体的叶绿素a浓度降低（赵辉等，2005）。但随着沿岸河流枯水期结束，入海口附近海域的表层叶绿素a浓度逐渐升高。

夏季（6～8月），南海表层叶绿素a浓度总体比春季有小幅度上升，北部沿岸海域及海南岛西侧海域的高值区有所增强，11°N附近西侧沿岸海域有一舌状高值区向远岸海域发展。夏季，南海北部沿岸雨水丰沛，入海河流冲淡水达到全年最大值，与以海南岛东北和广东边界近海海域为上升流中心的南海北部大陆架上升流（吴日升和李立，2003），同时给南海北部沿岸海域浮游植物的繁衍带来丰富的营养盐，海表叶绿素a浓度随之升高，同时在沿岸海流的影响下，叶绿素a浓度高值区逐渐扩大。再者，由于较强的西南季风受到越南安南山脉的阻挡，于11°N附近形成一支强大的季风急流（Xie et al.，2003），除加强局地混合之外，还形成了上升流，使得表层海水营养盐得到补充；同时，埃克曼离岸输运及风轴南侧反气旋涡的作用，将此低温、高营养盐海水向东往海盆区输运，形成叶绿素a浓度的季节性高值带（刘昕等，2012）。

秋季（9～11月），位于11°N附近的叶绿素a浓度季节性高值带逐渐消失，整体叶绿素a浓度进一步上升。随着西南季风的消退，东北季风逐渐控制南海北部海域，海水温度由东北沿西南方向逐渐降低，风速较快、风力较强的东北季风逐渐增加海水的垂直混合强度，再加上粤东及粤西沿岸上升流（龙爱民等，2006）和沿岸流的影响，海表营养盐浓度逐渐增加，海面温度的降低和营养盐的丰富促进了浮游植物的生长，造成海水表层叶绿素a浓度由北向南随时间逐渐升高。近岸海域的叶绿素a浓度高值区面积明显增大，而南海东部的叶绿素a浓度较低。

4.4 中国近海表层叶绿素a浓度的变化与环境因子的关系

近年来，关于中国近海表层叶绿素a浓度与环境因子的关系也开展了一定的研究。伍玉梅等（2008）应用SeaWiFS遥感资料，分析了1997～2007年东海表层叶绿素a浓度月均值的时空变化特征，认为近海表层叶绿素a浓度主要受到陆地径流带来富营养盐的影响，如近海表层叶绿素a浓度高、变化幅度大、周期短，而东海外海及台湾海峡主要受到高温寡营养盐的黑潮及其分支的影响，叶绿素a浓度低、变化幅度小、周期长。沙慧敏等（2009）利用MODIS的2002年7月至2007年12月卫星数据，分析了东海海域的SST和叶绿素a浓度分布规律，认为东海陆架海域叶绿素a浓度与SST呈显著负相关关系（R^2=0.8139）。付东洋等（2009）利用MODIS、SeaWiFS卫星资料，分析了2000～2006年西北太平洋海域主要台风对叶绿素a浓度的影响，发现台风会导致叶绿素a浓度最大值增长2.385～10倍。林丽茹和赵辉（2012）利用SeaWiFS卫星遥感叶绿素a质量浓度及TRMM微波遥感海面温度产品，研究了南海表层叶绿素a质量浓度的季节变化特征及其同海面温度的关系，结果显示，南海表层叶绿素a质量浓度与海面温度呈显著的负相关关系。

另外，4.3节分析结果显示，中国近海表层叶绿素a浓度分布存在明显的季节变化特征，为了探讨叶绿素a浓度变化与海面温度、海面盐度和E-P指数的关系，将上述资料按季节划分，并做相关性对比分析。

4.4.1　数据资料与分析方法

（1）数据资料

本节的海面温度、盐度资料分别采用 HadISST、SODA（详见 1.3.1 小节），海面蒸发和降水数据资料分别采用 OAFlux、GPCC 再分析资料（详见 1.4.1 节）。

（2）分析方法

本节采用了以下数据分析方法。

1）相关分析（correlation analysis）是研究现象之间是否存在某种依存关系，并详细对有依存关系的现象探讨其相关方向及相关程度，研究随机变量之间的相关关系的一种统计方法。线性相关分析是研究两个变量间线性关系的程度，用相关系数 r 来描写叙述。

2）Z-Score 标准化是数据处理的一种常用方法。通过它能够将不同量级的数据转化为统一量度的 Z-Score 分值进行比较。Z-Score 通过将两组或多组数据转化为无单位的 Z-Score 分值，使得数据标准统一化，提高了数据可比性，削弱了数据解释性。其具体计算公式为

$$X^* = \frac{x-\mu}{\sigma} \tag{4.16}$$

式中，μ 为所有样本数据的均值；σ 为所有样本数据的标准差；x 为个体样本；X^* 为标准化后的值。

4.4.2　中国东部海域表层叶绿素a 浓度与环境因子的关系

（1）叶绿素a 浓度与海面温度的相关性

图 4.20 为 1998 ～ 2018 年中国东部海域表层叶绿素a 浓度与 SST 的相关系数空间分布。可以看到，两者的相关系数在空间分布上碎片化比较严重，除远海区域呈现显著负相关关系以外，陆架海乃至近海相关系数的绝对值都较小，如长江口附近虽有集中的正相关区域，但相关系数大部分不超过 0.4，无法说明问题。因此，要认识中国东部海域表层叶绿素a 浓度与 SST 的相关关系，需结合两者季节变化特征明显的特点，从季节变化的角度着手。

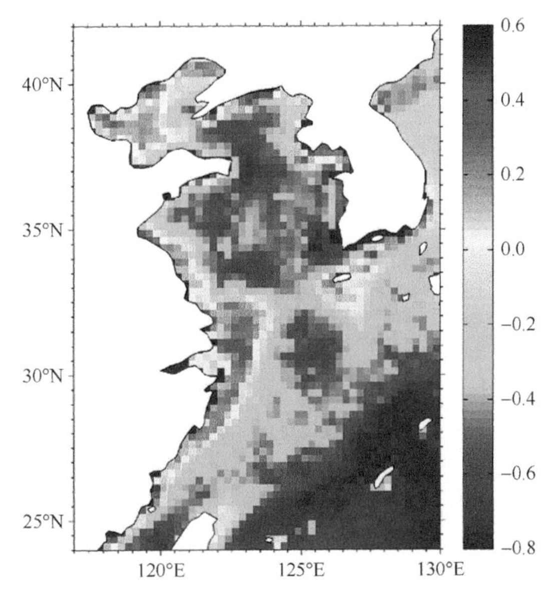

图 4.20　1998 ～ 2018 年中国东部海域表层叶绿素 a 浓度与 SST 的相关系数空间分布

为了分析季节尺度以上叶绿素a 浓度变化与 SST 的相关性，将时间序列为 1998 ～ 2018 年的叶绿素a 浓度遥感数据和 SST 再分析资料，在季节划分的基础上，做标准化处理，然后得出各季节的相关系数，如图 4.21 所示。

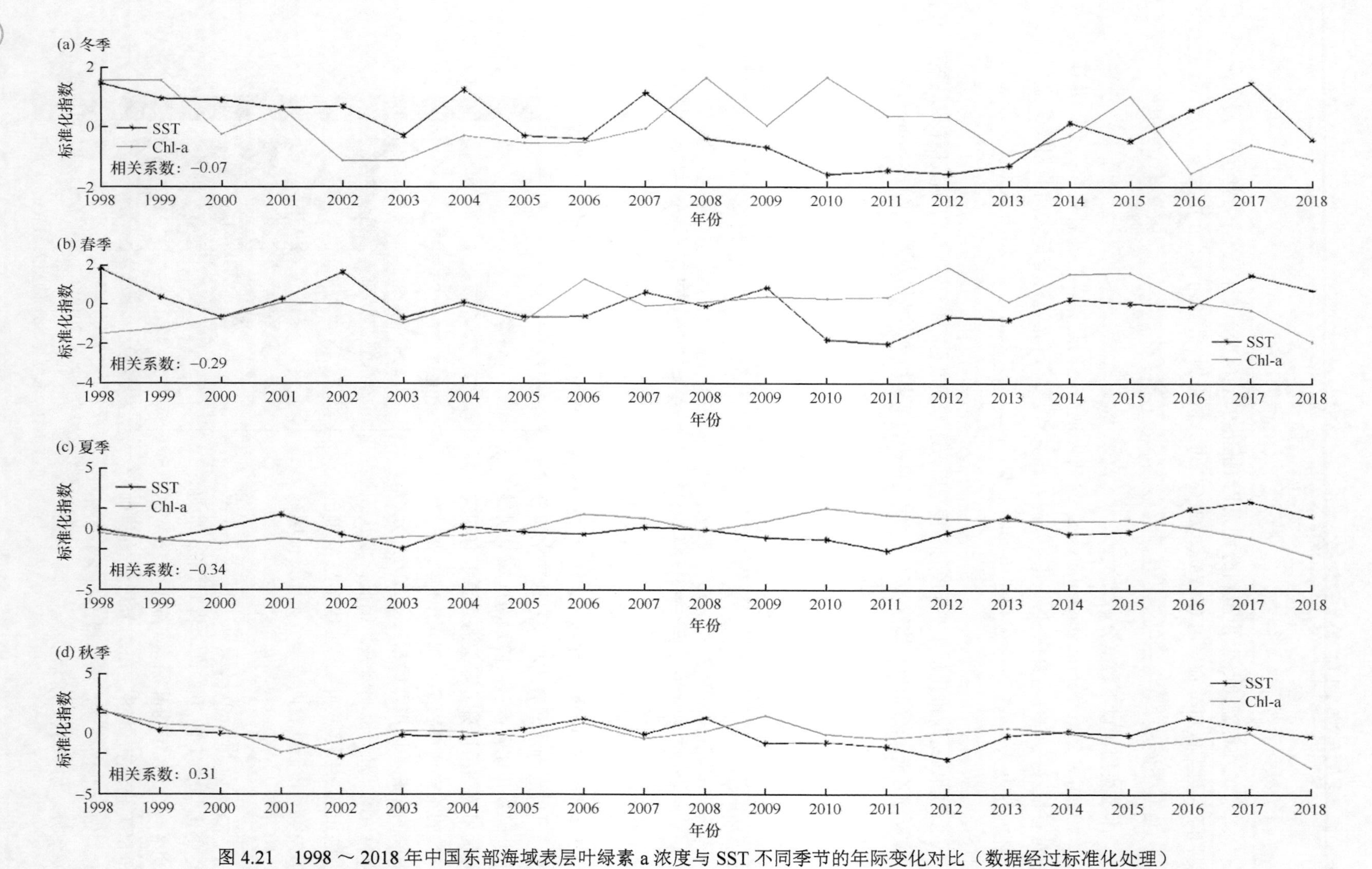

图 4.21 1998～2018 年中国东部海域表层叶绿素 a 浓度与 SST 不同季节的年际变化对比（数据经过标准化处理）

分析结果显示，1998 ～ 2018 年在整个中国东部海域尺度上，冬季叶绿素a 浓度和SST 的相关系数为–0.07，说明在冬季 SST 可能不是影响浮游植物生长的主要因素。春季，叶绿素a 浓度和 SST 呈负相关关系，相关系数为–0.29，说明 SST 上升并没有使叶绿素a 浓度增加，可能原因是春季水体受太阳辐射的影响温度上升，出现季节性温度/密度跃层，阻碍了营养盐的补充（韩君，2008）。夏季，叶绿素a 浓度和 SST 的负相关关系更加显著，相关系数达到了–0.34，由于 SST 进一步升高，混合层深度进一步减小，层化作用达到全年最强，并且，主要以浮游植物为食的浮游动物生物活性随温度上升，摄食率增加，导致叶绿素a 浓度降低。秋季，中国东部海域的叶绿素a 浓度和 SST 显现出弱正相关性，相关系数为 0.31。

为了进一步研究叶绿素a 浓度的季节变化与 SST 相关性的空间分布情况，对空间上每个像素点分季节做两者的相关分析，其相关系数分布如图 4.22 所示。

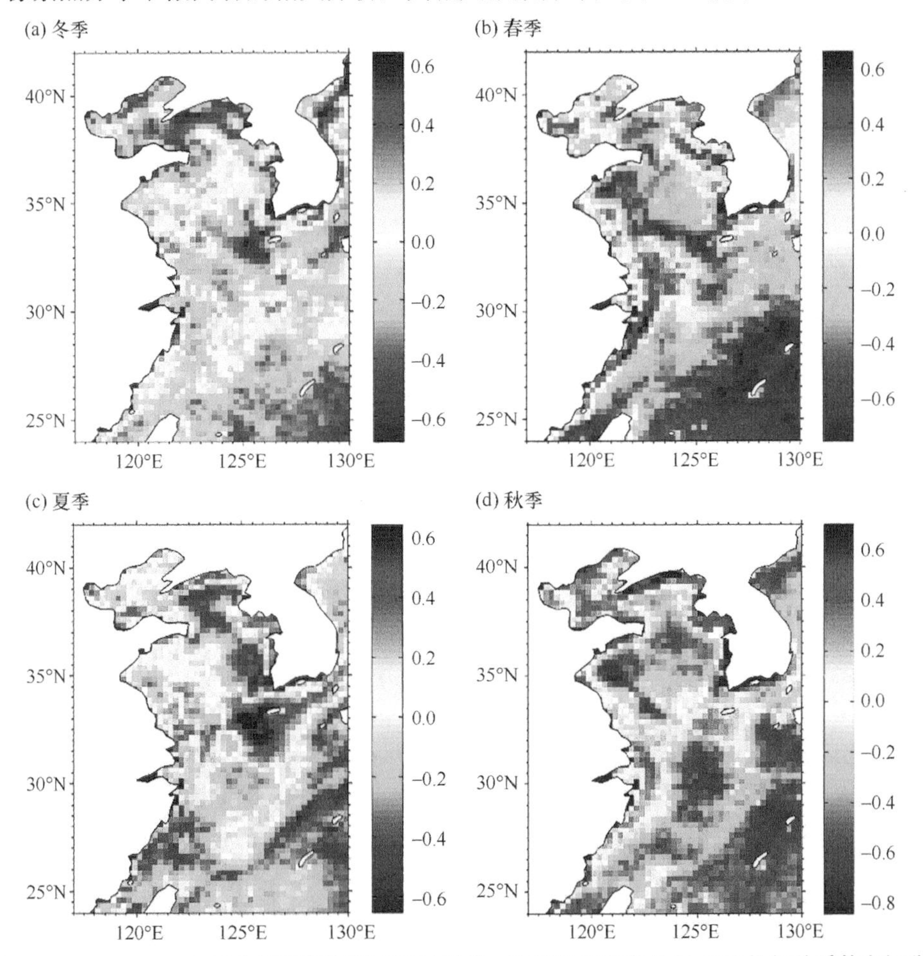

图 4.22　1998 ～ 2018 年中国东部海域表层叶绿素a 浓度的季节变化与 SST 的相关系数空间分布

图 4.22 显示，冬季，中国东部海域表层叶绿素a 浓度和 SST 总体相关性不高，相关系数空间分布碎片化严重，渤海及黄海北部两者关系以负相关为主，可能与冬季风带来的降温过程导致的海水混合有关。春季，长江口附近海域出现了呈带状分布的显著正相关区域，最大相关系数达到 0.6 以上，这可能是由于该海域冬季积累了较多营养盐，到

了春季，随着温度上升，叶绿素a浓度也有明显升高，黄海北部部分海域也有类似情况；其他大部分海域相关系数以负值为主，总体的负相关关系并不显著。夏季，长江口附近的正相关带呈碎片化，相关水平较低，济州岛附近海域呈现出大范围的显著正相关，最大相关系数达到0.6以上，同时，黄海中部及北部部分海域则呈显著的负相关态势，最小相关系数在–0.6以下。秋季，济州岛附近海域正相关区域的面积减小，相关水平有所下降，长江口附近逐渐形成带状分布的正相关区域，相关系数最高在0.4左右，渤海及黄海部分沿岸海域呈显著正相关关系，最大相关系数达到0.7以上，黄海中部及西部开阔海域叶绿素a浓度与SST呈显著负相关关系。

由上述分析可见，中国东部海域的叶绿素a浓度与SST的关系随时间和空间的变化而变化，并未有简单一致的关系。春、夏季，叶绿素a浓度与SST关系较为明显。

（2）叶绿素a浓度与海面盐度的相关性

由于SSS数据分辨率较低，不便于绘图进行空间相关分析，在此仅做变化对比分析。

SSS的时间序列为1998～2017年，同样做标准化处理后，分季节将其与叶绿素a浓度进行对比分析，如图4.23所示。在冬季和春季，SSS处于全年中的较高水平，叶绿素a浓度也同样处于全年中的较高水平，两者之间并没有表现出明显的长年相关性。夏季，SSS和叶绿素a浓度处在较低水平，但两者之间未有明显关系。秋季，两者之间变化相关性较低，但从图4.23可以看到，在2008～2015年的8年期间，SSS和叶绿素a浓度的变化几乎完全一致，这也表明在秋季SSS与浮游植物生长可能有密切关系。

（3）叶绿素a浓度与大气淡水通量的相关性

由于大气淡水通量（E-P）数据分辨率较低，不便于绘图做空间相关分析，在此仅做变化对比分析。

E-P指数的时间序列为1998～2016年，同样做标准化处理后，分季节将其与叶绿素a浓度进行对比分析，如图4.24所示。

冬季，E-P较大，淡水通量较小，从总体上看叶绿素a浓度与E-P并无明显长年相关性。春季，E-P较小，降水增多，叶绿素a浓度与E-P的相关系数为0.03。夏季，降水量达到全年最高，E-P为全年最小，叶绿素a浓度与E-P的相关系数为–0.39。秋季，降水减少，E-P增大，虽然叶绿素a浓度与E-P的长年相关性不明显，但从图4.24可以看到，2006～2015年的叶绿素a浓度与E-P呈现高度一致的正相关性，产生这种变化的机制值得今后进一步讨论研究。

综上所述，中国东部海域叶绿素a浓度与SST关系最为明显，存在显著的季节和区域特征，与SSS和E-P的关系则不明显。

4.4.3 南海表层叶绿素a浓度与环境因子的关系

（1）叶绿素a浓度与海面温度的相关性

首先利用高精度叶绿素a浓度卫星遥感重构数据与同时次的SST再分析资料做空间相关分析，图4.25为1998～2018年南海表层叶绿素a浓度与SST的相关系数空间分布。可以看到，南海表层叶绿素a浓度与SST呈现显著负相关关系。由于南海位于热带海域，

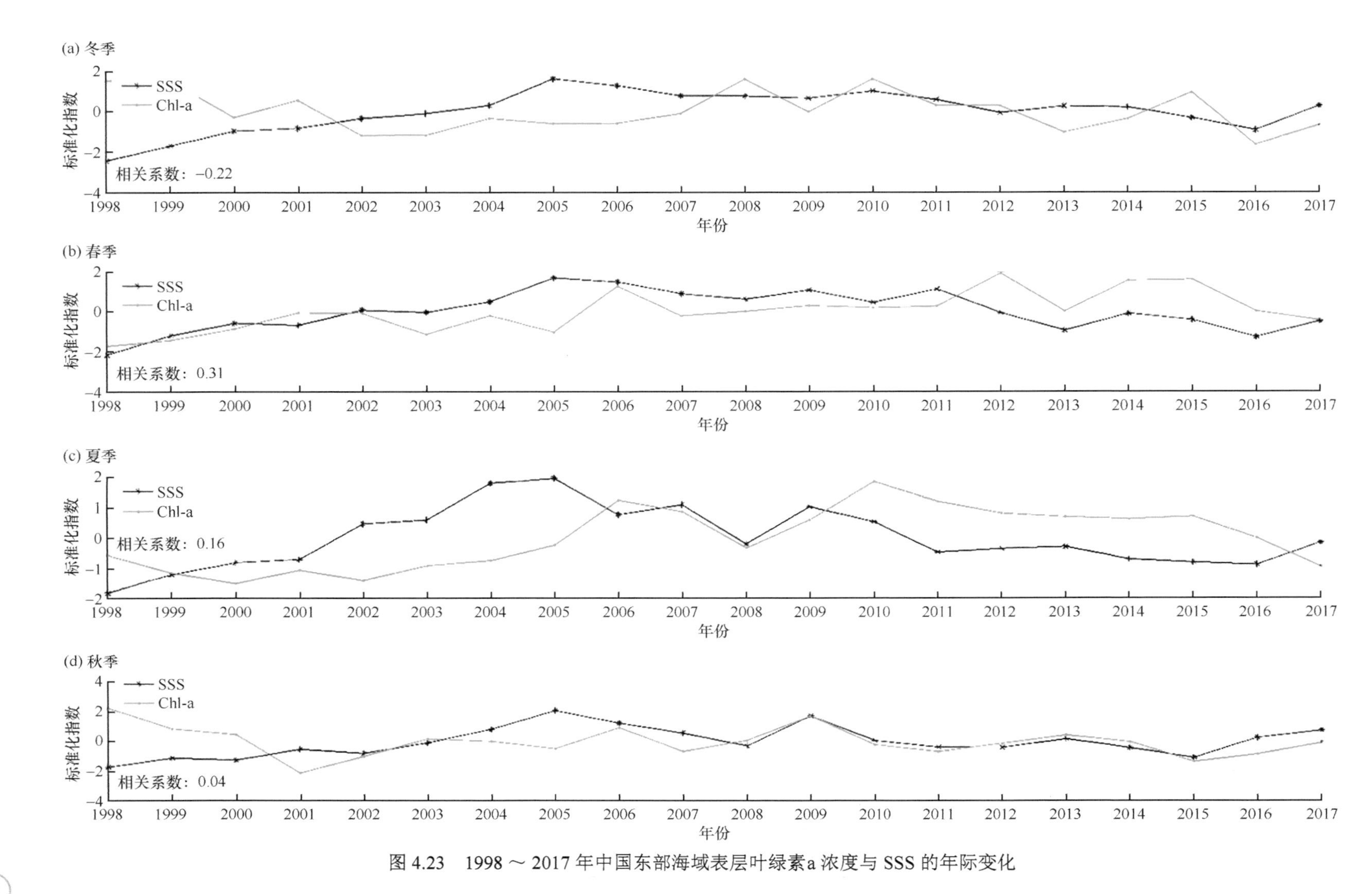

图 4.23　1998 ～ 2017 年中国东部海域表层叶绿素a 浓度与 SSS 的年际变化

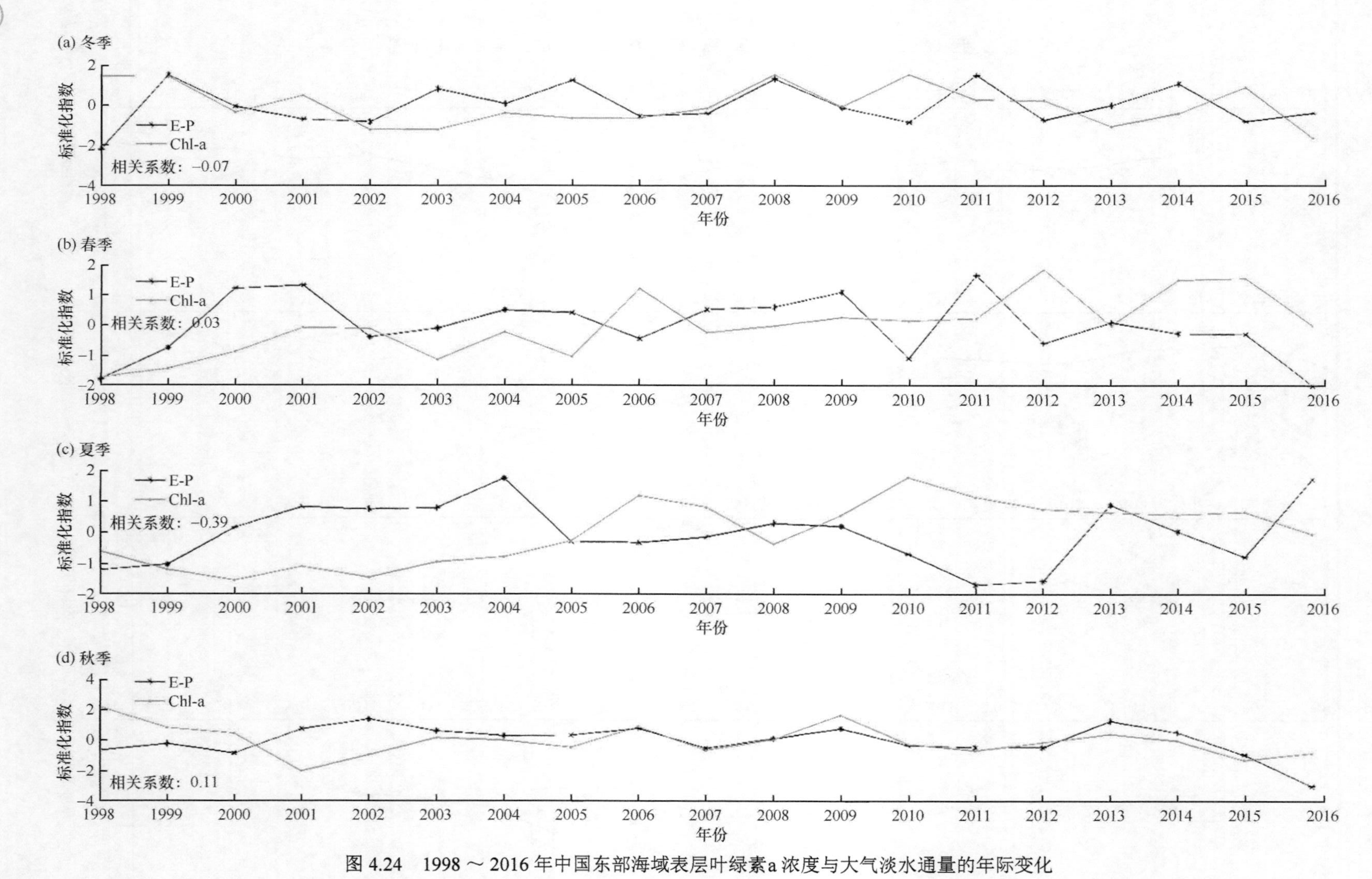

图 4.24　1998～2016 年中国东部海域表层叶绿素 a 浓度与大气淡水通量的年际变化

热量充足，除了沿岸海域，大部分海域的营养盐含量偏低，一方面，SST 过高会限制浮游植物生长，全年 SST 最低的冬季反而更适宜浮游植物生长；另一方面，由于营养盐为南海浮游植物生长的主要限制因子（林丽茹和赵辉，2012），浮游植物丰度会更敏感地反映出营养盐含量的变化，表现为叶绿素a 浓度与营养盐含量具有密切联系。而海水表层温度升高，加强形成温跃层，导致垂直混合减弱，不利于底层营养盐输送到表层；反之，海水垂直混合过程及上升流都会在带来丰富营养盐的同时降低表层水温。因此，南海 SST 与营养盐浓度多呈负相关关系，与叶绿素a 浓度呈显著负相关关系。

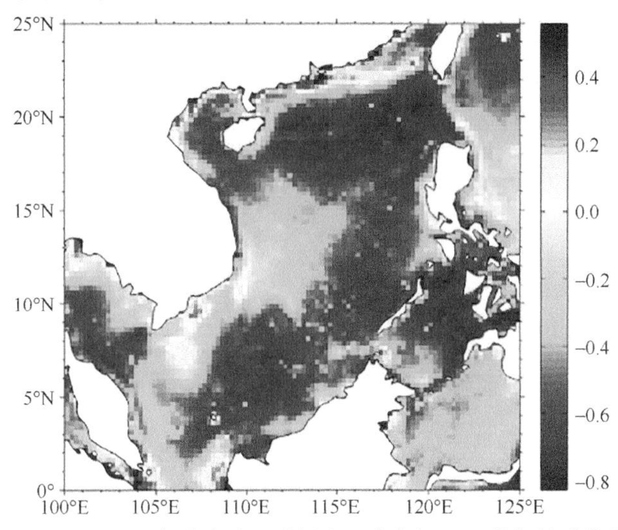

图 4.25　1998 ～ 2018 年南海表层叶绿素 a 浓度与 SST 的相关系数空间分布

为了分析季节变化尺度上叶绿素a 浓度与 SST 的相关性，将时间序列为 1998 ～ 2018 年的叶绿素 a 浓度遥感数据和 SST 再分析资料，在季节划分的基础上做标准化处理，然后得出各季节的标准化指数及两者的相关系数，如图 4.26 所示。

分析结果显示，1998 ～ 2018 年南海表层叶绿素a 浓度和 SST 总体上呈负相关关系，这与林丽茹和赵辉（2012）的研究结果一致。这种负相关关系随着季节变动有明显的变化：冬季，叶绿素a 浓度和 SST 的相关系数达到–0.38，说明在冬季浮游植物生长与 SST 有一定关系；春季，叶绿素a 浓度和 SST 呈负相关关系，相关系数为–0.32；夏季，叶绿素a 浓度和 SST 的相关系数为–0.34；秋季，叶绿素a 浓度和 SST 的负相关最弱，相关系数为–0.01。

为了进一步研究叶绿素a 浓度的季节变化与 SST 相关性的空间分布情况，对空间上每个像素点分季节做两者相关分析，其相关系数分布如图 4.27 所示。

冬季，南海表层叶绿素a 浓度和 SST 的相关系数空间分布较不规则，在南海北部二者正相关，而在海南岛东侧和南侧海域分别呈负相关和正相关关系。在南海南部的大部分海域二者呈显著负相关关系，相关系数可达到–0.66 以下。春季，南海表层叶绿素a 浓度和 SST 总体呈现出高度负相关性，负相关系数可达到–0.80 以下。夏季，这种负相关态势主要向远岸海域集中发展，呈现出西南-东北走向的大面积显著负相关海域。此外，可能是由于汛期来临，由河流携带的陆源营养物质入海量开始增加，近岸海域因此有正相关区域出现。秋季，叶绿素a 浓度和 SST 负相关区域明显减少，但台湾岛西南侧海域

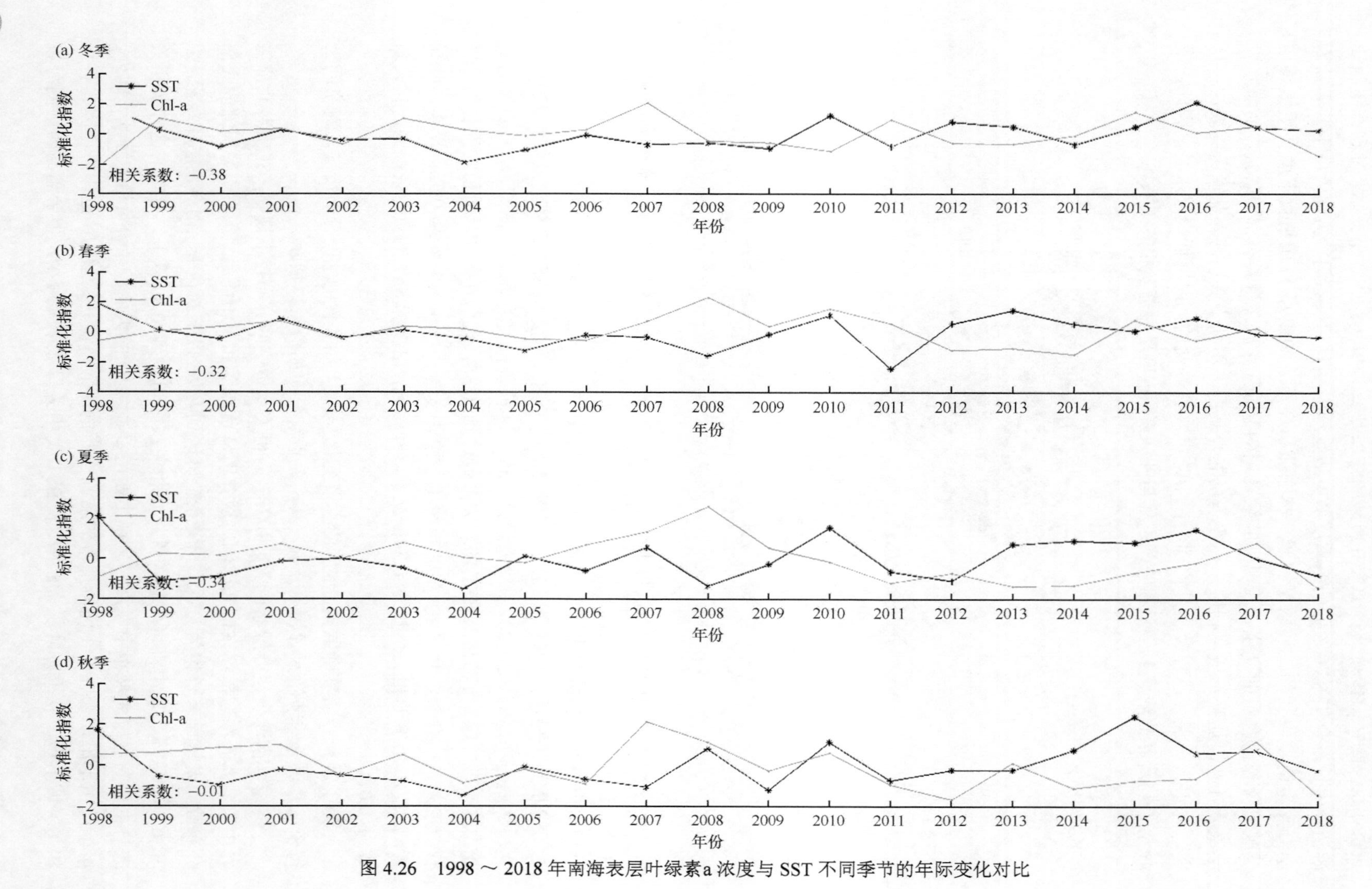

图 4.26　1998 ～ 2018 年南海表层叶绿素a浓度与 SST 不同季节的年际变化对比

及琼州海峡西侧海域等上升流区二者呈显著负相关关系，相关系数可达到–0.80 以下。

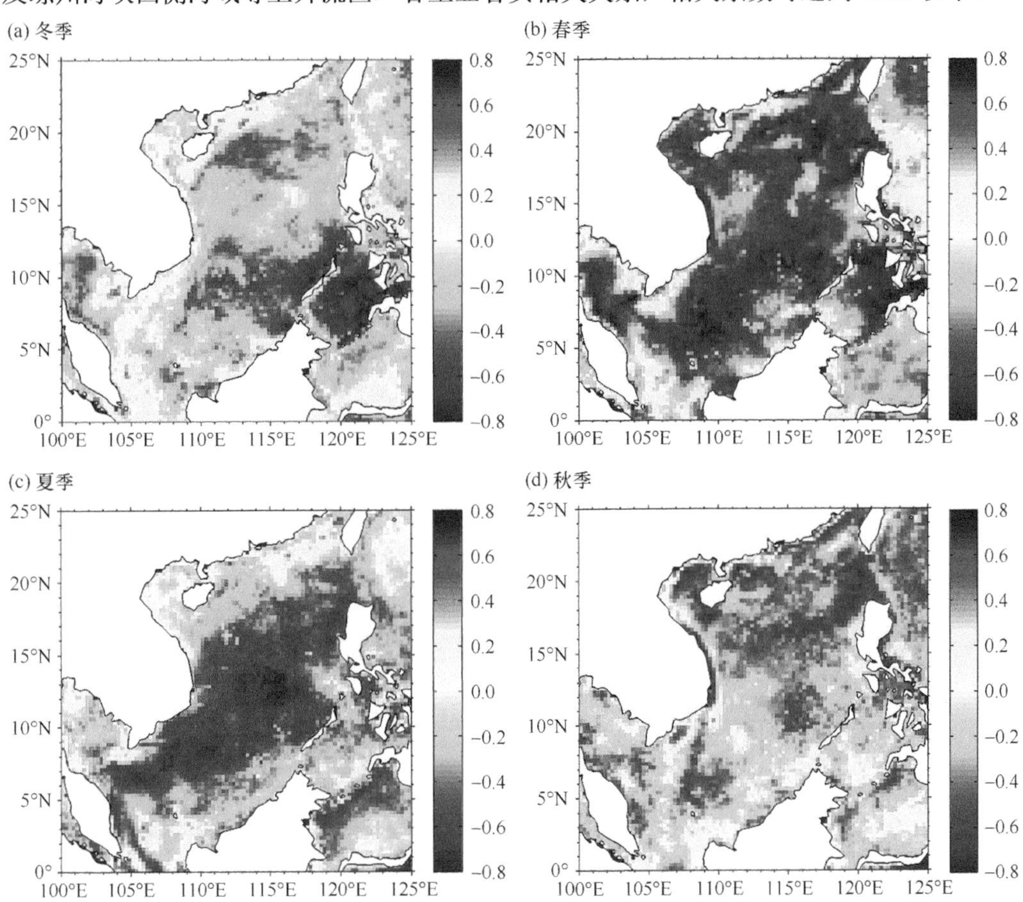

图 4.27　1998 ～ 2018 年南海表层叶绿素a 浓度与-SST 的相关系数空间分布

（2）叶绿素a 浓度与海面盐度的相关性

SSS 的时间序列为 1998 ～ 2017 年，同样做标准化处理后，按季节的变化将叶绿素a 浓度与 SSS 进行对比分析，如图 4.28 所示。

分析结果显示，在 1998 ～ 2017 年的不同季节，南海表层叶绿素a 浓度和 SSS 的相关系数绝对值均不超过 0.2，两者之间无明显季节相关关系。

（3）叶绿素a 浓度与大气淡水通量的相关性

大气淡水通量（E-P）的时间序列为 1998 ～ 2016 年，同样做标准化处理后，按季节将叶绿素a 浓度与 E-P 进行对比分析，如图 4.29 所示。

分析结果显示，与中国东部海域的情况有所不同。1998 ～ 2016 年南海表层叶绿素a 浓度和 E-P 有较显著的负相关关系，但这种关系随着季节有明显的变化。冬季，叶绿素a 浓度和 E-P 的相关系数为–0.15，负相关最弱。春季和夏季，相关系数分别为–0.22 和–0.36，到了秋季，两者之间的负相关关系达到最强，相关系数为–0.42。

综上所述，南海各季叶绿素a 浓度与 SST 呈显著负相关关系，夏、秋季的叶绿素a 浓度与 E-P 也有较强的负相关关系，但各季叶绿素a 浓度与 SSS 的关系不明显。

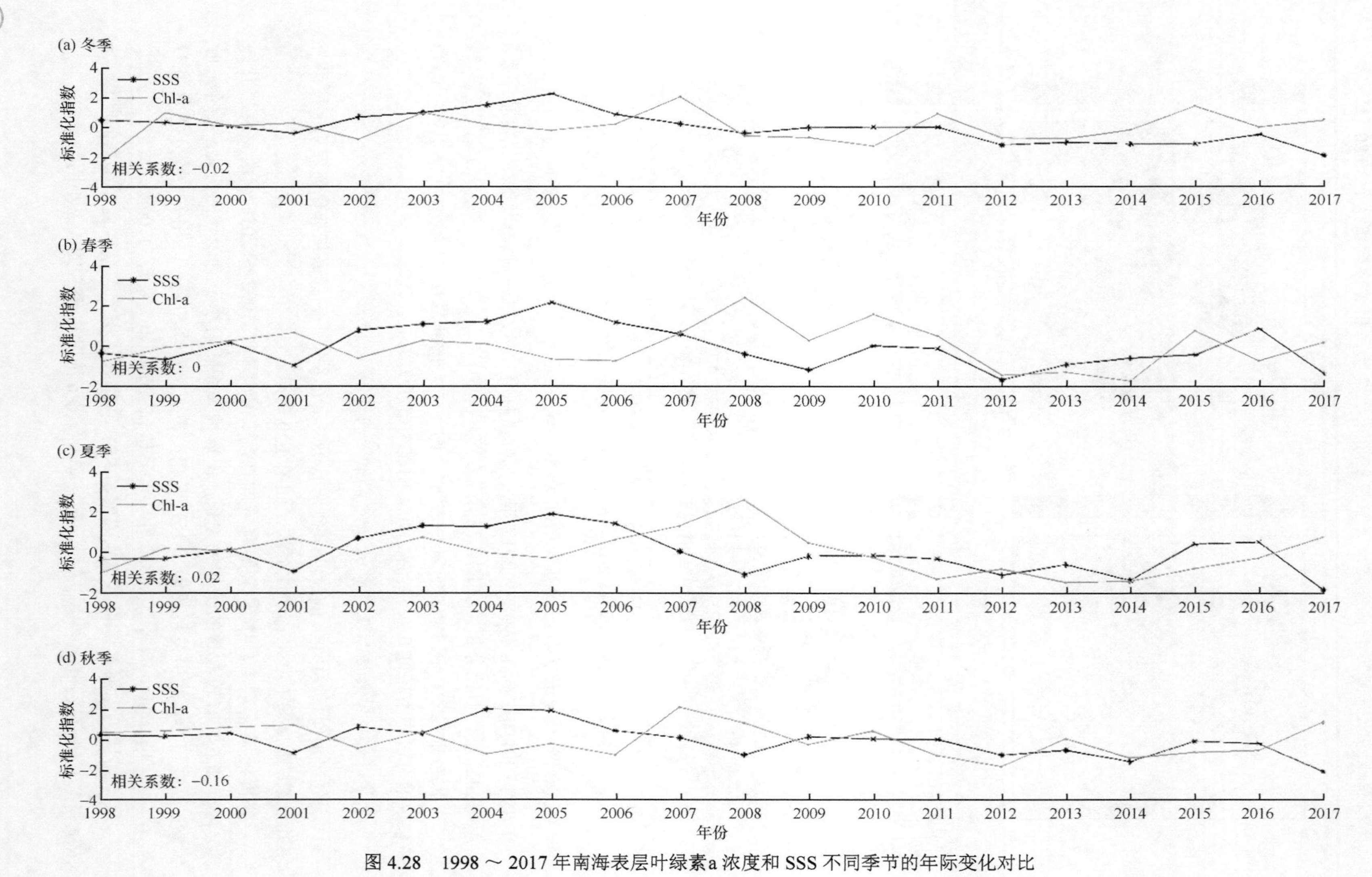

图 4.28 1998～2017年南海表层叶绿素a浓度和SSS不同季节的年际变化对比

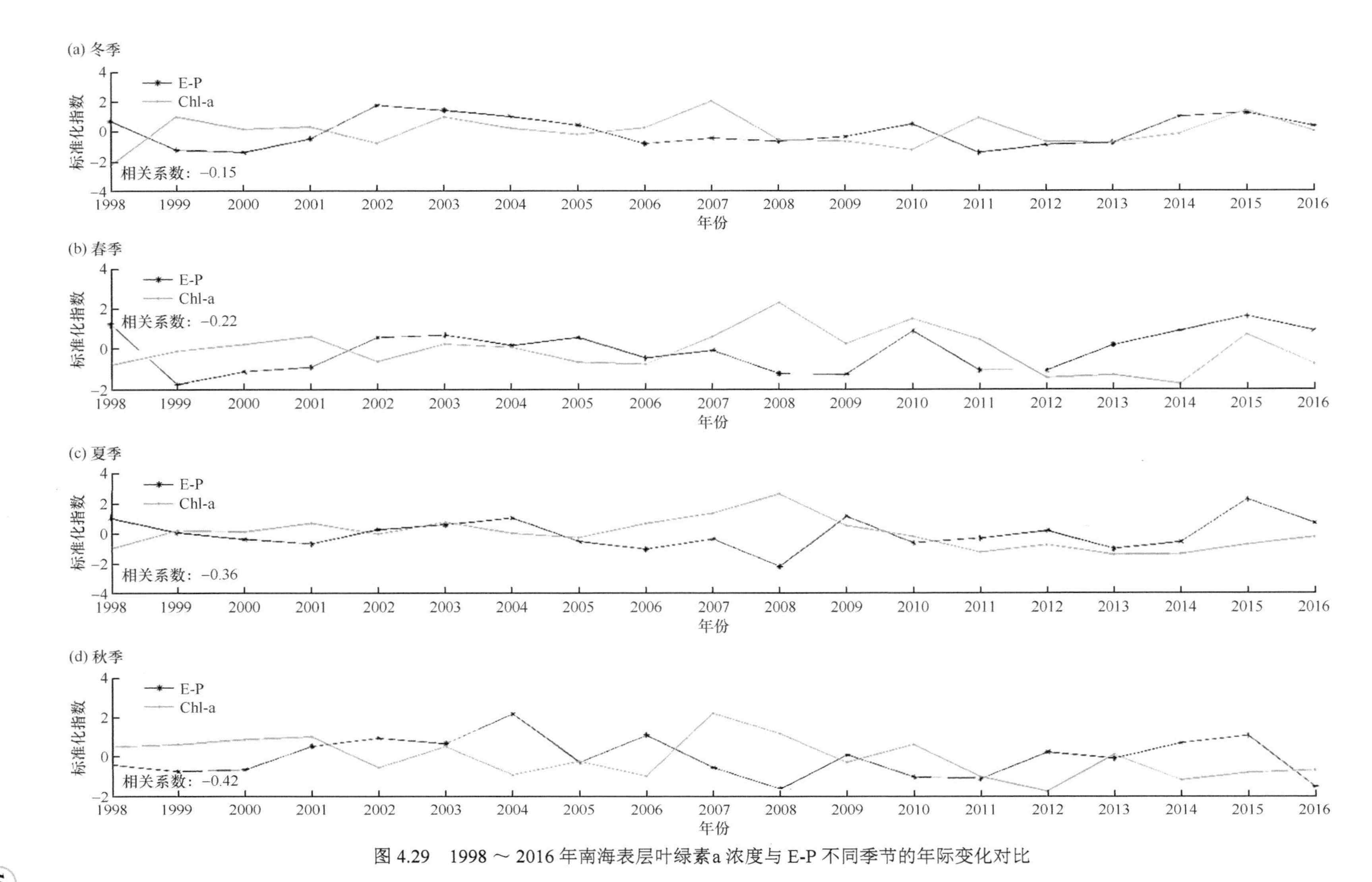

图 4.29　1998 ～ 2016 年南海表层叶绿素a 浓度与 E-P 不同季节的年际变化对比

4.4.4 长江口及邻近海域赤潮暴发的环境温度阈值分析

赤潮，又称“红潮”，是指在一定的环境条件下，海洋中一种或多种微小浮游植物、原生动物或细菌暴发性增殖或高度聚集，并引起一定海域范围在一段时间内变色的生态异常现象，也称为大规模“藻华”。根据引发赤潮的生物种类和数量不同，通常水体颜色呈现红色、黄色、绿色或褐色等（齐雨藻，2003）。海水富营养化是赤潮发生的物质基础，水文气象和海水理化因子的变化是赤潮发生的重要原因。气象与环境条件，如风速、风向、温度、盐度、溶解氧和营养盐等多种因素，共同制约着赤潮的发生与暴发（Kim et al.，2004；申力等，2010；张俊峰等，2006）。

长江口及邻近海域既是中国赤潮多发区之一，又是目前赤潮研究的重要区域。长江口作为中国最大的河口，其邻近海域受到多种流系和水团的影响。长江径流入海后形成的冲淡水为该海域带来丰富的赤潮生物生长所需营养物质或影响其光合作用的悬浮物质。与此同时，该海域还受到台湾暖流及入侵东海陆架的黑潮暖水输送的物质的影响。因此，长江冲淡水和源自黑潮的暖流等水系形成的辐合带共同影响着赤潮的暴发（周名江等，2003）。此外，长江口及邻近海域存在沿岸上升流，不断给表层海水补充营养盐，也为河口区海洋生物资源的形成提供了物质基础（朱根海等，2003）。

自 20 世纪 70 年代末以来，中国近岸尤其是长江口附近海域赤潮的发生频率以前所未有的速度剧增，并呈现出显著的年代际气候变化特征（Cai et al.，2016），而频繁发生的大面积有害藻华（赤潮）和有毒赤潮对海洋环境与生态系统的健康及其服务功能产生了严重的影响，造成沿海地区经济损失的增加（Platt et al.，2003；蔡榕硕，2010）。因此，研究赤潮暴发的规律，为赤潮的预警预报提供科学依据具有重要的现实意义。研究表明，长江口附近海域浮游动物生物量与群落变化的不同步形成了春季赤潮发生的生物环境特征（徐兆礼，2004）；东海原甲藻的耐受低磷能力和超强补偿生长能力是长江口及邻近海域原甲藻赤潮暴发的重要原因（高倩，2014）；在富营养化条件下光照是影响赤潮藻优势种生长的重要因素（王爱军等，2008）。但是，从长时间、多事件等角度为赤潮的预警提供依据的研究仍相对较少。为此，本节基于历年《中国海洋灾害公报》和《浙江省海洋灾害公报》提供的赤潮信息、SST、叶绿素a 浓度等遥感数据，分析长江口及邻近海域赤潮发生与环境温度的关系，以期为该海域的赤潮预警提供科学参考。

（1）研究区域概况及数据来源

研究对象及区域：本节的研究对象为《中国海洋灾害公报》和《浙江省海洋灾害公报》提供的赤潮事件。研究区域为长江口及邻近海域，范围如图 4.30 中虚线方框所示，经纬度为 28°N ～ 32°N、120°E ～ 124°E。

赤潮事件记录：2003 ～ 2016 年的《中国海洋灾害公报》（http://www.mnr.gov.cn/sj/sjfw/hy/gbgg/zghyzhgb/）和《浙江省海洋灾害公报》（https://zjocean.org.cn/oceanswindow/bulletin）提供了赤潮发生时间、地点及年累计面积，即当年赤潮面积的总和等数据。

美国国家航空航天局（NASA）海洋水色处理中心（OCDPS，http://oceancolor.gsfc.nasa.gov）提供了 2003 年 1 月 1 日至 2016 年 12 月 31 日日平均海表叶绿素a 浓度遥感数据（分辨率为4km×4km，MODIS Aqua 3级），以及SST遥感数据（MODIS Aqua 2级），经栅格化处理成日平均数据，分辨率为1km×1km。

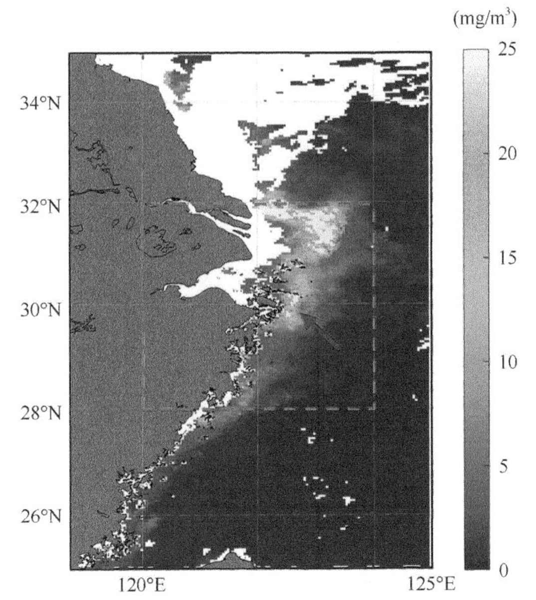

图4.30 2007年7月23日至8月6日长江口及邻近海域表层叶绿素a浓度分布

据《中国海洋灾害公报》报道，2007年7月23日至8月6日，浙江省舟山市朱家尖东部海域发生赤潮，最大面积$700km^2$，红色箭头指出了该次赤潮的具体位置

（2）研究方法

根据《中国海洋灾害公报》和《浙江省海洋灾害公报》提供的赤潮事件，按照其发生时间、发现海域和面积大小，从遥感资料中提取出叶绿素a浓度的图像，并以报道地点附近海域中心叶绿素a浓度大于$10mg/m^3$为判断条件，界定赤潮发生范围的具体经纬度（仅限于浮游植物类赤潮），如图4.30所示。然后，在获取赤潮事件和发生海域面积的具体经纬度后，提取赤潮发生海域对应时空的遥感SST。

（3）赤潮事件发生（暴发）海域SST变化特征

根据4.4.1小节所描述的分析方法，由于云层覆盖等天气要素会造成遥感数据大面积无规律缺失问题，因此赤潮事件并不能在遥感图像上被一一识别。因此，本研究主要提取了在遥感图像中被较好识别的32次赤潮事件，其发生位置及范围大小如图4.31所示。

这32次赤潮事件大部分发生在长江口及邻近海域，最大面积为$7000km^2$，主要赤潮生物为东海原甲藻。为了研究赤潮发生时SST的变化特征，本研究从叶绿素a浓度遥感图像中提取出赤潮事件的经纬度信息，同时，分析赤潮事件发生时赤潮范围内的SST遥感数据。

本节提取出赤潮事件发生时对应的SST，见表4.3。可见，长江口及邻近海域赤潮事件发生时，最低SST为17.94℃，出现在5月；最高SST为30.87℃，出现在8月。由此可见，赤潮发生时，SST变化幅度接近13℃。有研究认为，赤潮形成时，许多单细胞藻类分泌的多糖及其他有机物在海面形成一道既易于吸收太阳辐射，又起到阻隔水面下辐射能发散的屏障，使得赤潮发生海域的水体温度快速上升，表面温度高于周围水体温

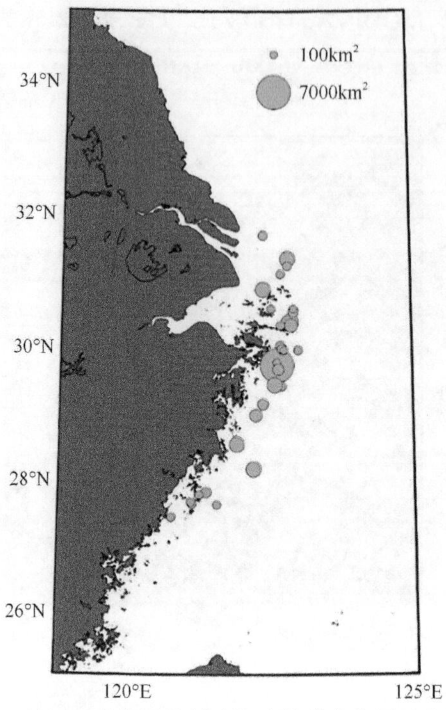

图 4.31　长江口及邻近海域赤潮事件发生位置及范围大小

度（顾德宇等，2003；恽才兴，2005）。从表 4.3 的统计结果看，32 次赤潮事件中，因数据原因无 ΔSST（7d 升温）的有 3 例，ΔSST < 0℃的有 3 例，可能与浙江沿岸的上升流现象有关（胡明娜和赵朝方，2008；倪婷婷等，2014）。ΔSST > 0℃的有 26 例，其中 ΔSST ≥ 2℃的有 17 例，ΔSST ≥ 1.4℃的有 20 例，占有效例子的 69.0%。因此，就长江口及邻近海域而言，仅从统计角度来看，当 ΔSST ≥ 1.4℃时，该海域有可能发生赤潮。

表 4.3　赤潮事件对应的海面温度变化范围

年份	时间	区域	最大面积（km^2）	最低 SST（℃）	最高 SST（℃）	7d 升温（℃）
2003	5 月 20 日	东矶山东至南渔山岛海域	900	19.35	19.50	1.42
2003	5 月 25 日至 6 月 17 日	浙江省南鹿列岛海域	800	20.05	23.87	–0.03
2004	6 月 29 日	渔山列岛附近海域	2000	26.55	26.74	1.87
2005	5 月 24 日至 6 月 1 日	浙江省中南部海域	7000	17.94	21.72	—
2005	5 月 30 日至 6 月 10 日	长江口外海域	500	20.82	25.39	2.76
2005	5 月 31 日至 6 月 16 日	浙江省南鹿列岛附近海域	300	21.33	25.18	2.80
2005	6 月 3 ～ 5 日	浙江省洞头赤潮监控区及附近海域	2000	21.89	22.71	3.65
2006	6 月 12 ～ 14 日	长江口外海域	2100	23.85	23.85	2.23
2007	6 月 27 ～ 30 日	浙江省嵊泗至中街山沿线海域	400	25.09	26.28	2.99
2007	7 月 23 日至 8 月 6 日	浙江省洞头岛至南麂列岛附近海域	700	25.89	28.29	0.89
2007	8 月 24 ～ 28 日	浙江省韭山列岛东部海域	600	26.59	27.66	1.13
2008	5 月 5 ～ 31 日	浙江省舟山市朱家尖东部海域	200	19.02	27.34	5.40
2008	5 月 6 ～ 12 日	浙江省洞头海域	200	19.52	26.35	3.72

续表

年份	时间	区域	最大面积（km^2）	最低 SST（℃）	最高 SST（℃）	7d 升温（℃）
2008	5 月 6～8 日	浙江省渔山列岛以北海区	2100	23.36	24.97	0.90
2008	5 月 11 至 6 月 3 日	浙江省舟山市朱家尖东部海域	150	18.82	27.86	1.06
2008	5 月 16～24 日	浙江省温州市南麂列岛海域	2600	20.23	27.06	7.47
2008	8 月 5～6 日	浙江省东福山至渔山列岛南部海域	400	26.66	26.66	0.77
2009	5 月 2～7 日	浙江省嵊山岛和枸杞岛南侧海域	1330	18.11	24.90	7.77
2009	5 月 7～12 日	浙江省舟山市朱家尖东北侧—中街山列岛—嵊山—花鸟山附近海域	200	21.15	25.17	5.72
2009	5 月 10 日	浙江省宁波市油菜屿以东海域	360	21.92	25.17	3.72
2009	5 月 19～30 日	浙江省东福山附近至普陀山东侧连线海域	1500	20.62	24.96	4.05
2009	6 月 17～22 日	浙江省嵊山岛南部海域	310	23.70	26.73	0.90
2010	5 月 14～27 日	渔山列岛—台州列岛海域	1040	22.22	27.43	3.88
2010	5 月 30 日至 6 月 7 日	浙江省温州市苍南大渔湾海域	400	22.89	28.28	–2.27
2011	5 月 13 日至 6 月 4 日	浙江省舟山市北部海域	200	21.02	28.25	5.35
2012	6 月 3～7 日	长江口外、舟山市北部海域	240	21.68	27.03	–1.96
2016	5 月 17～20 日	浙江省舟山市朱家尖岛以东海域	820	20.59	20.59	—
2016	8 月 16～21 日	浙江省舟山市朱家尖东部海域	2000	28.91	30.87	1.51
2016	5 月 16～21 日	江苏省启东市以东海域	120	19.31	20.59	—
2016	7 月 5～14 日	浙江省温州市苍南石坪附近海域	100	24.64	28.04	2.27
2016	7 月 18～21 日	浙江省舟山市嵊泗海域	350	25.35	28.73	2.04
2016	8 月 8～11 日	浙江省温州市苍南海域	200	27.02	29.54	3.45

注：“7d 升温” 定义为赤潮发生前一周的升温幅度（ΔSST）（顾德宇等，2003）

4.5　气候变化对过去和现在中国近海初级生产力的影响特征

由于可将海洋浮游植物单位时间和单位体积（或面积）生产有机碳的速率认定为初级生产力，因此，较为普遍的方法是将叶绿素a 浓度作为度量浮游植物生物量的标准，并应用卫星遥感资料估算与分析海洋初级生产力的时空变化。例如，从早期的海岸带水色扫描仪（CZCS）数据，到现在的海洋宽视场传感器（SeaWiFS）和 MODIS 等遥感数据，为海洋初级生产力的研究提供了大量的数据资料。因此，本节内容主要基于重构的叶绿素a 浓度卫星遥感反演资料，分析 1979 年以来的中国近海表层叶绿素a 浓度的时空变化；同时，收集分析历史文献资料，开展中国近海初级生产力的变化监测与归因分析，评估气候变化对过去和现在中国近海初级生产力的影响。

4.5.1　中国近海初级生产力的长期变化特征

图 4.32 为 1979～1999 年和 2000～2014 年中国近海表层叶绿素a 浓度的变化趋

势对比，这是基于美国 NASA 于 1978 年发射的第一颗水色遥感卫星 CZCS 和后续的 SeaWiFs 的遥感数据资料（分辨率为 9km×9km）的分析结果。由图 4.32 可见，中国近海表层叶绿素a 浓度的空间分布均表现出从近岸到外海递减的现象，但 1979 ～ 2014 年中国东部海域特别是东海近岸浮游植物叶绿素a 浓度有升高的趋势，从 0.95mg/m^3 上升到 1.28mg/m^3。图 4.9、图 4.10 也显示，1998 ～ 2018 年中国东部海域的平均叶绿素a 浓度呈现增加态势，21 年来增加了 0.1071mg/m^3，年均增长 0.0051mg/m^3。

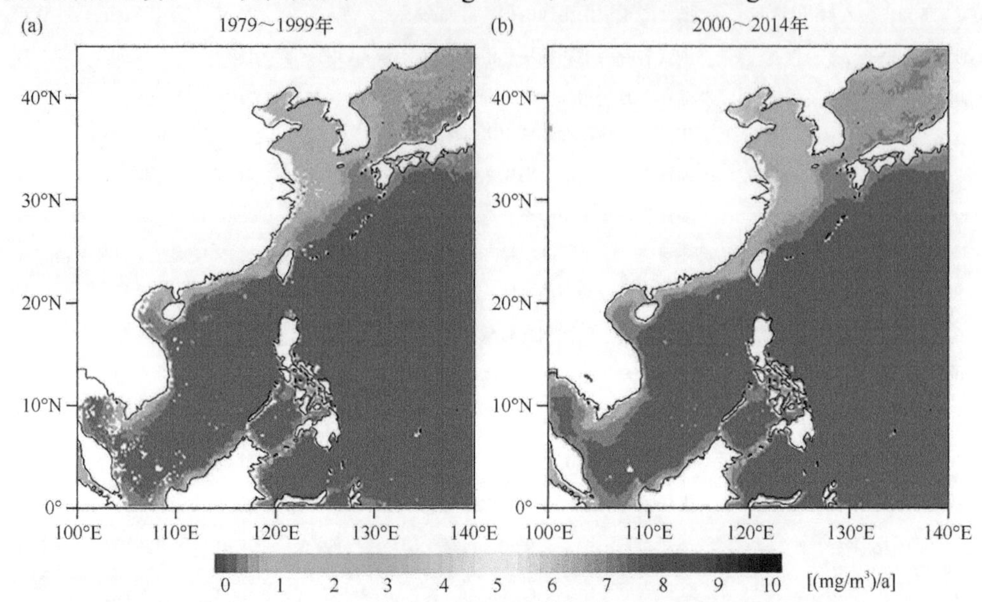

图 4.32　1979 ～ 1999 年与 2000 ～ 2014 年中国近海表层叶绿素a 浓度的变化趋势对比（Cai et al.，2016）

上述分析结果与其他的研究结果相似。例如，基于卫星遥感数据的研究表明，渤海净初级生产力（NPP）在 2003 ～ 2016 年存在一定波动性变化且整体呈小幅度上升趋势，其中显著增加的海域面积占 50.67%，分布在辽东湾、秦皇岛邻近海域及渤海中部海域，渤海的莱州湾、渤海湾北部海域及黄海北部海域的初级生产力有明显的上升趋势（李晓玺等，2017）。近 20 年来，黄海的初级生产力也发生了较大的变化，与历史时期相比，黄海北部的初级生产力较明显升高（杨曦光，2013）。黄海、渤海的大部分海域每年叶绿素a 浓度的上升速率均超过了 1%（陈小燕，2013）。此外，2003 ～ 2014 年，中国东部海域及邻近海域的净初级生产力有上升的趋势（丁庆霞和陈文忠，2016）。Sapiano 等（2012）的研究表明，1997 ～ 2007 年，冬季北半球叶绿素a 浓度高于夏季，其中，中国东部海域冬季的叶绿素a 浓度存在相同的趋势。这些研究结果说明了近几十年来中国东部海域表层叶绿素a 浓度出现不同程度上升的事实。

图 4.32 还显示，除了中国南部沿岸和中南半岛南部沿岸的海域，南海大部分海域的叶绿素a 浓度没有增加的现象。而在 4.3.3 节中，图 4.15、图 4.16 显示了南海相反的变化趋势，即 1998 ～ 2018 年南海表层叶绿素a 浓度总体呈现降低的趋势，下降了约 0.1741mg/m^3，年均降低约 0.008mg/m^3。具体而言，图 4.32 显示，南海大部分海域的叶绿素a 浓度的线性变量不大，珠江口及其附近海域、湄公河口及附近海域的叶绿素a 浓度增加较明显，但离岸的深海区域叶绿素a 浓度未有明显变化。

综上所述，1979～2018 年中国东部海域尤其是长江口及附近海域的叶绿素a 浓度和初级生产力呈现上升的趋势，而南海变化则不大，甚至呈现下降的趋势，表现出与大洋变化较为相似的特点，且与海温有负相关关系（*证据量充分，一致性高*）。总体而言，中国东部海域的叶绿素a 浓度变化体现的是陆架海的特点，而南海表层叶绿素a 浓度的变化则与大洋的变化相似。这表明，1978 年以来，中国东部海域的初级生产力上升，而南海的初级生产力变化不大，甚至略有下降（高信度）。

4.5.2　中国近海初级生产力变化的归因分析

研究表明，初级生产力受光照、温度、营养盐和 pH 等因素的制约，而这些环境因素又受到气候变化及相关的海洋物理和化学过程的影响，包括云量、风力、波浪、海流、密度层等长期变化的影响（Boyd et al.，2014）。

（1）海洋初级生产力变化的气候背景

IPCC 报告的评估表明，在气候长期变暖的背景下，高纬度海域如北冰洋和南大洋净生产力（植物通过光合作用所吸收固定的碳扣除自身呼吸消耗后剩余的部分）将进一步增加；而永久性分层的中纬度海区、热带海域如热带西太平洋、热带印度洋和热带大西洋及北大西洋的净初级生产力将进一步降低（蔡榕硕等，2020a; Bindoff et al.，2019; Hoegh-Guldberg et al.，2014; Portner et al.，2014）。从全球的角度看，扣除高纬度海域生产力的增加，气候变暖将使得全球海洋净生产力降低（蔡榕硕等，2020a; Bindoff et al.，2019; Portner et al.，2014）。

研究显示，在 1997～2006 年，全球海洋净初级生产力存在先升后降的变化，变化趋势与较长时间 ENSO 指数的变化相吻合（Behrenfeld et al.，2006）；其中，1997～1999 年，全球处于强 El Niño 向 La Niña 转变过程，赤道、东边界上升流中心区、北半球的高纬度区域及南半球的亚热带区域初级生产力有不同程度的升高（Behrenfeld et al.，2006）。这也表明，全球或区域海洋初级生产力的变化与大尺度的海气相互作用有密切关系。

除了气候变化背景，人类活动对中国近海特别是中国东部海域的生态系统有很大的影响。其中，过度捕捞和营养盐从食物链上层和下层两个方向影响着浮游植物生长的条件，使得这一海区海洋环境和生态对气候变化的响应变得更为突出（Hoegh-Guldberg et al.，2014）。例如，根据食物链上层次级生产者的数量变化也可以间接推算中国近海初级生产力的变化情况。1976 年黄海东侧韩国海域平均 SST 高于正常年份，温度等值线前沿向北移动，高水温和高气温持续到 1988 年。1976 年的气候跃变导致韩国水域秋刀鱼（*Cololabis saira*）生物量和产量降低，马面鲀生物量和产量明显增加。1988 年之后，远东拟沙丁鱼（*Sardinops melanostictus*）的补充量、生物量和产量全面下跌，日本鲭（*Scomber japonicus*）的数量大幅回升（Zhang et al.，2000）。而这两个重要时期的生态系统年代际转型或生态格局跃变（regime shift）在北太平洋 HOT（the Hawaii Ocean Time-series）海洋观测站上都有记录（Hare and Mantua，2000）。

此外，观测表明，中国东部海域初级生产力的基本分布格局表现为近岸海区高于远岸，春季和秋季初级生产力出现高值（Wei et al.，2008），区域营养盐补充对初级生产力升高有很大的作用。而中国近海尤其是中国东部海域环境受东亚季风、黑潮和江河径流（如黄河和长江）的影响巨大，次表层黑潮涌升流及江河入海径流为该海区提供了丰富的营养盐；此外，季节性变暖的提前影响近岸浮游动物群落结构季节演替，降低浮游动物对浮游植物的摄食压力（徐兆礼，2011），有利于近岸水华的出现或赤潮的暴发。这是该海域初级生产力趋于偏高的主要原因。

（2）气候变化与人为活动对中国近海初级生产力变化的影响归因

影响浮游植物和初级生产力的主要因子有：光照、温度、pH 和 DO 含量、营养盐和风力等。其中，温度、营养盐等因素又受到气候变化及陆源营养盐排放入海的影响，且不同的浮游植物物种对影响因子的响应也不同。其中，氮、磷等营养盐的变化在一定程度上调控着海洋初级生产过程，也是海洋初级生产力的主要限制因素。例如，相比于甲藻，硅藻更适应低温和高营养盐环境，而甲藻对温度和营养盐相对不敏感，但倾向于低磷或氮磷比值高的环境（Xiao et al.，2018）。因此，一方面，气候变化背景下海洋变暖特别是海洋上混合层温度升高，层化加强，会引起底层营养盐向上输送的减少；另一方面，近几十年来，受陆源污染物排放入海的影响，例如，随着陆源 N、P 营养盐的大量输入，N/P、N/Si 的升高导致中国近海沿岸海域特别是长江口及附近海域营养盐结构严重失衡（蔡榕硕等，2020b）。

王磊等（2012）对 2008 年冬季东海和南海北部海域浮游植物影响因子的研究指出，营养盐是影响调查海域初级生产力的主要因素，而光照、温度和盐度对浮游植物的生长起次要作用。南海大部分海域处于热带，有充足的光照，SST 通常较高，光照和温度一般不会成为南海浮游植物生长的限制因子，但有时较高的 SST 会增强海水的层化作用，这使得表层浮游植物所需的营养盐难以从深层得到补充，因此，南海海域浮游植物的生长主要受营养盐限制。例如，南海表层叶绿素a 浓度与温度的变化大致呈负相关关系，即温度升高对应叶绿素a 浓度降低（林丽茹和赵辉，2012）。

中国东部海域环境受东亚季风、黑潮和入海江河径流的影响巨大，次表层黑潮涌升流及江河入海径流为该海域提供了丰富的营养盐，而季节性变暖提前影响近岸浮游动物群落结构季节演替，降低了浮游动物对浮游植物的摄食压力（徐兆礼，2011）。在近岸海温上升和富营养化的影响下，中国东部海域近岸形成了有利于甲藻快速生长的环境（Xiao et al.，2018，2019），长江口及附近海域赤潮暴发与前一年东亚冬季风的减弱和冬季 SST 的上升有显著的相关关系，有利于中国东部海域近岸有害藻华如赤潮的频繁发生。分析表明，1979 ～ 2018 年中国东部海域的叶绿素a 浓度和初级生产力呈现上升的趋势（高信度），主要归因于海水的升温、富营养化和营养盐结构失衡的影响，这是造成赤潮频繁发生和初级生产力变化的共同驱动因子。值得注意的是，气候变化与陆源营养盐在中国东部海域初级生产力变化中的具体贡献比例还有待今后的深入研究。然而，南海的现象则不同，其叶绿素a 浓度与海温的变化呈负相关关系，南海初级生产力下降主要归因于海水升温的影响。

4.6 结　　语

本章采用卫星遥感数据的重构等方法，构建了用于分析中国近海表层叶绿素a 浓度的卫星遥感资料，研究了中国近海表层叶绿素a 浓度的时空变化，分析了中国近海表层叶绿素a 浓度与环境因子的关系，并研究了气候变化对过去和现在中国近海初级生产力的影响，得到以下结果。

（1）中国近海表层叶绿素a 浓度的卫星资料重构实验

根据经典 DINEOF 的重构方法，利用 EMD 技术可检测异常值（噪声）的特点，采用其可剔除原始数据中噪声的有效方法，并引入了基于数据同化思想的二次订正过程，形成的 DINEOF-EMD 方法可对卫星遥感数据重构结果进一步优化。实验结果表明，DINEOF-EMD 方法能够较为成功地刻画中国近海表层叶绿素a 浓度的时空变化特征，具有无需先验参数和运算速度快等优点，并且重构精度比经典 DINEOF 方法提高了 5% ～ 10%。

（2）中国东部海域表层叶绿素a 浓度的时空变化特征及其与环境因子的关系

中国东部海域表层叶绿素a 浓度分布特点：从近岸向远海呈带状分布，从近岸向远海逐渐降低。其中，长江口附近海域及渤海的叶绿素a 浓度较高，最高超过 5.0mg/m^3。1998 ～ 2018 年，中国东部海域表层叶绿素a 浓度总体呈增加的态势，21 年来增加了 0.1071mg/m^3，年均增加 0.0051mg/m^3。全年叶绿素 a 浓度最高值出现在 4 月，达到 2.974mg/m^3，最低值出现在 7 月，为 2.560mg/m^3。

中国东部海域表层叶绿素a 浓度与 SST 关系最为明显，并有显著的季节和区域特征，其中，春、秋季长江口附近海域及夏、秋季济州岛附近海域，两者为正相关关系，其他海域主要为负相关关系。叶绿素a 浓度与 SSS 和 E-P 的季节关系则不明显。

（3）南海表层叶绿素a 浓度的时空变化特征及其与环境因子的关系

南海表层叶绿素a 浓度的空间分布特点：近岸海域高，离岸海域低，海盆中部岛礁周围海域相对较高。1998 ～ 2018 年，南海表层叶绿素a 浓度总体呈降低的态势，下降了约 0.1741mg/m^3，年均下降约 0.008mg/m^3。全年叶绿素 a 浓度最高值出现在冬季 1 月，达到 0.631mg/m^3，而最低值为 0.458mg/m^3，出现在春季 5 月。此外，夏季 8 月出现全年的第二个峰值，为 0.516mg/m^3。

南海各季叶绿素a 浓度与 SST 呈现显著负相关关系，夏、秋季与 E-P 也有较强的负相关关系，但与 SSS 的相关关系不明显。

（4）赤潮暴发与环境温度阈值

基于遥感观测资料，分析探讨了开展赤潮预测预警的可能性。初步研究表明，2003 ～ 2016 年，长江口及附近海域赤潮的暴发与 SST、光合有效辐射呈正相关关系，而与长江径流入海量的关系不明显。分析还表明，赤潮暴发前一周的 SST 有急剧上升 1.4℃以上的异常现象。这可为今后进一步开展长江口附近海域赤潮事件暴发的预警预报和减灾防灾提供重要科学参考。

（5）气候变化对中国近海初级生产力的影响

1979 ～ 2014 年中国东部海域（渤海、黄海和东海）尤其是东海近岸海域的浮游植物叶绿素a 浓度有升高的趋势（从 0.95mg/m^3 到 1.28mg/m^3），并且，这种变化与海洋大气环境的长期变化有较明显的对应关系。结果表明，近40年来，中国东部海域的叶绿素a浓度和初级生产力有较明显的上升趋势，而南海的变化不明显，甚至有所下降。归因分析表明，气候变化及近岸富营养化是共同造成中国东部海域尤其是长江口及附近海域叶绿素a浓度和初级生产力上升的主要驱动因子；但是，气候变化与陆源营养盐输入海洋在中国东部海域初级生产力变化中的具体贡献比例还有待今后的深入研究。

参考文献

鲍李峰, 陆洋, 王勇, 等. 2005. 利用多年卫星测高资料研究南海上层环流季节特征. 地球物理学报, 48(3): 543-550.

蔡榕硕. 2010. 气候变化对中国近海生态系统的影响. 北京: 海洋出版社.

蔡榕硕, 韩志强, 杨正先. 2020a. 海洋的变化及其对生态系统和人类社会的影响、风险及应对. 气候变化研究进展, 16(2): 182-193.

蔡榕硕, 谭红建. 2010. 东亚气候的年代际变化对中国近海生态的影响. 台湾海峡, 29: 173-183.

蔡榕硕, 殷克东, 黄晖, 等. 2020b. 气候变化对海洋生态系统及生物多样性的影响//《第一次海洋与气候变化科学评估报告》编制委员会. 第一次海洋与气候变化科学评估报告(二): 气候变化的影响. 北京: 海洋出版社: 123-196.

陈楚群, 施平, 毛庆文. 2001. 南海海域叶绿素-a浓度分布特征的卫星遥感分析. 热带海洋学报, 20(2): 66-70.

陈小燕. 2013. 基于遥感的长时间序列浮游植物的多尺度变化研究. 浙江大学博士学位论文.

丛丕福, 牛铮, 蒙继华, 等. 2006. 1998-2003年卫星反演的中国陆架海叶绿素a浓度变化分析. 海洋环境科学, 25(1): 30-33.

丁庆霞, 陈文忠. 2016. 基于VGPM的中国近海净初级生产力的时空变化研究. 海洋开发与管理, 33(8): 31-35.

丁又专. 2009. 卫星遥感海表温度与悬浮泥沙浓度的资料重构及数据同化试验. 南京理工大学博士学位论文.

费尊乐, 毛兴华, 朱明远, 等. 1988. 渤海生产力研究——叶绿素a的分布特征与季节变化. 海洋学报(中文版), 10(1): 99-106.

冯士筰, 李凤岐, 李少菁, 等. 1999. 海洋科学导论. 北京: 高等教育出版社.

付东洋, 丁又专, 刘大召, 等. 2009. 台风对海洋叶绿素a浓度影响的延迟效应. 热带海洋学报, 28(2): 15-21.

傅明珠, 王宗灵, 孙萍, 等. 2009. 南黄海浮游植物初级生产力粒级结构与碳流途径分析. 海洋学报(中文版), 31(6): 100-109.

高倩, 夏徐. 2014. 东海原甲藻在氮、磷限制胁迫下的补偿生长. 中国水产科学, 21(6): 1200-1210.

顾德宇, 许德伟, 陈海颖. 2003. 赤潮遥感进展与算法研究. 遥感技术与应用, 18(6): 434-440.

官文江, 何贤强, 潘德炉, 等. 2005. 渤、黄、东海海洋初级生产力的遥感估算. 水产学报, 29(3): 367-372.

郭俊如. 2014. 东中国海遥感叶绿素数据重构方法及其多尺度变化机制研究. 中国海洋大学博士学位论文.

韩君. 2008. 黄海物理环境对浮游植物水华影响的数值研究. 中国海洋大学博士学位论文.

侯一筠, 苏京志, 方国洪. 2001. 黑潮对中国近海环流影响的卫星跟踪浮标资料分析. 福州: 第十三届全国遥感技术学术交流会.

胡明娜, 赵朝方. 2008. 浙江近海夏季上升流的遥感观测与分析. 遥感学报, 12(2): 297-304.

胡松, 吴奇峰. 2011. 中国东部海域叶绿素时空变化经验正交分析及探讨. 水产学报, 35(6): 890-896.

李立, 伍伯瑜. 1989. 黑潮的南海流套？——南海东北部环流结构探讨. 台湾海峡, 8(1): 89-95.

李小斌, 陈楚群, 施平, 等. 2006. 南海1998—2002年初级生产力的遥感估算及其时空演化机制. 热带海洋学报, 25(3): 57-62.

李晓玺, 袁金国, 刘夏菁, 等. 2017. 基于 MODIS 数据的渤海净初级生产力时空变化. 生态环境学报, 26(5): 785-793.
李智勇, 董世永, 杨效军. 2009. 卫星可见光遥感图像异常原因分析方法初探. 航天返回与遥感, 30(1): 33-37.
林丽茹, 赵辉. 2012. 南海海域浮游植物叶绿素与海表温度季节变化特征分析. 海洋学研究, 30(4): 46-54.
刘闯, 葛成辉. 2000. 美国对地观测系统 (EOS) 中分辨率成像光谱仪 (MODIS) 遥感数据的特点与应用. 遥感信息, (3): 45-48.
刘天然. 2010. 南黄海中部春季浮游植物水华过程与物理环境的关系初探. 中国海洋大学硕士学位论文.
刘昕, 王静, 程旭华, 等. 2012. 南海叶绿素-a 浓度的时空变化特征分析. 热带海洋学报, (4): 42-48.
龙爱民, 陈绍勇, 周伟华, 等. 2006. 南海北部秋季营养盐、溶解氧、pH 值和叶绿素 a 分布特征及相互关系. 海洋通报, 25(5): 9-16.
鲁北伟, 王荣, 王文琪. 1997. 春季东海不同水域的表层叶绿素含量. 海洋科学, 21(5): 53-55.
马寨璞, 井爱芹. 2004. 动态最优插值方法及其同化应用研究. 河北大学学报 (自然科学版), 24(6): 574-580.
毛志华, 黄海清, 朱乾坤, 等. 2001. 我国海区 SeaWiFS 资料大气校正. 海洋与湖沼, 32(6): 581-587.
倪婷婷, 管卫兵, 曹振轶. 2014. 浙江沿岸春季上升流的数值研究. 海洋学研究, 32(2): 1-13.
宁修仁, 刘子琳, 史君贤. 1995. 渤、黄、东海初级生产力和潜在渔业生产量的评估. 海洋学报 (中文版), 17(3): 72-84.
齐雨藻. 2003. 中国沿海赤潮. 北京: 科学出版社.
沙慧敏, 李小恕, 杨文波, 等. 2009. 用 MODIS 遥感数据反演东海海表温度、叶绿素 a 浓度年际变化的研究. 大连水产学院学报, 24(2): 151-156.
申力, 许惠平, 吴萍. 2010. 长江口及东海赤潮海洋环境特征综合探讨. 海洋环境科学, 29(5): 631-635.
孙军, 刘东艳, 柴心玉, 等. 2003. 1998 ～ 1999 年春秋季渤海中部及其邻近海域叶绿素 a 浓度及初级生产力估算. 生态学报, 23(3): 517-526.
谈建国, 周红妹, 陆贤, 等. 2000. NOAA 卫星云检测和云修复业务应用系统的研制和建立. 遥感技术与应用, 15(4): 228-231.
王爱军, 王修林, 韩秀荣, 等. 2008. 光照对东海赤潮高发区春季赤潮藻种生长和演替的影响. 海洋环境科学, 27(2): 144-148.
王磊, 林丽贞, 谢聿原, 等. 2012. 冬季东海及南海北部海域初级生产力和新生产力的初步研究. 海洋学研究, (1): 59-66.
王晓琦, 邢小罡, 王金平, 等. 2015. 基于遥感数据分析南海叶绿素与颗粒物的季节变化与相互关系. 海洋学报, 37(10): 26-38.
王跃启, 刘东艳. 2014. 基于 DINEOF 方法的水色遥感数据的重构研究——以黄、渤海区域为例. 遥感信息, (5): 51-57.
吴日升, 李立. 2003. 南海上升流研究概述. 台湾海峡, 22(2): 269-277.
伍玉梅, 徐兆礼, 崔雪森, 等. 2008. 1997-2007 年东海叶绿素 a 质量浓度的时空变化分析. 环境科学研究, 21(6): 137-142.
徐兆礼. 2004. 东海近海春季赤潮发生与浮游动物群落结构的关系. 中国环境科学, 24(3): 257-260.
徐兆礼. 2011. 东海近海浮游动物对全球变暖的响应. 厦门: 中国甲壳动物学会第十一届年会暨学术研讨会.
杨静, 李海, 刘钦政, 等. 2012. 2006 年渤海湾赤潮监控海域叶绿素-a 的影响因子分析研究. 海洋与湖沼, 43(6): 1023-1029.
杨曦光. 2013. 黄海叶绿素及初级生产力的遥感估算. 中国科学院研究生院 (海洋研究所) 博士学位论文.
恽才兴. 2005. 海岸带及近海卫星遥感综合应用技术. 北京: 海洋出版社.
张俊峰, 白毅平, 俞建良, 等. 2006. 利用水文、气象要素因子的变化趋势预测南海区赤潮的发生. 海洋预报, 8(1): 60-74.

赵保仁. 1993. 长江口外的上升流现象. 海洋学报 (中文版), 15(2): 108-114.
赵辉, 齐义泉, 王东晓, 等. 2005. 南海叶绿素-a 浓度季节变化及空间分布特征研究. 海洋学报 (中文版), (4): 45-52.
郑小慎, 魏皓, 王玉衡. 2012. 基于水色遥感的黄、东海叶绿素 a 浓度季节和年际变化特征分析. 海洋与湖沼, 43(3): 649-654.
周名江, 颜天, 邹景忠. 2003. 长江口邻近海域赤潮发生区基本特征初探. 应用生态学报, 14(7): 1031-1038.
周伟华, 霍文毅, 袁翔城, 等. 2003. 东海赤潮高发区春季叶绿素 a 和初级生产力的分布特征. 应用生态学报, 14(7): 1055-1059.
朱根海, 许卫忆, 朱德第, 等. 2003. 长江口赤潮高发区浮游植物与水动力环境因子的分布特征. 应用生态学报, 14(7): 1135-1139.
朱江, 徐启春, 王赐震, 等. 1995. 海温数值预报资料同化试验Ⅰ. 客观分析的最优插值法试验. 海洋学报 (中文版), 17(6): 9-20.
邹亚荣. 2004. 渤海叶绿素 a 时空分布特征分析. 遥感信息, (3): 30-31, 62.
邹亚荣, 马超飞, 邵岩. 2005. 遥感海洋初级生产力的研究进展. 遥感信息, (2): 58-61.
Alvera-Azcárate A, Barth A, Beckers J M, et al. 2007. Multivariate reconstruction of missing data in sea surface temperature, chlorophyll, and wind satellite fields. Journal of Geophysical Research Atmospheres, 112: C03008.
Alvera-Azcárate A, Barth A, Rixen M, et al. 2005. Reconstruction of incomplete oceanographic data sets using empirical orthogonal functions: Application to the Adriatic Sea surface temperature. Ocean Modelling, 9(4): 325-346.
Anav A, Friedlingstein P, Beer C, et al. 2015. Spatiotemporal patterns of terrestrial gross primary production: A review. Reviews of Geophysics, 53(3): 785-818.
Beckers J M, Rixen M. 2003. EOF calculations and data filling from incomplete oceanographic datasets. Journal of Atmospheric and Oceanic Technology, 20(12): 1839-1856.
Behrenfeld M J, Boss E, Siegel D A, et al. 2005. Carbon-based ocean productivity and phytoplankton physiology from space. Global Biogeochemical Cycles, 9: 529-541.
Behrenfeld M J, O'Malley R T, Siegel D A, et al. 2006. Climate-driven trends in contemporary ocean productivity. Nature, 444: 752-755.
Bindoff N L, Cheung W W L, Kairo J G, et al. 2019. Changing ocean, marine ecosystems, and dependent communities//IPCC. Special Report on the Ocean and Cryosphere in a Changing Climate. https://www.ipcc.ch/srocc/.
Boyd P W, Sundby S, Pörtner H O. 2014. Cross-chapter box on net primary production//Field C B, Barros V R, Dokken D J, et al. Climate Change 2014: Impacts, Adaptation, and Vulnerability. Part A: Global and Sectoral Aspects. Contribution of Working Group Ⅱ to the Fifth Assessment Report of the Intergovernmental Panel of Climate Change. Cambridge, New York: Cambridge University Press.
Cai R S, Tan H J, Qi Q H. 2016. Impacts of and adaptation to inter-decadal marine climate change in coastal China seas. International Journal of Climatology, 36(11): 3770-3780.
Ciappa A C. 2009. Surface circulation patterns in the Sicily Channel and Ionian Sea as revealed by MODIS chlorophyll images from 2003 to 2007. Continental Shelf Research, 29(17): 2099-2109.
Esaias W E, Abbott M R, Barton I, et al. 1998. An overview of MODIS capabilities for ocean science observations. IEEE Transactions on Geoscience and Remote Sensing, 36(4): 1250-1265.
Everson R, Cornillon P, Sirovich L, et al. 1997. An empirical eigenfunction analysis of sea surface temperatures in the western North Atlantic. Journal of Physical Oceanography, 27(3): 468-479.

Field C B, Behrenfeld M J, Randerson J T, et al. 1998. Primary poduction of the biosphere: Integrating terrestrial and oceanic components. Science, 281(5374): 237-240.

Godhea A, Narayanaswamy C, Klais R, et al. 2015. Long-term patterns of net phytoplankton and hydrography in coastal SE Arabian Sea: What can be inferred from genus level data? Estuarine Coastal and Shelf Science, 162(S5): 69-75.

Gunes H, Rist U. 2007. Spatial resolution enhancement/smoothing of stereo-particle-image-velocimetry data using proper-orthogonal-decomposition-based and Kriging interpolation methods. Physics of Fluids, 19(6): 9-16.

Hare S R, Mantua N J. 2000. Empirical evidence for North Pacific regime shifts in 1977 and 1989. Progress in Oceanography, 47: 103-145.

Henson S, Sarmiento J L, Dunne J P, et al. 2010. Detection of anthropogenic climate change in satellite recordsof ocean chlorophyll and productivity. Biogeosciences, 7(2): 621-640.

Hoegh-Guldberg O, Cai R S, Poloczanska E, et al. 2014. The ocean//Barros V R, Field C B, Dokken D J, et al. Climate Change 2014: Impacts, Adaptation, and Vulnerability. Part B: Regional Aspects. Contribution of Working Group Ⅱ to the Fifth Assessment Report of the Intergovernmental Panel on Climate Change. Cambridge, New York: Cambridge University Press.

Hu C, Chen Z, Clayton T D. et al. 2004. Assessment of estuarine water-quality indicators using MODIS medium-resolution bands: Initial results from Tampa Bay, FL. Remote Sensing of Environment, 93(3): 423-441.

Huang N E, Shen Z, Long S R, et al. 1998. The empirical mode decomposition and the Hilbert spectrum for nonlinear and non-stationary time series analysis. Proceedings Mathematical Physical & Engineering Sciences, 454: 903-995.

Jay D A. 1999. Data analysis methods in physical oceanography. Eos Transactions American Geophysical Union, 80(9): 106.

Kim D I, Matsuyama Y, Nagasoe S, et al. 2004. Effects of temperature, salinity and irradiance on the growth of the harmful red tide dinoflagellate *Cochlodinium polykrikoides* Margalef (Dinophyceae). Journal of Plankton Research, 26(1): 61-66.

Kondrashov D, Ghil M. 2006. Spatio-temporal filling of missing points in geophysical data sets. Nonlinear Processes in Geophysics, 13: 151-159.

Kremp A, Tamminen T, Spilling K. 2008. Dinoflagellate bloom formation in natural assemblages with diatoms: Nutrient competition and growth strategies in Baltic spring phytoplankton. Aquatic Microbial Ecology, 50(2): 181-196.

Mauri E, Poulain P M, Južnič-Zonta Ž. 2007. MODIS chlorophyll variability in the northern Adriatic Sea and relationship with forcing parameters. Journal of Geophysical Research Oceans, 112: C03S11.

Moses W J, Gitelson A A, Berdnikov S, et al. 2009. Estimation of chlorophyll- a concentration in case Ⅱ waters using MODIS and MERIS data—successes and challenges. Environmental Research Letters, 4(4): 045005.

Platt T, Fuentes-Yaco C, Frank K T. 2003. Spring algal bloom and larval fish survival. Nature, 423: 398.

Pörtner H O, Karl D M, Boyd P W, et al. 2014. Ocean systems//Field C B, Barros V R, Dokken D J, et al. Climate Change 2014: Impacts, Adaptation, and Vulnerability. Part A: Global and Sectoral Aspects. Contribution of Working Group Ⅱ to the Fifth Assessment Report of the Intergovernmental Panel on Climate Change. Cambridge, New York: Cambridge University Press.

Raven P H, Evert R F, Eichhorn S E. 2004. Biology of Plants. New York: W H Freeman & Co.

Sapiano M R P, Brown C W, Schollaert Uz S, et al. 2012. Establishing a global climatology of marine phytoplankton phenological characteristics. Journal of Geophysical Research Oceans, 117: C08026.

Sarangi R K, Thangaradjou T, Poornima D, et al. 2015. Seasonal nitrate algorithms for the southwest Bay of Bengal water using *in situ* measurements for satellite remote-sensing applications. Journal of Coastal Research, 31(2): 398-406.

Shaw P T, Chao S Y, Liu K K, et al. 1996. Winter upwelling off Luzon in the northeastern South China Sea. Journal of Geophysical Research: Oceans, 101: 16435-16448.

Tang D L, Ni I H, Müller-Karger F E, et al. 2004. Monthly variation of pigment concentrations and seasonal winds in China's marginal seas. Hydrobiologia, 511: 1-15.

Wei G, Tang D, Wang S. 2008. Distribution of chlorophyll and harmful algal blooms (HABs): A review on space based studies in the coastal environments of Chinese marginal seas. Advances in Space Research, 41: 12-19.

Xiao W, Laws E A, Xie Y, et al. 2019. Responses of marine phytoplankton communities to environmental changes: New insights from a niche classification scheme. Water Research, 166: 105070.

Xiao W, Liu X, Irwin A J, et al. 2018. Warming and eutrophication combine to restructure diatoms and dinoflagellates. Water Research, 128: 206-216.

Xie S P, Xie Q, Wang D, et al. 2003. Summer upwelling in the South China Sea and its role in regional climate variations. Journal of Geophysical Research Oceans, 108: 3261.

Xiu P, Dai M, Chai F, et al. 2019. On contributions by wind-induced mixing and eddy pumping to interannual chlorophyll variability during different ENSO phases in the northern South China Sea. Limnology and Oceanography, 64: 503-514.

Yun X, Huang B, Cheng J, et al. 2019. A new merge of global surface temperature datasets since the start of the 20th Century. Earth System Science Data, 11(4): 1629-1643.

Zhang C I, Lee J B, Kim S, et al. 2000. Climatic regime shifts and their impacts on marine ecosystem and fisheries resources in Korean waters. Progress in Oceanography, 47(2-4): 171-190.

第5章

气候变化对未来中国近海初级生产力的影响

5.1 引　　言

近几十年来，气候变化对全球海洋和区域的物理与化学性质产生了明显的影响，并引起海洋生态系统的结构和功能的变异，如生物多样性的减少、物种地理分布的变迁及净初级生产力的下降（蔡榕硕等，2020；Bindoff et al.，2019；Hoegh-Guldberg et al.，2014）。受海洋变暖、酸化、溶解氧含量和营养盐等物理和化学性质变化的影响，海洋上层浮游生态系统面临着气候变化影响的风险。例如，北太平洋海区浮游生物的物候特征、地理分布和丰度及鱼类种群对海洋变暖也有明显的响应。中国近海如中国东部海域有显著升温，且局地的污染对低氧区的扩大也有影响。这可能影响这些海区的浮游植物群落及渔业和旅游等相关产业（蔡榕硕和齐庆华，2014；Hoegh-Guldberg et al.，2014）。

研究表明，在不同的温室气体排放情景下，全球平均地表温度到2035年将会升高0.3～0.7℃，到21世纪末将会升高0.3～4.8℃，并且，温室气体排放越多，增温的幅度越大（Stocker et al.，2013）。在不同气候情景下，未来全球海洋大部分区域还将持续变暖和酸化，其变率和影响随不同区域而变，并将对海洋初级生产力产生更明显的影响（蔡榕硕等，2020；Bindoff et al.，2019）。模式预估显示，温室气体排放浓度越高的情景对海洋有更显著的影响。相对于1970年以来，到2100年，RCP2.6情景下和RCP8.5情景下全球海洋将分别变暖2～4倍和5～7倍。在RCP8.5情景下，与2006～2015年相比，全球海洋净初级生产力（NPP）到2081～2100年预计下降4%～11%。而在RCP2.6情景下，NPP的变化则较小（蔡榕硕等，2020；Bindoff et al.，2019）。

中国近海是陆海气相互作用较为强烈的区域，自然变化和人类活动的叠加影响尤为显著。然而，该海域缺乏长期连续的海洋生物生态的观测，气候变化与人类活动对未来中国近海初级生产的综合影响研究也相对较少。为此，本章首先利用IPCC-CMIP5（以下简称CMIP5）中地球系统模式对于历史和未来不同温室气体排放情景的模拟结果，预估中国近海未来近百年（至2100年）物理和生物地球化学要素的变化，包括SST、SSS、表层溶解氧含量（DO）、海水pH和叶绿素a浓度（以下均指表层叶绿素a浓度）等，再分析不同情景下未来气候变化对中国近海初级生产的影响。

5.2 不同气候情景下未来中国近海海面温度变化预估

IPCC AR5 指出，全球海洋上层在过去 40 年来（1971 ～ 2010 年）SST 的升温速率达到 0.11［0.09 ～ 0.13］℃/10a（秦大河等，2015；Stocker et al.，2014）。SST 的升高不仅会引起全球和区域气候的异常，还会引起海洋环境和生态系统的变化，如物种的北移和珊瑚白化等（蔡榕硕等，2020；Cheung et al.，2010；Bindoff et al.，2019）。IPCC 应用了 CMIP5 的模式结果预估未来气候变化及其对海洋的影响与风险（蔡榕硕等，2020；秦大河等，2015；Stocker et al.，2014；Cheung et al.，2010；Bindoff et al.，2019）。

近年来，国内外学者普遍采用CMIP5模式结果对全球和区域气候进行模拟性能评估，并预估未来不同情景下的气候变化趋势。例如，Lyu 等（2015）比较了 CMIP5 和 CMIP3 模式对于太平洋 SST 年代际变化的模拟能力，指出新一代的耦合模式较先前版本有了很大的改进。基于16个耦合模式的集合结果，姜大膀和富元海（2012）分析了全球升温 2℃ 时中国气候的变化情况，指出中国区域年平均降水将增加 3.4% ～ 4.4%，而这种变化与东亚地区季风环流增强有密切联系。黄传江和乔方利（2015）预估了不同气候情景下未来南海海平面变化，指出南海海平面在 21 世纪末上升幅度将会超过 40cm，这将高于全球平均的海平面变化。

由于海洋的特性与陆地不同，海洋和陆地对全球升温的响应有较大的差异，各个海域对气候变化的响应也不一致。气候变化已经并将继续对中国近海环境与生态产生重要影响，预估中国近海 SST 等环境要素对未来气候变化的响应，是评估气候变化对未来中国近海初级生产力影响的基础。为此，本节首先开展这方面的工作，研究范围涵盖中国近海。

5.2.1 CMIP5 模式介绍

本节主要选择了 CMIP5 中 34 个地球系统模式对于历史模拟和未来 RCP2.6、RCP4.5、RCP8.5 情景下的输出结果。其中，历史试验主要用于模式评估和认识历史气候，模拟时间为 1860 ～ 2005 年，本节选择 1970 ～ 2005 年共计 36 年作为历史研究时期。未来情景试验主要是指由人类活动排放的 CO_2 等温室气体增加可能导致的全球气候变化。RCP2.6 为温室气体低浓度排放情景，其辐射强迫在 2050 年达到峰值，在 2100 年降至最终水平 2.6W/m^2。RCP2.6 为减排情景，要实现该情景除现有的缓解策略外，还需要采取强有力的减排措施，从大气中去除温室气体。RCP4.5 是温室气体中等浓度排放情景，即按照当前人类活动排放温室气体的速度，将其年际增量加入气候系统模式中，并模拟到 2100 年。RCP8.5 为温室气体高浓度排放情景，指按当前温室气体排放的速度加倍情况下的情景。模式的名称及相关信息见表 5.1，包括来自中国科学院大气物理研究所、中国气象局、自然资源部（原国家海洋局）第一海洋研究所和北京师范大学的四个中国模式。关于 CMIP5 模式更多详细的信息参见 https://esgf-node.llnl.gov/search/cmip5/。

表 5.1　CMIP5 34 个模式信息

编号	模式	国家/组织（机构）	分辨率（经向×纬向）
1	ACCESS1-3	澳大利亚（CSIRO）	192×145
2	BCC-CSM1-1-m	中国（CMA）	320×160
3	BNU-ESM	中国（BNU）	128×64
4	CanCM4	加拿大（CCCMA）	128×64
5	CanESM2	加拿大（CCCMA）	128×64
6	CESM1-BGC	美国（NSF-DOE-NCAR）	288×192
7	CESM1-CAM5	美国（NSF-DOE-NCAR）	288×192
8	CESM1-WACCM	美国（NSF-DOE-NCAR）	144×96
9	CMCC-CMS	意大利（CMCC）	192×96
10	CMCC-CM	意大利（CMCC）	480×240
11	CNRM-CM5	法国（CERFACS）	256×128
12	CSIRO-Mk3L-1-2	澳大利亚（CSIRO-QCCCE）	192×96
13	EC-EARTH	欧盟（EC-EARTH）	320×160
14	FGOALS-g2	中国（IAP）	128×60
15	FIO-ESM	中国（FIO）	128×64
16	GFDL-CM2p1	美国（NOAA_GFDL）	144×90
17	GFDL-CM3	美国（NOAA_GFDL）	144×90
18	GFDL-ESM2G	美国（NOAA_GFDL）	144×90
19	GISS-E2-H	美国（NASA）	144×90
20	GISS-E2-R-cc	美国（NASA）	144×90
21	HadCM3	英国（Hadley Centre）	96×73
22	HadGEM2-AO	韩国/英国（NIMR/KMA）	192×145
23	HadGEM2-CC	英国（Hadley Centre）	192×145
24	HadGEM2-ES	英国（Hadley Centre）	192×145
25	INM-CM4	俄罗斯（INM）	180×120
26	IPSL-CM5A-MR	法国（IPSL）	144×143
27	IPSL-CM5B-LR	法国（IPSL）	96×96
28	MIROC-ESM	日本（MIROC）	128×64
29	MPI-ESM-LR	德国（MPI）	192×96
30	MPI-ESM-P	德国（MPI）	192×96
31	MRI-CGCM3	日本（MRI）	320×160
32	MRI-ESM1	日本（MRI）	128×64
33	NorESM1-M	挪威（NCC）	144×96
34	NorESM1-ME	挪威（NCC）	144×96

鉴于任何气候系统模式模拟的结果都只是实际气候系统的某种近似，在利用它们模拟和预估气候变化时，首先需要检验模式的可靠程度，才能知道气候变化预估结果在多大程度上是可信的，在什么情况下是可以使用的。因此，在预估未来中国近海 SST 的变化趋势之前，有必要对 CMIP5 的主要模式对中国近海过去 SST 变化的模拟能力进行检验，从中筛选出模拟性能较好的模式，再利用它们的输出结果对未来中国近海 SST 的时空变化特征进行预估。按照 IPCC AR5 及前人的研究内容，本节选择的中国近海范围为（0° ～ 45°N，100°E ～ 140°E）。首先，计算该海域的年平均 SST 序列，再计算每个模式的 SST 序列与 HadISST 数据中 SST 序列之间的相关系数、标准差和均方根误差，最后将所有模式的计算结果统一绘制于 Taylor 图中进行分析。关于 Taylor 图的详细说明可以参见文献（Taylor，2001）。

5.2.2 未来中国近海海面温度变化预估

图 5.1 为 CMIP5 34 个模式及观测（HadISST）的中国近海 SST 气候态平均（1970 ～ 2005 年），图中的编号 1 ～ 34 分别对应表 5.1 中模式编号。由图 5.1 可以看出，CMIP5 中各模式大体能够模拟出中国近海 SST 的空间分布特征，如温度随纬度的升高而逐渐降低等，但是模式模拟的 SST 与观测资料相比会出现系统性偏差，如有些模式模拟结果会比实际观测偏高将近 1℃，而有的模式则会偏低。此外，由于模式分辨率的差异，每个模式对于近岸海区 SST 刻画的精细程度也不同，如很多分辨率低的模式无法模拟出近岸的 SST。因此，需要选择合理的模式进行分析，剔除一些对中国近海 SST 模拟较差的模式。本节对每个模式的中国近海 SST 在 1970 ～ 2005 年逐年进行区域平均，建立 36 年的年平均变化指数，并与观测（HadISST）的 SST 进行比较。

图 5.2 是 CMIP5 34 个模式与观测的 SST 的 Taylor 分布，图中的编号分别对应表 5.1 中各模式的编号，REF 点表示观测值（采用 HadISST），其中，数字到原点的距离表示模拟值与观测值之间的标准差之比，数字对应的方位角表示模拟值与观测值之间的相关系数（0.4 为 99% 的置信度），数字到 REF 的距离表示经观测场标准差标准化之后的中心均方根误差。简言之，数字距离 REF 越近则表示模拟值与观测值越接近。综合各指标，本节选择了 10 个对中国近海 SST 变化模拟较好的模式（图 5.2 中红点表示）。模式的编号和名称分别为：3，BNU-ESM；14，FGOALS-g2；21，HadCM3；22，HadGEM2-AO；23，HadGEM2-CC；24，HadGEM2-ES；26，IPSL-CM5A-MR；27，IPSL-CM5B-LR；28，MIROC-ESM；29，MPI-ESM-LR。其中包含两个中国模式，分别是北京师范大学的 BNU-ESM 和中国科学院大气物理研究所的 FGOALS-g2。值得注意的是，这 10 个模式的集合平均结果各项指标均超过所有模式，其与观测（HadISST）结果的相关系数达到 0.8（图 5.2 中的 35 号）。因此，集合平均结果能够很大程度上消除模式间的误差，使模拟结果更接近实际观测结果。

图 5.1　CMIP5 34 个模式模拟的中国近海 SST 的气候态平均（1970 ～ 2005 年）

1 ～ 34 与表 5.1 中的模式编号对应，35 为观测的结果（HadISST）

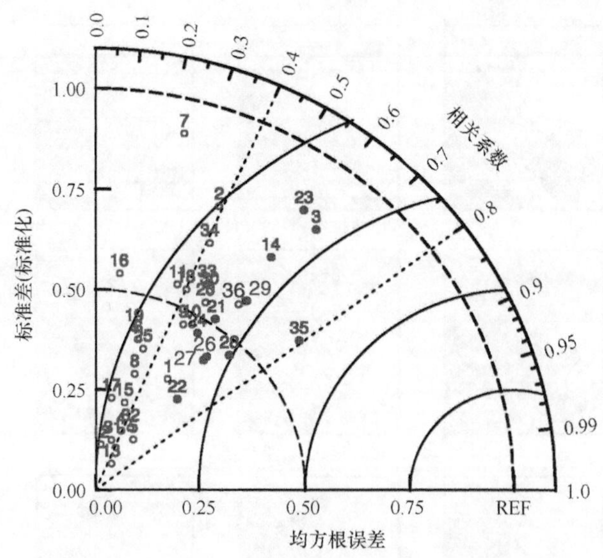

图 5.2　CMIP5 34 个模式与观测的 SST 的 Taylor 分布

图中的 1 ～ 34 编号与表 5.1 中各模式编号一致，红色编号为选定的模拟结果较好的 10 个模式，35 号为这 10 个模式的集合平均结果，36 号为所有 34 个模式的集合平均结果；REF 点表示观测值（HadISST），其中，数字到原点的距离表示模拟值与观测值之间的标准差之比，数字对应的方位角表示模拟值与观测值之间的相关系数，数字到 REF 的距离表示经观测场标准差标准化之后的均方根误差。简言之，数字距离 REF 越近则表示模拟结果与观测值越接近。

图 5.3 为不同气候情景下中国近海 SST 在 21 世纪末期（2090 ～ 2099 年）与历史时期（1980 ～ 2005 年）的空间分布差异。表 5.2 为由模式集合平均结果得到的中国近海不同海区 SST 在不同气候情景（RCP2.6、RCP4.5、RCP8.5）下未来不同时期（2020 ～ 2029 年、2050 ～ 2059 年和 2090 ～ 2099 年）相对于历史时期（1980 ～ 2005 年）的变化。可以看出，在未来近百年的各个时期，增暖将会是中国近海的主要特征。按照当前的排放速度（RCP4.5 情景下），不久的将来中国近海普遍的升温幅度将会超过 1℃。值得注意的是，中国东部海域的升温幅度和速率更为显著。例如，在同一气候情景相同时间段，黄海、渤海和东海的增温幅度明显高于南海。渤海、黄海和东海北部在 2020 年以后升温幅度就已经超过 1℃，南海升温幅度为 0.87℃。中国东部海域在 2020 ～ 2029 年、2050 ～ 2059

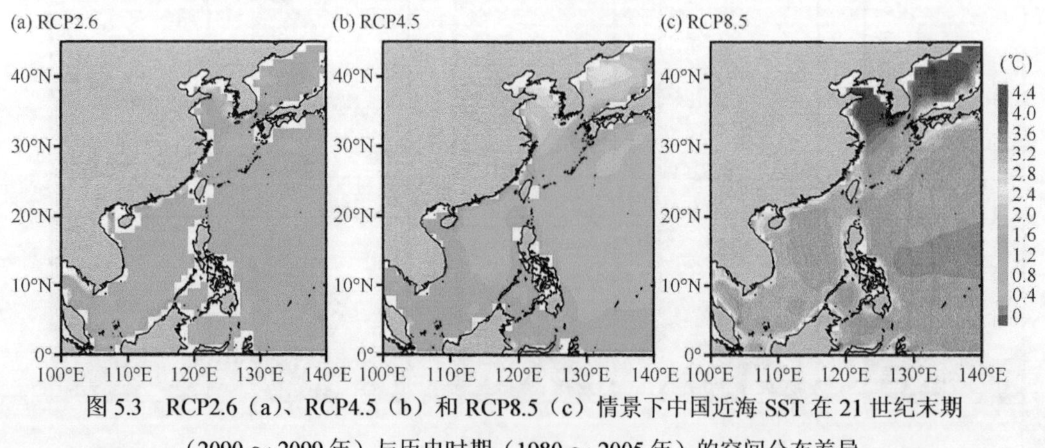

图 5.3　RCP2.6（a）、RCP4.5（b）和 RCP8.5（c）情景下中国近海 SST 在 21 世纪末期（2090 ～ 2099 年）与历史时期（1980 ～ 2005 年）的空间分布差异

年和 2090 ～ 2099 年最大升温幅度将会分别超过 1℃、2℃和 3℃左右。在 RCP8.5 情景下，中国东部海域表现出加强的变暖现象，且升温的幅度更大，到 21 世纪末，中国东部海域的海区最大升温将超过 3℃。这与 IPCC AR5 预估的全球最大升温幅度接近。因此，未来中国近海特别是中国东部海域可能是全球升温幅度最大的海区之一。

表 5.2　中国近海不同海区 SST 在不同气候情景下未来不同时期相对于历史时期的（1980 ～ 2005 年）变化

海区 s	RCP2.6			RCP4.5			RCP8.5		
	2020 ～ 2029 年	2050 ～ 2059 年	2090 ～ 2099 年	2020 ～ 2029 年	2050 ～ 2059 年	2090 ～ 2099 年	2020 ～ 2029 年	2050 ～ 2059 年	2090 ～ 2099 年
中国东部海域	0.63±0.41	0.71±0.30	0.74±0.49	1.01±0.49	1.36±0.51	1.75±0.65	1.07±0.62	1.73±0.72	3.24±1.23
南海	0.58±0.35	0.65±0.41	0.69±0.50	0.87±0.38	1.16±0.40	1.51±0.45	0.89±0.42	1.47±0.44	2.92±0.77
全球平均	0.53±0.45	0.60±0.51	0.62±0.53	0.78±0.51	1.13±0.54	1.47±0.62	0.87±0.63	1.35±0.77	2.89±1.32

图 5.4 是中国东部海域（23°N ～ 45°N，120°E ～ 135°E）和南海（2°N ～ 23°N，100°E ～ 110°E）在 RCP2.6、RCP4.5 和 RCP8.5 情景下模式集合平均的未来年平均 SST 时间序列（相对于历史时期）。虽然各 SST 时间序列都具有显著的年际和年代际变化特征，但是从长时间尺度看，都具有明显的上升趋势，即各海区在未来 CO_2 等温室气体排放增加的情景下，SST 会逐渐升高。在 RCP2.6 情景下，SST 持续上升到 2050 年左右，然后维持在一个稳定的水平。在 RCP4.5 和 RCP8.5 两种情景下，到 21 世纪中期（2050 年）以后，中国近海 SST 上升的速率有明显的差异，其中，在 RCP8.5 情景下，SST 以更快的速率上升。在同一情景下，中国东部海域 SST 上升的幅度更大，纬度越高升温幅度越大（相对于历史时期），到 21 世纪末，中国东部海域 SST 上升的幅度超过 3℃（图 5.4a），南海 SST 上升的幅度接近 3℃（图 5.4b），整个中国近海年平均 SST 也会有显著的上升。

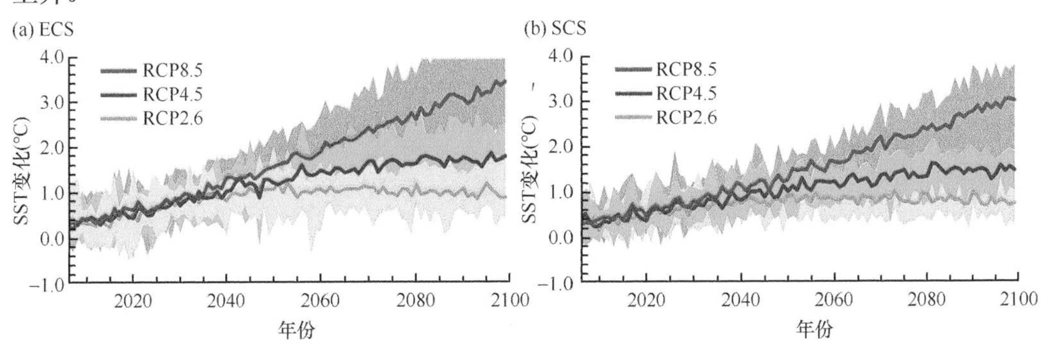

图 5.4　中国东部海域（a）和南海（b）在不同气候情景下模式集合平均的未来年平均 SST 变化时间序列（相对于历史时期）

SST 的持续升高源自温室气体增加引起的辐射强迫加强，而在相同情景下较高纬度海区尤其是半封闭海域（如渤海和日本海）的快速升温可能来自陆地加热的影响，这可能是由于海洋的比热容比陆地大，相同的辐射强迫会导致陆地的升温幅度更大，而热传导效应会造成封闭或半封闭海区的升温幅度比开放的大洋大。因此，中国近海较高温度海区尤其是渤海、黄海的升温更加显著。

总之，未来几十年里，温室气体增加导致全球持续变暖，SST升高可能将是一个普遍的现象，中国东部海域增温的速度还将更快。按照当前人类活动的程度，在不久的将来中国东部海域平均SST可能比现在高1℃，这将对区域气候和海洋生态系统产生很大影响，中国东部海域将很可能仍然是气候变化的高敏感区和脆弱区。尽管CMIP5预估的SST可能有较大的不确定性，但它对于当前人类的活动具有很大的警示作用。

综上所述，本节首先基于34个CMIP5模式对于中国近海历史SST（1970～2005年）的输出结果，评估了各模式对中国近海历史观测SST的模拟性能，选择了模拟结果较好的10个模式，并利用这些模式的集合平均结果预估了不同情景（RCP2.6、RCP4.5和RCP8.5）下中国近海SST的变化趋势。在温室气体中等浓度排放情景（RCP4.5）下，相对于历史时期SST，中国近海大部分区域在2020年以后升温幅度将会接近或超过1℃。其中，中国东部海域的升温更为明显，如黄海、渤海和东海的增温幅度明显大于南海，在2020～2029年、2050～2059年和2090～2099年最大升温幅度将分别超过1℃、2℃和3℃左右。在温室气体高浓度排放情景（RCP8.5）下，中国近海特别是中国东部海域在21世纪末最大升温将超过3℃，该海域将成为全球升温幅度最大的区域之一。该区域的显著升温还可能与封闭或半封闭海域更受到陆地的影响显著相关。

5.3　不同气候情景下未来中国近海环境因子和叶绿素a浓度变化预估

近百年来，人类活动引起的气候变化已经使得全球海洋的物理和化学性质发生明显变化，已经并将继续对海洋生态系统的服务功能产生重要的影响和风险（蔡榕硕等，2020；Bindoff et al.，2019）。预估未来区域海洋物理和化学性质的变化及其影响也成为当前应对气候变化的重要工作。CMIP5中的部分模式融入了碳循环和海洋生物地球化学等多个模块，这使得对全球及不同区域的海洋物理和生物地球化学变化的预估成为可能（Taylor et al.，2012）。为此，本节利用CMIP5中地球系统模式对于历史和未来不同气候情景的模拟结果，预估中国近海未来近百年（至2100年）物理、化学和生态要素的变化，包括SSS、溶解氧（DO）含量、海水pH和表层叶绿素a浓度等，以及未来初级生产力的变化（Tan et al.，2020）。

5.3.1　CMIP5模式和数据

CMIP5的部分模式通过在原来的全球海气耦合模式中融入碳循环和生物地球化学模块，进一步发展成地球系统模式，这使得评估全球和区域的生物地球化学属性变化成为可能。本节选择了9个来自不同研究机构的地球系统模式（表5.3），首先检测了模式对于全球海洋SSS、DO含量、pH和叶绿素a浓度（Chl-a）等要素的模拟性能，然后预估了不同气候情景（RCP2.6、RCP4.5和RCP8.5）下未来中国近海环境与生态变量的变化幅度，并与全球平均做比较。

表 5.3　模式简介

模式名称	国家（机构）	分辨率	生物地球化学模块	变量	气候情景	参考文献
1 CanESM2	加拿大（CCCMA）	0.9°×1.4°	CMOC	SST、SSS、pH、Chl-a	RCP2.6、RCP4.5、RCP8.5	Christian et al.，2010
2 CMCC-CESM	意大利（CMCC）	平均 2°×2°，赤道 0.5°	PELAGOS	SST、SSS、pH、DO 含量、Chl-a	RCP4.5、RCP8.5	Vichi et al.，2011
3 CNRM-CM5	法国（CERFACS）	0.7°×0.7°	PISCES	SST、SSS、pH、DO 含量、Chl-a	RCP2.6、RCP4.5、RCP8.5	Voldoire et al.，2013
4 GFDL-ESM2M	美国（NOAA_GFDL）	0.3°×1°	TOPAZ	SST、SSS、pH、DO 含量、Chl-a	RCP2.6、RCP4.5、RCP8.5	Dunne et al.，2013
5 HadGEM2-ES	英国（Hadley Centre）	平均 1°×1°，赤道（1/3）°	Diat-HadOCC	SST、SSS、pH、DO 含量、Chl-a	RCP2.6、RCP4.5、RCP8.5	Collins et al.，2011
6 IPSL-CM5A-MR	法国（IPSL）	平均 2°×2°，赤道 0.5°	PISCES	SST、SSS、pH、DO 含量、Chl-a	RCP2.6、RCP4.5、RCP8.5	Dufresne et al.，2013
7 MIROC-ESM	日本（MIROC）	平均 1.4°×1.4°，赤道 0.5°	NPZD-type	SST、SSS、pH、Chl-a	RCP2.6、RCP4.5、RCP8.5	Watanabe et al.，2011
8 MPI-ESM-MR	德国（MPI）	0.4°×0.4°	HAMOCC5.2	SST、SSS、pH、DO 含量、Chl-a	RCP2.6、RCP4.5、RCP8.5	Ilyina et al.，2013
9 NorESM1-ME	挪威（NCC）	1.125°×1.125°	HAMOCC5.1	SST、SSS、pH、DO 含量	RCP2.6、RCP4.5、RCP8.5	Tjiputra et al.，2013

图 5.5 为观测与 CMIP5 地球系统模式（IPSL-CM5A-MR）模拟的全球海洋 SSS、DO 含量、pH 和叶绿素a 浓度的气候态平均（1980 ～ 2005 年）的空间分布。观测的 SSS 和 DO 含量数据来自 WOA13（World Ocean Atlas 2013），海水 pH 和叶绿素a 浓度来自 GLODAP（Global Ocean Data Analysis Project）（Lauvset et al.，2016）和 SeaWiFS（https://oceandata.sci.gsfc.nasa.gov/directaccess/SeaWiFS/）。模拟结果为各模式对历史时期模拟的集合平均。总体来说，模式能够模拟出各环境要素的全球空间分布情况。例如，模式能够模拟出副热带海域较高的 SSS 中心，这是因为相对于热带海域，副热带海域降水较少，蒸发较强。但是相对于观测值（WOA13），模式对于南海的 SSS 模拟值偏低，这有可能是模式系统性的偏差。同样，模式也能够模拟出 DO 含量的全球空间分布特征，如低纬度海区 DO 含量较低，较高纬度海区 DO 含量较高，这有可能与热带海区海水温度较高，导致海水中氧的溶解度较低有关。但是同样会出现模拟结果偏低的系统性偏差，尤其是对于热带海域和北极海区，模拟结果较观测值偏低。

此外，模式能够基本刻画出海水 pH 和叶绿素a 浓度的分布特征，需要指出的是，观测的 pH 数据在热带太平洋、中国近海和北极海区均出现缺测，但是其他区域与模式结果的分布还是基本一致的。由于中国近海缺乏部分要素的观测数据（如 pH），因此，本节主要基于模拟结果的全球分布情况来评估模式的性能。

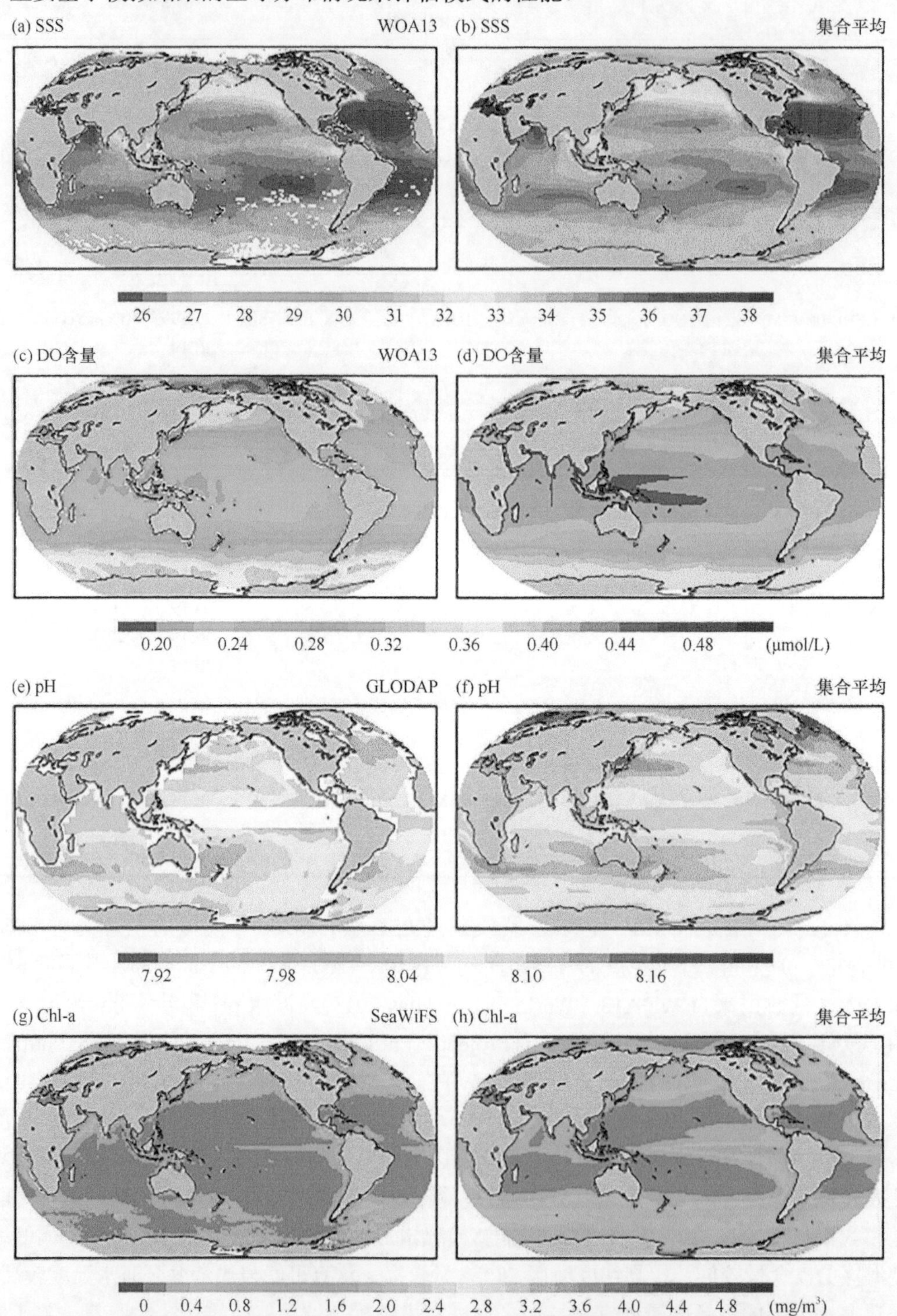

图 5.5 观测（左侧）与 IPSL-CM5A-MR（右侧）模拟的全球海洋 SSS、DO 含量、海水 pH 和叶绿素a 浓度（Chl-a）的气候态平均（1980 ～ 2005 年）的空间分布

为了定量描述模式对各海洋环境要素变量的模拟性能，本节选用三个指标（相关系数、标准差和均方根误差）评估模拟结果与观测值的相似度，并将所有模式的计算结果统一绘制于 Taylor 图中进行分析（图 5.6）。关于 Taylor 图的详细说明可以参见图 5.2 及文献 Taylor（2001）。

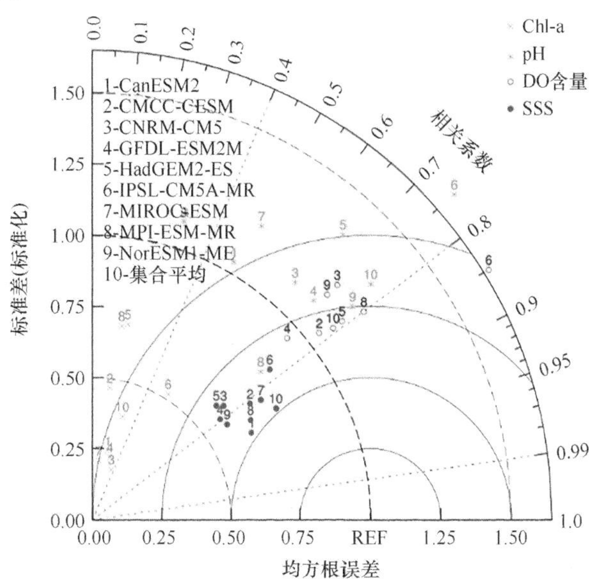

图 5.6　CMIP5 9 个地球系统模式模拟的海面盐度（SSS）、溶解氧（DO）含量、海水 pH 和叶绿素 a 浓度（Chl-a）与观测值的 Taylor 分布

图中数字 1 ～ 9 与表 5.3 中各模式编号一致，数字 10 为这 9 个模式的集合平均；REF 点表示观测结果，其中，数字到原点的距离表示模拟值与观测值之间的标准差之比，数字对应的方位角表示模拟值与观测值之间的相关系数，数字到 REF 的距离表示经观测场标准差标准化之后的均方根误差。简言之，数字距离 REF 越近则表示模拟结果与观测值越接近

5.3.2　未来中国近海环境因子和表层叶绿素a 浓度变化预估

基于 9 个地球系统模式对于未来不同温室气体排放情景下的模拟结果，本节预估了历史和未来近百年（2006 ～ 2100 年）中国近海海洋环境各要素的变化趋势及空间分布。为了降低模拟结果的系统性偏差，将 CMIP5 模拟未来的预估结果减去历史模拟结果（1980 ～ 2005 年），以分析未来不同时期的变化值。

（1）海面盐度（SSS）

一般地，影响海水盐度变化的主要因素是海气界面的淡水通量，即蒸发量与降水量的差值，近岸海域的盐度还受陆地入海径流的显著影响。IPCC AR5 评估了全球海洋 SSS 的变化趋势，指出在以蒸发为主导的区域（如全球大洋副热带涡旋海域）盐度升高，而在以降水为主导的海域（如热带大洋）盐度降低（IPCC，2013；Durack et al.，2012）。最近的研究表明，1980 ～ 2015 年南海大部分海域处于降水量大于蒸发量的状态，盐度呈现下降的态势（付迪和蔡榕硕，2017）。相反，过去几十年，渤海和黄海的盐度普遍升高，主要的原因是降水的减少及黄河入海流量的持续锐减（吴德星等，2004）。

模拟预估表明，除了南海北部靠近中国南部海岸线的地区（图 5.7），中国近海低纬度地区的 SSS 将降低。海水淡化的程度主要取决于温室气体排放量（RCP）。与

1980～2015年相比，到21世纪末期（2090～2099年），在RCP2.6、RCP4.5和RCP8.5情景下，南海南部的SSS将分别下降约0.3、0.4和0.7。中国东部海域的SSS似乎也有所下降，尤其是在北部的渤海和黄海海区。但是，各模式模拟的中纬度地区SSS变化存在很大的不确定性。两种模式（IPSL-CM5A-MR和NorESM1-ME）模拟结果显示，中国东部海域大部分区域SSS会升高。综上，预估未来南海SSS变化的整体趋势可能是进一步降低。

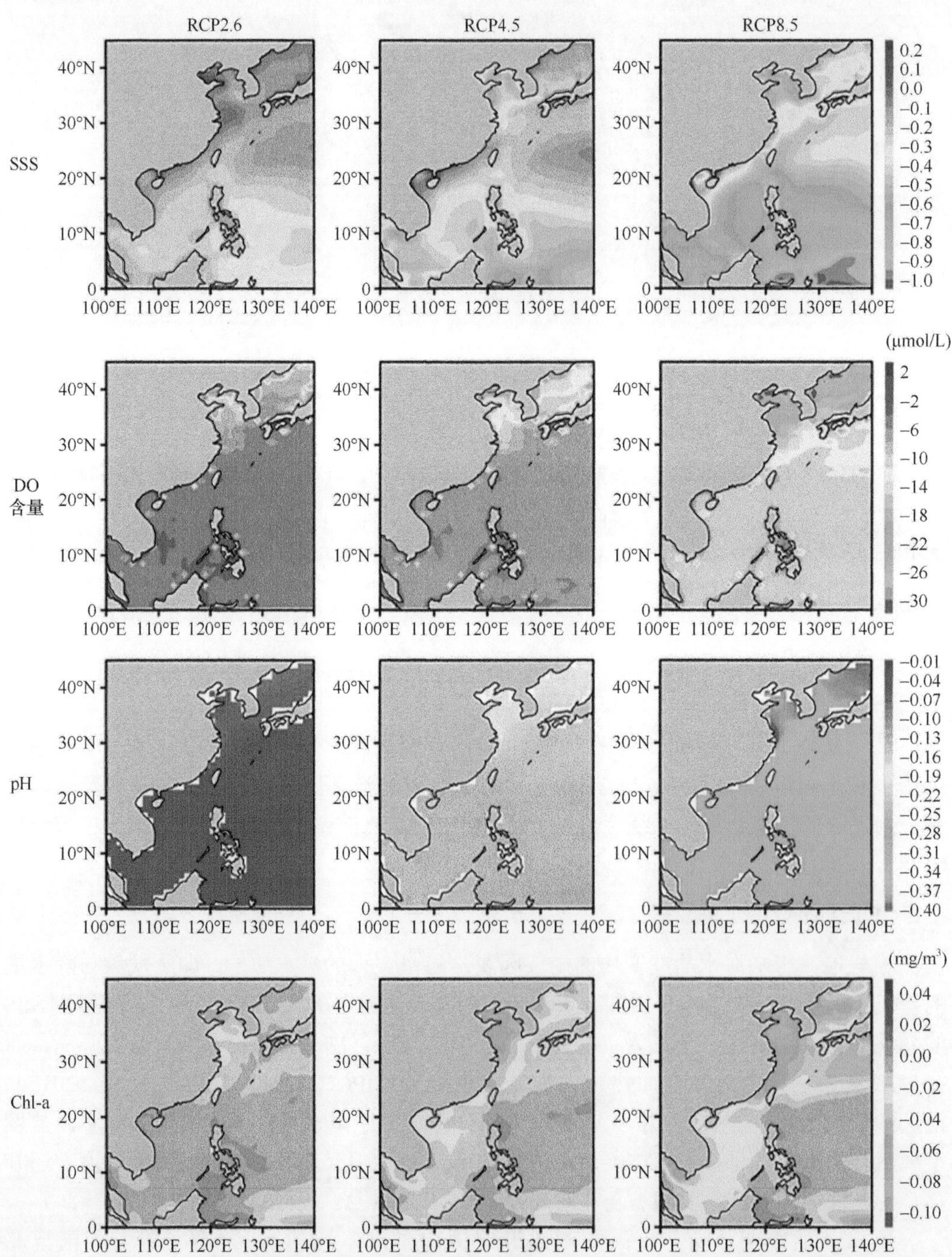

图5.7 RCP2.6、RCP4.5和RCP8.5情景下2090～2099年SSS、DO含量、海水pH和表层叶绿素a浓度相对于1980～2005年的变化

（2）溶解氧（DO）含量

IPCC AR5 及先前的研究表明，全球海洋上层 DO 含量总体会下降，变化的幅度存在显著的区域差异（IPCC，2013；Bopp et al.，2013）。模拟结果也显示，中国近海 DO 含量将显著降低。其中，中纬度海域将比低纬度海域遭受更严重的脱氧现象，特别是温室气体高排放情景（RCP8.5 情景）。并且，各模式对于 DO 含量降低的模拟都较为一致。即使是对于温室气体低排放情景（RCP2.6 情景），这些模式也预估了持续的 DO 含量降低，只是变化的幅度相对高排放情景较小。与当前状态（1986 ～ 2005 年）相比，在 RCP8.5 情景下中国东部海域 DO 含量在未来 2020 ～ 2029 年、2050 ～ 2059 年和 2090 ～ 2099 年的相对变化分别为（–3.02±0.81）μmol/L、（–6.96±3.34）μmol/L 和（–11.20±3.89）μmol/L（表 5.4），相当于分别下降 2.3%、3.7% 和 6.3%。而到了 2090 ～ 2099 年，南海和全球平均的 DO 含量将分别下降 5.5% 和 4.6%。因此，中国东部海域的 DO 含量下降的幅度要大于南海及全球平均水平，并且在其他情景（RCP2.6 和 RCP4.5）下也表现出了显著的脱氧现象。

表 5.4 不同气候情景下未来不同时期中国东部海域和南海 DO 含量相对于当前状态（1986 ～ 2005 年）的变化（单位：μmol/L）

海区	RCP2.6			RCP4.5			RCP8.5		
	2020 ～ 2029 年	2050 ～ 2059 年	2090 ～ 2099 年	2020 ～ 2029 年	2050 ～ 2059 年	2090 ～ 2099 年	2020 ～ 2029 年	2050 ～ 2059 年	2090 ～ 2099 年
中国东部海域	–2.72±1.23	–4.38±2.53	–4.10±1.92	–2.75±0.97	–5.23±2.85	–6.67±2.69	–3.02±0.81	–6.96±3.34	–11.20±3.89
南海	–2.25±1.25	–3.21±1.62	–3.43±1.75	–2.31±1.45	–4.25±2.09	–5.70±2.62	–2.40±1.51	–5.84±2.56	–9.85±4.23
全球平均	–1.67±1.26	–2.21±1.50	–2.10±1.26	–1.58±1.24	–2.95±1.90	–3.86±1.72	–1.75±1.21	–4.14±1.81	–7.87±2.58

中国近海 DO 含量的变化趋势及空间分布与 SST 的变化是基本一致的，海水变暖有可能是导致 DO 含量降低的主要因素。一方面，较高的海水温度会降低氧的溶解度，不利于海水中氧气的吸收和溶解；另一方面，海洋持续变暖会导致水体层化加强，阻碍海水的垂直交换，这使得 DO 更难从表层转移至深层，导致整层海水 DO 含量降低（Bopp et al.，2013）。另外，观测资料显示，黄海和东海的 DO 含量过去几十年总体上均呈现出一定的下降趋势，尤其以夏季底层中的 DO 含量下降最为明显（韦钦胜等，2011）。研究还指出，温度升高对 DO 含量降低的影响尤为明显，而富营养化程度的加剧亦是上述海域 DO 含量降低的重要驱动因素（韦钦胜等，2011；Wei et al.，2017）。总之，未来在 SST 不断升高的情况下，海水中的 DO 含量将会持续降低，中国近海尤其是中国东部海域可能会面临缺氧的风险。

（3）海水 pH

大气中 CO_2 温室气体浓度的升高会导致海洋吸收 CO_2 的量不断增加，从而引起海水 pH 下降。IPCC AR5 指出，随着大气中 CO_2 浓度的升高，未来全球海洋可能将会面临持续酸化的问题，尤其是高纬度海区（IPCC，2013）。CMIP5 多模式预估的结果也表明，未来中国近海海水 pH 将持续降低，中国东部海域 pH 降低的幅度要大于南海，并且 RCP8.5 情景下海洋酸化的程度要大于 RCP4.5 情景和 RCP2.6 情景（图 5.7）。在 2006 ～ 2100 年，随着 CO_2 等温室气体浓度的升高，中国东部海域和南海海水 pH 几乎都呈现线性下降的趋势，并且中国东部海域海水 pH 下降的速率更快（图 5.8）。在 3 种情景下，几乎所有 CMIP5 都表现出很高的一致性（模式间差异较小），这表明中国近海海水酸化的程度与大气中的 CO_2 浓度成正比。此外，在 RCP2.6 情景下，即通过采取强有力的减排措施使全球温室气体净排放量几乎为零时，海水 pH 可以保持在 21 世纪 50 年代的稳定水平，这意味着极端的减缓措施可有效地减轻酸化（图 5.8）。到了 2090 ～ 2099 年，中国东部海域海水 pH 相对于 1986 ～ 2005 年的变化分别为–0.08±0.01（RCP2.6 情景）、–0.16±0.02（RCP4.5 情景）和–0.36±0.02（RCP8.5 情景）。相对而言，南海酸化的速率要低于中国东部海域（表 5.5）。

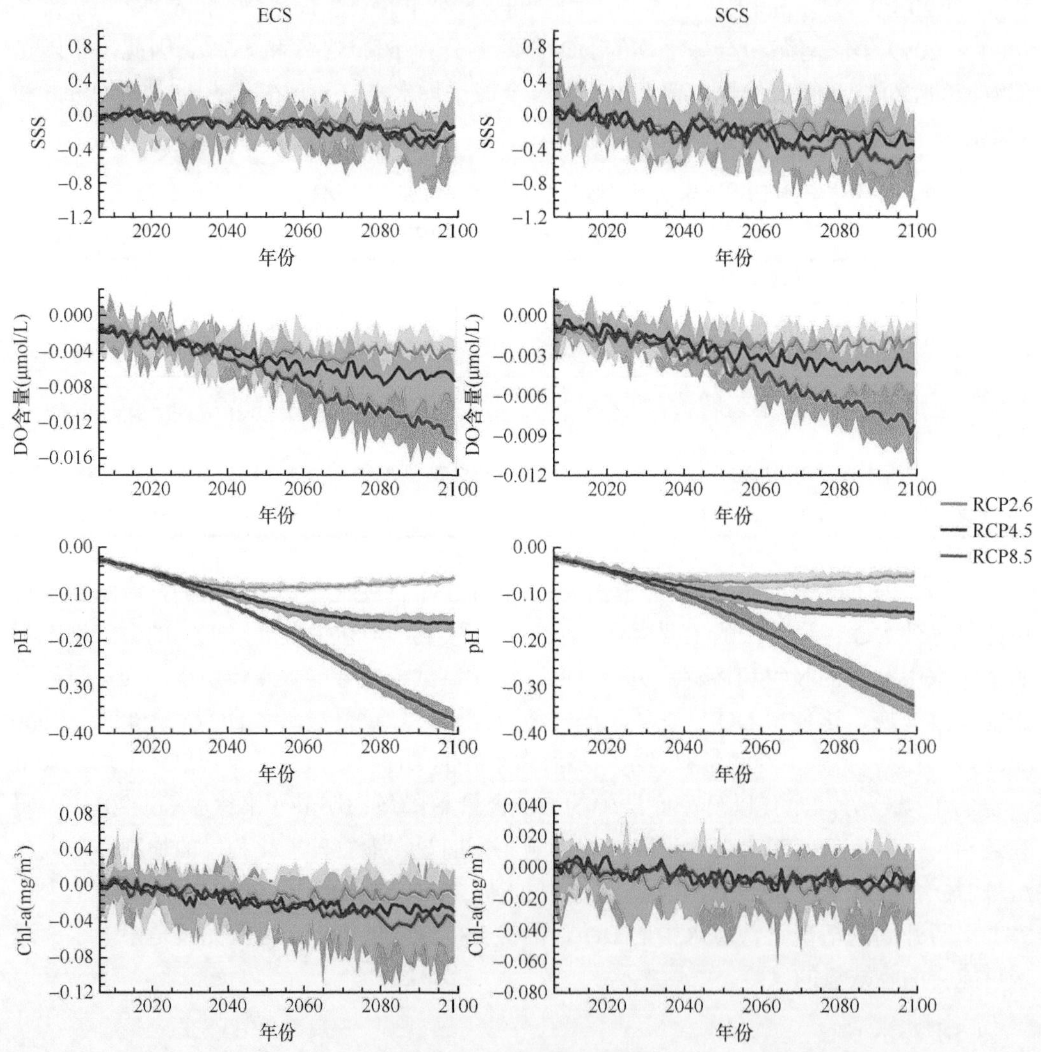

图 5.8　RCP2.6、RCP4.5 和 RCP8.5 情景下中国东部海域和南海 2006 ～ 2100 年 SSS、DO 含量、海水 pH 和叶绿素a 浓度相对于 1986 ～ 2005 年的年平均时间变化序列

表 5.5 不同气候情景下未来不同时期中国东部海域和南海的海水 pH 相对于 1986 ～ 2005 年的变化 （单位：μmol/L）

海区	RCP2.6			RCP4.5			RCP8.5		
	2020 ～ 2029 年	2050 ～ 2059 年	2090 ～ 2099 年	2020 ～ 2029 年	2050 ～ 2059 年	2090 ～ 2099 年	2020 ～ 2029 年	2050 ～ 2059 年	2090 ～ 2099 年
中国东部海域	−0.06±0.01	−0.06±0.01	−0.08±0.01	−0.06±0.01	−0.13±0.01	−0.16±0.02	−0.07±0.01	−0.17±0.01	−0.36±0.02
南海	−0.05±0.01	−0.06±0.01	−0.06±0.01	−0.05±0.01	−0.11±0.01	−0.14±0.02	−0.06±0.01	−0.15±0.02	−0.32±0.02
全球平均	−0.05±0.01	−0.07±0.01	−0.07±0.01	−0.05±0.01	−0.12±0.01	−0.15±0.02	−0.06±0.01	−0.16±0.02	−0.33±0.02

IPCC AR5 指出，当前全球表层海水 pH 较工业革命前下降了超过 0.1 个单位（IPCC，2013）。已有研究表明，东海沿岸海域表层海水也表现出一定的酸化趋势。例如，刘晓辉等（2017）通过对长江口、杭州湾、三门湾、椒江口等海域调查资料的分析，发现长江口海域和杭州湾海域的 pH 下降幅度较大，酸化趋势较为明显。较高的 SST 可能会加剧海洋上混合层的层化作用，抑制底层营养盐向上补充，从而导致初级生产力降低，并可能增加水体酸化的程度。因此，从全球气候变化的趋势来看，未来中国近海的酸化还将进一步加剧。在 RCP4.5 情景下，中国东部海域和南海海水 pH 在 21 世纪中期下降幅度（相对于 1980 ～ 2005 年）将超过 0.1。在 RCP8.5 情景下，到 21 世纪末（2090 ～ 2099 年），中国东部海域和南海海水 pH 下降幅度将会超过 0.3。海洋酸化将会降低海水 CO_3^{2-} 的浓度，降低 $CaCO_3$ 和各种矿物（文石、方解石等）的饱和度及海洋珊瑚礁的钙化率，从而减缓珊瑚礁的成长，对珊瑚礁生态系统造成严重的影响（Ainsworth et al.，2016）。

（4）叶绿素a 浓度

研究表明，持续的海洋变暖及水体层化将可能导致整个海洋的净初级生产力大量降低（IPCC，2013；Mora et al.，2013；Bindoff et al.，2019）。本节主要关注未来中国近海表层海水叶绿素a 浓度的变化。总体而言，基于多模式模拟的集合平均结果，未来中国近海大部分区域的表层叶绿素a 浓度将降低，但变化的幅度存在明显的区域差异（图 5.7）。温室气体的浓度越高，海洋叶绿素a 浓度降低的幅度也越大。未来几十年，西北太平洋热带和副热带海区的叶绿素a 浓度将明显降低（除了南海部分近岸海域），其中，中国东部海域表层叶绿素a 浓度的变化最为显著。在 RCP2.6、RCP4.5 和 RCP8.5 情景下，到 21 世纪末期，中国东部海域表层叶绿素a 浓度下降的幅度分别为 $(0.95\pm0.61)\times10^{-2}mg/m^3$、$(2.59\pm1.32)\times10^{-2}mg/m^3$ 和 $(3.75\pm2.12)\times10^{-2}mg/m^3$，即相对于目前的水平分别下降了 4.1%、11.3% 和 15.7%（表 5.6）。相比之下，南海的叶绿素a 浓度的下

表 5.6 不同气候情景下未来不同时期中国东部海域和南海表层叶绿素a 浓度相对于 1980 ～ 2005 年的变化 （单位：$\times10^{-2}mg/m^3$）

海区	RCP2.6			RCP4.5			RCP8.5		
	2020 ～ 2029 年	2050 ～ 2059 年	2090 ～ 2099 年	2020 ～ 2029 年	2050 ～ 2059 年	2090 ～ 2099 年	2020 ～ 2029 年	2050 ～ 2059 年	2090 ～ 2099 年
中国东部海域	−0.62±0.41	−1.16±0.74	−0.95±0.61	−0.66±0.41	−2.23±0.95	−2.59±1.32	−0.72±0.34	−2.31±1.22	−3.75±2.12

续表

海区	RCP2.6			RCP4.5			RCP8.5		
	2020～2029年	2050～2059年	2090～2099年	2020～2029年	2050～2059年	2090～2099年	2020～2029年	2050～2059年	2090～2099年
南海	−0.52±0.36	−1.06±0.71	−1.66±0.99	−0.49±0.30	−0.91±0.51	−1.64±1.02	−0.45±0.12	−1.15±0.74	−1.82±1.05
全球平均	0.59±0.41	−1.17±0.81	−1.69±1.01	−0.55±0.31	−1.22±0.84	−1.75±1.15	−0.63±0.14	−1.47±0.66	−2.21±1.46

降幅度较小，在三种情景下分别为(1.66±0.99)×10^{-2}mg/m^3、(1.64±1.02)×10^{-2}mg/m^3和(1.82±1.05)×10^{-2}mg/m^3。此外，各模式的模拟结果有很大的差异，其中两个模式（CNRM-CM5和IPSL-CM5A-MR）的结果甚至显示将来中国近海的叶绿素a浓度会升高。

总之，多数CMIP5模式的模拟结果表明，随着未来中国近海的持续变暖，中国东部海域的表层叶绿素a浓度将显著降低，而南海的变化幅度较小。中国东部海域表层叶绿素a浓度的下降幅度要大于全球平均水平，并且在更高的温室气体排放情景下变化幅度更大。叶绿素a浓度的分布和丰度受多种环境因素（如光照、温度和营养盐）控制，这些环境因素调节浮游植物的活动（Lozier et al.，2011）。一般而言，较高的海水温度有利于浮游植物的光合作用，并导致叶绿素a浓度升高。然而，由于变暖导致的海水层化增强，抑制了营养盐的垂直混合交换，而海洋上层中的浮游植物依靠垂直养分运输来维持产量，因此，上述预估显示中国东部海域表层叶绿素a浓度的下降可能是海水变暖后层化增强引起的。

5.4 气候变化对未来中国近海初级生产力的影响预估

IPCC评估报告及前人的研究表明，未来全球海洋净初级生产力可能会降低，这主要是由于海水变暖引起的上层海洋层化限制了底层营养盐的输送（IPCC，2013；Mora et al.，2013）。例如，Fu等（2016）基于多个CMIP5地球系统模式评估了未来不同情景下全球海洋初级生产力的变化，结果表明，在RCP8.5情景下，全球平均海洋初级生产力到21世纪90年代将会降低2%～16%（相对于20世纪90年代），并且模式模拟的海水层化越强，海洋初级生产力降低的幅度越大。本研究将利用CMIP5模式输出结果，评估未来不同情景下中国近海的海洋初级生产力变化及其可能机制。

5.4.1 数据与方法

CMIP5中的地球系统模式耦合了大气、海洋、陆面和海冰等多个子系统，部分模式还融入了碳循环、动态植被和生物地球化学等模块，其中包括了法国皮埃尔·西蒙·拉普拉斯学院（Institut Pierre-Simon Laplace，IPSL）发展的高分辨率地球系统模式（IPSL-CM5A-MR）。IPSL-CM5A-MR在众多的模式评估研究中被认为是模拟性能最好的模式之一（Dufresne et al.，2013）。该模式海洋模块的水平分辨率为149×182，垂直方向为31层，其生物地球化学模块考虑了5种营养盐（NO_3^-、NH_4^+、PO_4^{3-}、SiO_3^{2-}、Fe）、2类浮游植物（硅藻和微型浮游植物）和2类浮游动物（微型和中型浮游动物）的生物过程（Séférian et al.，2013），模式的输出结果包括历史试验和未来温室气体排放情景预估。历史试验主要用于模式评估和认识历史气候，模拟时间为 1850 ～ 2005 年，未来试验主要考虑 4 个具有代表性的温室气体排放情景，即典型浓度路径。给定不同的温室气体浓度（运行到 2100 年），4 个情景分别对应不同的辐射强迫（8.5W/m^2、6.0W/m^2、4.5W/m^2 和 2.6W/m^2）。关于 IPSL-CM5A-MR 模式的介绍和数据信息参见 https://esgf-node.llnl.gov/search/cmip5/。本节主要选择历史模拟及 RCP2.6、RCP4.5 和 RCP8.5 的模拟结果。

为比较验证 CMIP5 对海洋初级生产力的模拟能力，本节选择了基于卫星遥感的海洋初级生产力产品（http://www.science.oregonstate.edu/ocean.productivity/）。Behrenfeld 和 Falkowski（1997）基于大量不同来源的实测资料，建立了基于温度、叶绿素a 浓度和光强度的海洋初级生产力计算模型 VGPM（vertically generalized production model）。该模型是把浮游植物光合作用的生理学过程与环境因子相结合的半经验模型，建模过程考虑了叶绿素a 浓度的垂直分布，基于光衰减的物理机制的光谱强度垂直分布，以及基于单位叶绿素a 的光合作用、光强分布和光限制、光饱和条件下的碳固定速率变化经验关系。VGPM 经历了长时期、大范围、不同水域上实测数据的验证，不但计算精确，而且应用广泛。该模型的简化表达式为

$$\mathrm{PP_{eu}} = 0.661\,25 \times p_{\mathrm{opt}}^{\mathrm{B}} \times \frac{E_0}{E_0 + 4.1} \times Z_{\mathrm{eu}} \times C_{\mathrm{SAT}} \times D_{\mathrm{IRR}}$$

式中，$\mathrm{PP_{eu}}$ 为真光层的初级生产力［mg/(m^2·d)］；Z_{eu} 为真光层深度（m）；C_{SAT} 为遥感叶绿素a 浓度（mg/m^3）；D_{IRR} 为光照时间（h）；E_0 为海面光合有效辐射度［mol/(m^2·d)］；$p_{\mathrm{opt}}^{\mathrm{B}}$ 为水柱的最大固碳率［mg/(mg·h)］，是温度的函数，有

$$P_{\mathrm{opt}}^{\mathrm{B}} = \begin{cases} 1.13,\ T < -1.0\,; \\ 4.00,\ T > 28.5\,; \\ 1.2956 + 2.749\times10^{-1}T + 6.17\times10^{-2}T^2 - 2.05\times10^{-2}T^3 + 2.462\times10^{-3}T^4 \\ -1.348\times10^{-4}T^5 + 3.4132\times10^{-6}T^6 - 3.27\times10^{-8}T^7,\ -1.0 < T < 28.5 \end{cases}$$

5.4.2　观测和模拟的中国近海初级生产力

图 5.9 是基于卫星观测资料计算得到的和 IPSL-CM5A-MR 模式模拟的 1986 ～ 2005 年全球海洋净初级生产力（NPP）。观测资料显示，陆架海区是全球海洋初级生产最为活跃的地区，尤其是近岸水域。据估算，20% 左右的海洋初级生产力存在于大陆架海域（Walsh et al.，1988），这可能与人类活动通过河流等向海排放的大量营养盐有关。其中，中国东海陆架海、阿拉伯海和北极近岸海域是全球海洋初级生产力最高的海域。就大洋而言，热带大洋的初级生产力要高于中高纬度海区，其中热带太平洋和印度洋的初级生产力较高。大洋中高纬度海区，尤其是南大洋海域是全球海洋初级生产力最低的。因此，人类活动导致的近岸富营养化可能是影响近海和近岸区域海洋初级生产力分布的主要因素，而海洋环境（如海流和温度等）主要影响大洋初级生产力分布特征。

CMIP5 中的 IPSL-CM5A-MR 模式能够大致模拟出海洋初级生产力的空间分布特征，如热带和陆架海区较高，中纬度副热带涡旋海区较低（图 5.9b）。但是，模式可能低估了陆架海区尤其是近岸水域的初级生产力，这主要是因为现有的模式可能更适合于深海和

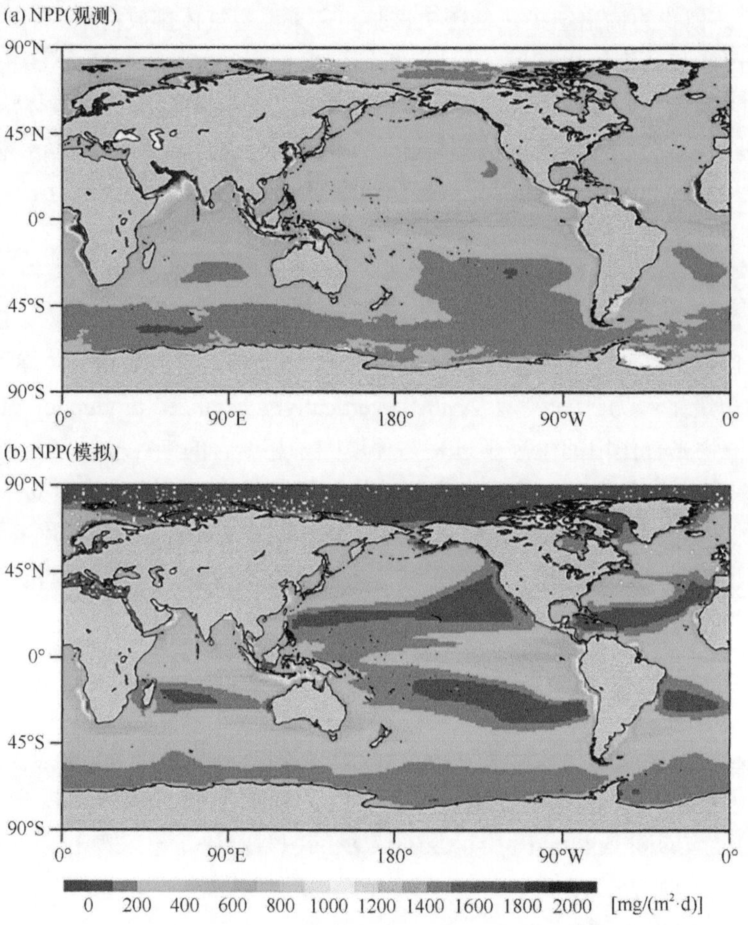

图 5.9 2003 ～ 2018 年 MODIS 卫星观测（a）和 IPSL-CM5A-MR 模式模拟（b）的 1986 ～ 2005 年的全球海洋净初级生产力

大洋，而未充分考虑人类排污等活动对近岸水域的影响，这几乎是所有 CMIP5 模式都存在的问题（Bopp et al.，2013）。并且，IPSL-CM5A-MR 模式也没有模拟出北极近岸水域海洋初级生产力升高的现象。近年来，全球变暖导致北极海冰快速融化和海水变暖，加之人类活动带来的近岸水域富营养化，使得北极海区浮游植物生物量显著增加，海洋初级生产力升高（Bopp et al.，2013）。总之，模式能较合理地模拟出全球海洋初级生产力的空间分布特征，但模拟值较观测结果偏低。

图 5.10 为基于卫星遥感资料计算得到的 2003 ～ 2018 年中国近海春季、夏季、秋季和冬季海洋净初级生产力的空间分布。整体来看，我国近海净初级生产力的空间分布呈现沿岸高并逐步向外海呈带状递减的趋势。其中，长江口外侧向外海伸出的三角形状是净初级生产力的显著高值区［最高可能超过 3000mg/(m^2·d)］，这可能与该区域受长江径流影响有关，而外海开阔海域由于营养盐含量低，其生产力都比较低。渤海、黄海和东海的净初级生产力明显高于南海，该变化特征与檀赛春和石广玉（2006）的结论一致。从季节上看，夏季渤海、黄海和东海沿岸的海洋净初级生产力最高，其次是秋季、春季，冬季最低。中国东部海域（包括渤海、黄海和东海，23°N ～ 40°N，120°E ～ 130°E）平均海洋净初级生产力从 1 月开始逐渐升高，8 月达到最高值［超过 1500mg/(m^2·d)］，然

后逐渐降低，至次年 1 月低于 600mg/(m^2·d)。而南海（2°N ～ 23°N，110°E ～ 120°E）的海洋净初级生产力没有明显的季节变化，月平均值维持在 600 ～ 800mg/(m^2·d)（图 5.11）。

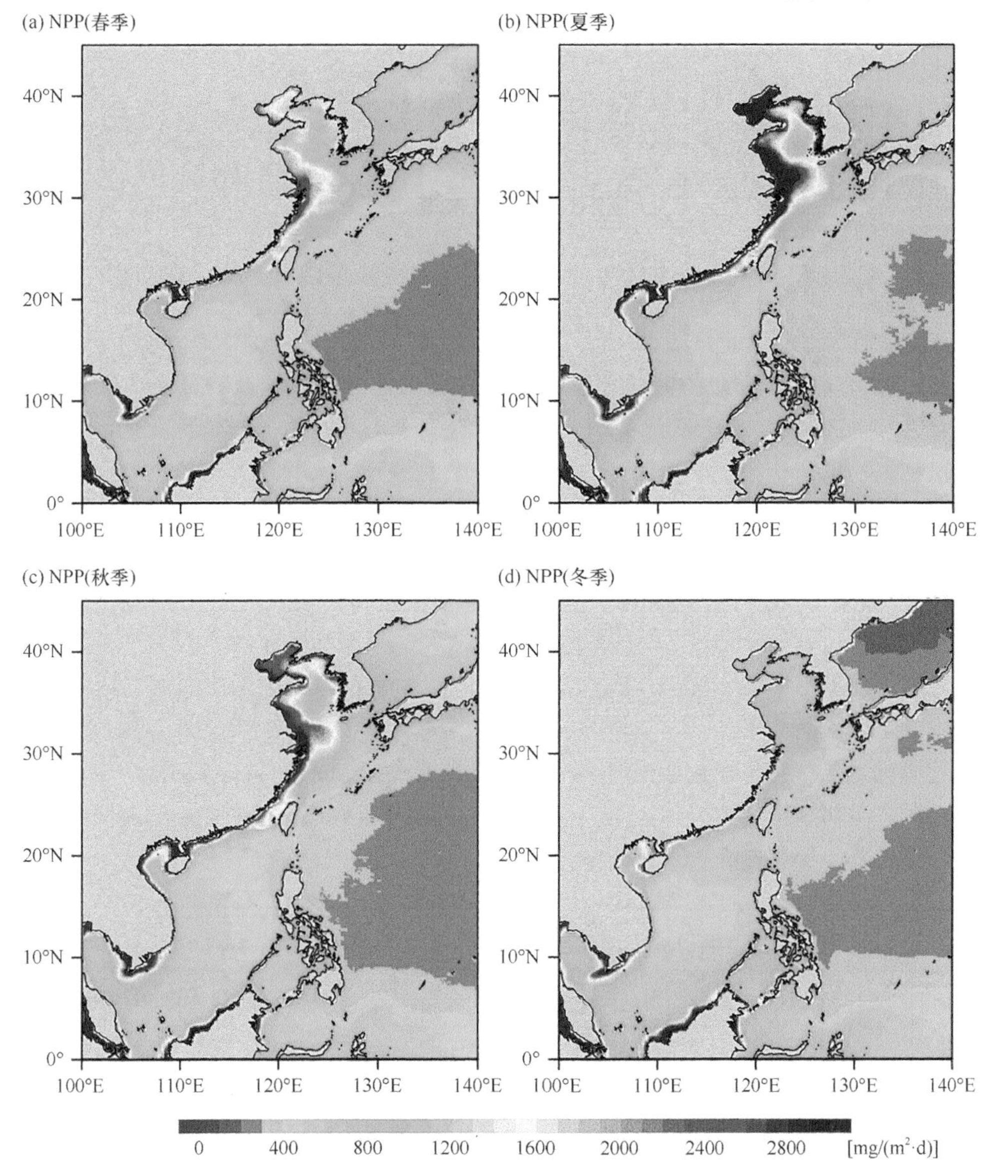

图 5.10　2003 ～ 2018 年中国近海春季（a）、夏季（b）秋季（c）和冬季（d）海洋净初级生产力的空间分布（资料引自 MODIS 卫星资料）

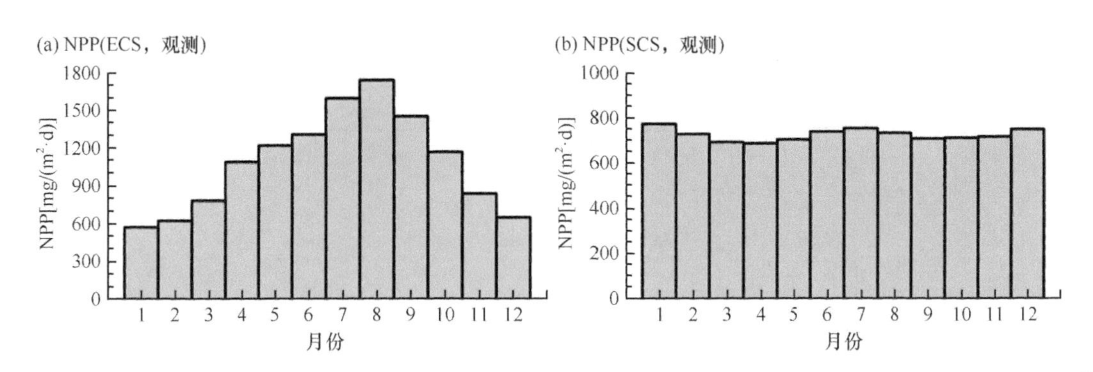

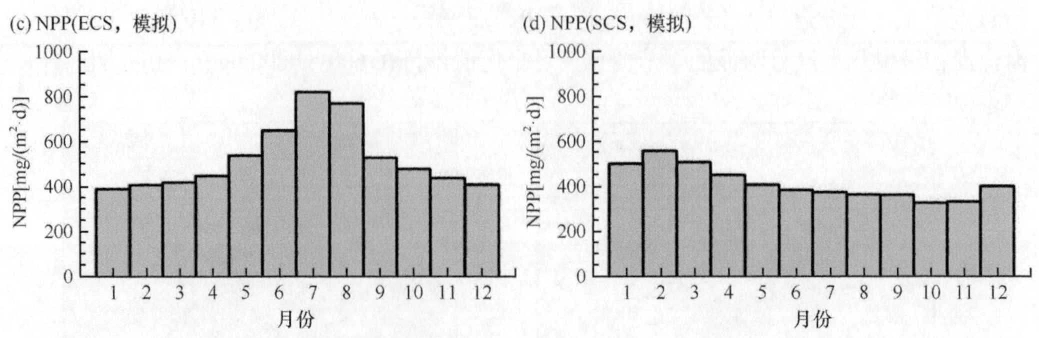

图 5.11　观测和模拟的中国东部海域（23°N ～ 40°N，120°E ～ 130°E）和南海（2°N ～ 23°N，110°E ～ 120°E）区域平均的海洋净初级生产力的逐月变化

在海洋环境中，复杂的海洋环流和多变的水团是导致浮游植物分布特征多样化的重要原因。物理海洋过程驱动着海洋生物地球化学要素和水体光学特性变化，进而影响浮游植物生物量和初级生产力的分布。例如，黄海和东海大尺度浮游植物分布主要取决于高营养盐浓度、低真光层厚度的沿岸水与来自热带的黑潮暖水的混合影响，而浮游植物生物量显著的季节变化反映了温度可能是影响中国东部海域净初级生产力的主要因素（王磊等，2012）。虽然南海 SST 通常较高，但光照和温度一般不是浮游植物生长的限制因子。

此外，CMIP5 中的 IPSL-CM5A-MR 模式能够大体模拟出中国近海海洋净初级生产力的季节变化特征（图 5.12）。模拟的中国近海夏季海洋净初级生产力高值区位于长江口及附近海域，冬季海洋净初级生产力最低。但是模式模拟的整体量值偏低，中国东部海域夏季海洋净初级生产力约为 800mg/(m^2·d)，冬季约为 400mg/(m^2·d)，南海海洋净初级生产力也显著低于观测值（图 5.11）。

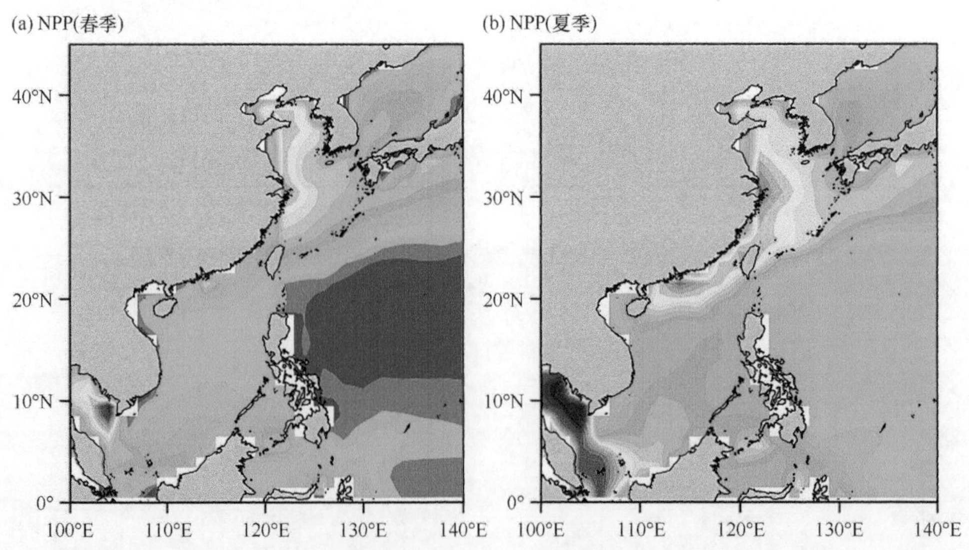

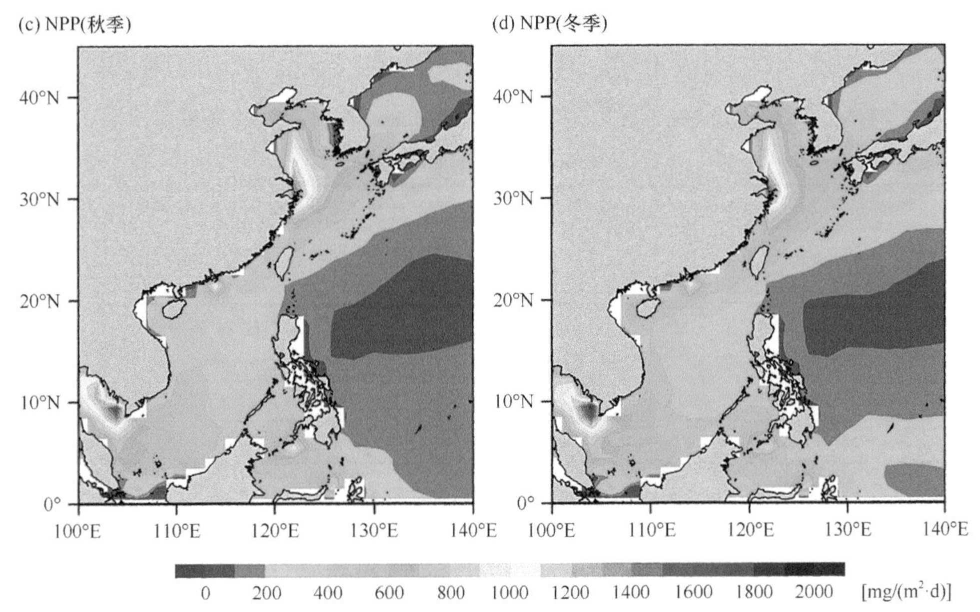

图 5.12　IPSL-CM5A-MR 模式模拟的 2003 ～ 2018 年中国近海春季（a）、夏季（b）秋季（c）和冬季（d）海洋净初级生产力的空间分布

5.4.3　不同气候情景下未来中国近海初级生产力变化预估

本节基于 IPSL-CM5A-MR 模式在不同情景下的输出结果，预估了未来中国近海海洋初级生产力的变化特征。与全球平均结果相似，中国近海大部分地区未来的海洋初级生产力将会降低，但其幅度在区域上有明显差异（图 5.13）。温室气体排放浓度越高，中国东部海域的升温幅度越大，初级生产力下降得越多，并且在相同气候情景下中国东部海域初级生产力的降低较明显。到了 21 世纪末期，即 2090 ～ 2099 年，中国东部海域海洋初级生产力在 RCP2.6、RCP4.5 和 RCP8.5 情景下将分别降低（5.9±2.6）mg/(m^2·d)、（8.5±4.3）mg/(m^2·d) 和（17.7±6.2）mg/(m^2·d)（表 5.7），相对于当前水平分别降低

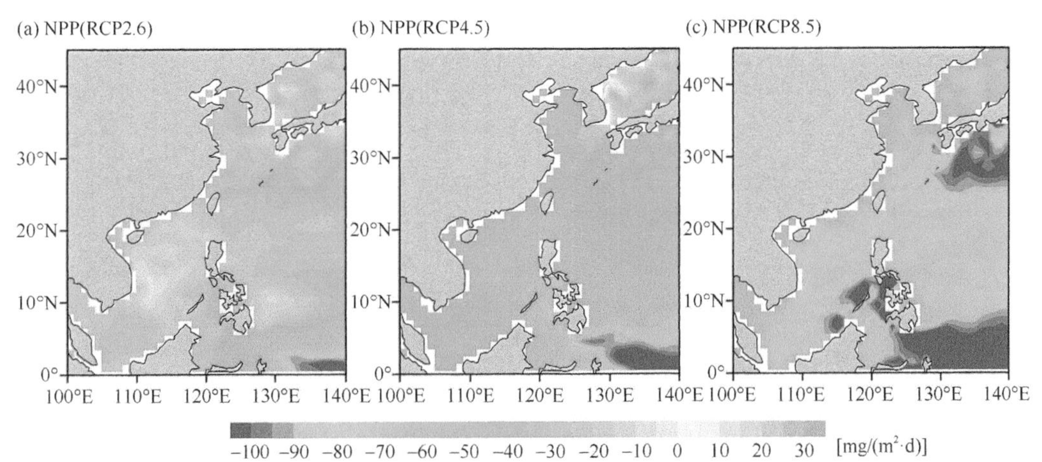

图 5.13　RCP2.6（a）、RCP4.5（b）和 RCP8.5（c）情景下 2090 ～ 2099 年中国近海初级生产力相对于 1980 ～ 2005 年的变化

2.1%、9.3% 和 12.9%。相比之下，南海净初级生产力的下降幅度略小，在三种情景下将分别下降（1.6±1.1）$mg/(m^2·d)$、（10.6±5.0）$mg/(m^2·d)$ 和（16.9±6.0）$mg/(m^2·d)$（表 5.7）。

表 5.7　不同气候情景下未来不同时期中国东部海域和南海海洋净初级生产力相对于 1986 ～ 2005 年的变化

［单位：$mg/(m^2·d)$］

海区	RCP2.6			RCP4.5			RCP8.5		
	2020 ～ 2029 年	2050 ～ 2059 年	2090 ～ 2099 年	2020 ～ 2029 年	2050 ～ 2059 年	2090 ～ 2099 年	2020 ～ 2029 年	2050 ～ 2059 年	2090 ～ 2099 年
中国东部海域	−3.6±2.1	−2. 6±1.7	−5.9±2.6	−4.6±2.4	−7.2±3.9	−8.5±4.3	−5.7±2.3	−11.3±3.2	−17.7±6.2
南海	−3.5±2.3	−2.5±1.7	−1.6±1.1	−4.4±2.3	−9.9±5.1	−10.6±5.0	−4. 5±2.1	−10.5±2.7	−16.9±6.0
全球平均	3.5±2.4	−2.1±1.3	−2.7±1.4	−4.5±2.3	−7.2±3.8	−7.9±4.1	−3.6±2.1	−9.7±2.6	−14.2±6.4

图 5.14 为 RCP8.5 情景下 2090 ～ 2099 年中国近海营养盐浓度相对于 1980 ～ 2005 年的变化。图 5.15 为 IPSL-CM5A-MR 模式模拟的 RCP8.5 情景下中国近海 2090 ～ 2099 年海洋净初级生产力与近海上层（50m 以上）海水温度和营养盐的变化关系。海洋净初级生产力与海水温度是负相关关系（相关系数 r=−0.45，负相关表明温度上升时，净初级生产力下降）；海洋净初级生产力与营养盐是正相关关系（r=0.43），均通过了置信度为 95% 的显著性检验。模式中的营养盐输入主要考虑了硝酸盐（NO_3^-）、磷酸盐（PO_4^{3-}）、亚铁离子（Fe^{2+}）和硅酸盐（SiO_3^{2-}）。到了 21 世纪末期，海洋上层营养盐浓度整体表现出显著降低的趋势（图 5.14），其中硝酸盐和硅酸盐浓度均下降明显，显著降低的区域主要为渤海和黄海，而亚铁离子浓度有所升高。比较而言，亚铁离子浓度的变化幅度较其他三种营养盐量级较低。因此，在未来不同气候情景下，中国近海营养盐浓度有降低的现象，这可能是模式预估海洋净初级生产力降低的主要原因，但对未来的变化预估与历史和现状变化趋势存在不一致的现象，如图 5.14 与图 4.9、图 4.10 所示。如前所述，模式有可能低估了陆架海区尤其是近岸水域海洋净初级生产力的量值，原因是现有的模式

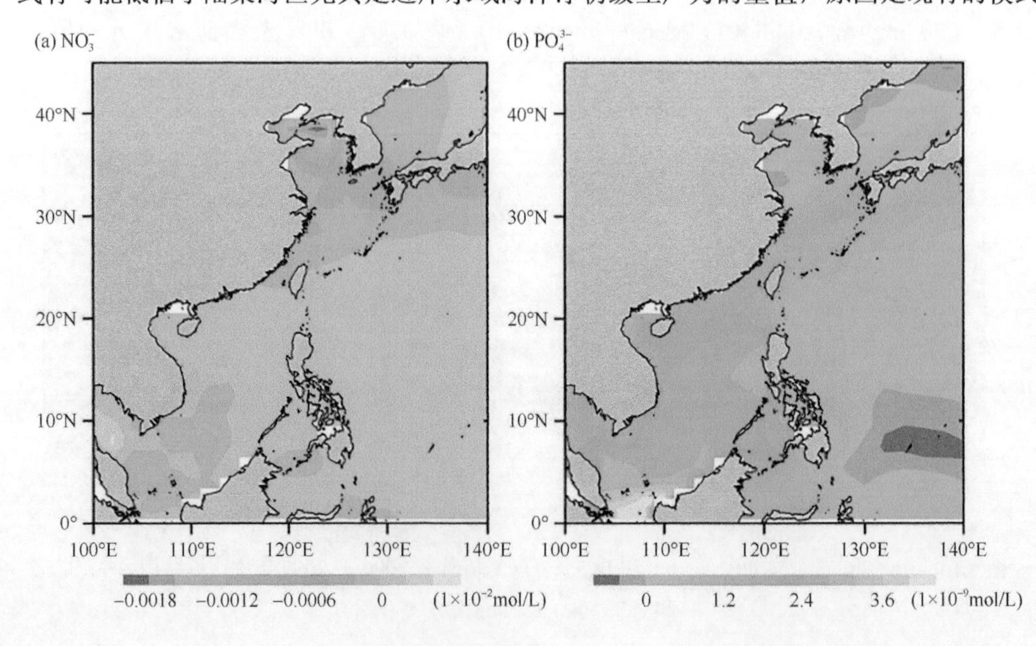

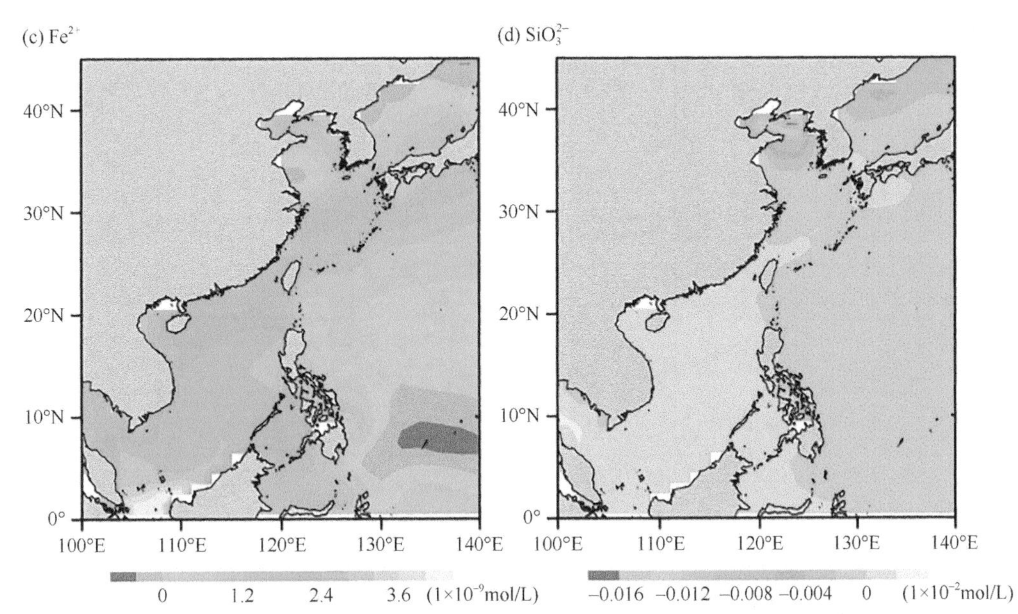

图 5.14　RCP8.5 情景下 2090 ～ 2099 年中国近海硝酸盐（a）、磷酸盐（b）、亚铁离子（c）和硅酸盐（d）浓度相对于 1980 ～ 2005 年的变化

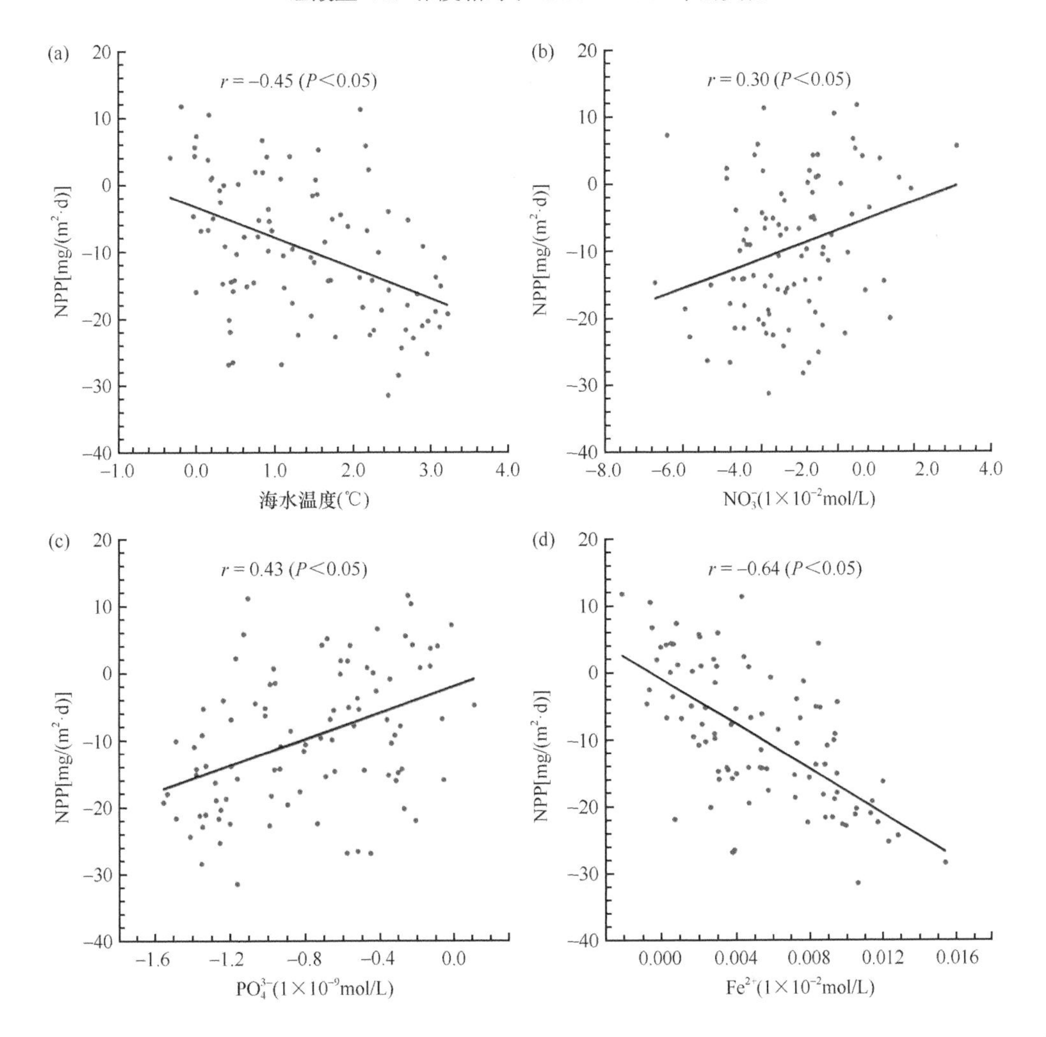

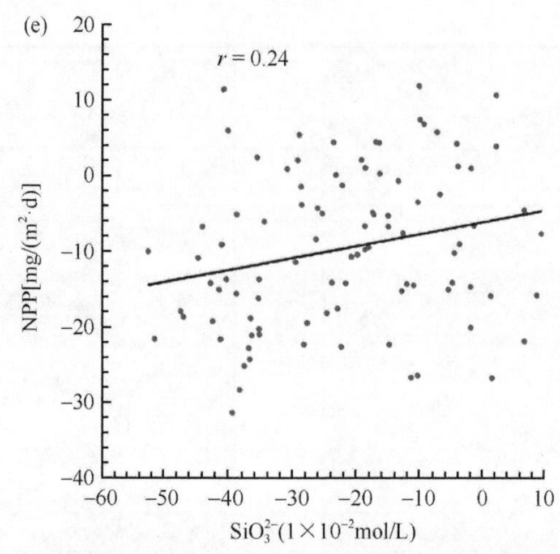

图 5.15　RCP8.5 情景下中国近海 2090 ～ 2099 年海洋净初级生产力与近海上层海水温度（a）及硝酸盐（b）、磷酸盐（c）、亚铁离子（d）和硅酸盐（e）的变化关系

可能未充分刻画人类排污等活动对近岸特别是陆架海域的影响，现在的模式结果可能更适合于深海和大洋，这几乎是当前所有 CMIP5 模式存在的问题（Bopp et al.，2013）。

基于卫星遥感观测资料和地球系统模式数据，本节评估了中国近海当前和未来海洋净初级生产力的时空变化特征。结果表明，中国近海净初级生产力分布主要呈现出沿岸高并向外海逐渐降低的趋势。其中，长江口外侧的东海区域是净初级生产力的显著高值区［最高可能超过 3000mg/(m^2·d)］，并且渤海、黄海和东海明显高于南海。从季节上看，夏季渤海、黄海和东海沿岸的海洋净初级生产力最高，其次是秋季、春季，冬季最低。

CMIP5 地球系统模式能够大体模拟出中国近海海洋净初级生产力的空间分布和季节变化特征。例如，模拟的中国近海夏季的海洋净初级生产力高值区位于长江口附近海域，而冬季的海洋净初级生产力则最低。但是模式模拟的整体量值偏低。未来中国近海大部分地区的海洋初级生产力将会降低，其中，中国东部海域海洋初级生产力的降低更显著。温室气体排放浓度越高，海洋初级生产力降低的幅度越大。到 21 世纪末期（2090 ～ 2099 年），中国东部海域的净初级生产力在 RCP2.6、RCP4.5 和 RCP8.5 下将分别降低（5.9±2.6）mg/(m^2·d)、（8.5±4.3）mg/(m^2·d) 和（17.7±6.2）mg/(m^2·d)，相对于当前水平分别降低 2.1%、9.3% 和 12.9%。相比之下，南海海洋初级生产力的下降幅度略小。

虽然较高的水温有利于浮游植物的光合作用，并可能引起海洋初级生产力的升高，但是对于大洋和深海如南海而言，海洋变暖引起海水层化作用加强，从而抑制底层营养盐向海洋上层的输送。然而，对于中国东部海域而言，近几十年来，陆源营养盐输入海洋持续不断，如无机氮、无机磷等增加（蔡榕硕等，2019；Liu and Shen，2001）。因此，过去和现在中国东部海域的叶绿素a 浓度和初级生产力呈现上升趋势，而南海则相反。现在模式结果预估未来中国东部海域的叶绿素a 浓度和净初级生产力下降（图 5.13，表 5.7），这是海洋变暖层化后营养盐缺乏引起的，还是未来的升温幅度超过浮游植物的生态位导致的，后续 5.5 节将进一步讨论。

5.5　模式预估问题讨论

5.5.1　不确定性讨论

（1）不同气候情景下未来中国近海 SST 的模拟

本章基于 CMIP5 中地球系统模式在不同温室气体排放情景下（RCP2.6、RCP4.5 和 RCP8.5）的模拟结果，评估了未来近百年（至 2100 年）中国近海 SST 的变化趋势及空间分布特征，其结果反映了未来气候态系统的自然变率和人为排放 CO_2 强迫的共同作用。尽管 CMIP5 对于全球海洋 SST 的气候态平均的空间分布特征和历史变化具有较高的模拟性能，本章的预估结果仍然具有较大的不确定性。一方面，不确定性来自模式本身的系统性偏差。不同模式的分辨率（包括水平和垂直分辨率）和物理过程参数化方案可能有所不同。在评估未来 SST 变化时减去各自模式的历史模拟，并采用多模式的集合平均结果，以尽可能地降低系统性偏差。另一方面，鉴于地球气候系统的非线性和复杂性，任何模式都只是对现实情况的近似，并且目前人们对于海洋环流及物理过程的认识有限，如由于分辨率等因素的限制，CMIP5 模式尚不能较好地模拟中小尺度涡旋和上升流等现象，这使得模式在近岸及陆架海区的模拟存在较大的偏差。

（2）不同气候情景下未来中国近海 SSS、pH、DO 含量和叶绿素a 浓度的模拟

未来随着 CO_2 等温室气体浓度的增加，温室效应将更加明显，这将导致海水温度普遍升高和海洋酸化越来越严重。对于中国近海而言，由于中国东部海域大部分区域属于陆架海，深度较浅，同等情况下变暖和酸化很可能较南海更加显著，但中国东部海域的陆架浅海的水动力条件受到东亚季风、沿岸流、黑潮入侵和江河入海径流的影响，这使得海洋升温变化导致的层化作用与南海相比可能有所不同，并影响其对营养盐输运和供给的模拟，从而可能进一步影响模式对叶绿素a 浓度变化预估的准确性。

CMIP5 模式能够定性地模拟出上述环境要素的总体变化趋势和空间差异，但是对于各要素定量预估的不确定性仍较大。相对于 SST，模式对 SSS、pH、DO 含量和叶绿素a 浓度等的模拟不确定性更大，除了上述提到的模式本身的系统性偏差，CMIP5 地球系统模式对海洋生物地球化学循环过程的描述基本都以简单的线性的参数化方案来代替，如表 5.3 所示。虽然模式预估中国东部海域较强的升温将进一步导致海水 DO 含量和叶绿素a 浓度下降的趋势更明显，但显然对海洋变暖引起的层化及对营养盐输运机制的影响等问题仍有待今后解决。总体而言，CMIP5 各模式对于 SST、DO 含量和海水 pH 的模拟一致性较高，而对 SSS 和叶绿素a 浓度的不确定性较大。

如前所述，CMIP5 模式模拟了不同气候情景下未来中国近海表层叶绿素a 浓度将持续降低，并且中国东部海域下降的幅度更大，这与现在基于观测分析的变化趋势不相符。卫星资料观测表明，中国东部海域的表层叶绿素a 浓度在 1998 ～ 2018 年呈上升的趋势（图 4.10），而这与中国东部海域近岸赤潮和绿潮的频繁暴发是较为一致的。但是，CMIP5 模式主要考虑了未来由变暖导致的海水层化，不利于底层营养盐的向上输送，从而引起浮游植物生物量降低。除海水变暖和物候变化之外，中国东部陆源污染物的大量输入导致中国东部海域近岸富营养化和营养盐失衡，这也有利于浮游植物的暴发性增长，

而 CMIP5 模式可能难以反映中国东部海域陆架海区的这些问题。

由于缺乏海洋生态要素如叶绿素a 浓度的长期现场监测及研究资料，当前主要采用卫星遥感资料分析中国近海表层叶绿素a 浓度和初级生产力的长期变化，而未来变化的预估则采用模式结果分析。然而，卫星遥感观测和船载现场调查之间数据不同步，以及难以相互参照的问题较为突出。虽然 CMIP5 中 IPSL-CM5A-MR 模式能够大体模拟出中国近海海洋净初级生产力的季节变化特征（图 5.12），例如，模拟的中国近海夏季海洋净初级生产力高值区位于长江口外海区，冬季海洋净初级生产力最低。但是，模式模拟的量值总体偏低，中国东部海域夏季海洋净初级生产力约为 800mg/(m^2·d)，冬季约为 400mg/(m^2·d)，南海海洋净初级生产力也显著低于观测值（图 5.11）。

5.5.2　CMIP5 和 CMIP6 的比较

如前一节所述，模式模拟结果的不确定性一方面来自模式本身的系统性偏差。本章在预估未来中国近海境要素变化时，采取了未来结果减去历史模拟的方法，这样可以部分降低由模式系统性偏差引起的不确定性。另一方面，由于任何模式的模拟都只是对现实情况的近似，而当前人们对于海洋生物地球化学过程的认识仍很有限，且 CMIP5 中不同的模式对于各种物理过程的描述也不尽相同，这可能会导致不同模式的模拟结果差异很大。

目前，许多参加第六次国际耦合模式比较计划（CMIP6）的模式已包含有生物地球化学模块，并且模式的分辨率和参数化方案等方面均有优化，未来采用多模式的集合平均，并对比分析 CMIP5 和 CMIP6 预估结果的不一致性，可降低模式结果的偏差和不确定性。

5.6　结　　语

近百年来，由人类活动排放的 CO_2 等温室气体引起的气候变化已经使得全球海洋的物理、化学性质和生物生态发生了显著的变化，如海水升温、海洋酸化和脱氧、海洋生物地理分布变迁等，并且这种变化已经对全球海洋生态系统及服务功能产生了重要影响。本章基于观测资料和 CMIP5 地球系统模式的输出结果，评估了未来近百年在不同温室气体浓度排放情景下中国近海环境要素（SST、SSS、DO 含量、海水 pH、表层叶绿素a 浓度和海洋初级生产力）的变化特征，得到了以下结果。

（1）未来中国近海 SST 的变化

未来近百年的各个时期，增暖将会是中国近海的主要特征。其中，中国东部海域的升温更为显著，增温幅度明显大于南海。在 RCP4.5 情景下，中国东部海域在 2020 ～ 2029 年、2050 ～ 2059 年和 2090 ～ 2099 年最大升温幅度将分别超过 1℃、2℃和 3℃左右；在 RCP8.5 情景下，升温的幅度更大，到 21 世纪末，最大升温幅度将超过 3℃。这与 IPCC AR5 预估的全球最大升温幅度（4.8℃）接近。因此，未来中国东部海域可能是全球升温幅度最大的海区之一。

（2）未来中国近海 DO 含量、pH 和表层叶绿素a 浓度的预估

预估结果表明，未来中国近海尤其是中国东部海域除了显著变暖，DO 含量、pH 和表层叶绿素a 浓度含量将有降低的变化趋势，并且温室气体排放浓度越高，上述变化将越为明显。在温室气体高浓度排放情景下（RCP8.5），到 21 世纪末期，中国东部海域的 DO 含量将降低（11.20±3.89）μmol/L（相对于当前降低了 6.3%），海水 pH 降低 0.36±0.02，叶绿素a 浓度降低（3.75±2.12）$\times 10^{-2}$mg/m^3（降低 15.7%）。

（3）未来中国近海净初级生产力的变化

预估结果表明，与全球平均结果相似，在不同气候情景下未来中国近海大部分地区净初级生产力将降低，但在区域上会存在明显差异。到 21 世纪末期（2090 ～ 2099 年），中国东部海域净初级生产力在 RCP2.6、RCP4.5 和 RCP8.5 情景下将分别降低（5.9±2.6）mg/(m^2·d)、（8.5±4.3）mg/(m^2·d) 和（17.7±6.2）mg/(m^2·d)，相对于当前水平分别降低了 2.1%、9.3% 和 12.9%。而南海初级生产力的下降幅度则略小，在三种情况下将分别下降（1.6±1.1）mg/(m^2·d)、（10.6±5.0）mg/(m^2·d) 和（16.9±6.0）mg/(m^2·d)。中国近海尤其是中国东部海域净初级生产力的显著下降可能是模式中海水层化作用增强引起的上层营养盐浓度降低造成的。

（4）模式模拟与观测之间存在不一致现象

比较 CMIP5 模式模拟与观测的结果表明，模式虽然能够大体模拟出中国近海海洋净初级生产力的时空变化特征，但是模式模拟的量值总体偏低，中国东部海域夏季海洋净初级生产力约为 800mg/(m^2·d)，冬季约为 400mg/(m^2·d)，南海海洋净初级生产力也显著低于观测值。考虑正在开展中的 CMIP6，由于其更充分地考虑了生物地球化学循环过程，分辨率和参数化方案等也有改进，因此，CMIP6 与 CMIP5 的模式结果有所不同，但 CMIP6 可供应用的模式结果至今仍较少。

参考文献

蔡榕硕, 韩志强, 杨正先. 2020. 海洋的变化及其对生态系统和人类社会的影响、风险及应对. 气候变化研究进展, 16(2): 182-193.

蔡榕硕, 齐庆华. 2014. 气候变化与全球海洋: 影响、适应和脆弱性评估之解读. 气候变化研究进展, 10(3): 185-190.

蔡榕硕, 谭红建, 郭海峡. 2019. 中国沿海地区对全球变化的响应及风险研究. 应用海洋学学报, 38(4): 514-527.

蔡榕硕, 谭红建, 黄荣辉. 2012. 中国东部夏季降水年际变化与东中国海及邻近海域海温异常的关系. 大气科学, 36(1): 35-46.

付迪, 蔡榕硕. 2017. 热带西太平洋海表面盐度的变化特征及其对淡水通量的响应特征. 应用海洋学学报, 36(4): 466-473.

黄传江, 乔方利. 2015. 基于 CMIP5 模式的南海海平面未来变化预估. 海洋学报, 34(3): 31-41.

姜大膀, 富元海. 2012. 2℃全球变暖背景下中国未来气候变化预估. 大气科学, 36: 234-246.

刘晓辉, 孙丹青, 黄备, 等. 2017. 东海沿岸海域表层海水酸化趋势及影响因素研究. 海洋与湖沼, 48(2): 398-405.

秦大河, 张建云, 闪淳昌, 等. 2015. 中国极端天气气候事件和灾害风险管理与适应国家评估报告: 精华版. 北京: 科学出版社.

谭红建, 蔡榕硕, 颜秀花. 2016. 基于 IPCC-CMIP5 预估 21 世纪中国海海表温度变化. 应用海洋学学报, 35(4): 451-458.

谭红建, 蔡榕硕, 颜秀花. 2018. 基于 CMIP5 预估 21 世纪中国近海海洋环境变化. 应用海洋学学报, 37(2): 152-160.

檀赛春, 石广玉. 2006. 中国近海初级生产力的遥感研究及其时空演化. 地理学报, 61(11): 1189-1200.

王磊, 林丽贞, 谢聿原, 等. 2012. 冬季东海及南海北部海域初级生产力和新生产力的初步研究. 海洋学研究, 30(1): 59-66.

韦钦胜, 于志刚, 夏长水, 等. 2011. 夏季长江口外低氧区的动态特征分析. 海洋学报, 33: 100-109.

吴德星, 牟林, 李强, 等. 2004. 渤海盐度长期变化特征及可能的主导因素. 自然科学进展, 14(2): 191-195.

Ainsworth T D, Heron S F, Ortiz J C, et al. 2016. Climate change disables coral bleaching protection on the Great Barrier Reef. Science, 352(6283): 338-342.

Behrenfeld M J, Falkowski P G. 1997. Photosynthetic rates derived from satellite-based chlorophyll concentration. Limnology and Oceanography, 42(1): 1-20.

Bindoff N L, Cheung W W L, Kairo J G, et al. 2019. Changing ocean, marine ecosystems, and dependent communities//IPCC. Special Report on the Ocean and Cryosphere in a Changing Climate. https://www.ipcc.ch/srocc/.

Bopp L, Resplandy L, Orr J C, et al. 2013. Multiple stressors of ocean ecosystems in the 21st century: Projections with CMIP5 models. Biogeosciences, 10: 6225-6245.

Cheung W W L, Lam V W Y, Sarmiento J L, et al. 2010. Large-scale redistribution of maximum fisheries catch potential in the global ocean under climate change. Global Change Biology, 16(1): 24-35.

Christian J R, Arora V K, Boer G J, et al. 2010. The global carbon cycle in the Canadian Earth System Model (CanESM1) preindustrial control simulation. Journal of Geophysical Research, 115: G03014.

Collins W J, Bellouin N, Doutriaux-Boucher M, et al. 2011. Development and evaluation of an Earth-System model-HadGEM2. Geoscientific Model Development, 4(4): 1051-1075.

Dufresne J L, Foujols M A, Denvil S, et al. 2013. Climate change projections using the IPSL-CM5 Earth System Model: From CMIP3 to CMIP5. Climate Dynamics, 40(9-10): 2123-2165.

Dunne J P, John J G, Shevliakova E, et al. 2013. GFDL's ESM2 global coupled climate-carbon Earth System Models. Part Ⅱ: Carbon system formulation and baseline simulation characteristics. Journal of Climate, 26(7): 2247-2267.

Durack P J, Wijffels S E, Matear R J. 2012. Ocean salinities reveal strong global water cycle intensification during 1950 to 2000. Science, 336: 455-458.

Fu W, James T R, Moore J K. 2016. Climate change impacts on net primary production (NPP) and export production (EP) regulated by increasing stratifcation and phytoplankton community structure in the CMIP5 models. Biogeosciences, 13: 5151-5170.

Hoegh-Guldberg O, Cai R S, Poloczanska E, et al. 2014. The ocean//Barrows V R, Field C B, Dokken D J, et al. Climate Change 2014: Impacts, Adaptation, and Vulnerability. Part B: Regional Aspects. Contribution of Working Group Ⅱ to the Fifth Assessment Report of the Intergovernmental Panel on Climate Change. Cambridge, New York: Cambridge University Press: 1655-1731.

Ilyina T, Six K D, Segschneider J, et al. 2013. Global ocean biogeochemistry model HAMOCC: Model architecture and performance as component of the MPI-Earth System Model in different CMIP5 experimental realizations. Journal of Advances in Modeling Earth Systems, 5(2): 287-315.

IPCC. 2013. Summary for policymakers//Stocker T F, Qin D, Plattner G K, et al. Climate Change 2013:

The Physical Science Basis. Contribution of Working Group Ⅰ to the Fifth Assessment Report of the Intergovernmental Panel on Climate Change. Cambridge, New York: Cambridge University Press.

Lauvset S K, Key R M, Olsen A, et al. 2016. A new global interior ocean mapped climatology: The 1×1 GLODAP version 2. Earth System Science Data, 8: 325-340.

Liu X C, Shen H T. 2001. Estimation of dissolved inorganic nutrient fluxes from the Changjiang River into estuary. Science in China (Ser. B), 44(S): 135-141.

Lozier M S, Dave A C, Palter J B, et al. 2011. On the relationship between stratification and primary productivity in the North Atlantic. Geophysical Research Letters, 38: L189609.

Lyu K, Zhang X, Church J A, et al. 2016. Evaluation of the interdecadal variability of sea surface temperature and sea level in the Pacific in CMIP3 and CMIP5 models. International Journal of Climatology, 36(11): 3723-3740.

Mora C, Wei C L, Rollo A, et al. 2013. Biotic and human vulnerability to projected changes in ocean biogeochemistry over the 21st century. PLoS Biology, 11(10): e1001682.

Séférian R, Bopp L, Gehlen M, et al. 2013. Skill assessment of three earth system models with common marine biogeochemistry. Climate Dynamics, 40(9-10): 2549-2573.

Stocker T F, Qin D, Plattner G K, et al. IPCC. 2014. Climate Change 2013: The Physical Science Basis. Contribution of Working Group Ⅰ to the Fifth Assessment Report of the Intergovernmental Panel on Climate Change. Cambridge, New York: Cambridge University Press.

Tan H J, Cai R S, Huo Y L, et al. 2020. Projections of changes in marine environment in coastal china seas over the 21st century based on CMIP5 models. Journal of Oceanology and Limnology, 38(6): 80-95.

Taylor K E. 2001. Summarizing multiple aspects of model performance in a single diagram. Journal of Geophysical Research Atmospheres, 106(D7): 7183-7192.

Taylor K E, Stouffer R J, Meehl G A. 2012. An overview of CMIP5 and the experiment design. Bulletin of the American Meteorological Society, 93(4): 485-498.

Tian Y, Kidokoro H, Watanabe T. 2006. Long-term changes in the fish community structure from the Tsushima warm current region of the Japan/East Sea with an emphasis on the impacts of fishing and climate regime shift over the last four decades. Progress in Oceanography, 68(2-4): 217-237.

Tjiputra J F, Roelandt C, Bentsen M, et al. 2013. Evaluation of the carbon cycle components in the Norwegian Earth System Model (NorESM). Geoscientific Model Development, 6(2): 301-325.

Vichi M, Manzini E, Fogli P G, et al. 2011. Global and regional ocean carbon uptake and climate change: Sensitivity to a substantial mitigation scenario. Climate Dynamics, 37(9-10): 1929-1947.

Voldoire A, Sanchez-Gomez E, y Mélia D S, et al. 2013. The CNRM-CM5.1 global climate model: Description and basic evaluation. Climate Dynamics, 40(9-10): 2091-2121.

Walsh I, Dymond J, Collier R. 1988. Rates of recycling of biogenic components of settling particles in the ocean derived from sediment trap experiments. Deep Sea Research, 35: 43-58.

Watanabe S, Hajima T, Sudo K, et al. 2011. MIROC-ESM 2010: Model description and basic results of CMIP5-20c3m experiments. Geoscientific Model Development, 4(4): 845.

Wei Q S, Wang B D, Zhigang Y U, et al. 2017. Mechanisms leading to the frequent occurrences of hypoxia and a preliminary analysis of the associated acidification off the Changjiang Estuary in summer. Science China Earth Sciences, 60(2): 158-179.

中国近海初级生产的风险、适应和气候治理探讨

6.1 引　　言

IPCC AR5指出，全球气候系统的变暖是毋庸置疑的。自20世纪50年代以来，观测到的许多变化在几十年乃至上千年时间里都是前所未有的。气候将持续变暖并发生持久的变化，其对社会和自然产生广泛而深刻的影响的可能性亦将随之增加，并且很多相关的风险还会带来特定的挑战（IPCC，2014a）。在气候变化的影响下，海洋存在许多严重的气候变化风险，如海洋生物多样性的减少和生态系统服务功能的损失，海洋物种地理分布迁移引起的物种入侵和生态灾害的频繁发生，以及海平面上升、台风-风暴潮和海岸洪水对沿海低地和海岸带生态系统的严重影响和风险。过去几十年来，海洋发生了明显的变化并带来显著的影响和风险，如海洋变暖和海水酸化、海洋生境的损失和生物多样性的减少、渔业资源的锐减，未来难以适应气候变化的生物和生态系统将面临多样性减少，甚至物种消失的风险。气候变化给海洋带来的风险愈发清晰。人类社会作为地球系统的重要成员也因此面临前所未有的威胁。然而，在许多情况下，全球特别是海洋领域尚未做好充分应对气候变化风险的准备（蔡榕硕和付迪，2018；蔡榕硕等，2020a，2020b；Bindoff et al.，2019；Colwell et al.，2008；Cai et al.，2016；Hoegh-Guldberg et al.，2014；IPCC，2014a；Loarie et al.，2009；Sala et al.，2000）。

中国近海环境受到相邻陆地、大洋和东亚季风等气候变化因子，以及污染物排海、破坏性和过度捕捞、大规模围填海等人类活动诸多因素的影响，且缺乏长期连续及系统的海洋生物生态观测，有关气候变化与人类活动对中国近海生态系统的影响研究仍有较大不足。浮游植物是海洋的初级生产者，其初级生产启动了生态系统的物质循环和能量流动，因而其成为海洋生态系统的基础，而气候变化通过影响海洋环境，对浮游植物产生影响，进而又给整个海洋生态系统带来严重的影响和风险。由于中国近海特别是中国东部海域环境对气候变化致灾因子的危害性有高度敏感性，因此，本章首先基于气候变化对中国近海浮游植物的危害性分析；再从气候变化的综合风险理论出发，构建气候变化对中国近海初级生产的影响以及初级生产的适应、脆弱性和关键风险的评估体系；最后，研究与评估中国近海初级生产的关键气候变化风险，并探索中国近海初级生产的适应对策、风险管理与气候治理等问题。

6.2　中国近海浮游植物对气候变化的影响、适应和脆弱性

气候变化通过影响并改变海洋的物理和化学性质，进而影响海洋初级生产者，即浮游植物，从而影响整个海洋生态系统的结构及其服务功能，包括初级生产、次级生产和终级生产等过程，并最终对人类社会的可持续发展产生严重的影响和风险。本节主要基于 IPCC AR5 的气候变化综合风险理论与评估方法（IPCC，2014a），结合国内外气候变化评估报告和文献资料，以及海洋大气再分析和赤潮暴发等数据资料，评估气候变化对中国近海浮游植物的影响、适应和脆弱性，进而总结浮游植物的主要致灾因子危害（险）性、暴露度和脆弱性，并分析气候变化的影响、风险和适应策略。

6.2.1　气候变化综合风险理论与评估方法

（1）气候变化综合风险理论概述

本章采用了 IPCC AR5 有关气候变化综合风险的概念与方法（IPCC，2014a），分析与评估气候变化对中国近海浮游植物的影响、适应和脆弱性，以及风险。IPCC AR5 指出，气候变化综合风险（*R*，Risk）是由气候变化致灾事件（因子）的危害（险）性（*H*，Hazard）、自然和社会系统（承灾体）的暴露度（*E*，exposure）及脆弱性（*V*，vulnerability）相互作用产生的，即 $R=f(H, E, V)$（IPCC，2014a）。当承灾体暴露于某种气候变化致灾因子时，由于承灾体存在一定的脆弱性，如果承灾体应对气候变化致灾因子不力，则其结构和功能可能损毁或损失，并产生严重的影响或风险。因此，造成海洋环境及生态系统结构与功能损毁的气候变化致灾因子是风险发生的前提，而承灾体的存在是风险发生的必要条件。

气候变化致灾因子对承灾体的影响程度及是否造成灾害风险，除了取决于致灾因子的危害性（如强度、频率和范围），还取决于承灾体的暴露度和脆弱性的水平。暴露度是指气候变化致灾因子发生时的不利影响范围与承灾体在空间分布上的交集（秦大河等，2015）。脆弱性是指承灾体易受气候变化致灾因子不利影响的倾向或习性，是容易受到损害的一种状态，与其对气候变化致灾因子的敏感性和适应性等因素密切相关（Ekstrom et al.，2015；Romieu et al.，2010）。其中，敏感性为承灾体在面对气候变化致灾因子和人类扰动时，易于感受的内在属性，反映其承受扰动的程度；适应性指承灾体面对气候变化致灾因子和人类扰动时的应对能力及恢复能力（Ekstrom et al.，2015）。基于上述概念，本节采用的中国近海浮游植物的气候变化综合风险概念图如图 6.1 所示。

PCC AR5 指出，近几十年来，气候变化已对所有陆地和海洋的自然及人类社会系统产生了显著的影响，并且影响的证据是确凿和全面的（IPCC，2014a）。同样，观测到的自然系统的变化需要进行检测和归因分析，并辨识这种变化是由气候变化还是由人类直接扰动引起的，或者是两者叠加产生的。基于此，本节有关气候变化对中国近海浮游植物的影响主要采用的评估方法如下。

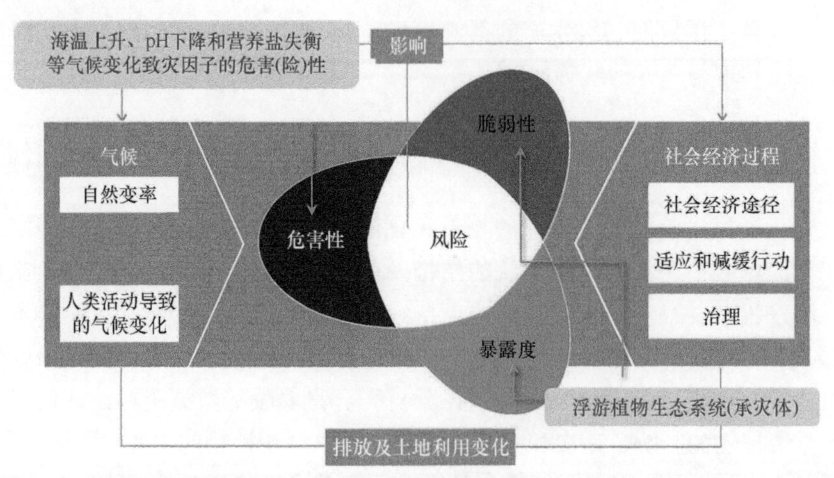

图 6.1　中国近海浮游植物的气候变化影响和综合风险示意图（改自 IPCC，2014a）

（2）评估方法

过去 60 多年来，气候变化改变了全球海洋环境，使得海洋物理和化学性质如温度、盐度、pH、溶解氧含量和营养盐等发生了变化，对从海洋上层的浮游植物、水层的游泳动物到底层的底栖生物均产生了影响，从而引起海洋生物多样性和生态系统发生变化。在 RCP8.6 情景下，21 世纪中叶至末期，全球海洋净初级生产力将明显下降，海洋和海岸带生态系统将面临高或很高的风险（蔡榕硕等，2020a; Bindoff et al.，2019; IPCC，2019）。为此，本节主要评估并反映气候变化对中国近海浮游植物的影响，但不包括底栖植物如定生海藻、红树和海草等植物及自养细菌等海洋初级生产者，从而为后续分析并总结气候变化对中国近海初级生产的影响和风险提供基础。

本节评估范围为中国近海及邻近海域（0° ～ 45°N，100°E ～ 140°E），时间尺度上主要基于历史观测资料和研究文献涉及的时间（30 ～ 60 年），以及未来预估的时间（50 ～ 100 年）。评估方法采用 IPCC AR5 的评估方法及不确定性的表述方式（IPCC，2010）。IPCC 在第一次评估报告中就认识到不确定性评估的重要性，经过五次科学评估报告的历程，发展出一套较系统的不确定性评估方法，包括证据量、一致性的判定，并在 2010 年 7 月发布了《IPCC 第五次评估报告主要作者关于采用一致性方法处理不确定性的指导说明》，详细说明了有关评估方法、评估结果的“信度”和“可能性”（IPCC，2010）。这套处理方法在 IPCC AR6 评估报告中继续得到应用。因此，本节采用了这种评估方法。

IPCC AR5 主要基于以下两种标准对重要的发现结论做出不确定性的评估与判定：一是根据气候变化或影响的证据（观测数据、模式模拟、理论、专家判断）的种类、数量、质量、一致性，以及达成一致的程度，对某项评估重要结果的有效性给出定性的信度结论。例如，对于证据量的情况，采用不同的限定词，且以斜体形式，表述为“*有限*”“*中等*”“*充分*”，对于达成一致性的程度表述为“*低*”“*中等*”“*高*”（图 6.2），并使用不同的限定词表示信度水平：“*很低*”“*低*”“*中等*”“*高*”和“*很高*”。二是根据对观测数据、模拟结果的分析或专家判断，对某项评估结果的不确定性进行量化衡量，主要基于统计分析或模拟分析、专家判断或其他量化分析，并以概率的方式给出其“*可能性*”，即使用“*可能性*”量化不确定性。这主要用于表示某项评估结果发生概率的估值范围，使用的限定词如“*不可能*”（0 ～ 33%）、“*可能*”（66% ～ 100%）、“*很可能*”（90% ～ 100%），见表 6.1。

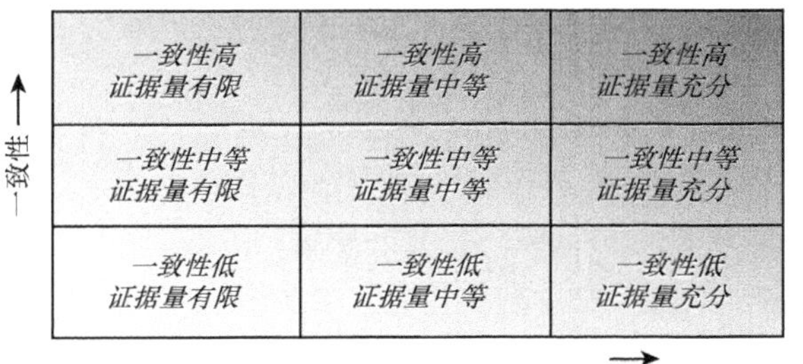

图 6.2　不确性分析的信度示意图（改自 IPCC，2010）

表 6.1　评估结果的可能性术语及其对应的概率范围（IPCC，2010）

术语	结果的可能性
几乎确定/virtually certain	99% ～ 100%
很可能/very likely	90% ～ 100%
可能/likely	66% ～ 100%
或许可能/about as likely as not	33% ～ 66%
不可能/unlikely	0 ～ 33%
很不可能/very unlikely	0 ～ 10%
几乎不可能/exceptionally unlikely	0 ～ 1%

（3）数据资料与处理方法

本节的评估资料除了来自最近几年的学术文献，还应用了海洋和大气的再分析资料，如东亚季风低空风场、SST、海平面气压等，以及 CMIP5 中有关中国近海 SST 的模式预估数据，具体来源见 2.2.1 节、5.3.1 节。线性趋势分析方法见 1.3.1 节。

6.2.2　气候变化对中国近海浮游植物的影响

20 世纪 50 年代以来，全球海洋出现变暖、酸化和缺氧，以及营养盐循环的明显变化。这种变化已经影响了海洋物种的组成和地理分布等，如暖水种的分布范围向两极方向扩张、冷水种的分布范围则缩小，特别是海洋变暖引起海水的层化和环流的变化还通过影响光照、溶解氧含量和营养盐的输送等，影响浮游植物的生长发育及其时空分布，并通过营养层级的传递影响整个生态系统（蔡榕硕等，2020a；Bindoff et al.，2019；Hoegh-Guldberg et al.，2014；IPCC，2019）。

近几十年来，海水温度的持续升高是中国近海最主要的气候变化特征之一（*高信度*）（蔡榕硕等，2020b；Cai et al.，2016，2017）。这是因为海水温度既是海洋生物极其重要的生态限制因子，又是决定海洋生态系统变动的主要环境因素，并且海水温度的变化又与各种环境驱动因子密切相关。研究表明，海水水温、海面风场和营养盐等环境要素异常严重影响了海洋生态平衡。这不仅是赤潮和绿潮等生态灾害事件频发的原因，还是某些藻类暴发的主要原因，并加剧了海水的缺氧和酸化（蔡榕硕，2010；唐森铭等，2017；Cai et al.，2016，2017）。为此，本节首先评估气候变暖背景下浮游植物的长期变化特征及其与海水温度、营养盐和低空风场等因子的关系，进而分析海洋浮游植物变化的原因。

（1）中国近海浮游植物的长期变化特征

观测表明，在中国近海浮游植物中，硅藻通常都是主要优势类群，甲藻次之。但是，近几十年来，中国近海浮游植物的地理分布和组成有明显的变化，并有显著的区域性特征（*高信度*）。例如，在不同季节中，中国近海浮游植物的主要类群发生了变化，夏季，某些海域硅藻/甲藻的比例下降，甚至出现硅藻向甲藻演替并发生甲藻超过硅藻的现象。中国近海浮游植物总体上仍以硅藻为主要优势类群，甲藻次之，但硅藻的优势地位下降（*证据量充分，一致性高*）。

近年的调查表明，渤海浮游植物中甲藻的优势地位趋于不断提高（*证据量充分，一致性高*）。1958 ～ 1999 年，渤海中部海域硅藻/甲藻的比例明显下降，即硅藻与甲藻分别相对减小与增多（Zhang et al.，2004）。1958 ～ 2012 年，渤海的硅藻和甲藻占总物种数的比例分别从 1989 年的 89% 和 11.5%，变为 2004 ～ 2007 年的 82.2% 和 12.7%，再到 2011 ～ 2012 年的 80.6% 和 17.9%（郭世鑫等，2015；孙军等，2002；徐玉山等，2009；杨阳等，2016）。20 世纪 80 年代至今，渤海的胶州湾优势种发生变化，小型链状硅藻和甲藻类优势种增多，而大型硅藻优势种不明显（孙晓霞等，2011）。有报道称，2000 年以来的某些时候，渤海浮游植物群落中，甲藻/硅藻的比例较 20 世纪上升了近 3 倍，优势类群从硅藻演替为甲藻（栾青杉等，2018；Jiang et al.，2018）。调查发现，20 世纪 90 年代以来，出现的暖水种越来越多，约有 30 种，如膜质半管藻、霍氏半管藻、双凹梯形藻和细齿角毛藻等（王修林和李克强，2006）。

1958 ～ 1990 年，北黄海的浮游植物与渤海有所不同，硅藻/甲藻的比例下降明显，但 1990 ～ 2010 年，硅藻/甲藻的比例又有所上升（郭世鑫等，2015）。调查还显示，黄海浮游植物优势类群也正在由硅藻转变为甲藻和硅藻共存，硅藻不再像以往一样是黄海浮游植物里占绝对优势的类群（黄备等，2018；国家海洋局，2011 ～ 2017 ）。

近几十年来，东海的长江口及附近海域浮游植物的群落结构也发生了很大变化，硅藻仍然是优势类群，但在优势种组成中的比例下降，而甲藻的比例明显升高（*高信度*）（蔡榕硕，2020a，2020b；章飞燕，2009；黄邦钦，2020），浮游植物丰度出现增加趋势，但物种多样性指数降低（黄邦钦等，2011）。对比 20 世纪 80 年代和 2000 年之后台湾海峡浮游植物的主要优势种组成，结果表明，浮游植物的组成类群趋于简单化和小型化（*证据量充分，一致性中等*）（林更铭和杨清良，2011；Yan et al.，2016）。同样，南海浮游植物中的硅藻也仍然是主要优势类群，甲藻次之（*证据量充分，一致性中等*），但其长期变化还有待继续观察。

在中国近海浮游植物的长期变化中，赤潮、绿潮等生态灾害的暴发规律是值得关注的现象。同样，物种组成的变化也反映在赤潮优势种中。其中，在赤潮暴发次数最多、规模最大的东海如长江口及附近海域引发赤潮的藻类中，赤潮生物优势种的变化是一个非常突出的现象（章飞燕，2009；黄邦钦，2020）。自 20 世纪 90 年代中后期以来，赤潮的优势种逐渐从中肋骨条藻等硅藻演变为东海原甲藻（*Prorocentrum donghaiense*）、米氏凯伦藻（*Karenia mikimotoi*）、夜光藻（*Noctiluca scintillans*）和太平洋亚历山大藻（*Alexandrium pacificum*）等甲藻。具体而言，东海原甲藻已成为该海域十多年来的反复赤潮物种，并伴随着米氏凯伦藻和亚历山大藻等有毒甲藻出现（蒋晓山等，1992；周名江和朱明远，2006；于仁成和刘东艳，2016）。这表明长江口及附近海域赤潮优势种呈现出从硅藻向甲藻演变的态势（*证据量充分，一致性高*）。

21世纪以来，渤海的赤潮灾害也趋于严重，甲藻和鞭毛藻等有毒有害赤潮藻所占比例越来越高，海洋卡盾藻（*Chattonella marina*）、赤潮异弯藻（*Heterosigma akashiwo*）、米氏凯伦藻、链状亚历山大藻（*Alexandrium catenella*）等有毒藻类成为赤潮优势种类。球形棕囊藻（*Phaeocystis globosa*）和微微型的单胞藻——抑食金球藻（*Aureococcus anophagefferens*）等小型细胞藻在南海和渤海秦皇岛沿海水域形成了大量的赤潮（Zhang et al.，2012；于仁成等，2017）。调查表明，在中国近海的多个海区中检测到越来越多的以多种营养方式生存的有毒藻种及其产生的毒素（刘永健等，2008；梁玉波，2012；渠佩佩，2016）。赤潮的暴发从无毒赤潮向有毒赤潮的转变趋势较明显（*证据量充分，一致性高*）。

近几十年来，赤潮的暴发表现为规模和持续时间的增加，如赤潮的面积和持续时间分别可达数千平方千米和一个月以上，赤潮原因种呈现出“多样化、有害化和小型化”的变化趋势（*证据量充分，一致性高*）。赤潮的频繁暴发对海洋生态系统的结构和功能造成了严重影响，并导致沿海渔业和社会经济产生重大损失（周名江和朱明远，2006）。

20世纪90年代以来，南海北部近岸赤潮发生次数也呈现上升的趋势。统计表明，近几十年来，气候变化背景下中国近岸海域赤潮的发生趋于频繁（*高信度*）。自20世纪70年代末以来，中国近岸海域尤其是东海赤潮的发生频率以前所未有的速度剧增，并在1990年（52次）和2003年（151次）达到两个高峰值，呈现出年代际增长的变化趋势（*证据量充分，一致性高*）（Cai et al.，2016），见图6.3。

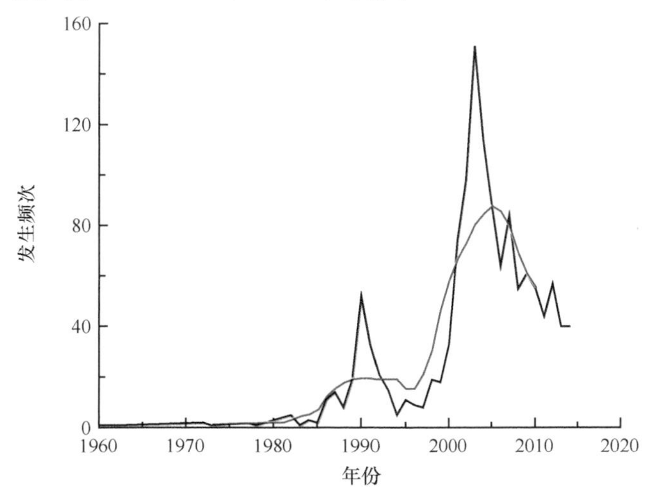

图6.3　1960～2014年东海赤潮发生的频次变化（Cai et al.，2016）

黑色细线表示东海的赤潮发生频次，红色粗线为9年滑动平均值

另外，自2000年以来，黄海发生藻华的次数也急剧增加（2008～2016年《中国海洋灾害公报》），并且，从2007年以来，东海北部和黄海连年暴发大规模的浒苔（*Ulva prolifera*）绿潮，对海洋环境和沿海社会经济发展造成了严重影响（*证据量充分，一致性高*）。

上述综合分析表明，自 1958 年以来，在中国近海的渤海、东海和南海等海区中，浮游植物的物种总体呈现出硅藻比例下降、甲藻比例上升的特点，大规模甲藻等有毒有害赤潮的暴发呈现上升的趋势，且主要优势种有“简单化”和“小型化”现象（*高信度*）。

（2）中国近海浮游植物变化的归因分析

上述分析表明，在中国近海浮游植物中硅藻占有优势地位。但是，自 1958 年以来，中国近海特别是长江口及附近海域（包括黄海南部和台湾海峡）浮游植物的组成变化明显，硅藻在浮游植物中的优势地位发生了变化，硅藻/甲藻的比例下降，有毒有害甲藻赤潮呈暴发性增长态势，且主要优势种呈现“简单化”和“小型化”态势。有研究表明，相对其他藻类而言，硅藻在温度偏低时具有较高的生长率，并更具有竞争性（Anderson，2000；Denicola，1996）。还有研究认为，硅藻和甲藻对温度和营养盐（氮、磷及其比值）变化的响应模式不同：在东海海域，与甲藻相比，硅藻对温度和营养盐的变化更为敏感，偏好低温和高营养盐，而甲藻对温度和营养盐相对不敏感，倾向于低磷和高氮磷比的环境（*证据量中等，一致性高*）（Xiao et al.，2018，2019）。因此，硅藻和甲藻的生态位差异特性可能决定了海水升温和高氮磷比的环境将促进甲藻更快地生长。

首先，观测表明，1958 ～ 2018 年，中国近海明显升温变暖，如 SST 线性增量为（0.98±0.19）℃，高于全球海洋平均水平（图 1.2），东海尤其是长江口附近海域升温尤其显著（*高信度*），因此，海洋的变暖对藻类的分布和组成产生了重要的影响，即中国东部海域海水温度的持续升高不利于硅藻的生长，而相对有利于甲藻的增长，即甲藻/硅藻的比例上升。同时，硅藻和甲藻在未来全球变暖和富营养化双重压力下的动态响应定量预测结果显示，假设温度和氮磷比（取对数）各升高两个单位，东海约 60% 的区域硅藻生物量将下降，约 70% 的区域甲藻生物量将升高，其中变化最大的近岸区域硅藻生物量将降低 19%，甲藻生物量将升高 60%（Xiao et al.，2018）。因此，这可能是导致近几十年来长江口及附近海域赤潮频发和有害甲藻赤潮频发的一个重要原因（*证据量充分，一致性高*）。

其次，中国近海气候与环境变化的研究表明，东亚季风出现年代际的减弱，影响了中国近海表层海水的混合能力和环流的变化（蔡榕硕和付迪，2018；Cai et al.，2017）。这与赤潮生物优势种的聚集或暴发性增殖的环境条件密切相关。通过比较东亚冬季风低空风场（925hPa）和中国近海冬季 SST 的 EOF 第一模态的时空分布（图 6.4a、b）与 1960 ～ 2014 年东海赤潮的发生频次（图 6.4c）。由此明显可见，东海赤潮的暴发与东亚冬季风和海温的年代际变化有很好的对应关系。这似乎表明 20 世纪 70 年代末以来东海赤潮的暴发规律与东亚冬季风和 SST 的年代际变化有较密切的关系。进一步的相关分析显示，在年代际尺度上，东海赤潮的暴发频次与前一年冬季中国近海的低空风场和 SST 的 EOF 第一模态的相关系数分别达到–0.52 和 0.76，如图 6.5 所示。其中，东亚冬季风低空风场的减弱，将使得海面风力相应变弱，从而有利于赤潮生物的聚集及暴发性增殖。这表明，近几十年来中国近海特别是东海赤潮生物的聚集及暴发性增殖与冬季持续减弱的 925hPa 低空风场和升高的海温有着密切关系。换言之，前一年冬季中国近海海洋大气

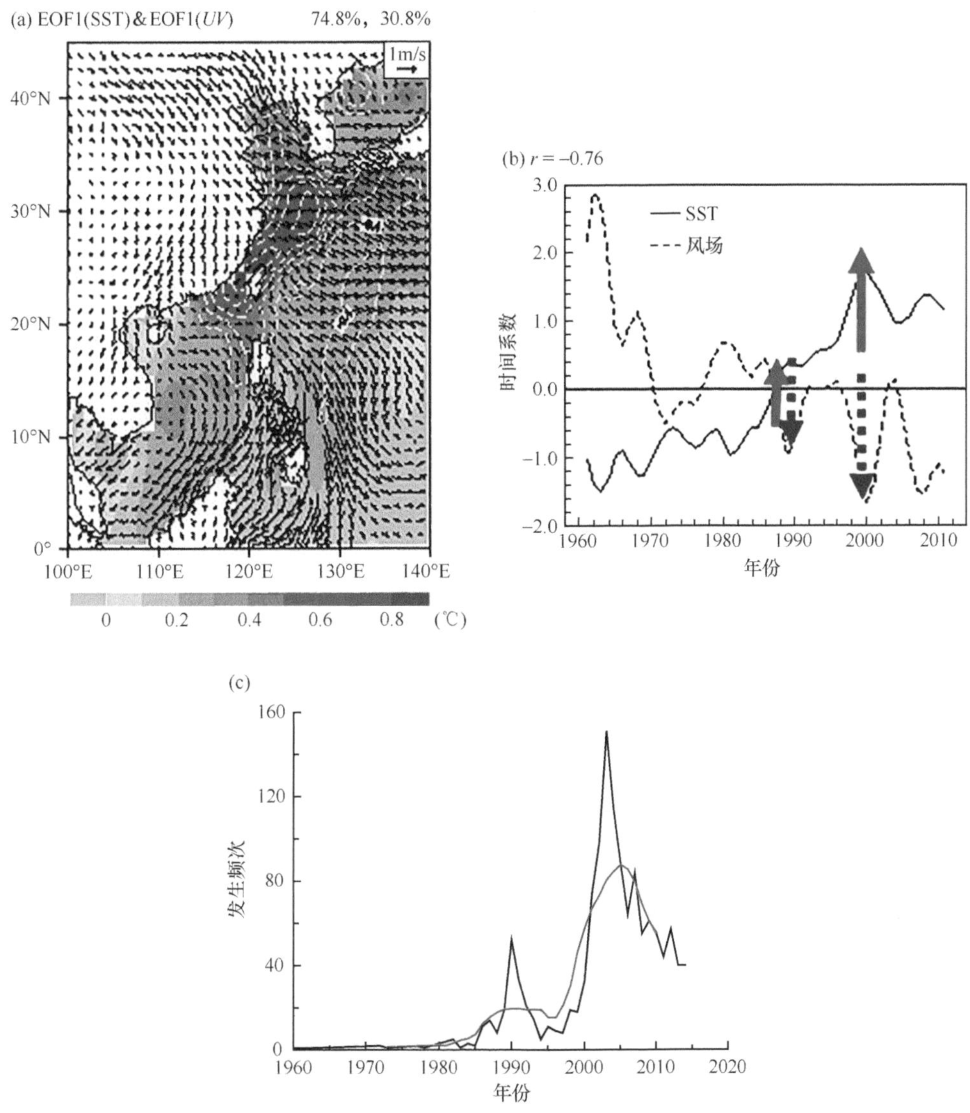

图 6.4　东亚冬季风和中国近海冬季 SST 时空分布（a、b）与东海赤潮发生频次（c）的对比

a、b 图表示中国东部和近海冬季低空 925hPa 风场（矢量和虚线）和 SST（填色和实线）的 EOF 第一模态的空间分布（a）和时间序列（b）（Cai et al.，2017）；c 图为 1960 ～ 2014 年东海赤潮发生频次（Cai et al.，2016）

环境条件的变动对下一年春、夏季赤潮的暴发可能有重要的影响（*证据量中等，一致性高*）。

再次，研究还揭示，中国近海地理等温线基本上以 1 ～ 20km/10a 的速度向北迁移，中国东部海域大部分区域如黄海和东海的变化尤其明显（*证据量充分，一致性高*）。其中，中国东部海域的春季提前和温暖期变长等海洋物候的变化，如春季以 2 ～ 3d/10a 的速度提前到来，秋季则滞后 3 ～ 4d/10a 结束（图 3.14 ～图 3.16），影响海洋生物的季节生长节律和优势种的演替（*证据量中等，一致性高*）。例如，东海春季海水的提前变暖有利于暖水浮游动物物种的繁殖，而不利于温水种的繁殖，浮游动物中的典型温水种或暖温种数量大幅度减少，广温的中华哲水蚤（*Calanus sinicus*）优势性得以维持，形成了单一优势种的群落结构，而春末夏初环境物候的变化，即海水的提前变暖，使得东海暖温带物

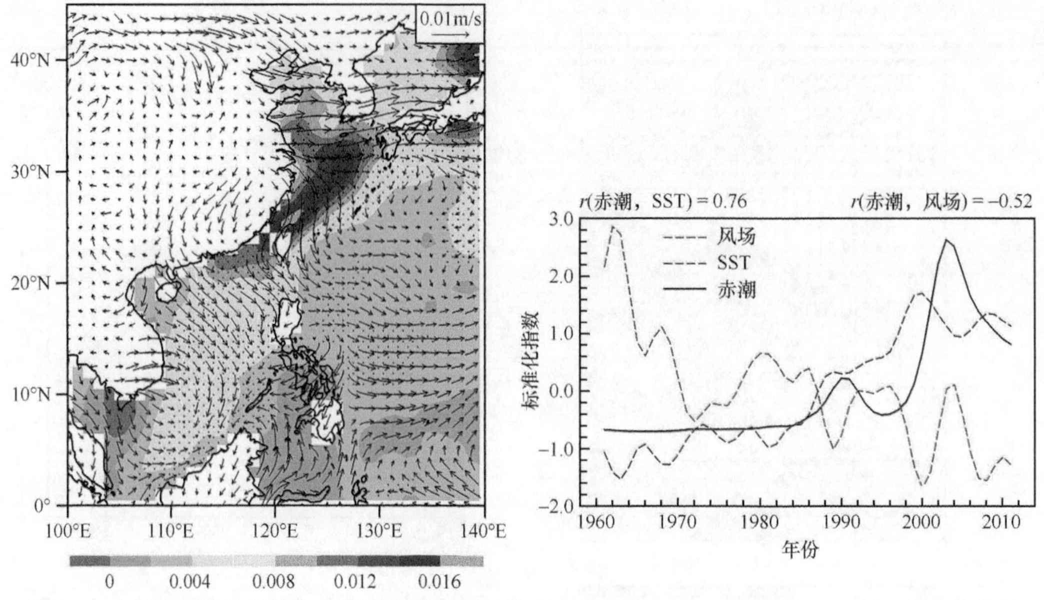

图 6.5　东海赤潮发生频次与中国近海前一年冬季 SST 和低空 925hPa 风场的 EOF 第一模态的关系

左图表示中国东部和近海冬季 SST（填色）和低空 925hPa 风场（矢量）的 EOF 第一空间模态；右图表示中国近海冬季 SST（黑色虚线）和低空风场（红色虚线）的 EOF 第一模态的时间系数和 1960 ～ 2014 年东海赤潮发生频次（黑色实线）。海温资料采用 HadISST，925hPa 风场资料采用 JRA-55，东海赤潮发生频次资料来自赵冬至（2010）和国家海洋局（2001 ～ 2014）

种的丰度大为降低，而同期大量广温物种的增加，使得浮游植物和浮游动物之间失去了平衡，降低了浮游动物对浮游植物的摄食压力（徐兆礼，2011；Xu et al.，2011）。这有利于浮游植物水华的形成和赤潮的频繁暴发。因此，中国近海的变暖和环境物候的变化影响了浮游动物的物候，进而通过食物链的作用引起浮游植物群落的异常演替。这与世界上其他海域的变化相似，如温度的升高引起赤潮暖水种生物分布扩展，赤潮暴发的窗口期得到提前和延长（Hallegraeff，2010）。因此，近海物候的变化影响海洋生物物候，改变了海洋生物的生长节律及优势种的更替，从而可能成为影响赤潮等生态灾害暴发的又一个重要原因（*证据量中等，一致性高*）。

近几十年来，中国近海还受到陆源污染物排海的严重影响，东海、南海和渤海等三大赤潮发生海域普遍存在营养盐结构失衡、无机氮浓度和氮磷比升高、硅氮比下降的现象（*证据量充分，一致性高*）（蔡榕硕等，2020b）。例如，自 20 世纪 60 年代以来，长江等河流输送入海的无机氮通量增加了 7 ～ 8 倍，而硅酸盐通量显著降低（Liu and Shen，2001）。这使得长江口及附近海域的富营养化日益严重，N/P 和 N/Si 远大于 Redfield 值，海水营养盐结构严重失衡，使得浮游植物不能按正常比例摄取营养物质以维持正常的物质和能量代谢，这也是引起浮游植物群落结构改变和赤潮、绿潮频繁发生的重要原因（*证据量充分，一致性高*）。

此外，对东亚气候的异常变化分析结果表明，从 20 世纪 70 年代末以来，中国东部海域低层大气辐合能力表现为年代际增强，气旋性涡度增加，有利于上升流的形成，加强了底层营养盐和赤潮藻种向表层的输运，而且海面风应力的减弱和海洋持续变暖等，均形成了有利于藻类水华和赤潮暴发的气候与环境条件。观测研究表明，长江口邻近海域的链状亚历山大藻（*Alexandrium catenella*）孢囊数量在 1983 年、1989 年和 1999 年分别出现了峰值（Dai et al.，2012）。气候与环境条件的变化可能是赤潮灾害发生年代际增加的重要原因之一（*证据量充分，一致性高*）（蔡榕硕，2010；Cai et al.，2016）。

综上分析，近几十年来，中国浮游植物的变化包括物种组成、分布的变化，以及赤潮、绿潮有害藻华的发生，其与海洋升温、低空风场及营养盐等条件的变化密切相关（*高信度*）。其中，海温和营养盐的变化是浮游植物变化的主要驱动因子，东亚季风低空风场的持续减弱和生物物候的变化可能也是中国东部海域赤藻频繁暴发的重要影响因子之一（*证据量充分，一致性高*）。

6.2.3　中国近海浮游植物的关键风险、脆弱性和适应性

IPCC AR5 指出，当自然和社会系统中的承灾体暴露于气候变化致灾因子的高危害性或/和处于高脆弱性时，风险被认为是关键（IPCC，2014a）。关键风险的确定主要基于以下判断标准：①影响的大幅度、高概率或者不可逆性；②影响的时机；③持续的脆弱性或暴露度；④通过适应或减缓来降低风险的潜力有限。换言之，关键风险主要源于气候变化致灾因子对承灾体的影响程度、承灾体的气候暴露度和脆弱性等因素，而承灾体的灾害风险水平的降低可通过适应或减缓等措施来实现。

基于气候变化综合风险的概念及对浮游植物影响的评估结果，中国近海气候变化致灾因子的危害性及其对浮游植物的影响、关键风险和脆弱性总结如下。

（1）致灾因子的危害性、浮游植物的暴露度和脆弱性

首先，由 6.2.2 节对中国近海浮游植物变化的检测与归因分析可见，浮游植物的气候变化致灾因子危害性主要有海温的上升、营养盐结构的失衡及低空风场的变化，而鉴于浮游植物遍布于水体中，因此，暴露度主要取决于该海域海水升温、东亚季风减弱和营养盐变化的不利影响范围和程度。分析与预估显示，1958 ～ 2018 年中国近海 SST 线性增量为（0.98±0.19）℃（图 1.2），高于全球海洋 SST 平均线性增量（0.54±0.04）℃（蔡榕硕和陈幸荣，2020），主要升温范围位于中国东部海域（*高信度*）；其中，冬季、夏季的中国东部海域 SST 分别升高（1.82±0.25）℃和（0.92±0.18）℃，南海 SST 分别上升（1.11±0.18）℃和（0.79±0.12）℃（蔡榕硕和陈幸荣，2020）。并且，在不同气候情景（RCP2.6、RCP4.5、RCP8.5）下，未来中国近海尤其是中国东部海域将持续升温，并显著高于南海（*证据量充分，一致性高*）（图 3.20，图 3.26，图 3.32；表 5.2）。

自 20 世纪 60 年代以来，长江等河流输送入海的无机氮、硅酸盐的通量分别呈现显著升高、降低的趋势（Liu and Shen，2001），海水营养盐结构严重失衡，浮游植物不能按正常比例摄取营养盐以维持正常的物质和能量代谢，群落结构发生改变，导致赤潮频发（尹艳娥等，2014）。通过比较中国近海不同海域的变化可知，长江口及附近海域（包括黄海南部和台湾海峡）是中国近海春季海温上升和物候变化提前最为显著的海域（图 1.6a，图 3.16a）（*高信度*）；并且该海域是中国近海海水中氮/磷比升高、硅/氮比下降等营养盐结构失衡最显著的海域，从早期的氮限制向潜在的磷、硅营养盐限制转变（*证据量充分，一致性中等*）。

其次，近几十年来，在气候变暖与人类活动的背景下，中国近海尤其是长江口及附

近海域浮游植物中甲藻生物量的增速快于硅藻，因此硅藻/甲藻的比例持续下降，微型和微微型浮游植物演替为优势种，浮游植物群落发生变化；并且甲藻种类与数量（特别是有害赤潮藻）呈明显增加的趋势（*证据量丰富，一致性中等*）（蔡榕硕等，2020b），而赤潮原因种呈现“多样化、有害化和小型化”的变化趋势。尽管该海域赤潮有害藻华等生态灾害的暴发在2002年前后达到峰值，但之后仍维持在较频繁的暴发状态中。这表明该海域浮游植物生态系统处于较高的不稳定和脆弱性状态（*证据量充分，一致性高*）。

再次，在不同气候情景下，未来中国近海尤其是中国东部海域的升温将显著高于南海，但目前仍难以确定海域升温变暖后海水层化的变化状况，是否增强并影响底层营养盐向上层的输送。这是由于中国东部海域陆架的水文动力比较复杂，如潮汐、冲淡水、外来黑潮的入侵，以及中小尺度的涡旋和沿岸上升流的变化等，有可能使之不同于大洋或南海的变化。因此，基于CMIP5模式数据的预估有可能还较难精确刻画未来中国东部海域海水层化和营养盐的变化，而对未来南海的变化则相对准确。然而，值得注意和基本可以肯定的是，基于硅藻和甲藻生态位的差异和中国东部海域环境的长期变化，如海温的持续上升和氮、磷、硅等营养盐结构的变化，将有利于甲藻的增长，而不利于硅藻的生长。未来中国东部海域特别是长江口及附近海域的浮游植物将处于更高的暴露度和脆弱性状态（*证据量充分，一致性中等*）。

此外，鉴于东亚冬季风低空风场强弱的变化和海温的升高与翌年中国近海特别是中国东部海域赤潮的暴发有密切的关系（Cai et al.，2016），本节进一步采用东亚冬季风指数 I_{EAWM}（Wang and Chen，2014）（见2.2.4节），分析未来东亚冬季风的变化趋势，得到不同气候情景（RCP2.6、RCP4.5、RCP85）下东亚冬季风的变化趋势，并且为了直观表示同期冬季SST的变化趋势，不同气候情景下未来中国东部海域和南海SST的变化趋势也同时标注于图6.6a～c中，以便于比较分析。

图6.6为RCP2.6、RCP4.5、RCP8.5情景下东亚冬季风指数（I_{EAWM}）与中国近海SST的时间序列。在RCP2.6情景下，中国东部海域SST和 I_{EAWM} 的线性变化趋势不显著（图6.6a），但两者的相关系数达–0.56，而南海SST与 I_{EAWM} 的相关关系稍弱；在RCP4.5、RCP8.5情景下，I_{EAWM} 均呈下降趋势，而SST则呈较明显的上升趋势，且RCP8.5情景下 I_{EAWM} 的下降趋势和SST的上升趋势均更为明显（图6.6b、c）。表6.2为

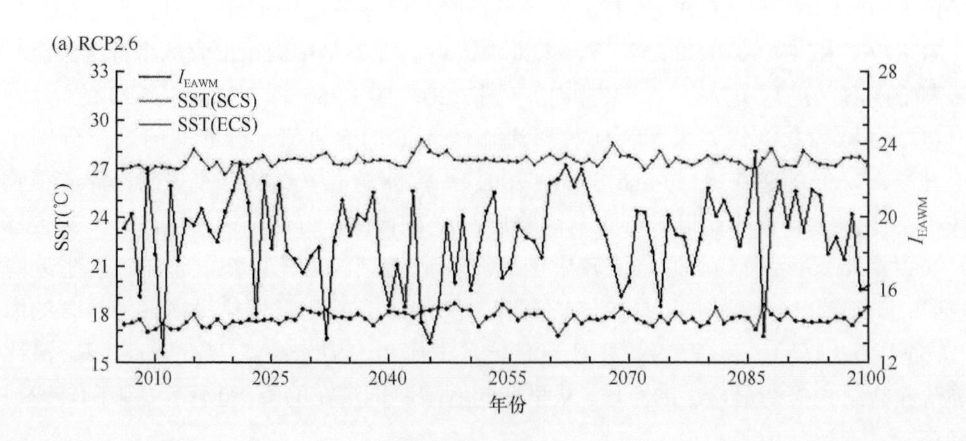

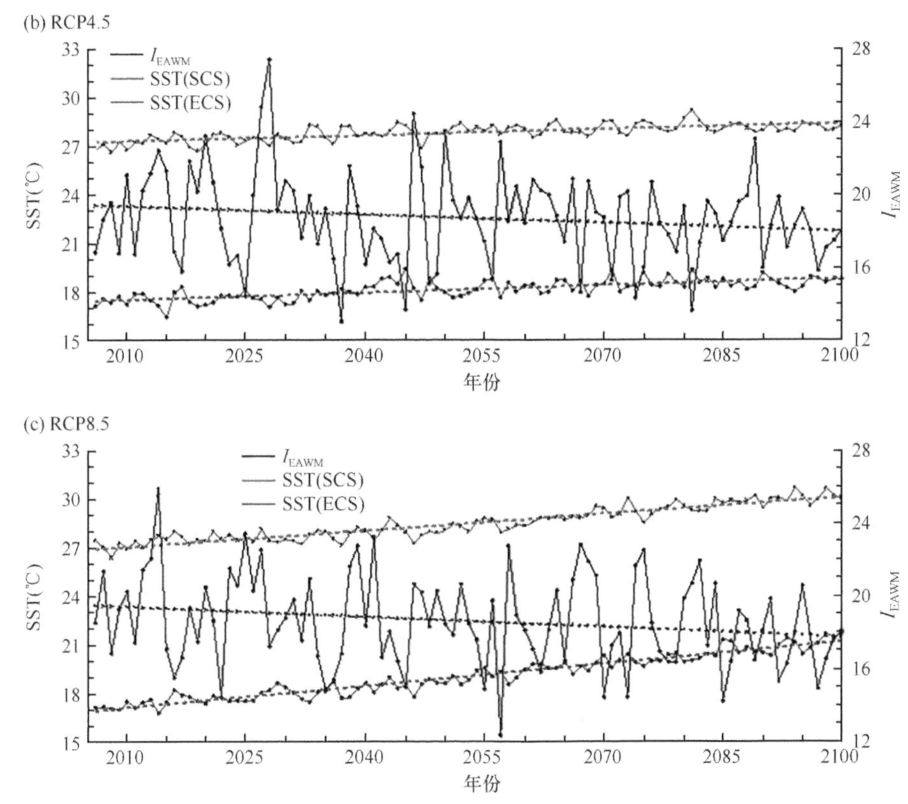

图 6.6　RCP2.6、RCP4.5、RCP8.5 情景下东亚冬季风指数（I_{EAWM}）与中国近海 SST 的时间序列

不同气候情景下 I_{EAWM} 与中国近海 SST 的变化及相关关系。结合图 6.6 和表 6.2 的结果可见，未来东亚冬季风有明显的变弱趋势，SST 有明显的上升趋势。因此，由冬季东亚季风、SST 与赤潮暴发的相关性可推测未来东亚冬季风的持续减弱和 SST 不断上升的变化有利于赤潮的频繁暴发。

表 6.2　不同气候情景下 I_{EAWM} 与中国近海 SST 的变化及相关关系

	RCP2.6	RCP4.5	RCP8.5
东亚冬季风指数线性趋势（I_{EAWM}）	—	−0.0152	−0.0184
中国东部海域 SST 线性趋势（SST_{ECS}）	—	0.0146℃/a	0.0449℃/a
南海 SST 线性趋势（SST_{SCS}）	—	0.0121℃/a	0.0338℃/a
相关系数（I_{EAWM}&SST_{ECS}）	−0.5624*	−0.6502*	−0.5309*
相关系数（I_{EAWM}&SST_{SCS}）	−0.2500	−0.3165*	−0.0964

* 表示相关系数通过了置信度为 99% 的显著性检验

此外，自 1958 年以来，长江口附近海域季节性的低氧区有扩大的趋势（*证据量充分，一致性中等*）（李道季等，2002；Wang，2009；Zhu et al.，2014；Wang et al.，2016；Wei et al.，2015，2017），有北移、氧最低值波动下降和低氧区扩大的年代际动态变化趋势，并可影响南黄海西南部海域（韦钦胜等，2011）。而东海及附近海域的长期升温进一步加剧低氧区的扩大（刘海霞等，2012；张哲等，2012），并且东海表现出明显的酸化趋势。长江口海域和杭州湾海域的 pH 下降幅度较大，酸化趋势较为明显（刘进文和戴汉民，

2012；刘晓辉等，2017）。观测到的酸化现象与低氧存在一定的联系（徐雪梅等，2016），冲淡水锋面和上升流耦合为夏季该海域底层酸化的重要物理驱动力（Wei et al.，2017）。基于历史资料的研究也显示，南海的pH在逐步下降，其速率与全球平均水平相近（雷汉杰和陈镇东，2012）。

综上所述，中国东部海域特别是长江口及附近海域浮游植物的主要气候变化致灾因子危害性及其暴露度和脆弱性的程度，以及发生赤潮等生态灾害的风险水平要高于中国近海的其他海区（*高信度*）。例如，在RCP4.5、RCP8.5情景下，未来该海域的海温还将继续大幅上升，*很可能*有继续频繁暴发大规模有毒有害赤潮的风险（*证据量充分，一致性中等*），而赤潮的频繁且大规模的暴发，将进一步改变海洋生态系统的结构和功能，并对长江口三角洲及附近地区经济社会的可持续发展有较大的威胁（*证据量充分，一致性中等*）。因此，未来中国近海生态系统的健康和稳定*很可能*仍然面临浮游植物生态灾害频繁暴发的威胁（*高信度*）。

（2）浮游植物的关键风险与适应性

基于气候变化综合风险理论，气候变化致灾因子的高危害性、承灾体的高暴露度和高脆弱性可导致关键风险的产生。其中，风险的发生除了取决于致灾因子危害性的严重程度，还取决于承灾体的暴露度和脆弱性的水平。降低承灾体的暴露度和脆弱性是避免或降低风险发生的关键，而脆弱性又与适应性密切相关。

上述分析表明，20世纪70年代末以来，中国近海特别是中国东部海域的长江口及附近海域、黄海南部和台湾海峡的浮游植物群落结构正在发生明显的变化（*高信度*），海洋初级生产、次级生产直至终级生产都将*很可能*继续发生相应的变化，进而可能影响整个海洋生态系统的结构和功能（*证据量充分，一致性高*）。基本可以确定的是，在气候变化和人类活动等致灾因子的多重胁迫下，未来中国近海特别是长江口及附近海域浮游植物将可能继续暴露于海温的上升、东亚季风的减弱和营养盐结构的失衡等致灾因子的高危害性之中，该海域浮游植物的脆弱性程度仍将高于其他海域，是中国近海浮游植物的关键气候变化风险区，有继续频繁暴发大规模有害赤潮等生态灾害的风险，但是，主要致灾因子的危害性和浮游植物的敏感性和适应性等与灾害风险密切相关的阈值及赤潮暴发的致灾机制，还有待今后深入研究。

一般地，在气候变化和人为干扰的影响下，生态系统的脆弱性及其适应性才会显现出来。生物种类组成的变化、生态系统的多样性和稳定性的变化、生态位的分化及栖息环境的变化均是导致生态系统退化的重要因素。而气候变化和人为活动经常是通过对生物栖息环境的扰动，进而导致生物组成、多样性和稳定性的变化，其中，生态系统面对这种环境扰动时的应对能力及恢复力（resilience，也称为韧性）就是其适应性。虽然海洋浮游植物具有一定自动应对气候变化和人为干扰的能力，但这种适应性是有限的。当超出其适应范围和恢复力时，浮游植物生态系统将难以恢复，并且当浮游植物生态系统的退化达到不可逆的状态并影响其服务功能时，最终将影响整个海洋生态系统和人类社会的可持续发展。

除了气候变化致灾因子的影响，浮游植物生态系统还受到人类活动的直接影响，因此，人类社会可通过采取积极的应对措施，如减少陆源污染物排放入海、禁止破坏性及过度渔业捕捞、控制围填海规模、设立海洋自然保护区等措施，使浮游植物的自动适应能更有效地应对气候变化的影响。气候变化对海洋浮游植物的影响具有长期且较复杂的特点，因此，浮游植物物种对海域环境变化的响应也有较大不同。然而，目前有关浮游植物的适应性研究仍较少，有待今后继续深入研究。

综合上述分析，本节对中国近海尤其是中国东部海域如长江口附近海域藻华暴发的主要致灾因子的危害（险）性、暴露度与脆弱性、影响及风险的总结如表 6.3 所示。

6.3　中国近海初级生产的关键风险和适应对策

6.3.1　关键风险

由于浮游植物是海洋中最主要的初级生产者，浮游植物初级生产启动了海洋生态系统的物质循环和能量流动，浮游植物的稳定性影响初级生产、次级生产直至终级生产，因此，初级生产力成为海洋渔业可持续发展的基础。浮游植物的初级生产发生异常时，将影响浮游动物、游泳动物和底栖动物等其他生物的饵料供给，并通过食物链影响其他更高级的海洋生物，最终将影响人类社会的食物安全和可持续发展。据此，本节基于 6.2 节中有关气候变化对中国近海浮游植物的影响、脆弱性及关键风险的评估结果，分析并总结中国近海初级生产的关键风险和适应对策。

评估表明，20 世纪 80 年代以来，气候变化背景下中国近海尤其是中国东部海域的海水温度持续升高、营养盐结构失衡加剧和东亚季风低空风场持续减弱，作为海洋初级生产者的浮游植物高度暴露于气候变化和人类活动等致灾因子的不利影响中（高暴露度），而海水升温和营养盐结构失衡形成的环境有利于甲藻和小粒径（微型、微微型）浮游植物生存并演替为优势种，并引起赤潮和绿潮等生态灾害频繁暴发，赤潮和绿潮生物大量繁殖并消耗水中的溶解氧，导致海水缺氧，引起其他生物包括鱼类、贝类等海洋动物缺氧，甚至死亡，而有毒有害赤潮分泌的毒素可引起鱼类、贝类等海洋动物中毒或死亡，通过食物链等途径影响其他海洋生物和生物多样性的变化，以及人类社会的食品安全和可持续发展。此外，近年来，在长江口外海以北和江苏的近岸还会出现大型的金潮马尾藻（Zhang et al.，2017）。2017 年，金潮马尾藻漂移进入黄海海域后，呈现出绿潮、金潮和赤潮同时共发的态势（孔凡洲等，2018）。

综上分析，中国近海浮游植物初级生产的异常和风险首先表现为赤潮、绿潮等生态灾害的年代际增加；其次，在 RCP4.5 和 RCP8.5 情景下，未来中国东部海域将是全球海洋升温幅度最大的海区之一，并且营养盐结构将进一步失衡，这表明，在 RCP4.5 和 RCP8.5 情景下未来中国近海尤其是中国东部海域的初级生产将处于更不稳定的状态，并呈现较高的脆弱性（*证据量充分，一致性高*）（蔡榕硕，2010；唐森铭等，2017；谭红建等，2018；Cai et al.，2016；Tan et al.，2020）。在中国近海的海温持续上升、东亚季风减弱和营养盐结构失衡的情景下，未来中国东部海域如长江口附近海域及浙江、福建沿海*很可能*继续频繁暴发大规模甲藻等有害赤潮，并对次级生产直至海洋渔业资源产生严重的影响。据此可知，中国近海初级生产的关键风险表现为：未来中国东部海域特别是长江口及附近近海域*很可能*继续频繁暴发大规模赤潮等生态灾害，并对沿海地区经济社会的可持续发展构成严重威胁。有关初级生产的主要致灾因子、关键风险等见表 6.4。

表 6.3　中国近海藻华暴发的主要致灾因子危害（险）性、暴露度与脆弱性、影响及风险

主要致灾因子的危害（险）性	暴露度	脆弱性		影响及风险
		敏感性	适应性	
1. SST 升高 SST 显著升高，则等温线北移、春季物候提前和适宜赤潮暴发水温增多。其中，赤潮暴发前一年冬季海温（主模态）上升；赤潮暴发当季 23 ～ 27℃水温增多，且暴发前一周短时间（7d）内 ΔSST 增加 1.4℃；未来 SST 将继续升高，中国东部海域升温幅度大于南海	1. 海水显著升温区 长江口及附近海域、台湾海峡西岸、珠江口及附近海域等显著升温区 2. 光照强度 东海原甲藻在高浑浊度海域更具有形成赤潮的优势（孙百晔等，2008）；而涡鞭毛藻的生长则随光照增加而加快（周名江和颜天，1997）	1. 浮游植物丰度 具有较高浮游植物丰度的水体，在同等藻华条件下更容易暴发赤潮，浮游植物敏感性程度高	1. 物种分布变迁 物种向北迁移，暖水种分布范围扩大，冷水种分布范围缩小；优势种季节演替提前	1. 浮游植物群落改变，藻华（赤潮、绿潮）时间提前、强度和频率增加；外来物种入侵；基础饵料改变，影响消费者摄食，水母暴发增加；水环境恶化，藻毒素产生，低氧区范围扩大；渔业资源锐减，生产力下降；赤潮（藻华）、大型水母的暴发容易发生
2. 营养盐失衡 N/P 上升，Si/N 下降，影响甲藻、硅藻生长	3. N/P 和 N/Si 升高的范围	2. 甲藻/硅藻比例 甲藻/硅藻比例上升，有害甲藻更易暴发	2. 混合层/真光层深度 较浅的混合层，光照充分，藻类生长充分（陈洋等，2013）	2. 甲藻类有害赤潮的暴发多于硅藻类赤潮
3. 海面风力减弱 小风速（< 2.9m/s）使得上层海水混合减弱，有利于赤潮藻和细胞聚集（张福星等，2016）。赤潮暴发前一年冬季海面风力（主模态）的变化与翌年赤潮相关性高		3. 文石饱和度 文石饱和度降低，降低浮游植物多样性及其对铁等营养盐的吸收；影响钙化类群生长		3. 有害藻类生长及有毒物质扩散；表层浮游植物旺发和底层有机物耗氧分解，导致 pH 下降、低氧现象加剧（Diaz，2001；Diaz and Rosenberg，2008；刘进文等，2012；刘晓辉等 2017；韦钦胜等，2011；翟惟东，2018）
综上分析，中国近海藻华暴发的主要致灾因子有：SST、海面风力和营养盐；相比其他海域，长江口及附近海域浮游植物的暴露度和脆弱性高。评估表明，中国东部海域如长江口及附近海域是中国近海浮游植物藻华暴发的关键风险区，但关键风险阈值，包括致灾阈值、敏感性及适应性、风险分布等还有待深入研究				

注：本次评估未考虑降水变化、盐度降低和紫外辐射等因子的危害（险）性及相关的暴露度和脆弱性问题

表 6.4　气候变化和人类活动引起的中国近海初级生产的关键风险与适应性措施

气候变化致灾因子	人类活动致灾因子	关键风险	适应性措施
* 海洋变暖 * 营养盐结构失衡 * 海面风力减弱 * 盐度、pH 和溶解氧含量的变化	* 污染物入海 * 生境破坏 * 破坏性及过度捕捞 * 大规模围填海	* 海洋浮游植物群落结构的改变，包括物种组成和生物地理分布的变化 * 近岸赤潮、绿潮等生态灾害频发，暴发规模和持续时间增加 * 赤潮毒素产生，水环境质量恶化，如富营养化、缺氧和酸化加剧 * 基础饵料改变，影响消费者摄食，水母暴发增加 * 海洋生物多样性降低 * 渔业资源减少，基础生产力下降，海洋渔业和水产养殖业损失增加 * 海洋旅游和文化价值损害增加 * 对沿海地区经济社会构成严重威胁	* 加强海洋环境和生态系统的立体化监测与观测体系的建设 * 加强气候变化对海洋生态的影响及致灾机制的研究与评估 * 加强气候变化和人类活动对海洋生态的综合影响预估研究 * 加强海洋生态灾害风险评估与区划技术方法研究 * 加强海洋生态系统的气候变化适应性和防灾减灾能力建设 * 加强陆海统筹，严控污染物排海、围填海规模和过度捕捞，降低近岸海域富营养化 * 加强海洋生态保护机制的构建和实施，降低生态灾害的发生频次，保护海洋生态系统的健康 * 加强公众参与海洋生态保护，提高社会海洋生态灾害风险意识 * 加强国际交流与合作，推进海洋领域国际社会的可持续发展

6.3.2　适应对策

基于气候变化影响的综合风险理论（IPCC，2014a；Hoegh-Guldberg et al.，2014），气候变化对中国近海初级生产的影响及关键风险取决于主要致灾因子的危害性与浮游植物的暴露度和脆弱性的相互作用。虽然气候变化的影响与风险显得非常复杂，但是通过提高浮游植物适应气候变化的能力并增强其恢复力，理论上可达到降低浮游植物的气候脆弱性和综合风险的目的。

鉴于海洋浮游植物的初级生产是海洋生态系统的基础，对海洋初级生产的综合风险管理显然不能仅针对浮游植物而言，而必须从整体的海洋生态系统的角度出发加以考虑，因此，开展有效的海洋初级生产综合风险管理的前提是，首先需要辨识厘清海洋生态系统的主要致灾因子的危害性及相关驱动因素、生态系统的暴露度和脆弱性，才能采取有针对性的措施，降低海洋生态系统的综合风险；而从维护或提高海洋初级生产的稳定性的角度出发，需要考虑如何降低暴露度和脆弱性，才能达到降低海洋初级生产风险的目的。这使得我们仍然需要探讨整个海洋生态系统的适应性对策。关于采取降低承灾体的暴露度和脆弱性等有针对性的措施，提高承灾体适应气候变化致灾因子的能力，其可行性及重要意义本节首先通过列举以下案例加以分析说明。

例如，2016～2018 年沿海地区破纪录的极端高温事件频繁出现。其中，2018 年 8 月，渤海破纪录的极端高温事件使得大面积的海参养殖遭受毁灭性打击，造成了巨大的经济损失，尤其是高暴露度的“池养海参”或“棚养海参”损失惨重，而暴露度低的“底播海参”则受影响较小。假如构建有相关的早期预警系统并获得高温热浪等致灾因子危害性的预警，则可提前对“池养海参”或“棚养海参”采取降温等措施以降低海参的暴露度和敏感性，事先有效提高其应对极端高温事件致灾的能力，则可避免养殖海参大面积死亡及减轻重大社会经济损失（李琰等，2018；Tan and Cai，2018；齐庆华等，2018）。

由于气候变化背景下海洋气候孕灾环境的变化，除了海温升高、东亚季风持续减弱和海平面上升等渐变性的致灾因子，还有海洋热浪等突发、极端、难以预见的极端致灾因子也日益突出，海洋生态灾害的成灾机制、发生和发展规律呈现出新的特点，特别是随着承灾体的暴露度和脆弱性增加，海洋生态灾害风险也进一步加大。在不同气候情景下，预计未来中国近海将不断变暖，东亚季风将持续减弱，物候的变化和生物生长节律的变异也将更为突出；并且，在叠加人类干扰活动的影响后，中国近海初级生产可能表现出更为明显的脆弱性和风险，为降低中国近海初级生产的脆弱性和减小气候变化影响的风险，基于对中国近海浮游植物的主要致灾因子危害性、暴露度和脆弱性、影响及风险的综合分析结果（表 6.3），当前考虑的适应性措施包括但不限于以下内容。

（1）加强海洋环境和生态系统的立体化监测与观测体系的建设

长期连续的海洋生态系统的观测资料是开展脆弱性和风险评估、预估的前提，然而，当前海洋生态系统的监测、观测手段还难以获取长期连续、大范围、多要素的观测资料，且观测资料质量与均一性不高，因此，需要构建或加强具有高时空分辨率、覆盖率和三维立体化，并具有连续性和系统性，能满足海洋环境与生态灾害监测需要的立体化观测网络与观测体系；同时，还应加强推进气候变化影响的监测、观测和调查等数据资料的共享，这也是海洋生态保护、灾害风险有效管理和防灾减灾的重要前提。

（2）加强气候变化对海洋生态的影响及致灾机制的研究与评估

加强海洋气候变化孕灾环境、致灾事件及相关生态灾害过程的调查与研究，包括灾前和灾后的现状与现场调查，为海洋生态灾害成灾机制的研究提供资料基础；加强气候变化对海洋生态的影响、成灾机制与预测理论的研究，包括海洋孕灾环境和多致灾因子联合致灾机制，以及海洋生态灾害发生的关键物理、生物地球化学过程和机制；在海洋生态灾害成灾机制研究的基础上，加强有关海洋生态灾害阈值如赤潮、绿潮暴发的海洋气候环境阈值的研究。

（3）加强气候变化和人类活动对海洋生态的综合影响预估研究

加强近海生态系统灾害风险的气候预估模式的建设，提升模式对气候变化对海洋生态系统的影响和风险的预估能力；通过改善和加强季节性气候预报、救灾应急等工作，提高应对极端气候事件或突发事件的危机管理能力，降低极端气候事件的影响和致灾程度，加强海洋气候灾害防控体系的建设，提升海洋生态应对气候致灾事件的能力。

（4）加强海洋生态灾害风险评估与区划技术方法研究

基于海洋和大气等多学科的交叉研究，加强海洋生态灾害风险评估、区划和规划的新技术与新方法研究，重视气候变化背景下海洋生态灾害综合风险的评估、区划和规划工作，突出风险等级、重点风险区域和关键风险阈值的评估；基于缓发（渐变）和突发（突变）致灾因子的致灾放大效应及其与人类活动的多重胁迫影响，加深对气候变化背景下海洋生态灾害风险新特点和趋势变化的认识，结合海洋浮游植物等生物的暴露度和脆弱性的动态变化，定期更新相关海洋生态的灾害风险评估、区划和规划工作，从而为海洋生态灾害的防治提供坚实的科学基础。

（5）加强海洋生态系统的气候变化适应性和防灾减灾能力建设

基于海洋生态灾害评估、区划和规划工作，加强海洋生态系统的气候适应性研究，加快推进海洋生态灾害综合风险管理、应急管理和恢复重建等体系的建设；基于“自然恢复为主，人工干预为辅”“自然的解决方案”等原则，加强对受损的海洋和海岸带生态系统的修复，增强其适应气候变化的恢复力，降低海洋和海岸带生态系统的气候变化暴露度和脆弱性；基于海洋生态灾害综合风险的有效评估，加强人工干预和降低生态灾害风险的方法及措施的研究；制定和规范海洋生态灾害的应急预案，包括响应程序和组织管理及协同联动机制，提高海洋生态系统应对气候变化灾害的能力。

（6）基于陆海统筹的综合管理，加强海洋生态保护机制的构建和实施

加强陆海统筹，严控沿海地区的围填海规模、陆源污染物排海、破坏性和过度捕捞，降低近岸海域富营养化，降低海洋生态灾害的发生频次，保护海洋生态系统的健康；加强对重要的海洋生物栖息地和渔业资源产卵场、索饵场、越冬场和洄游通道（简称“三场一通道”）的保护，依据海洋和海岸带物候的变化，制定合理的海洋开发利用与保护规划，对“三场一通道”采取动态的保护区和休渔时间措施；根据生态系统和功能，划定海洋保护区生态红线，加强海洋自然保护区的建设，并通过跨部门执行不同的气候适应性对策，实现协同作用，提高海洋生态保护效果。

（7）加强公众参与海洋生态保护，提高社会海洋生态灾害风险意识

加强气候变化影响的宣传和教育，增强公众开发利用和保护海洋的意识，特别是海洋渔业、水产养殖旅游等涉海行业及其他受气候影响的敏感区域，维护海洋初级生产的稳定性；加强防灾减灾宣传教育、应急演练，提高全社会海洋灾害风险意识，最大程度减少海洋灾害造成的损失，以保障人民生命和财产安全。

（8）加强国际交流与合作，推进海洋领域国际社会的可持续发展

在重要的海洋经济产业方面，加强海洋事务的国际合作，支持跨国界的海洋渔业管理，开展可持续海水养殖业；未来海洋生态灾害风险格局存在极大的不确定性，海洋生态灾害风险综合管理较复杂，加强海洋生态灾害风险的研究与评估是提高我国海洋生态灾害风险管理水平的重要基础。

6.4　气候变化治理探讨

6.4.1　适应的局限性

工业革命以来，人类活动排放大量温室气体造成的气候变暖及其影响已成为当今国际社会面临的共同挑战之一。地球上的生态系统及生物多样性受到了气候变化的显著影响，并影响人类社会的可持续发展（Sala et al.，2000；IPCC，2014b）。因此，只有全球社会有统一的认识并共同应对，才有可能实现有效应对气候变化的影响和风险。其中，采取措施适应与减缓气候变化的影响是人类社会应对气候变化的两大基本对策。其中，减缓气候变化的措施即减少温室气体的排放，是解决气候变暖的根本对策；但是，由于

气候变化的巨大惯性，即使能够快速地控制温室气体的排放，气候变暖及其带来的海温升高和海平面上升等影响，仍将持续很长的时间，这使得适应气候变化措施也显得相当重要。然而，在温室气体高排放情景（RCP8.5）下，更大的气候变化速度和幅度有可能超过许多自然系统适应的极限（*高信度*）（IPCC，2014a）。例如，当自然社会系统中的承灾体面对不可承受的风险，而又不可能为避免这种风险采取充分的适应行动时，就会产生适应极限，并且随着时间的推移，如果超过了适应极限，利用适应与减缓措施之间协同作用的机会则会逐渐减少。在世界上的某些地区，由于目前未能解决新出现的影响问题，因而削弱了社会可持续发展的基础。

气候变化正在深刻影响着我国自然和社会系统中灾害的发生发展，特别是致灾事件的发生规律、时空特征、致灾强度和影响深度及广度已出现新特点和新变化，各类灾害的突发性、极端性和难以预见性日益突出，灾害风险将进一步加大（秦大河等，2015）。其中，气候变化对海洋生态系统的影响、未来的关键风险管理已成为我国海洋环境与生态安全、沿海地区经济社会可持续发展面临的重大课题，加强气候变化下海洋生态灾害风险治理成为我国海洋生态文明建设的重要任务。

预估显示，在不同温室气体排放情景下中国近海尤其是中国东部海域很可能是全球海洋中 SST 上升速率和幅度变化最大的海区之一。海洋的持续快速变暖将对我国近海的生态系统直至沿海地区经济社会产生深刻且久远的影响。因此，我们除了需要深入研究并认识气候变化背景下海洋生态灾害综合风险的发生、发展规律和变化趋势，以及开展必要且充分的适应行动之外，还必须探讨有关气候变化的治理问题。

6.4.2 减排的必要性

气候变化治理是指国际社会包括国家、地方、组织和个人应对气候变化的政策与行动。自 1992 年以来，联合国成员国签署通过的《联合国气候变化框架公约》（UNFCC）和《京都议定书》《巴黎协定》等构成了国际社会共同应对气候变化的国际法体系，并因此确定了国际社会合作应对气候变化的基本原则。UNFCC 的气候变化是指由人类活动排放温室气体引起的气候变化，正在深刻影响着自然生态系统和经济社会。因此，通过“减缓”和“适应”等措施来降低和管理与气候变化有关的影响和风险成为国际社会应对气候变化的两大主要对策，前者指减少人为温室气体排放的源或增加人为温室气体的汇，后者指自然-社会生态系统应对气候变化和人类活动影响及风险的行为，以达到系统趋利避害和适应环境的目的。随着全球政治经济格局正在发生的深刻变革，UNFCC 建立的“公平、共同但有区别的责任和各自能力原则”，即主张根据各国对气候变化的历史责任和能力来承担共同但有区别的义务的指导思想，出现了一定的变化。

2015 年 12 月，国际社会通过的《巴黎协定》提出了在 21 世纪将全球平均温度较工业化前水平的升温控制在 2℃之内，并力争把升温控制在 1.5℃之内的新目标，建立了以“国家自主贡献”为核心的行动机制，充分动员国际社会积极应对气候变化，这也表明了气候治理模式由之前《京都议定书》的“自上而下”的模式转向“自下而上”的模式（巢清尘，2016；高翔等，2016）。2015 年联合国发布的《改变我们的世界：2030 年可持续发展议程》（2030 议程）中的可持续发展目标（SDG）将取代 21 世纪初期确立的千年发展目标（MDG）。SDG 的目标 13 为“采取紧急行动应对气候变化及其影响”，并且有多个目标与应对气候变化相关。因此，《巴黎协定》与 2030 议程将促进应对气候变化与可持续发展的深度融合与协同效应（董亮和张海滨，2016；彭斯震和孙新章，2015）。然而，随着 2017 年 6 月美国宣布退出《巴黎协定》，国际社会应对气候变化的治理政策与行动受到了影响。在全球气候治理格局变动的背景下，2017 年 10 月我国表示要“引导应对气候变化国际合作，成为全球生态文明建设的重要参与者、贡献者、引领者”“中国作为一个负责任的发展中大国，应对气候变化的决心、目标和政策行动不会改变”。这也是我国向国际社会表明我国将秉持大国责任意识，并以切实有效的行动，在全球气候治理中，贡献中国智慧和中国方案的体现（庄贵阳等，2018）。

我国是最大的发展中国家。自 1978 年以来，随着改革开放和经济快速增长，我国经历了 CO_2 等温室气体排放的快速增长；其中，自 2000 年以来，温室气体排放呈现快速增长态势，在 2000 ～ 2013 年，碳排放量年增速高达 8.6%，并在 2005 年超过美国，我国成为世界上年碳排放量最大的国家。但是，自 2010 年以来，我国政府积极探索环境治理与应对气候变化的同步战略，在气候变化与其他环境挑战尤其是空气污染的协同治理方面（UNEP，2019）取得了明显成效；从 2012 年以来，碳排放强度每年的降速都在 4% 以上，最高超过 7%，平均降速达到 6.06%。我国还提出 2035 年的中近期目标与落实《巴黎协定》下 2030 年国家自主贡献减排承诺、2050 年的长期目标与全球实现 21 世纪中叶深度脱碳的目标相结合的目标。未来我国将继续发挥气候治理中“重要参与者、贡献者、引领者”的重要作用，与国际社会共同应对气候变化，还是有可能实现将 21 世纪全球平均温度较工业化前水平升高幅度控制在 2℃之内的目标。

值得注意的是，在 RCP4.5 情景下，到 21 世纪末期，对于中国近海初级生产的关键风险区（中国东部海域）而言，该海域的升温约为 1.75℃，约为 RCP8.5 情景下升温幅度 3.24℃的一半（5.2.2 节）；类似地，在 RCP4.5 情景下，到 21 世纪末南海升温约为 1.51℃，也约为 RCP8.5 情景升温幅度 2.92℃的一半。这表明，RCP4.5 情景下中国近海初级生产的主要致灾因子危害性相比 RCP8.5 情景有较大的降低。换言之，温室气体中等排放情景（RCP4.5）下初级生产的风险也要低于温室气体高排放情景（RCP8.5）。由此可见，对中国近海初级生产而言，温室气体的减排既是有效的，又是必要的。

6.5　结　　语

本章基于 IPCC 气候变化综合风险理论和不确定性的处理方法，评估了气候变化对中国近海浮游植物的影响、适应和脆弱性，分析总结了中国近海初级生产的关键气候变化风险，探讨了海洋初级生产的适应对策、风险管理与气候治理等问题，得到以下几点结论。

（1）气候变化对中国近海浮游植物的影响

观测表明，近几十年来中国近海浮游植物的群落结构正在发生明显的变化（*高信度*）。自 1958 年以来，中国近海浮游植物出现硅藻比例下降、甲藻比例上升的特点，大规模甲藻等有毒有害赤潮的暴发呈现上升趋势，且主要优势种有“简单化”和“小型化”的现象（*证据量充分，一致性高*）。这表明浮游植物生态系统的结构和功能正在发生异常的演变，未来中国近海很可能仍将面临大规模有毒有害赤潮的频繁暴发，这对于近海生态系统的健康与稳定，以及沿海地区经济社会的可持续发展构成严重的威胁（*高信度*）。

归因分析表明，近几十年来，中国浮游植物的变化包括物种组成、分布和藻华的频繁发生如赤潮和绿潮，这与海水升温、东亚季风的减弱等环境条件的变化密切相关。其中，海温及其变化、海面风力的减弱、营养盐结构失衡化和陆源污染物排放入海是主要的致灾因子（*高信度*）。但是，由于气候变化对海洋生态系统的影响具有长期持续性且较复杂的特点，不同海域浮游植物物种对海洋环境变化的响应有较大差异。因此，有关气候变化对浮游植物的影响评估结果仍有不确定性。

（2）中国近海浮游植物的关键风险、脆弱性与适应性

浮游植物有害藻华（赤潮）暴发的主要致灾因子危害性有SST升高，东亚季风低空风场减弱，即海面风力减弱，以及营养盐结构失衡；暴露度取决于浮游植物受主要致灾因子的不利影响的范围和程度；脆弱性与浮游植物主要优势种表现为简单化和小型化，以及容易发生藻华的程度相关。长江口及附近海域浮游植物暴露于主要致灾因子影响的程度明显高于其他海域，处于致灾因子的高危害性中，且该海域浮游植物表现出较高的不稳定性和脆弱性。评估结果表明，中国东部海域特别是长江口及附近海域是中国近海浮游植物暴发藻华的关键风险区（*证据量充分，一致性高*），与海温的持续上升、东亚季风的减弱和富营养化有密切的关系，但该海域暴发藻华尤其是赤潮的阈值，如致灾因子危害性和浮游植物敏感性和适应性的阈值等，以及海洋气候环境和营养盐条件对赤潮暴发的综合影响致灾机制还有待深入研究。

（3）中国近海初级生产的关键风险和适应对策

中国近海浮游植物初级生产的关键风险：在RCP4.5和RCP8.5情景下，未来中国东部海域将是全球海洋升温幅度最大的海区之一；并且，营养盐结构将进一步失衡；预计未来中国近海物候和生物生长节律的变化将更为突出，叠加人类干扰活动的影响后，未来中国近海尤其是中国东部海域初级生产将可能表现出更高的不稳定性且有较高的脆弱性，长江口附近海域、浙江和福建沿海大规模甲藻赤潮暴发的范围和频次可能将增加。中国近海初级生产的关键风险主要表现为中国东部海域特别是长江口及附近海域*很可能*有继续频繁暴发大规模赤潮等生态灾害的风险，并对沿海经济社会的可持续发展构成重大威胁。基于海洋生态系统的整体性，为了降低中国近海初级生产的气候变化关键风险，相应的适应性对策措施需要从整体海洋生态系统的角度加以考虑。

（4）鉴于气候变化及其影响的巨大惯性，即使能够快速控制温室气体的排放，气候变暖及其带来的海温升高和海平面上升等影响仍将持续很长的时间，这使得适应措施也显得相当重要。然而，值得注意的是，在RCP4.5情景下，到21世纪末期，对于中国近海初级生产的关键风险区而言，海水升温幅度约为RCP8.5情景的一半；中国近海初级生产的主要致灾因子危险性相比RCP8.5情景也有大幅降低。

（5）问题与讨论

在不同气候情景下，未来中国近海如中国东部海域将*很可能*继续频繁暴发大规模赤潮等生态灾害，即生态灾害有加剧的风险，预估未来中国东部海域*很可能*仍是全球海洋

中生态灾害综合风险最高的海区之一，并对沿海地区经济社会的可持续发展有重大的威胁。然而，有关中国近海初级生产的气候变化关键风险还存在若干问题，有待今后进一步解决与回答：一是气候变化对海洋浮游植物的影响、脆弱性和风险的评估仍处在定量和定性相结合的阶段，海洋浮游植物发生不可逆变化的环境与生物阈值等科学问题，包括人类活动的叠加影响等，各主要致灾因子危害性在阈值中的贡献比例，以及海洋大气环境条件和营养盐结构变化对藻华暴发的综合影响机制；二是如果 21 世纪末全球平均温度较工业化前水平的升温幅度能控制在 2℃之内甚至是 1.5℃之内，中国近海尤其是中国东部海域的升温可以控制在几摄氏度，海洋初级生产包括生态综合灾害风险将处于什么程度，在海洋生态灾害风险管理中，需要采取何种针对性的适应措施；三是现有的模式模拟预估海洋生态要素变化的能力也有待进一步提高，如何更好地反映陆源污染物排海对中国近海生物地球化学循环过程的影响及作用，如何构建更适用于模拟中国东部海域环境和生态的气候预估模式。上述问题有待今后深入地研究与解决。

参考文献

蔡榕硕. 2010. 气候变化对中国近海生态系统的影响. 北京: 海洋出版社.

蔡榕硕, 陈幸荣. 2020. 海洋的变化及其对中国气候的作用. 中国人口・资源与环境, 30(9): 9-21.

蔡榕硕, 付迪. 2018. 全球变暖背景下中国东部气候变迁及其对物候的影响. 大气科学, 42(4): 729-740.

蔡榕硕, 刘克修, 谭红建. 2020a. 气候变化对中国海洋和海岸的影响、风险与适应对策. 中国人口・资源与环境, 30(9): 1-8.

蔡榕硕, 殷克东, 黄晖, 等. 2020b. 气候变化对海洋生态系统及生物多样性的影响//《第一次海洋与气候变化科学评估报告》编制委员会. 第一次海洋与气候变化科学评估报告 (二): 气候变化的影响. 北京: 海洋出版社: 123-196.

巢清尘. 2016. 全球合作应对气候变化的新征程. 科学通报, 61(11): 1143-1145.

陈洋, 杨正健, 黄钰铃, 等. 2013. 混合层深度对藻类生长的影响研究. 环境科学, 34(8): 3049-3056.

董亮, 张海滨. 2016. 2030 年可持续发展议程对全球及中国环境治理的影响. 中国人口・资源与环境, 26(1): 8-15.

高翔. 2016.《巴黎协定》与国际减缓气候变化合作模式的变迁. 气候变化研究进展, 66(2): 9-17.

郭世鑫, 张海龙, 刘东艳, 等. 2015. 近 130 年来北黄海浮游植物生产力和群落结构变化的沉积物生物标志物记录. 海洋地质与第四纪地质, 35(2): 33-41.

国家海洋局. 2001. 2000 年中国海洋环境状况公报. http://www.coi.gov.cn/gongbao/huanjing.

国家海洋局. 2002. 2001 年中国海洋环境状况公报. http://www.coi.gov.cn/gongbao/huanjing.

国家海洋局. 2003. 2002 年中国海洋环境状况公报. http://www.coi.gov.cn/gongbao/huanjing.

国家海洋局. 2004. 2003 年中国海洋环境状况公报. http://www.coi.gov.cn/gongbao/huanjing.

国家海洋局. 2005. 2004 年中国海洋环境状况公报. http://www.coi.gov.cn/gongbao/huanjing.

国家海洋局. 2006. 2005 年中国海洋环境状况公报. http://www.coi.gov.cn/gongbao/huanjing.

国家海洋局. 2007. 2006 年中国海洋环境状况公报. http://www.coi.gov.cn/gongbao/huanjing.

国家海洋局. 2008. 2007 年中国海洋环境状况公报. http://www.coi.gov.cn/gongbao/huanjing.

国家海洋局. 2009. 2008 年中国海洋环境状况公报. http://www.coi.gov.cn/gongbao/huanjing.

国家海洋局. 2010. 2009 年中国海洋环境状况公报. http://www.coi.gov.cn/gongbao/huanjing.

国家海洋局. 2011. 2010 年中国海洋环境状况公报. http://www.coi.gov.cn/gongbao/huanjing.

国家海洋局. 2012. 2011 年中国海洋环境状况公报. http://www.coi.gov.cn/gongbao/huanjing.

国家海洋局. 2013. 2012 年中国海洋环境状况公报. http://www.coi.gov.cn/gongbao/huanjing.

国家海洋局. 2014. 2013 年中国海洋环境状况公报. http://www.coi.gov.cn/gongbao/huanjing.
国家海洋局. 2015. 2014 年中国海洋环境状况公报. http://www.coi.gov.cn/gongbao/huanjing.
国家海洋局. 2016. 2015 年中国海洋环境状况公报. http://www.coi.gov.cn/gongbao/huanjing.
国家海洋局. 2017. 2016 年中国海洋环境状况公报. http://www.coi.gov.cn/gongbao/huanjing.
国家海洋局. 2018. 2017 年中国海洋生态环境状况公报. http://www.nmdis.org.cn/hygb/zghyhjzlgb/.
黄邦钦. 2020. 气候变化对海洋生态灾害的影响//《第一次海洋与气候变化科学评估报告》编制委员会. 第一次海洋与气候变化国家评估报告 (二): 气候变化的影响. 北京: 海洋出版社.
黄邦钦, 胡俊, 柳欣, 等. 2011. 全球气候变化背景下浮游植物群落结构的变动及其对生物泵效率的影响. 厦门大学学报: 自然科学版, 50(2): 402-410.
黄备, 魏娜, 唐静亮, 等. 2018. 南黄海 2007-2017 年浮游植物群落结构及多样性变化. 中国环境监测, 34(6): 137-148.
蒋晓山, 洪君超, 王桂兰, 等. 1992. 长江口赤潮多发区夜光藻 (*Noctiluca scintillans*) 赤潮发生过程分析. 暨南大学学报 (自然科学与医学版), (3): 138-143.
孔凡洲, 姜鹏, 魏传杰, 等. 2018. 2017 年春、夏季黄海 35°N 共发的绿潮、金潮和赤潮. 海洋与湖沼, 49(5): 1021-1030.
李道季, 张经, 黄大吉, 等. 2002. 长江口外氧的亏损. 中国科学 (D 辑), 32(8): 686-694.
梁玉波. 2012. 中国赤潮调查灾害与评价 (1933-2009). 北京: 海洋出版社.
林更铭, 杨清良. 2011. 全球气候变化背景下台湾海峡浮游植物的长期变化. 应用与环境生物学报, 217(5): 615-623.
刘海霞, 李道季, 高磊, 等. 2012. 长江口夏季低氧区形成及加剧的成因分析. 海洋科学进展, 30(2): 186-197.
刘进文, 戴民汉. 2012. 呼吸作用对长江口底层水体缺氧和海洋酸化的影响. 上海: 第二届深海研究与地球系统科学学术研讨会.
刘晓辉, 孙丹青, 黄备, 等. 2017. 东海沿岸海域表层海水酸化趋势及影响因素研究. 海洋与湖沼, 48(2): 398-405.
刘永健, 刘娜, 刘仁沿, 等. 2008. 赤潮毒素研究进展. 海洋环境科学, 27(z2): 151-159.
栾青杉, 康元德, 王俊. 2018. 渤海浮游植物群落的长期变化 (1959 ～ 2015). 渔业科学进展, 39(4): 9-18.
彭斯震, 孙新章. 2015. 中国发展绿色经济的主要挑战和战略对策研究. 中国人口・资源与环境, (3): 3-6.
秦大河, 张建云, 闪淳昌, 等. 2015. 中国极端天气气候事件和灾害风险管理与适应国家评估报告: 精华版. 北京: 科学出版社.
渠佩佩. 2016. 固相吸附毒素跟踪技术 (SPATT) 在浙江海域的应用. 浙江大学博士学位论文.
孙百晔, 王修林, 李雁宾, 等. 2008. 光照在东海近海东海原甲藻赤潮发生中的作用. 环境科学, 29(2): 362-367.
孙军, 刘东艳, 杨世民, 等. 2002. 渤海中部和渤海海峡及邻近海域浮游植物群落结构的初步研究. 海洋与湖沼, 33(5): 461-471.
孙晓霞, 孙松, 吴玉霖, 等. 2011. 胶州湾网采浮游植物群落结构的长期变化. 海洋与湖沼, 42(5): 639-646.
谭红建, 蔡榕硕, 颜秀花. 2018. 基于 CMIP5 预估 21 世纪中国近海海洋环境变化. 应用海洋学学报, 37(2): 151-160.
唐森铭, 蔡榕硕, 郭海峡, 等. 2017. 中国近海浮游植物生态对气候变化的响应. 应用海洋学学报, 37(4): 455-465.
王修林, 李克强. 2006. 渤海主要化学污染物海洋环境容量. 北京: 科学出版社.
韦钦胜, 于志刚, 夏长水, 等. 2011. 夏季长江口外低氧区的动态特征分析. 海洋学报, 33: 100-109.
徐雪梅, 吴金浩, 刘鹏飞. 2016. 中国海洋酸化及生态效应的研究进展. 水产科学, 35(6): 735-740.
徐玉山, 刘宪斌, 张秋丰. 2009. 渤海湾近岸海域浮游植物多样性研究. 盐业与化工, 38(6): 11-14.
徐兆礼. 2011. 中国海浮游动物多样性研究的过去和未来. 生物多样性, 19(6): 635-645.

杨阳, 孙军, 关翔宇, 等. 2016. 渤海网采浮游植物群集的季节变化. 海洋通报, 35(2): 121-131.

尹艳娥, 沈新强, 蒋玫, 等. 2014. 长江口及邻近海域富营养化趋势分析及与环境因子关系. 生态环境学报, 23(4): 622-629.

于仁成, 刘东艳. 2016. 我国近海藻华灾害现状、演变趋势与应对策略. 中国科学院院刊, 31(10): 1167-1174.

于仁成, 张清春, 孔凡洲, 等. 2017. 长江口及其邻近海域有害藻华的发生情况、危害效应与演变趋势. 海洋与湖沼, 48(6): 1178-1186.

张福星, 姚玉娟, 马林芳. 2016. 温州沿海赤潮发生的水文气象条件及赤潮特征分析. 海洋预报. 33(5): 89-94.

张哲, 张志锋, 韩庚辰, 等. 2012. 长江口外低氧区时空变化特征及形成、变化机制初步探究. 海洋环境科学, 31(4): 469-473.

章飞燕. 2009. 长江口及邻近海域浮游植物群落变化的历史对比及其环境因子研究. 华东师范大学博士学位论文.

赵冬至. 2010. 中国典型海域赤潮灾害发生规律. 北京: 海洋出版社.

周名江, 颜天. 1997. 两种涡鞭毛藻生长特性的研究. 海洋与湖沼, 28(4): 343-347.

周名江, 朱明远. 2006. "我国近海有害赤潮发生的生态学、海洋学机制及预测防治" 研究进展. 地球科学进展, (7): 673-679.

庄贵阳, 薄凡, 张靖. 2018. 中国在全球气候治理中的角色定位与战略选择. 世界经济与政治, 452(4): 4-27.

Anderson N J. 2000. Miniview: Diatoms, temperature and climatic change. European Journal of Phycology, 35(4): 307-314.

Bindoff N L, Cheung W W L, Kairo J G, et al. 2019. Changing ocean, marine ecosystems, and dependent communities//IPCC. Special Report on the Ocean and Cryosphere in a Changing Climate. https://www.ipcc.ch/srocc/chapter/chapter-5/.

Cai R S, Tan H J, Kontoyiannis H. 2017. Robust surface warming in offshore China seas and its relationship to the East Asian monsoon wind field and ocean forcing on interdecadal time scales. Journal of Climate, 30(22): 8987-9005.

Cai R S, Tan H J, Qi Q H. 2016. Impacts of and adaptation to inter-decadal marine climate change in coastal China seas. International Journal of Climatology, 36(11): 3770-3780.

Dai X F, Lu D D, Xia P, et al. 2012. A 50-year temporal record of dinoflagellate cysts in sediments from the Changjiang estuary, East China Sea, in relation to climate and catchment changes. Estuarine Coastal and Shelf Science, 112: 192-197.

Denicola D M. 1996. Periphyton responses to temperature at different ecological levels//Stevenson R J, Bothwell M L, Lowe R L. Algal Ecology: Freshwater Benthic Ecosystems. San Diego: Academic Press.

Diaz R. J. 2001. Overview of hypoxia around the world. Journal of Environmental Quality, 30(2): 275-281.

Diaz R J, Rosenberg R. 2008. Spreading dead zones and consequences for marine ecosystems. Science, 321(5891): 926-929.

Ekstrom J A, Suatoni L, Cooley S R, et al. 2015. Vulnerability and adaptation of US shellfisheries to ocean acidification. Nature Climate Change, 5(3): 207-214.

Gao Y, Jiang Z B, Liu J J, et al. 2013. Seasonal variations of net-phytoplankton community structure in the southern Yellow Sea. Journal of Ocean University of China, 12(4): 557-567.

Hallegraeff G M. 2010. Ocean climate change, phytoplankton community responses, and harmful algal blooms: A formidable predictive challenge. Journal of Phycology, 46(2): 220-235.

Hoegh-Guldberg O, Cai R S, Poloczanska E, et al. 2014. The ocean//Barros V R, Field C B, Dokken D J, et al. Climate Change 2014: Impacts, Adaptation, and Vulnerability. Part B: Regional Aspects. Contribution of Working Group Ⅱ to the Fifth Assessment Report of the Intergovernmental Panel on Climate Change. Cambridge, New York: Cambridge University Press: 1655-1731.

IPCC. 2010. Guidance note for lead authors of the IPCC fifth assessment report on consistent treatment of uncertainties. https://www.ipcc.ch/site/assets/uploads/2017/08/AR5_Uncertainty_Guidance_Note.pdf.

IPCC. 2014a. Summary for policymakers//Field C B, Barros V R, Dokken D J, et al. Climate Change 2014: Impacts, Daptation, and Vulnerability. Part A: Global and Sectoral Aspects. Contribution of Working Group Ⅱ to the Fifth Assessment Report of the Intergovernmental Panel on Climate Change. Cambridge, New York: Cambridge University Press.

IPCC. 2014b. Climate change 2014: synthesis report. Contribution of Working Groups Ⅰ, Ⅱ and Ⅲ to the Fifth Assessment Report of the intergovernmental panel on Climate Change. IPCC, Geneva, Switzerland 151.

IPCC. 2019: Summary for Policymakers//Pörtner H O, Roberts D C, Masson-Delmotte V, et al. IPCC Special Report on the Ocean and Cryosphere in a Changing Climate. https://www.ipcc.ch/srocc/chapter/summary-for-policymakers/.

Jiang H, Liu D, Song X, et al. 2018. Response of phytoplankton assemblages to nitrogen reduction in the Laizhou Bay, China. Marine Pollution Bulletin, 136: 524-532.

Lei H J, Chen Z D. 2012. Warming accelerates and explains inconsistencies in ocean acidification rates. Proceedings of the Annual Conference on Marine Science.

Liu X C, Shen H T. 2001. Estimation of dissolved inorganic nutrient fluxes from the Changjiang River into estuary. Science in China (Ser. B), 44(S): 135-141.

Loarie S R, Duffy P B, Hamilton H, et al. 2009. The velocity of climate change. Nature, 462(7276): 1052-1057.

Romieu E, Welle T, Schneiderbauer S, et al. 2010. Vulnerability assessment within climate change and natural hazard contexts: Revealing gaps and synergies through coastal applications. Sustain Sci, 5: 159-170.

Sala O E, Rd C F, Armesto J J, et al. 2000. Global biodiversity scenarios for the year 2100. Science, 287(5459): 1770.

Tan H J, Cai R S. 2018. What caused the record-breaking warming in east china seas during august 2016? Atmospheric Science Letters, 19(16): e853.

Tan H J, Cai R S, Huo Y L, et al. 2020. Projections of changes in marine environment in coastal china seas over the 21st century based on CMIP5 models. Journal of Oceanology and Limnology, 38(6): 80-95.

UNEP(United Nations Environment Programme). 2019. Emissions Gap Report 2019. UNEP, Nairobi.

Wang B D, Xin M, Sun X, et al. 2016. Does reduced sediment load contribute to increased outbreaks of harmful algal blooms off the Changjiang Estuary? Acta Oceanologica Sinica, 35(8): 16-21.

Wang B D. 2009. Hydromorphological mechanisms leading to hypoxia off the Changjiang Estuary. Marine Environmental Research, 67: 53-58.

Wang L, Chen W. 2014. The East Asian winter monsoon: Re-amplification in the mid-2000s. Chinese Science Bulletin, 59(4): 430-436.

Wei Q S, Wang B D, Chen J F, et al. 2015. Recognition on the forming-vanishing process and underlying mechanisms of the hypoxia off the Yangtze River estuary. Science China: Earth Sciences, 58: 628-648.

Wei Q S, Wang B D, Yu Z G, et al. 2017. Mechanisms leading to the frequent occurrences of hypoxia and a preliminary analysis of the associated acidification off the Changjiang estuary in summer (SCI). Science China: Earth Sciences, 60: 360-381.

Xiao W, Laws E A, Xie Y, et al. 2019. Responses of marine phytoplankton communities to environmental changes: New insights from a niche classification scheme. Water Research, 166: 105070.

Xiao W, Liu X, Irwin A J, et al. 2018. Warming and eutrophication combine to restructure diatoms and dinoflagellates. Water Research, 128: 206-216.

Xu Z L, Ma Z L, Wu Y M. 2011. Peaked abundance of *Calanus sinicus* earlier shifted in the Chang jiang River (Yangtze River) Estuary: a comparable study between 1959, 2002, and 2005. Acta Oceanologica Sinica, 30(3): 84-91.

Yan X H, Cai R S, Bai Y S. 2016. Long-term change of the marine environment and plankton in the Xiamen Sea under the influence of climate change and human sewage. Toxicological and Environmental Chemistry, 98(5-6): 669-678.

Zhang J, Yu Z G, Raabe T, et al. 2004. Dynamics of inorganic nutrient species in the Bohai Sea Waters. Journal of Marine Systems, 44(3-4): 189-212.

Zhang J H, Huo Y Z, He P M. 2017. Macroalgal blooms on the rise along the coast of China. Oceanography & Fisheries Open Access Journal, 4(5): 118-120.

Zhang J L, Xu F S, Liu R Y. 2012. Community structure changes of macrobenthos in the South Yellow Sea. Chinese Journal of Oceanology and Limnology, 30(2): 248-255.

Zhu Z Y, Wu Y, Zhang J, et al. 2014. Reconstruction of anthropogenic eutrophication in the region off the Changjiang Estuary and central Yellow Sea: From decades to centuries. Continental Shelf Research, 72: 152-162.